Teubner Skripten zur Mathematischen Stochastik

Belyaev / Kahle
Methoden der Wahrscheinlichkeitsrechnung
und Statistik bei der Analyse von Zuverlässigkeitsdaten

Teubner Skripten zur Mathematischen Stochastik

Herausgegeben von

Prof. Dr. rer. nat. Ursula Gather, Universität Dortmund
Prof. Dr. rer. nat. Jürgen Lehn, Technische Universität Darmstadt
Prof. Dr. rer. nat. Norbert Schmitz, Universität Münster
Prof. Dr. phil. nat. Wolfgang Weil, Universität Karlsruhe

Die Texte dieser Reihe wenden sich an fortgeschrittene Studenten, junge Wissenschaftler und Dozenten der Mathematischen Stochastik. Sie dienen einerseits der Orientierung über neue Teilgebiete und ermöglichen die rasche Einarbeitung in neuartige Methoden und Denkweisen; insbesondere werden Überblicke über Gebiete gegeben, für die umfassende Lehrbücher noch ausstehen. Andererseits werden auch klassische Themen unter speziellen Gesichtspunkten behandelt. Ihr Charakter als Skripten, die nicht auf Vollständigkeit bedacht sein müssen, erlaubt es, bei der Stoffauswahl und Darstellung die Lebendigkeit und Originalität von Vorlesungen und Seminaren beizubehalten und so weitergehende Studien anzuregen und zu erleichtern.

Methoden der Wahrscheinlichkeitsrechnung und Statistik bei der Analyse von Zuverlässigkeitsdaten

Von Prof. Dr. Yuri K. Belyaev
Lomonossow-Universität Moskau / Universität Umeå

und Prof. Dr. Waltraud Kahle
Otto-von-Guericke-Universität Magdeburg

B.G. Teubner Stuttgart · Leipzig · Wiesbaden

Prof. Dr. Yuri Belyaev

Studium der Fachrichtung Mathematik an der Lomonossow-Universität Moskau; 1960 Promotion zum Thema „Properties of sample functions of Gaussian processes" am Lehrstuhl von Professor Kolmogorov; 1970 Habilitation zum Thema „Investigation of point processes generated by stochastic processes" am Institut für angewandte Mathematik der Akademie der Wissenschaften der UdSSR; seit 1971 ordentlicher Professor an der Lomonossow-Universität Moskau; Gastprofessuren in Deutschland an der Humboldt-Universität Berlin 1984 und 1989 sowie an der Otto-von-Guericke-Universität Magdeburg 1991; seit 1993 Professor am Institut für Mathematische Statistik in Umeå, Schweden.

Prof. Dr. Waltraud Kahle

Studium der Fachrichtung Mathematik an der Universität Rostov/Don (UdSSR); 1979 Promotion zum Thema „Optimierungsaufgaben bei der Projektierung technologischer Systeme unter Berücksichtigung von Zuverlässigkeitsparametern" am Polytechnischen Institut Riga; 1991 Habilitation zum Thema „Konfidenzschätzungen für den Parameter von Lebensdauerverteilungen bei verschiedenen Stichprobenplänen"; seit 1979 wissenschaftliche Assistentin an der Otto-von-Guericke-Universität Magdeburg; seit 1998 Titel „außerplanmäßige Professorin".

Die Deutsche Bibliothek – CIP-Einheitsaufnahme
Ein Titeldatensatz für diese Publikation ist bei
Der Deutschen Bibliothek erhältlich.

1. Auflage September 2000

Der Verlag Teubner ist ein Unternehmen der Fachverlagsgruppe BertelsmannSpringer.

www.teubner.de

Umschlaggestaltung: Peter Pfitz, Stuttgart
Gedruckt auf säurefreiem Papier

ISBN-13: 978-3-519-02396-8   e-ISBN-13: 978-3-322-80100-5
DOI: 10.1007/978-3-322-80100-5

Vorwort

Im Zusammenhang mit der Entwicklung der Zuverlässigkeitstheorie entstanden eine Reihe von Aufgaben, deren Lösung die Anwendung von Methoden der Wahrscheinlichkeitsrechnung und mathematischen Statistik erfordert. Zu dieser Problematik erschienen eine Reihe von Büchern wie z. B. GNEDENKO, BELYAEV, SOLOV'EV [32], BARLOW, PROSCHAN [7], KALBFLEISCH, PRENTICE [43], MANN, SHAFER, SINGPURWALLA [54], BEICHELT, FRANKEN [13], CROWDER, KIMBER, SMITH, SWEETING [24], AVEN, JENSEN [5] u. a., die sich jedoch im allgemeinen entweder auf Wahrscheinlichkeitsmodelle zur Beschreibung der Zuverlässigkeit oder auf die Statistik für Daten aus Zuverlässigkeitsuntersuchungen beschränken. In den letzten 10–15 Jahren wuchs in der mathematischen Statistik das Interesse an Daten, die sich in ihrer Struktur wesentlich von der klassischen Herangehensweise – der Beobachtung von unabhängigen und identisch verteilten Zufallsgrößen – unterscheiden. Hierzu gehören vor allem (rechts–)zensierte Ausfalldaten, „Dosis–Effekt"–Daten, Daten aus der Beobachtung von Erneuerungsprozessen u. a. Will man aus diesen Beobachtungen statistische Schlüsse ziehen, so sind dafür spezielle Herangehensweisen nötig. Für zensierte Daten wurden eine Reihe von Verfahren in der sogenannten „Survival Analysis" entwickelt, wobei sich diese Verfahren hauptsächlich mit der nichtparametrischen Schätzung der integrierten Ausfallrate und der Überlebensfunktion befassen. Als eines der wesentlichen Bücher dieser Richtung sei hier ANDERSEN, BORGAN, GILL, KEIDING [3] erwähnt.

Im vorliegenden Buch soll eine ausgewogene Darstellung von wahrscheinlichkeitstheoretischen Modellen der modernen Zuverlässigkeitstheorie und der dazugehörigen Zuverlässigkeitsstatistik gegeben werden. Wegen des großen Umfanges dieses Gebietes war es nötig, sich auf die Methoden zu beschränken, die uns einerseits interessant und wesentlich erschienen und die andererseits kein besonderes Spezialwissen, z. B. auf dem Gebiet der Martingaltheorie erfordern. So gehört z. B. die im Buch behandelte statistische Analyse von Erneuerungsprozessen zu der Klasse von Aufgaben, für die der martingaltheoretische Zugang relativ kompliziert ist.

Außer einigen kurzen Bemerkungen wurde auf den sehr wichtigen Bayesschen

2

Zugang zu Fragen der Zuverlässigkeitsstatistik ebenfalls völlig verzichtet.

Für das Verständnis des Buches werden beim Leser Grundkenntnisse der Wahrscheinlichkeitsrechnung und mathematischen Statistik vorausgesetzt. Mit diesen Grundkenntnissen, wie sie im allgemeinen auch in einem Studium der Ingenieur- oder Wirtschaftswissenschaften vermittelt werden, sind weite Teile des Buches verständlich. Einige Abschnitte, insbesondere die Abschnitte 4.4, 4.5 und 5.3 erfordern weitergehendes mathematisches Verständnis. Sie können jedoch von Lesern, die hauptsächlich an Anwendungen mathematischer Methoden interessiert sind, übersprungen werden.

Im Kapitel 1 des Buches werden die grundlegenden Begriffe aus der Wahrscheinlichkeitstheorie zusammengestellt. Besonderer Wert wird hierbei auf die Unterscheidung von statistischen Modellen und Modellen der Wahrscheinlichkeitsrechnung gelegt.

Die nächsten beiden Kapitel des Buches beinhalten Modelle zur Beschreibung der Zuverlässigkeit von Elementen. Im zweiten Kapitel werden wichtige nichtparametrische und parametrische Familien von Lebensdauerverteilungen vorgestellt, im dritten Kapitel werden einige Ausfallmodelle behandelt. Das vierte Kapitel beinhaltet parametrische und nichtparametrische Punktschätzungen. Es werden wichtige Datenstrukturen beschrieben und die diesen Datenstrukturen entsprechenden statistischen Methoden entwickelt. Das fünfte Kapitel enthält einen sehr kurzen Abriß der Theorie von Konfidenzschätzungen und Tests. Das hat seinen Grund darin, daß sich für kompliziertere Datenstrukturen nur asymptotische Methoden anwenden lassen und daher den Eigenschaften der Punktschätzungen größeres Gewicht zukommt.

Die letzten beiden Kapitel umfassen Fragen der Zuverlässigkeit von Systemen, bei denen strukturierte Daten auftreten. Im Kapitel 6 werden Strukturfunktionen von Systemen, Erneuerungsprozesse und einige Instandhaltungsstrategien behandelt. Kapitel 7 umfaßt wiederum Fragen der Statistik. Während in den ersten drei Abschnitten analytische Methoden beschrieben werden (Punkt- und Konfidenzschätzungen der Systemzuverlässigkeit, parametrische und nichtparametrische Statistik für Erneuerungsprozesse), sind die letzten beiden Abschnitte Simulations- und Bootstrapmethoden gewidmet. Diese Herangehensweise ist gerade bei komplizierten Systemen von großer Wichtigkeit.

Einige der im Buch behandelten Modelle sind völlig neu, einige Beweise sind kürzer und klarer als üblich dargestellt. Viele Beispiele, Erklärungen und Bemerkungen illustrieren den mathematischen Inhalt. Neben diesen Beispielen enthält das Buch eine Reihe von Übungen am Ende jedes Kapitels, die beim Leser das Verständnis für spezifische Herangehensweisen fördern sollen. Die Lösungen der Übungsaufgaben finden sich am Ende des Buches.

Im Buch ist keine vollständige Bibliographie enthalten, sondern nur die für das

Verständnis nötigen Literaturangaben. Bei der aus dem Russischen übersetzten Literatur wird im Text durchgängig die heute übliche englische Transliteration der Autorennamen verwendet. Im Literaturverzeichnis erscheint der Autorenname so, wie er in der jeweiligen Übersetzung geschrieben wurde.

Alle wichtigen Bezeichnungen sind im Symbolverzeichnis zusammengestellt.

Wir danken allen unseren Kollegen in Moskau, Umeå und Magdeburg, die uns bei der Erstellung des Manuskriptes unterstützt haben. Unser besonderer Dank gilt Frau V. Belyaeva für die sorgfältige Anfertigung aller Abbildungen und für die Durchführung mühevoller Korrekturarbeiten.

Dem Teubner–Verlag und den Herausgebern der Teubner Skripten zur mathematischen Stochastik danken wir für die Publikation in dieser Reihe sowie für die nützlichen Hinweise und Anregungen.

Wir hoffen, mit diesem Buch beim Leser Verständnis und Interesse an den Besonderheiten der Zuverlässigkeitsstatistik zu wecken.

Magdeburg, Umeå, 2000   Die Autoren

SYMBOLVERZEICHNIS

Ω	–	Menge aller Elementarereignisse ω
$\mathfrak{B}(\Omega)$	–	σ–Algebra über Ω
$\mathfrak{X} = (x)$	–	Stichprobenraum
$X, Y, \ldots$	–	Zufallsgrößen
$x, y, \ldots$	–	Realisierungen von Zufallsgrößen
$A, B, \ldots$	–	Ereignisse
$I(A)$	–	Indikatorfunktion
$\mathfrak{F} = (F_\theta)_{\theta \in \Theta}$	–	parameterisierte Familie von Verteilungsfunktionen F
$\mathfrak{P}$	–	Familie von Wahrscheinlichkeitsmaßen
P	–	Wahrscheinlichkeitsmaß
E	–	Erwartungswert
Var	–	Varianz
θ	–	Parameter
$\hat{\theta}$	–	beliebige Schätzung für θ
$\check{\theta}$	–	Maximum–Likelihood–Schätzung für θ
$\underline{\theta}$	–	Parametervektor
$\theta^*, \underline{\theta}^*$	–	„wahre" Parameter
Θ	–	Parameterraum
$\overline{\Theta}$	–	abgeschlossener Parameterraum
$\binom{n}{l}$	–	Binomialkoeffizient
$\mathrm{card} A$	–	Kardinalzahl der Menge A
$\forall$	–	für alle
$\exists$	–	es existiert
$\in$	–	Element von
$\subseteq$	–	ist enthalten in
$a \vee b$	–	Maximum von a und b
$a \wedge b$	–	Minimum von a und b
$a^+ = a \vee 0$	–	Maximum von a und 0
$F(s)$	–	Wert der Verteilungsfunktion an der Stelle s
$F(\cdot), F$	–	gesamte Verteilungsfunktion
$F * G$	–	Faltung der Funktionen F und G
F^{*k}	–	k–fache Faltung von F

$m_{\mathrm{F},k}$ — k–tes Moment einer Zufallsgröße mit der Verteilungsfunktion F

$m_{\mathrm{F}} = m_{\mathrm{F},1}$ — erstes Moment einer Zufallsgröße mit der Verteilungsfunktion F

σ_{F}^2 — Varianz einer Zufallsgröße mit der Verteilungsfunktion F

$\underline{a}, a$ — Spaltenvektoren

$\underline{a}^T, a^T$ — Zeilenvektoren

$\mathbb{I}, \mathbb{J}, \ldots$ — Matrizen

$\varphi_{\mu,\sigma^2}, \varphi_{\underline{\mu},\Sigma}$ — Dichten der ein- oder mehrdimensionalen Normalverteilung

$\Phi, \Phi_{\mu,\sigma^2}, \Phi_{\underline{\mu},\Sigma}$ — Verteilungsfunktionen der ein- oder mehrdimensionalen Normalverteilung

u_p — Quantil der Normalverteilung zur Ordnung p

$\emptyset$ — leere Menge

∇f — Gradient von f

$z^{[a]}$ — $z(z-1)(z-2)\cdots(z-a+1)$

$\propto$ — proportional zu

$\mathrm{P}(\cdot \mid A)$ — bedingte Wahrscheinlichkeit unter der Bedingung A

$\mathrm{E}(X \mid Y)$ — bedingter Erwartungswert von X unter der Bedingung Y

$\mu(B)$ — Momentmaß erster Ordnung der Menge B

$d(\theta', \theta'')$ — Abstand von θ' und θ'' in einer geeigneten Metrik

$\xrightarrow{f.s.}$ — Konvergenz fast sicher

$L(\theta, \cdot)$ — Likelihoodfunktion

$l(\theta, \cdot) = \ln L(\theta, \cdot)$ — logarithmierte Likelihoodfunktion

$\mathcal{L}(Y) = F_Y(\cdot)$ — Verteilungsgesetz der Zufallsgröße Y

$S_{(1,n)}, \ldots, S_{(n,n)}$ — geordnete Stichprobe (Variationsreihe)

$R(\cdot)$ — Zuverlässigkeitsfunktion

Inhaltsverzeichnis

1 Grundlegende Begriffe

1.1 Modelle der Wahrscheinlichkeitsrechnung und Statistik

Zu Beginn dieses Kapitels sollen zwei Hauptbegriffe – Wahrscheinlichkeitsmodell und statistisches Modell – sowie ihre Unterschiede erklärt werden.

Sei $(\Omega = (\omega), \mathfrak{B}(\Omega))$ ein meßbarer Raum. Ω ist die Menge von Elementarereignissen ω und $\mathfrak{B}(\Omega)$ ist eine σ–Algebra von Teilmengen (zufälligen Ereignissen) aus Ω.

Sei ferner $P_\Omega = P_\Omega(\cdot)$ ist ein Maß auf $\mathfrak{B}(\Omega)$ mit den Eigenschaften:

(i) $P_\Omega(B) \geq 0 \quad \forall B \in \mathfrak{B}(\Omega)$,

(ii) $P_\Omega(\Omega) = 1$,

(iii) $P_\Omega(\cup_{k=1}^\infty B_k) = \sum_{k=1}^\infty P_\Omega(B_k) \quad$ für $B_i \cap B_j = \emptyset, i \neq j$.

Definition 1.1 *Das Tripel* $(\Omega, \mathfrak{B}(\Omega), P_\Omega)$ *heißt* allgemeiner Wahrscheinlichkeitsraum.

Wir betrachten nun eine meßbare Abbildung $X : \Omega \to \mathfrak{X}$ und $x = X(\omega)$. Diese Abbildung ist in Bild 1.1 dargestellt.

Sei $\mathfrak{B}(\mathfrak{X})$ eine σ–Algebra von Teilmengen aus $\mathfrak{X}$. Dann bedeutet die Meßbarkeit der Abbildung X, daß

$$X^{-1}(A) = (\omega : X(\omega) \in A) \in \mathfrak{B}(\Omega) \qquad \forall A \in \mathfrak{B}(\mathfrak{X}).$$

Die Funktion $X = X(\cdot)$ heißt Zufallsgröße. Die Zufallsgröße $X : \Omega \to \mathfrak{X}$ besitzt auf dem meßbaren Raum $(\mathfrak{X}, \mathfrak{B}(\mathfrak{X}))$ das induzierte Wahrscheinlichkeitsmaß $P(A) = P_\Omega(X^{-1}(A))$.

Definition 1.2 *Das Tripel* $(\mathfrak{X}, \mathfrak{B}(\mathfrak{X}), P)$ *heißt* Wahrscheinlichkeitsmodell.

In der *Wahrscheinlichkeitsrechnung* ist das Maß $P(A)$ für jedes $A \in \mathfrak{B}(\mathfrak{X})$ wohlbekannt und ihr Hauptinhalt besteht darin, Wahrscheinlichkeiten für interessierende Ereignisse und darauf aufbauende Kenngrößen zu berechnen.

Eine ganz andere Situation liegt in der *mathematischen Statistik* vor. Hier nimmt man an, daß auf $(\Omega, \mathfrak{B}(\Omega))$ ein „wahres" Wahrscheinlichkeitsmaß P^* existiert.

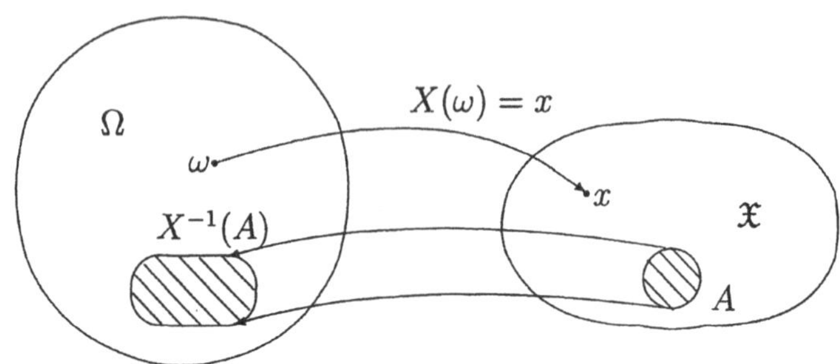

Abbildung 1.1: Wahrscheinlichkeitsraum und Zufallsgröße

Dieses Maß ist unbekannt. Die elementaren Ereignisse sind ebenfalls unbekannt und können nicht beobachtet werden. Beobachtet werden können nur die Ergebnisse eines zufälligen Experimentes. Sei $\mathfrak{X} = (x)$ der Stichprobenraum, der alle möglichen beobachtbaren Resultate enthält. Da jedem zufälligen Experiment eine meßbare Abbildung $X : \Omega \to \mathfrak{X}$ und $x = X(\omega)$ entspricht, betrachtet man wiederum den Raum $(\mathfrak{X}, \mathfrak{B}(\mathfrak{X}), \mathrm{P})$, jedoch das Maß P ist nicht oder nur teilweise bekannt. Daher muß man eine Familie von Verteilungen $\mathfrak{P}_X = (\mathrm{P}_\theta, \theta \in \Theta)$ betrachten, wobei Θ ein Parameterraum ist. Durch die Parameter werden die Verteilungen voneinander unterschieden. Diese Familie muß bestimmte Eigenschaften besitzen. So muß jedes θ eineindeutig eine Verteilung aus dieser Familie definieren, d.h. $\forall \theta_1 \neq \theta_2 \, \exists A : \mathrm{P}_{\theta_1}(A) \neq \mathrm{P}_{\theta_2}(A)$. Wir setzen stets voraus, daß die Familie $\mathfrak{P}_X = (\mathrm{P}_\theta, \theta \in \Theta)$ die „wahre" Verteilung $\mathrm{P}_{\theta'}$ enthält. Mittels eines statistischen Experimentes soll aus der Familie $\mathfrak{P}_X$ eine Verteilung ausgewählt werden, die der „wahren" Verteilung möglichst gut entspricht.

Auf der Grundlage des allgemeinen Wahrscheinlichkeitsraumes $(\Omega, \mathfrak{B}(\Omega), \mathrm{P})$ wird ein zufälliges Experiment durch die Abbildung $X : \Omega \to \mathfrak{X}$ durchgeführt; als Resultat erhält man die statistischen Daten $X(\omega) = x$. Hierbei sei x fixiert und bekannt, das wahre Maß $\mathrm{P}_{\theta*}$ ist unbekannt. Mit Hilfe von x werden Aussagen über $\mathrm{P}_{\theta*}$, oder, was das gleiche ist, über θ^* getroffen. Diese Aussagen nennt man statistische Schlußweisen (statistical inference) und das Tripel $(\mathfrak{X}, \mathfrak{B}(\mathfrak{X}), \mathfrak{P}_X = (\mathrm{P}_{X,\theta}, \theta \in \Theta))$ nennt man *statistisches Modell*.

Definition 1.3 *Unter einem* statistischen Modell *versteht man das Tripel* $(\mathfrak{X}, \mathfrak{B}(\mathfrak{X}), \mathfrak{P})$ *mit*

- $\mathfrak{X} = (x)$ *- Stichprobenraum*

- $\mathfrak{B}(\mathfrak{X})$ *- σ-Algebra über* $\mathfrak{X}$

- $\mathfrak{P} = (P_F,\ F \in \mathfrak{F})$ - *eine Familie von Verteilungen auf* $(\mathfrak{X}, \mathfrak{B}(\mathfrak{X}))$.

Es ist günstig, jede Verteilung $F(\cdot) \in \mathfrak{F}$ eindeutig durch einen Parameter $\theta \in \Theta$ zu charakterisieren. Θ ist der Parameterraum und Eindeutigkeit der Zuordnung bedeutet, daß verschiedenen Werten von θ verschiedene Verteilungen aus der Familie $\mathfrak{F}$ entsprechen. Dieser Zugang ist auch bei nichtparametrischen Aufgabenstellungen möglich. Darauf wird in Zusammenhang mit nichtparametrischen Schätzungen im Kapitel 4 eingegangen. Dann bezeichnen wir mit $F_\theta(\cdot)$ oder $F(\cdot, \theta)$ die Verteilungsfunktion $F(\cdot) \in \mathfrak{F}$, die durch den Parameter θ bestimmt wird. Im folgenden bezeichnen wir mit $P_\theta = P_{F_\theta}$ die entsprechende Wahrscheinlichkeitsverteilung. Damit besteht das statistische Modell aus dem Tripel

$$(\mathfrak{X} = (x),\ \mathfrak{B}(\mathfrak{X}),\ \mathfrak{P} = (P_\theta,\ \theta \in \Theta)) \,.$$

Häufig nimmt man an, daß die wahre Verteilung $P^* = P_{\theta^*} \in \mathfrak{P}$ ist. Es ist jedoch auch möglich, anhand statistischer Daten zu überprüfen, ob $P^* \in \mathfrak{P}$ gilt.

Bei statistischen Untersuchungen arbeitet man mit den erhaltenen statistischen Daten. Bei Berechnungen werden diese statistischen Daten $x \in \mathfrak{X}$ in neue Größen y umgeformt. Diesen Übergang kann man als Abbildung von $\mathfrak{X}$ in $\mathfrak{Y}$, $y \in \mathfrak{Y}$ auffassen. Diese Abbildung muß ohne Kenntnis des unbekannten Verteilungsgesetzes erfolgen können. Damit kommen wir zu dem wichtigen Begriff der Statistik.

Definition 1.4 *Die Abbildung* $Y\ :\ \mathfrak{X} \to \mathfrak{Y}$ *heißt* Statistik, *wenn*

(i) sie nicht vom unbekannten Parameter abhängt,

(ii) sie $(\mathfrak{B}(\mathfrak{X}),\ \mathfrak{B}(\mathfrak{Y}))$ *- meßbar ist, d.h. wenn*

$$B = Y^{-1}(A) = (x : Y(x) \in A) \in \mathfrak{B}(\mathfrak{X}) \quad \forall A \in \mathfrak{B}(\mathfrak{Y}) \,,$$

(iii) jede Einpunktmenge $\{y\}$ *zu* $\mathfrak{B}(\mathfrak{Y})$ *gehört, d.h.*

$$A_Y(y) = (x : Y(x) = y) \in \mathfrak{B}(\mathfrak{X}), \forall y \in \mathfrak{B}(\mathfrak{Y}).$$

Die Menge $A_Y(y)$ *heißt* Atom *der Statistik* Y *zum Niveau* y.

Die Genauigkeit statistischer Schlüsse hängt im wesentlichen vom Grad der Information ab, die aus einem statistischen Experiment gewonnen wird. In der klassischen Statistik ist im allgemeinen der Stichprobenumfang die wesentliche Einflußgröße. In der Zuverlässigkeitsstatistik spielen Stichproben anderer Struktur, von denen die wesentlichen im Abschnitt 4.1 eingeführt werden, eine Rolle. Wir betrachten dazu ein einführendes Beispiel.

Beispiel 1.1 Gegeben seien n gleichartige Systeme, die jeweils aus m verschiedenen Elementen bestehen. Damit sind insgesamt $n \cdot m$ Elemente vorhanden, jeweils n von der Sorte i, $i = 1, \ldots, m$. Die Elemente werden fortlaufend numeriert: $(i, 1), \ldots, (i, n)$, $i = 1, \ldots, m$, ist die Numerierung der i-ten Sorte von Elementen und das j-te System besteht aus den Elementen $(1, j), \ldots, (m, j)$, $j = 1, \ldots, n$. Jedes Element mit der Nummer (i, j) hat zwei Zustände:

$$Z_{ij} = \begin{cases} 0, & \text{wenn das Element ausgefallen ist,} \\ 1, & \text{wenn das Element intakt ist,} \end{cases}$$

und jedes System sei nur intakt, wenn alle seine Elemente intakt sind. Dieses ist der typische Fall einer Reihenschaltung. Dann gilt für das j-te System

$$\Psi_j = Z_{1j} \cdot Z_{2j} \ldots Z_{mj} = \begin{cases} 0, & \text{wenn das } j\text{-te System ausgefallen ist,} \\ 1, & \text{wenn das } j\text{-te System intakt ist.} \end{cases}$$

Die Zustände der Elemente Z_{ij} seien unabhängige und für jede Sorte i identisch verteilte Zufallsgrößen mit $\mathrm{P}(Z_{ij} = 1) = p_i$.
Für den Erwartungswert von Z_{ij} erhalten wir

$$\mathrm{E}Z_{ij} = 1 \cdot \mathrm{P}(Z_{ij} = 1) + 0 \cdot \mathrm{P}(Z_{ij} = 0) = p_i \, .$$

Sei $p_\mathrm{s} = \mathrm{P}(\Psi_j = 1)$ die Wahrscheinlichkeit dafür, daß das j-te System intakt ist. Dann erhält man aus der Unabhängigkeit der Zustände

$$p_\mathrm{s} = \mathrm{E}\Psi_j = \mathrm{E}Z_{1j} Z_{2j} \ldots Z_{mj} = \mathrm{E}Z_{1j} \cdot \mathrm{E}Z_{2j} \cdots \mathrm{E}Z_{mj} = p_1 \ldots p_m \, .$$

In der Wahrscheinlichkeitstheorie sind $p_1, \ldots, p_m$ bekannte Größen, mittels derer Wahrscheinlichkeiten für interessierende Ereignisse berechnet werden können. So ist z.B.

$$\sum_{l \geq k} \binom{n}{l} p_\mathrm{s}^l \, (\bar{p}_\mathrm{s})^{n-l}, \quad \bar{p}_\mathrm{s} = 1 - p_\mathrm{s}$$

die Wahrscheinlichkeit, daß mindestens k Systeme intakt sind (siehe auch Übung 1.1).
In der mathematischen Statistik dagegen sind die wahren Intaktwahrscheinlichkeiten $p_1^*, \ldots, p_m^*$ der Elemente oder p_s^* des Systems unbekannt und sollen mittels einer Beobachtung näherungsweise bestimmt werden. Wir nehmen an, daß uns die Intaktwahrscheinlichkeit p_s^* des Systems interessiert und betrachten zwei mögliche Stichprobenräume. Im ersten Fall, der im folgenden mit $\mathcal{X}_v$ bezeichnet wird, kann man alle Elemente der Matrix (Z_{ij}), $i = 1, ..., m$, $j = 1, ..., n$, beobachten. Dabei steht v für vollständige Information. Die Anzahl der Elemente im Stichprobenraum $\mathcal{X}_v$ ist in diesem Fall $\operatorname{card} \mathcal{X}_v = 2^{n \cdot m}$, da $n \cdot m$ Elemente

vorhanden sind und jedes Element 2 Zustände annehmen kann.

In zweiten Fall beobachtet man nur die Zustände der n Systeme, d.h. den Vektor $(\Psi_1, \ldots, \Psi_n)$. Der Stichprobenraum wird hier mit $\mathfrak{X}_u$ bezeichnet und u steht für unvollständige Information. Die Anzahl der Elemente in diesem Stichprobenraum ist card $\mathfrak{X}_u = 2^n$.

Im Falle vollständiger Information kann die Intaktwahrscheinlichkeit des Systems aus den Intaktwahrscheinlichkeiten der Elemente ermittelt werden. Für die Elemente ist die relative Häufigkeit

$$\hat{p}_i = \frac{1}{n} \sum_{j=1}^{n} Z_{ij}, \quad i = 1, \ldots m, \quad \hat{p}_i : \mathfrak{X}_v \to [0,1]$$

eine mögliche Punktschätzung der unbekannten Wahrscheinlichkeit.

Die Intaktwahrscheinlichkeit des Systems p_s^* ist eine Funktion der Intaktwahrscheinlichkeiten der Elemente: $p_s^* = p_1^* \cdot p_2^* \cdots p_m^*$ und kann daher im Falle vollständiger Information durch

$$\hat{p}_{vs} = \prod_{i=1}^{m} \hat{p}_i = \prod_{i=1}^{m} \left(\frac{1}{n} \sum_{j=1}^{n} Z_{ij} \right)$$

geschätzt werden. Da alle Faktoren Z_{ij} unabhängig sind, gilt für den Erwartungswert dieser Schätzung

$$E\hat{p}_{vs} = \prod_{i=1}^{m} \left(\frac{1}{n} \sum_{i=1}^{n} EZ_{ij} \right) = \prod_{i=1}^{n} \left(\frac{1}{n} np_i \right) = p_s$$

und damit ist die Punktschätzung $\hat{p}_{vs}$ erwartungstreu.

Im Falle unvollständiger Information sind nur die Größen Ψ_j beobachtbar, daher muß man eine andere Punktschätzung betrachten:

$$\hat{p}_{us} = \frac{1}{n} \sum_{j=1}^{n} \Psi_j \ .$$

Diese Punktschätzung ist ebenfalls erwartungstreu. Da $\Psi_j = \prod_{i=1}^{m} Z_{ij}$ ist, gilt

$$E\hat{p}_{us} = E\left(\frac{1}{n} \sum_{j=1}^{n} \prod_{i=1}^{m} Z_{ij} \right) = \frac{1}{n} \sum_{j=1}^{n} E\left(\prod_{i=1}^{m} Z_{ij} \right) = \frac{1}{n} \sum_{i=1}^{n} \prod_{i=1}^{m} p_i = p_s \ .$$

Damit haben wir gezeigt, daß beide Schätzungen erwartungstreu sind. Es ist jedoch klar, daß mehr Information zu einer besseren Schätzung führen muß. Das wird deutlich, wenn man die Varianzen der Schätzungen betrachtet. Man kann sich leicht davon überzeugen (siehe Übung 1.2), daß $\text{Var}(\hat{p}_{vs}) \leq \text{Var}(\hat{p}_{us})$ ist und damit vollständige Information zu genaueren Schätzungen führt. $\diamond$

1.2   Der Begriff der Lebensdauerverteilung

In diesem Abschnitt sollen der Begriff der Lebensdauerverteilung eingeführt und einige wesentliche Eigenschaften von Lebensdauerverteilungen gezeigt werden. Ein Element wird dabei als black box angesehen. Welche Vorgänge im Element zu einem Ausfall führen, ist unbekannt und nicht beobachtbar, lediglich ein Ausfall kann beobachtet werden. In den meisten Anwendungsfällen setzt man voraus, daß jedes Element seine eigene zufällige Lebensdauer $S_i \geq 0$ besitzt und daß die Lebensdauern verschiedener Elemente voneinander unabhängig sind. Wenn man z.B. ein System aus 2 Elementen mit den Lebensdauern S_1 und S_2 betrachtet, so gilt: $\mathrm{P}(S_1 > s_1, S_2 > s_2) = \mathrm{P}(S_1 > s_1) \cdot \mathrm{P}(S_2 > s_2)$.

Definition 1.5 *Die Funktion $F(s) = \mathrm{P}(S \leq s)$, $s \geq 0$ heißt (Lebensdauer–) Verteilungsfunktion. $\overline{F}(s) = 1 - F(s) = \mathrm{P}(S > s)$ ist die Wahrscheinlichkeit, daß bis zur Zeit einschließlich s kein Ausfall stattgefunden hat und heißt Überlebens– oder Zuverlässigkeitsfunktion.*

Diese beiden Funktionen sind in Abbildung 1.2 dargestellt. $F(s)$ und $\overline{F}(s)$ sind rechtsseitig stetig. Bezeichnen wir mit $\overline{F}(s-) = \lim_{h \downarrow 0} \overline{F}(s-h)$, so erhalten wir $\overline{F}(s-) = \mathrm{P}(S \geq s)$, $F(s-) = \mathrm{P}(S < s)$. Die Funktion $\overline{F}(s-)$ ist linksseitig stetig. Die Verteilungsfunktion $F(\cdot)$ besitzt einen Sprung im Punkt u, wenn

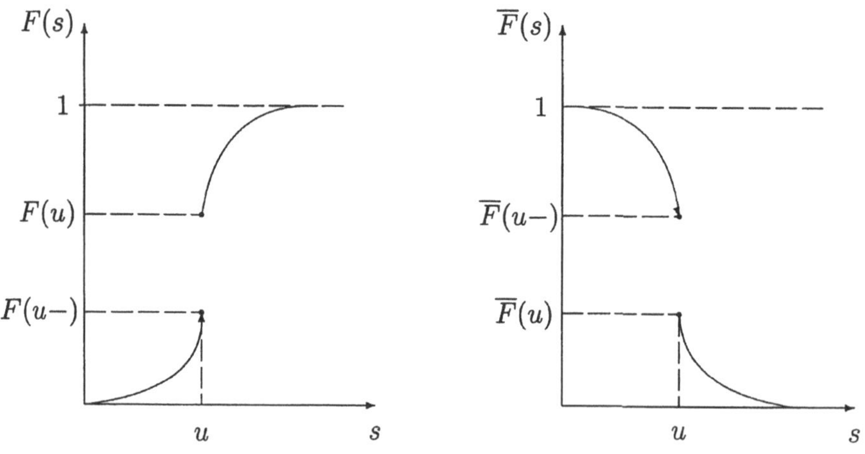

Abbildung 1.2: Lebensdauerverteilungsfunktion und Überlebensfunktion

$\Delta F(u) = F(u) - F(u-) > 0$. Es sei angemerkt, daß $\mathrm{P}(S = u) = \Delta F(u)$ gilt (siehe auch Abbildung 1.2).

Alle Sprünge der Lebensdauerverteilungsfunktion können summiert werden und stellen den reinen Sprunganteil dieser Funktion dar:

$$F^{(d)}(s) = \sum_{u \leq s} \Delta F(u) \, .$$

Der stetige Anteil der Lebensdauerverteilungsfunktion kann nun folgendermaßen definiert werden:

$$F^{(c)}(s) = F(s) - \sum_{u \leq s} \Delta F(u) \, .$$

Damit besteht jede Verteilungsfunktion aus einem stetigen Anteil und einem reinen Sprunganteil: $F(\cdot) = F^{(d)}(\cdot) + F^{(c)}(\cdot)$.

Bemerkung: Man kann beweisen, daß der stetige Anteil der Verteilungsfunktion wiederum aus einem absolut stetigen Anteil $F^{(ac)}(\cdot)$ und einem singulären Anteil $F^{(sc)}(\cdot)$ besteht: $F^{(c)}(\cdot) = F^{(ac)}(\cdot) + F^{(sc)}(\cdot)$. Für jeden absolut stetigen Anteil existiert eine Dichte $f(\cdot)$ so, daß

$$F^{(ac)}(s) = \int_0^s f(u) \, du, \quad s \geq 0$$

gilt und jeder singuläre Anteil ist stetig, wobei alle Wachstumspunkte in einer Menge vom Lebesgue–Maß 0 liegen (siehe GNEDENKO [31]).
Damit läßt sich jede Lebensdauerverteilungsfunktion in folgender Form darstellen:

$$F(s) = F^{(d)}(s) + F^{(sc)}(s) + \int_0^s f(u) \, du, \quad s \geq 0 \, .$$

In der Zuverlässigkeitstheorie arbeitet man häufig mit absolut stetigen Modellen. In diesem Fall gilt

$$F^{(d)}(\cdot) \equiv 0, \quad F^{(sc)}(\cdot) \equiv 0, \quad F(s) = \int_0^s f(u) \, du, \ s \geq 0 \, .$$

In der Statistik sind jedoch auch reine diskrete Modelle sehr wesentlich, bei denen

$$F(s) = F^d(s) = \sum_{u \leq s} \Delta F(u)$$

ist.
Im folgenden soll der wichtige Begriff der Ausfallrate (hazard intensity function) eingeführt werden. Dazu benötigen wir einen allgemeineren Begriff des Diffentials, der bei Lebesgue–Stieltjes–Integralen Verwendung findet. Wir definieren

das Differential als $dF(u) := \mathrm{P}(u \le S < u + du) = F(u + du-) - F(u-)$, wobei du infinitesimal klein ist. Wenn in einer Umgebung des Punktes u die Funktion F stückweise konstant mit einem Sprung in u ist, dann gilt $dF(u) = \Delta F(u)$. Bei absolut stetigen Funktionen F gilt $dF(u) = f(u)du$. Wir fixieren nun einen Zeitpunkt u und nehmen an, daß das Element bis zu einer beliebigen Zeit $u' < u$ intakt war. Die bedingte Wahrscheinlichkeit, daß das Element zur Zeit u ausfällt, unter der Bedingung, daß es vor u intakt war, ist dann

$$\begin{aligned}
\mathrm{P}(u \le S < u + du \mid S \ge u) &= \frac{\mathrm{P}(\{u \le S < u + du\} \cap \{S \ge u\})}{\mathrm{P}(S \ge u)} = \\[2mm]
&= \frac{\mathrm{P}(u \le S < u + du)}{\mathrm{P}(S \ge u)} = \frac{dF(u)}{\overline{F}(u-)} \ .
\end{aligned}$$

Integriert man diese Beziehung, so erhält man eine neue Funktion $H(\cdot) : \mathrm{R}^+ \to \mathrm{R}^+$:

$$H(s) := \int_0^s \frac{dF(u)}{\overline{F}(u-)} \ , \quad s \ge 0 \ . \tag{1.1}$$

Als Spezialfälle ergeben sich im im Fall absolut stetiger Verteilungen das Riemannsche Integral:

$$H(s) = \int_0^s \frac{f(u)}{\overline{F}(u)} \, du$$

und im Fall diskreter Verteilungen die Summe:

$$H(s) = \sum_{u \le s} \frac{\Delta F(u)}{\overline{F}(u-)} \ .$$

Es gilt also

$$\Delta H(u) = \frac{\Delta F(u)}{\overline{F}(u-)} = \frac{\overline{F}(u-) - \overline{F}(u)}{\overline{F}(u-)} \le 1 \ . \tag{1.2}$$

Die Funktion $H(\cdot)$ nennt man *Hazardfunktion* oder *integrierte Ausfallrate*. $H(\cdot)$ ist nichtfallend, rechtsseitig stetig und kann Sprünge der Höhe ≤ 1 besitzen. Wie die Verteilungsfunktion besitzt auch die Hazardfunktion folgende Darstellung:

$$H(s) = H^{(d)}(s) + H^{(c)}(s) = H^{(d)}(s) + H^{(sc)}(s) + H^{(ac)}(s) \ ,$$

wobei der Sprunganteil und der absolut stetige Anteil durch

$$H^{(d)}(s) = \sum_{u \le s} \Delta H(u) \quad \text{bzw.} \quad H^{(ac)}(s) = \int_0^s h(u) \, du$$

gegeben sind. Wenn man mit absolut stetigen Modellen arbeitet, gilt wiederum

$$H^{(d)}(\cdot) \equiv H^{(sc)}(\cdot) \equiv 0$$

und man erhält

$$H(s) = \int_0^s h(u)\, du \; . \tag{1.3}$$

In diesem Falle nennt man $h(u)$ *Ausfallrate* (hazard intensity function). Wenn $F(\cdot)$ stetig ist, so folgt aus $\overline{F}(u-) = \overline{F}(u)$

$$H(s) = -\int_0^s \frac{d\overline{F}(u)}{\overline{F}(u)} = -\ln \overline{F}(s) = \ln \frac{1}{\overline{F}(s)} \tag{1.4}$$

und umgekehrt:

$$\overline{F}(s) = \exp(-H(s)) \; . \tag{1.5}$$

Die Gleichungen (1.4) und (1.5) bestimmen im Falle stetiger Modelle eine eineindeutige Beziehung zwischen $H(\cdot)$ und $\overline{F}(\cdot)$.

Satz 1.1 *Im allgemeinen Fall gilt*

$$\overline{F}(s) = \exp(-H^{(c)}(s)) \prod_{u \leq s} (1 - \Delta H(u)) \; . \tag{1.6}$$

Bemerkung: Die Integraldarstellung (1.1) besitzt bezüglich $\overline{F}(\cdot)$ eine eindeutige Lösung. Diese Lösung ist die in Gleichung (1.6) dargestellte Funktion $\overline{F}(\cdot)$. Eine ausführliche Darstellung des Beweises und andere wesentliche Fakten findet man in GILL, JOHANNSEN [30].

Die Formeln (1.1) und (1.6) bestimmen im allgemeinen Fall eine eineindeutige Beziehung zwischen $H(\cdot)$ und $\overline{F}(\cdot)$.

1.3 Momente von Lebensdauerverteilungen

In diesem Abschnitt sollen Momente einer zufälligen Lebensdauer sowie der bedingte Erwartungswert definiert werden.
Wir bezeichnen den Erwartungswert von S mit

$$m_{\mathrm{F}} = m_{\mathrm{F},1} = \int_0^\infty t\, dF(t) = \int_0^\infty t f(t)\, dt \; ,$$

wobei der letzte Term für absolut stetige Verteilungen gilt. Das zweite Moment wird mit

$$m_{\mathrm{F},2} = \int_0^\infty t^2 dF(t) \; ,$$

die Varianz mit

$$\sigma_{\mathrm{F}}^2 = m_{\mathrm{F},2} - (m_{\mathrm{F},1})^2$$

und das k–te Moment mit

$$m_{\mathrm{F,k}} = \int_0^\infty t^k \, dF(t) \,.$$

bezeichnet. Für Lebesgue–Stieltjes–Integrale besitzt die Formel der partiellen Integration folgende Form:

$$G_1(s)G_2(s) - G_1(0)G_2(0) = \int_0^s G_1(t) \, dG_2(t) + \int_0^s G_2(t) \, dG_1(t) =$$

$$= \int_0^s G_1(t-) \, dG_2(t) + \int_0^s G_2(t-) \, dG_1(t) + \sum_{0 \le t \le s} \Delta G_1(t)\Delta G_2(t) \,.$$

Wenn das k–te Moment existiert ($m_{\mathrm{F,k}} < \infty$), so kann man durch partielle Integration mit $s = \infty$, $G_1(t) = F(t)$, $G_2(t) = t^k$, $t \ge 0$ eine nützliche Beziehung erhalten:

$$m_{\mathrm{F,k}} = \int_0^\infty t^k \, dF(t) = -\int_0^\infty t^k \, d\overline{F}(t) = -t^k\overline{F}(t)\,|_0^\infty + \int_0^\infty k \cdot t^{k-1}\overline{F}(t-) \, dt =$$

$$= k\int_0^\infty t^{k-1}\overline{F}(t-) \, dt = k\int_0^\infty t^{k-1}\overline{F}(t) \, dt \,, \tag{1.7}$$

da $\lim_{t\to\infty} t^k\overline{F}(t) = 0$, wenn $m_{\mathrm{F,k}} < \infty$ ist. Speziell erhält man also für den Erwartungswert

$$m_{\mathrm{F}} = \int_0^\infty \overline{F}(t-) \, dt = \int_0^\infty \overline{F}(t) \, dt \,.$$

Wir führen nun die Begriffe *bedingte Verteilung* und *bedingter Erwartungswert* ein.

Wir betrachten zwei zufällige Vektoren $X \in R^p$, $Y \in R^q$ und ihre gemeinsame Verteilung $\mathrm{P}_{X,Y}(A,B)$, wobei A und B beliebige Borelmengen mit $A \in R^p$ und $B \in R^q$ sind. Die Randverteilung des zufälligen Vektors X ist durch $\mathrm{P}_X(A) = \mathrm{P}_{X,Y}(A, R^q)$ gegeben. Als Randverteilung für Y erhält man entsprechend $\mathrm{P}_Y(B) = \mathrm{P}_{X,Y}(R^p, B)$.

Definition 1.6 *Wenn für beliebige Borelmengen A und B die Beziehung*

$$\mathrm{P}_{X,Y}(A,B) = \int_A \mathrm{P}_{Y|X}(B,x)\mathrm{P}_X(dx) \tag{1.8}$$

gilt, so nennt man den Integrationskern $\mathrm{P}_{Y|X}(\cdot, x)$ bedingte Verteilung der Zufallsgröße Y bezüglich eines (beliebigen) gegebenen Wertes x der Zufallsgröße X.

Die Existenz der bedingten Verteilung $P_{Y|X}(\cdot, x)$ folgt dabei aus dem Satz von RADON–NIKODYM, siehe z.B. BAUER [12]. Wenn eine Dichtefunktion existiert, so nimmt die Gleichung (1.8) folgende Form an:

$$p_{X,Y}(x,y) = p_{Y|X}(y,x)p_X(x)\,, \quad \text{wobei} \quad P_{Y|X}(B,x) = \int_B p_{Y|X}(y,x)dy\,. \quad (1.9)$$

Da für beliebige feste x die bedingte Verteilung $P_{Y|X}(\cdot, x)$ eine Wahrscheinlichkeitsverteilung darstellt, kann man Erwartungswerte betrachten, z.B.

$$\int_{R^q} g(y)P_{Y|X}(dy, x)\,. \quad (1.10)$$

Definition 1.7 *Die für beliebige Werte x von X definierte Zufallsgröße* $E(g(Y)|X)$ *mit*

$$E(g(Y)|x) := \int_{R^q} g(y)P_{Y|X}(dy, x) \quad (1.11)$$

heißt bedingte Erwartung *der Zufallsgröße $g(Y)$ bezüglich X.*

Als Beispiel einer bedingten Verteilung wird im nächsten Abschnitt eine bedingte Normalverteilung betrachtet.

1.4 Einige spezielle Verteilungen

In diesem Abschnitt betrachten wir einige spezielle Verteilungen, die nicht nur in der Zuverlässigkeitstheorie, sondern auch in vielen anderen Anwendungsgebieten eine wesentliche Rolle spielen.

Wir betrachten eine Folge voneinander unabhängiger Versuche $\mathcal{E}_1, \mathcal{E}_2, \ldots$. In jedem dieser Versuche interessieren uns nur zwei Versuchsausgänge (das Eintreten eines zufälligen Ereignisses A bzw. des komplementären Ereignisses $\overline{A}$). Wir setzen voraus, daß die Wahrscheinlichkeit von A in jedem Versuch die gleiche ist: $P(A) = p$ $(0 < p < 1)$. Eine solche Folge von Versuchen heißt *Bernoullisches Versuchsschema*.

Ausgehend von diesem Versuchsschema untersuchen wir die Zufallsgröße X – zufällige Anzahl der Versuche (von insgesamt n Versuchen), in denen A eintritt, d.h. die absolute Häufigkeit des Ereinisses A in n unabhängigen Wiederholungen eines zufälligen Versuchs.

X kann die Werte $0, 1, \ldots, n$ mit den zugehörigen Einzelwahrscheinlichkeiten

$$P(X = k) = \binom{n}{k} p^k (1 - p)^{n-k}$$

annehmen.

Definition 1.8 *Eine diskrete Zufallsgröße X unterliegt einer* Binomialverteilung *mit den Parametern n und p, falls sie die Einzelwahrscheinlichkeiten*

$$P(X = k) = \binom{n}{k} p^k (1-p)^{n-k} \quad (k = 0, 1, \cdots, n)$$

besitzt.

Für Erwartungswert und Varianz gelten

$$E(X) = np, \qquad \text{Var}(X) = np(1-p).$$

Wir nehmen nun an, daß die Folge von Versuchen beim erstem Mißerfolg abgebrochen wird und untersuchen die Verteilung der Zufallsgröße Y: Anzahl der Versuche bis zum ersten Mißerfolg im Bernoulli–Versuchsschema. Offensichtlich kann Y die Realisierungen $1, 2, \ldots$ mit den Einzelwahrscheinlichkeiten $P(Y = k) = (1-p)\,p^{k-1}$ besitzen.

Definition 1.9 *Eine Zufallsgröße Y unterliegt einer* geometrischen Verteilung *mit dem Parameter* $0 < p < 1$, *wenn sie die Einzelwahrscheinlichkeiten*

$$P(Y = k) = (1-p)\,p^{k-1} \quad (k = 1, 2, \ldots)$$

besitzt.

Erwartungswert und Varianz einer geometrisch verteilten Zufallsgröße sind durch

$$E(Y) = \frac{1}{1-p}, \qquad \text{Var}(Y) = \frac{p}{(1-p)^2}$$

gegeben.

Wenn im Bernoullischen Versuchsschemas die Anzahl n der unabhängigen Versuche ist sehr groß, die Wahrscheinlichkeit $p_n = P(A)$ des interessierenden Ereignisses A in jedem einzelnen Versuch (bei einer Serie von n Versuchen) jedoch sehr klein werden, so lassen sich unter den Voraussetzungen

$$n \to \infty, \quad p_n \to 0, \quad np_n \to \lambda > 0$$

für X die Einzelwahrscheinlichkeiten

$$P(X = k) = \frac{\lambda^k}{k!} e^{-\lambda} \quad (k = 0, 1, 2, \ldots)$$

als Grenzwerte der Einzelwahrscheinlichkeiten der Binomialverteilung herleiten.

Definition 1.10 *Eine diskrete Zufallsgröße X unterliegt einer* Poissonverteilung *mit dem Parameter $\lambda > 0$, wenn sie die Einzelwahrscheinlichkeiten*

$$P(X = k) = \frac{\lambda^k}{k!} e^{-\lambda} \quad (k = 0, 1, 2, \ldots)$$

besitzt.

Für Erwartungswert und Varianz erhält man:

$$E(X) = \sum_{k=0}^{\infty} k \frac{\lambda^k}{k!} e^{-\lambda} = \lambda; \quad \operatorname{Var}(X) = \sum_{k=0}^{\infty} k^2 \frac{\lambda^2}{k!} e^{-\lambda} - \lambda^2 = \lambda,$$

d.h. Erwartungswert und Varianz dieser Verteilung sind gleich.
Bemerkung 1: Die Poissonverteilung hat besondere Bedeutung in der Theorie Poissonscher Punktprozesse, auf die wir im Abschnitt 3.2 näher eingehen.
Bemerkung 2: Zwei unabhängige Zufallsgrößen sind genau dann poissonverteilt, wenn ihre Summe poissonverteilt ist.

Wir betrachten nun einige wesentliche stetige Verteilungen.

Definition 1.11 *Eine stetige Zufallsgröße X mit der Verteilungsfunktion:*

$$F_\lambda(s) = \begin{cases} 1 - e^{-\lambda s} & \text{für } s \geq 0,\ \lambda > 0 \\ 0 & \text{sonst} \end{cases}$$

heißt exponentialverteilt *mit dem Parameter λ.*

Die Dichtefunktion dieser Verteilung ist:

$$f_X(x) = \begin{cases} \lambda e^{-\lambda x} & \text{für } x \geq 0,\ \lambda > 0, \\ 0 & \text{sonst} \ . \end{cases}$$

Die Momente k-ter Ordnung ergeben sich aus Formel 1.7:

$$m_{F_\lambda, k} = k \int_0^\infty t^{k-1} \overline{F}(t)\, dt = k \int_0^\infty t^{k-1} e^{-\lambda t}\, dt = \frac{k!}{\lambda^k}$$

Speziell erhält man für Erwartungswert und Varianz

$$E(X) = \frac{1}{\lambda} \quad \text{und} \quad \operatorname{Var}(X) = \frac{1}{\lambda^2}.$$

Die Exponentialverteilung verfügt über eine Reihe bemerkenswerter Eigenschaften. Die wichtigste dieser Eigenschaften ist die Gedächtnislosigkeit.
Betrachten wir die Restlebensdauer eines Elementes

$$S_t = \begin{cases} S - t, & t < S \\ 0, & t \geq S . \end{cases} \qquad (1.12)$$

Dabei gilt $\{S_t > 0\}$ genau dann, wenn $\{S > t\}$. Die bedingte Wahrscheinlichkeit $\overline{F}_t(s)$ des Ereignisses, daß in der Zeit von t bis $t+s$ kein Ausfall stattfindet unter der Bedingung, daß vor der Zeit t kein Ausfall war, kann dann folgendermaßen berechnet werden:

$$\overline{F}_t(s) = \frac{\mathrm{P}(S_t > s, S > t)}{\mathrm{P}(S > t)} = \frac{\mathrm{P}(S > t + s)}{\mathrm{P}(S > t)} = \frac{\overline{F}_\lambda(t + s)}{\overline{F}_\lambda(t)} = \frac{e^{-\lambda(t+s)}}{e^{-\lambda t}} = e^{-\lambda s} .$$

Damit hängt die Wahrscheinlichkeit davon, daß das Element nach t Zeiteinheiten weitere s Zeiteinheiten ausfallfrei arbeitet, nicht vom Zeitpunkt t ab. Die Restlebensdauer besitzt die gleiche Verteilung wie die Lebensdauer eines neuen Elementes.

Die Normalverteilung ist eine der wesentlichsten Verteilungen in der Wahrscheinlichkeitstheorie.

Definition 1.12 *Eine stetige Zufallsgröße W mit der Dichtefunktion*

$$f_W(x) = \varphi_{\mu,\sigma^2}(x) = \frac{1}{\sqrt{2\pi\sigma^2}} \exp(-\frac{(x - \mu)^2}{2\sigma^2}), \quad x \in \mathbf{R}$$

heißt normalverteilt *mit den Parametern μ und σ^2.*

Die beiden Parameter μ und σ^2 stellen Erwartungswert und Varianz der Normalverteilung dar.
Wir betrachten nun einen zufälligen Vektor $\underline{W}_m = (W_1, \ldots, W_m)$. Wenn $\mathrm{E}(W_k^2) < \infty$, so kann man den Erwartungswertvektor $\underline{\mu}_m = (\mu_1, \ldots, \mu_m)$, $\mathrm{E}(W_k) = \mu_k$ und die Kovarianzmatrix $\Sigma = (\sigma_{kl})$ mit

$$\sigma_{kl} = \mathrm{E}(W_k - \mu_k)(W_l - \mu_l)$$

betrachten. Im Fall $m = 2$ besitzen die Elemente der Kovarianzmatrix folgendes Aussehen: $\sigma_{11} = \sigma_1^2$ und $\sigma_{22} = \sigma_2^2$ stellen die Varianzen der ersten bzw. zweiten Komponente dar und $\sigma_{12} = \rho\sigma_1\sigma_1$, wobei ρ der Korrelationskoeffizient mit $|\rho| \leq 1$ ist. Wenn die Kovarianzmatrix den Rang m besitzt, d.h. wenn $\det\Sigma > 0$, so existiert die inverse Matrix $\Sigma^{-1} = (\sigma^{kl})$ und man kann eine mehrdimensionale Dichte definieren.

Definition 1.13 *Eine m-dimensionalen stetige Zufallsgröße $\underline{W}_m$ unterliegt einer m-dimensionalen Normalverteilung mit dem Erwartungswertvektor $\underline{\mu} = (\mu_1, \ldots, \mu_m)^T$ und der Kovarianzmatrix $\Sigma = (\sigma_{kl})$, $k, l = 1, \ldots, m$, wenn sie die Dichtefunktion*

$$\varphi_{\underline{\mu}, \Sigma}(s_1, \ldots, s_m) \;=\; \frac{1}{(2\pi)^{n/2}(\det\Sigma)^{1/2}} \times$$

$$\times \exp\left(-\frac{1}{2} \sum_{k,l=1}^{m} (s_k - \mu_k)\sigma^{kl}(s_l - \mu_l)\right)$$

und die Verteilungsfunktion

$$\Phi_{\underline{\mu}, \Sigma}(t_1, \ldots, t_m) = \int\limits_{-\infty}^{t_1} \cdots \int\limits_{-\infty}^{t_m} \varphi_{\underline{\mu}, \Sigma}(s_1, \ldots, s_m)\, ds_1 \cdots ds_m$$

besitzt.

Beispiel 1.2 Im Falle $m = 2$ besitzen die Kovarianzmatrix und ihre Inverse das folgende Aussehen:

$$\Sigma = \begin{pmatrix} \sigma_1^2 & \rho\sigma_1\sigma_2 \\ \rho\sigma_1\sigma_2 & \sigma_2^2 \end{pmatrix}, \qquad \Sigma^{-1} = \frac{1}{\sigma_1^2\sigma_2^2(1-\rho^2)} \begin{pmatrix} \sigma_2^2 & -\rho\sigma_1\sigma_2 \\ -\rho\sigma_1\sigma_2 & \sigma_1^2 \end{pmatrix}$$

und wir erhalten folgende Dichte der zweidimensionalen Normalverteilung:

$$\varphi_{\underline{\mu}, \Sigma}(s_1, s_2) = \frac{1}{(2\pi)\sigma_1\sigma_2(1-\rho^2)^{1/2}} \times$$

$$\times \exp\left(-\frac{\sigma_2^2(s_1 - \mu_1)^2 - 2\rho\sigma_1\sigma_2(s_1 - \mu_1)(s_2 - \mu_2) + \sigma_1^2(s_2 - \mu_2)^2}{2\sigma_1^2\sigma_2^2(1-\rho^2)}\right).$$

Diese zweidimensionale Dichte läßt sich bezüglich der beiden Veränderlichen s_1 und s_2 folgendermaßen zerlegen:

$$\varphi_{\underline{\mu}, \Sigma}(s_1, s_2) = \varphi_{\mu_2 + \rho\frac{\sigma_2}{\sigma_1}(s_1 - \mu_1),\, \sigma_2^2(1-\rho^2)}(s_2)\, \varphi_{\mu_1, \sigma_1^2}(s_1).$$

Damit ist die gemeinsame Dichte darstellbar als Produkt der Dichte der ersten Komponente und einer bedingten Dichte der zweiten Komponente unter der Bedingung $W_1 = s_1$ (vergleiche Formel (1.9)). Die bedingte Dichte der zweiten Komponente ist wiederum normalverteilt mit dem Erwartungswert $\mu_2 + \rho\frac{\sigma_2}{\sigma_1}(s_1 - \mu_1)$ und der Varianz $\sigma_2^2(1-\rho^2)$. $\qquad\Diamond$

1.5 Übungen

Übung 1.1 Wie groß ist im Beispiel 1.1 der Erwartungswert der zufälligen Anzahl von Systemen, die mehr als zwei ausgefallene Elemente enthalten?

Übung 1.2 Berechnen Sie die Varianzen der im Beispiel 1.1 angegebenen Schätzungen $\mathrm{Var}(\hat{p}_{vS})$, $\mathrm{Var}(\hat{p}_{uS})$ sowie

$$\lim_{n\to\infty} \frac{\mathrm{Var}(\hat{p}_{vS})}{\mathrm{Var}(\hat{p}_{uS})} \, .$$

(Hinweis: Benutzen Sie die Beziehungen $\mathrm{E}Z_{ij}^k = \mathrm{E}Z_{ij} = p_i$, $\mathrm{E}(Z_{ij}^k \cdot Z_{i'j'}^l) = \mathrm{E}Z_{ij}^k \cdot \mathrm{E}Z_{i'j'}^l$, $i',j' \neq i,j$).

Übung 1.3 Gegeben seien k unabhängige und identisch exponentialverteilte Zufallsgrößen $S_i \sim F_\lambda(s)$. Zeigen Sie, daß die Summe dieser Zufallsgrößen einer Erlangverteilung der Stufe k unterliegt, d.h.

$$\mathrm{P}(S_1 + \cdots + S_k \leq t) = \int_0^t \frac{\lambda^k u^{k-1}}{(k-1)!} \exp(-\lambda u)\, du \, .$$

Übung 1.4 Gegeben seien zwei unabhängige normalverteilte Zufallsgrößen $W_i \sim N(0,1)$, $i = 1,2$. Zeigen Sie, daß die Summe der Quadrate dieser Zufallsgrößen einer Exponentialverteilung mit dem Parameter $\lambda = 1/2$ unterliegt, d.h.

$$\mathrm{P}(W_1^2 + W_2^2 > t) = \exp(-t/2) \, .$$

2 Lebensdauerverteilungen

In diesem Kapitel sollen die wichtigsten in der Zuverlässigkeitstheorie verwendeten Lebensdauerverteilungen vorgestellt werden. In den ersten beiden Abschnitten werden nichtparametrische Familien von Verteilungen, die auf Alterungsbegriffen beruhen, vorgestellt. Der dritte Abschnitt ist einer kurzen Darstellung der wichtigsten parametrischen Verteilungsfamilien gewidmet.

2.1 Die Familie der IFR–Verteilungen

Wir beginnen die Betrachtungen mit der oft verwendeten Familie von Verteilungen mit wachsender Ausfallrate.
Sei S die zufällige Lebensdauer eines Elementes mit der Überlebensfunktion $\overline{F}(s)$. Wir nehmen an, daß das Element bereits eine Zeit t überlebt hat $(\overline{F}(t) > 0)$ und bezeichnen mit $\overline{F}_t(s)$ die bedingte Wahrscheinlichkeit, daß in einem folgenden Intervall $(t, t+s]$ der Länge s kein Ausfall stattfindet:

$$\overline{F}_t(s) = \frac{\overline{F}(t+s)}{\overline{F}(t)} \ .$$

Definition 2.1 *Die Verteilungsfunktion $F(\cdot)$ besitzt eine* wachsende Ausfallrate, *wenn für jedes $s \geq 0$ und $t_1 \leq t_2$*

$$\frac{\overline{F}(t_1 + s)}{\overline{F}(t_1)} \geq \frac{\overline{F}(t_2 + s)}{\overline{F}(t_2)} \tag{2.1}$$

gilt, d.h. wenn die bedingte Ausfallwahrscheinlichkeit monoton wachsend ist. Die Familie solcher Verteilungsfunktionen heißt Familie von Verteilungen mit wachsender Ausfallrate *(increasing failure rate) und wird mit $\mathfrak{F}_{IFR}$ bezeichnet.*

Bemerkung: Einige Autoren definieren die Familie $\mathfrak{F}_{IFR}$ über die Monotonie der Ausfallrate $h(u)$ aus dem Abschnitt 1.2. Das setzt jedoch die Existenz einer Dichte voraus, so daß wir die obige allgemeinere Definition bevorzugen. Besitzt $F(t)$ eine Dichte, so ist (2.1) äquivalent dazu, daß $h(s)$ monoton wächst. Diese Aussage folgt sofort mittels der Beziehungen (1.3) und (1.5), da

$$\frac{\overline{F}(t+s)}{\overline{F}(t)} = \frac{\exp(-\int_0^{t+s} h(u)du)}{\exp(-\int_0^t h(u)du)} = \exp(-\int_t^{t+s} h(u)du) \ .$$

Einen Spezialfall in dieser Familie stellen die altersunabhängigen Verteilungen
dar. Von diesen Verteilungen fordern wir, daß

$$\overline{F}_t(s) = \frac{\overline{F}(t+s)}{\overline{F}(t)} = \overline{F}(s)$$

gilt.

Beispiel 2.1 Wir betrachten die Familie $\mathfrak{F}_\mathrm{E}$ von Exponentialverteilungen mit
der Überlebensfunktion

$$\overline{F}(s) = e^{-\lambda s} = e^{-s/\theta} \in \mathfrak{F}_\mathrm{E} \, .$$

Es handelt sich hier um eine einparametrische Familie von Verteilungen mit dem
Parameter λ, $\Theta = (\lambda : \lambda > 0)$ oder mit dem Parameter $\theta = \frac{1}{\lambda}$, $\Theta = (\theta : \theta > 0)$.
Es wurde schon gezeigt, daß diese Familie von Verteilungen über die Eigenschaft
der Altersunabhängigkeit verfügt. Sie ist die einzige Familie unter den stetigen
Lebensdauerverteilungen mit dieser Eigenschaft. Setzt man nämlich voraus, daß
eine stetige Verteilungsfunktion $F(t)$ eine konstante Ausfallfate $h(u) = \lambda$, $u \geq$
0, besitzt, so erhält man aus (1.3) und (1.5)

$$\overline{F}(t) = e^{-\int_0^t \lambda du} = e^{-\lambda t}, \ t \geq 0,$$

und damit die Exponentialverteilung. $\Diamond$

Beispiel 2.2 Nun betrachten wir eine weitere Familie von Verteilungen, die in
der Zuverlässigkeitstheorie häufig verwendete Weibullverteilung $\mathfrak{F}_{\mathrm{W},2}$. Es handelt sich hier um eine zweiparametrische Familie mit der Überlebensfunktion

$$\overline{F}(s, \theta) = \overline{F}(s, \alpha, \beta) = e^{-(s/\alpha)^\beta}$$

und dem Parameter

$$\underline{\theta} = (\alpha, \beta), \quad \Theta = ((\alpha, \beta) : \alpha > 0, \ \beta > 0) \, .$$

Für diese Familie erhält man

$$\frac{\overline{F}(t+s)}{\overline{F}(t)} = \exp\left(-\left(\frac{t+s}{\alpha}\right)^\beta + \left(\frac{t}{\alpha}\right)^\beta \right) \, .$$

Um zu untersuchen, wann die Weibullverteilung zur IFR–Familie gehört, betrachten wir die Funktion $g(t) = (t+s)^\beta - t^\beta$.

Wenn $g(t)$ monoton wachsend für wachsende t ist, so liegt F in der Familie $\mathfrak{F}_{\mathrm{IFR}}$. Bildet man die Ableitung dieser Funktion:

$$\frac{dg(t)}{dt} = \beta(t+s)^{\beta-1} - \beta t^{\beta-1} = \beta t^{\beta-1}\left(\left(1+\frac{s}{t}\right)^{\beta-1} - 1\right),$$

so gilt $\frac{dg(t)}{dt} \geq 0$ für $\beta \geq 1$, d.h. die Weibullverteilung gehört zur IFR-Familie, wenn $\beta \geq 1$ ist. Für $\beta = 1$ erhält man den Spezialfall der Exponentialverteilung, also eine konstante Ausfallrate oder Altersunabhängigkeit. Wenn $\beta < 1$ ist, gehört die Weibullverteilung nicht zur Familie der IFR–Verteilungen. $\Diamond$

Im folgenden sollen einige Eigenschaften der IFR-Familie aufgeführt werden.

Satz 2.1 *Eine Verteilungsfunktion $F \in \mathfrak{F}_{IFR}$ besitzt höchstens einen Sprung. Wenn sie einen Sprung besitzt, so handelt es sich um einen Sprung auf 1.*

Beweis: Wir nehmen an, daß die Verteilungsfunktion F im Punkte t einen Sprung $\Delta F(t) > 0$ besitzt, jedoch nicht auf 1 springt. Dann existiert ein Punkt $t' > t$ so, daß $F(t') < 1$ und $\overline{F}(t') > 0$ sind. Die Menge aller Sprünge ist abzählbar, jedoch die Menge der Punkte auf dem Intervall (t, t') ist überabzählbar. Daher kann man ein $s : t < t+s < t'$ finden, so daß $t+s$ ein Stetigkeitspunkt von $F(\cdot)$ ist, d.h.

$$\overline{F}((t+s)-) = \overline{F}(t+s).$$

Da $F(t) < 1$, $\overline{F}(t) > 0$ und $\Delta F(t) > 0$ gilt, erhält man

$$\frac{\overline{F}(t+s)}{\overline{F}(t)} = \frac{\overline{F}((t+s)-)}{\overline{F}(t-) - \Delta F(t)} > \frac{\overline{F}((t+s)-)}{\overline{F}(t-)} = \lim_{h_n \downarrow 0} \frac{\overline{F}(t-h_n+s)}{\overline{F}(t-h_n)}.$$

Daher gilt für genügend große n

$$\frac{\overline{F}(t-h_n+s)}{\overline{F}(t-h_n)} < \frac{\overline{F}(t+s)}{\overline{F}(t)}$$

und man hat einen Widerspruch zur Annahme, daß $F \in \mathfrak{F}_{\mathrm{IFR}}$.
Damit ist bewiesen, daß eine Verteilungsfunktion aus der Familie der IFR–Verteilungen keine Sprünge besitzen kann, außer einem letzten Sprung auf 1 (Abbildung 2.1). $\blacksquare$

Folgerung 2.1 *Für Verteilungsfunktionen $F \in \mathfrak{F}_{IFR}$ und $F(s) < 1$ gilt*

$$\overline{F}(s) = e^{-H(s)}, \tag{2.2}$$

wobei $H(s)$ die im Abschnitt 1.2 definierte Hazardfunktion ist.

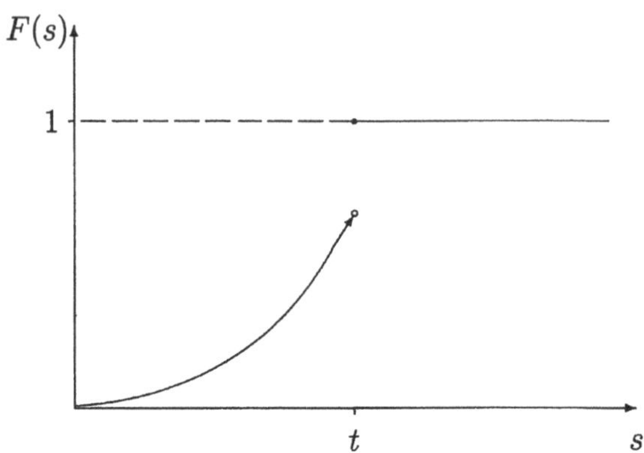

Abbildung 2.1: Mögliches Sprungverhalten einer Verteilungsfunktion aus der IFR-Familie

Beweis: Diese Eigenschaft folgt sofort aus der Stetigkeit der Funktion $F(s)$ auf dem Intervall $[0, s]$, wenn $F(s) < 1$. Selbstverständlich ist $H(s)$ ebenfalls eine stetige Funktion auf $[0, s]$. ∎

Satz 2.2 *Eine Verteilungsfunktion F gehört genau dann zur Familie $\mathfrak{F}_{IFR}$, wenn ihre Hazardfunktion $H(\cdot)$ für alle s : $F(s) < 1$ eine stetige konvexe Funktion ist.*

Beweis: Wir zeigen zuerst die Notwendigkeit. Sei $F \in \mathfrak{F}_{IFR}$. Dann folgt aus Satz 2.1, daß $F(\cdot)$ eine stetige Funktion für alle s : $F(s) < 1$ ist. Aus Folgerung 2.1 erhält man, daß für diese s auch $H(\cdot)$ eine stetige Funktion ist. Weiterhin gilt

$$\frac{\overline{F}(t+s)}{\overline{F}(t)} = \exp\left(-(H(t+s) - H(t))\right) \quad \text{wobei} \quad H(t+s) - H(t) \uparrow \ (t \uparrow).$$

Dann erhält man

$$H(t + \frac{s}{2}) - H(t) \leq H(t+s) - H(t + \frac{s}{2})$$

oder

$$2H\left(t + \frac{s}{2}\right) \leq H(t+s) + H(t).$$

Hieraus folgt

$$H\left(t + \frac{s}{2}\right) \leq \frac{H(t+s) + H(t)}{2}$$

und damit die Konvexität.

Sei nun $H(\cdot)$ eine stetige konvexe Funktion. Es soll gezeigt werden, daß diese Bedingung für die Zugehörigkeit zur IFR–Familie hinreichend ist. Zuerst betrachten wir den Fall zweier disjunkter Intervalle $(t_1, t_1 + s]$ und $(t_2, t_2 + s]$ mit $t_1 < t_1 + s \le t_2 < t_2 + s$.

In Abbildung 2.2 ist eine konvexe Funktion dargestellt. Die Punkte A_1 und

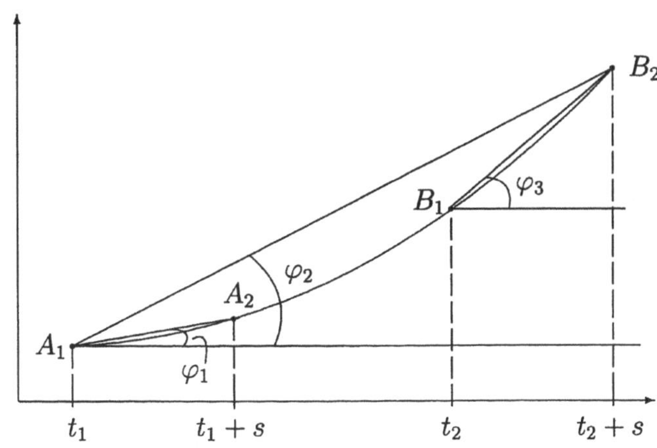

Abbildung 2.2: Das Verhalten einer konvexen Funktion

A_2 sowie die Punkte B_1 und B_2 werden durch Strecken verbunden, ebenfalls die Punkte A_1 und B_2. Für die dabei entstehenden Winkel gilt offensichtlich $\sphericalangle \varphi_1 \le \sphericalangle \varphi_2 \le \sphericalangle \varphi_3$ und $\tan \varphi_1 \le \tan \varphi_3$. Hieraus folgt

$$\tan \varphi_1 = \frac{H(t_1 + s) - H(t_1)}{s} \le \tan \varphi_3 = \frac{H(t_2 + s) - H(t_2)}{s}\,,$$

$$H(t_1 + s) - H(t_1) \le H(t_2 + s) - H(t_2), \quad t_1 < t_2$$

und aus Ungleichung (2.1) unter Berücksichtigung von (2.2) die Zugehörigkeit zur IFR–Familie. Es bleibt der Fall sich überschneidender Intervalle zu betrachten. Sei $t_1 < t_2 \le t_1 + s < t_2 + s$. Wir haben schon bewiesen, daß $H(t_2) - H(t_1) \le H(t_2 + s) - H(t_1 + s)$, da es sich hierbei um nichtüberschneidende Intervalle handelt.

Dann folgt

$$H(t_1 + s) - H(t_1) = H(t_2) - H(t_1) + H(t_1 + s) - H(t_2) \le$$
$$\le\; H(t_2 + s) - H(t_1 + s) + H(t_1 + s) - H(t_2) = H(t_2 + s) - H(t_2)\,.$$

Somit erhalten wir, daß die Funktionen $H(t + s) - H(t)$ monoton wachsend und $\overline{F}_t(s) = \exp\left(-(H(t + s) - H(t))\right)$ monoton fallend in t sind. Damit gilt $F \in \mathfrak{F}_{\mathrm{IFR}}$ und der Satz ist bewiesen. $\blacksquare$

Folgerung 2.2 *Eine Verteilungsfunktion $F(\cdot) \in \mathfrak{F}_{IFR}$ und die dazugehörige Hazardfunktion $H(\cdot)$ sind absolut stetige Funktionen für $s : F(s) < 1$.*

Beweis: Es wurde schon bewiesen, daß H eine stetige konvexe Funktion ist. Jede stetige konvexe Funktion ist absolut stetig und hat eine monoton wachsende Ableitung (siehe z.B. WALTER [64]). Sei $h(s) = \frac{dH(s)}{ds}$. Diese Ableitung existiert fast überall und ist wachsend, also kann man ohne Beschränkung der Allgemeinheit annehmen, daß $h(\cdot)$ eine rechtsseitig stetige Funktion ist und $h(s) < \infty$ wenn $F(s) < 1$. Aus Folgerung 2.1 erhält man

$$\frac{dF(s)}{ds} = h(s)\overline{F}(s) ,$$

also besitzt $F(\cdot)$ eine Ableitung und ist absolut stetig für alle s, für die $F(s) < 1$ ist. $\blacksquare$

Bemerkung: Wir haben IFR-Verteilungen allgemein definiert und im Gegensatz zur herkömmlichen Definiton keine Existenz einer Dichte gefordert. Es zeigt sich jedoch, daß IFR-Verteilungen absolut stetig für alle $s : F(s) < 1$ sein müssen.

Folgerung 2.3 *Für Verteilungen $F \in \mathfrak{F}_{IFR}$ existieren alle Momente $m_{F,k}$ von F.*

Beweis: Seien $F_1(\cdot)$ und $F_2(\cdot)$ zwei Verteilungsfunktionen und $H_1(\cdot)$, $H_2(\cdot)$ die zugehörigen Hazardfunktionen. Wenn $H_1(s) \geq H_2(s)$ ist und die Momente der Ordnung k von F_2 existieren, dann gilt $m_{\mathrm{F_1,k}} \leq m_{\mathrm{F_2,k}}$, denn nach (1.7) ist

$$m_{\mathrm{F_1,k}} = k \int_0^\infty t^{k-1}\overline{F}_1(t)\, dt = k \int_0^\infty t^{k-1}e^{-H_1(t)}\, dt \leq$$
$$\leq k \int_0^\infty t^{k-1}e^{-H_2(t)}\, dt = m_{\mathrm{F_2,k}} .$$

Seien nun $F_1 \in \mathfrak{F}_{\mathrm{IFR}}$ und F_2 eine Verteilung mit der Hazardfunktion $(H_2(t) = H_1'(s)(t - s) + H_1(s)) \vee 0$, wobei $a \vee b = \max(a, b)$. Diese Hazardfunktion erhält man, indem man im Punkt $A = (s, H(s))$ eine Tangente an die Funktion $H_1(\cdot)$ legt (siehe Abbildung 2.3). Die Funktion $H_2(\cdot)$ ist eine stetige konvexe Funktion, die die Bedingung $H_2(t) \leq H_1(t)$ erfüllt. Da

$$m_{\mathrm{F_2,k}} = k \int_0^\infty t^{k-1}\exp\left(-(H_1'(s)(t - s) + H_1(s)) \vee 0\right)\, dt < \infty$$

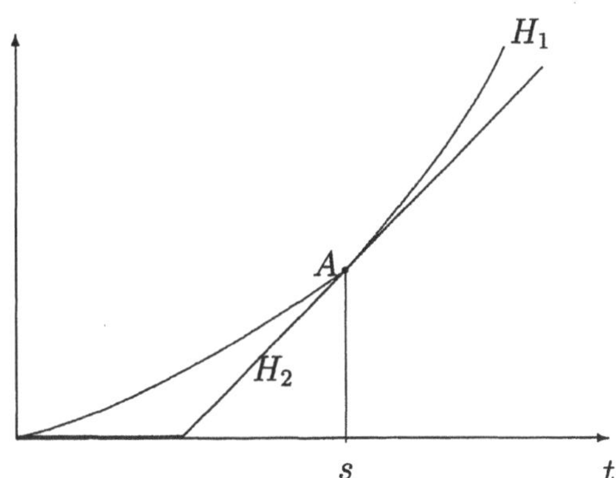

Abbildung 2.3: Zwei Hazardfunktionen

für alle $k = 1, 2, \ldots$, und $m_{F_2,k} \geq m_{F_1,k}$, ist die Aussage bewiesen. ∎

Wir wollen nun klären, ob es sich bei IFR–Verteilungen um parametrische Verteilungsfamilien handelt. Parametrische Verteilungsfamilien sind dadurch charakterisiert, daß ein endlichdimensionaler Parameterraum $\Theta \subseteq R^m$, $m < \infty$ so existiert, daß jede Verteilungsfunktion aus dieser Familie eindeutig durch einen Punkt des Parameterraumes beschrieben werden kann (wie z. B. bei der Familie der Weibullverteilungen). Ist es nicht möglich, einen endlichdimensionalen Raum Θ zu finden, so liegt eine nichtparametrische Familie von Verteilungen vor.

Folgerung 2.4 *Die Familie* $\mathfrak{F}_{IFR}$ *ist eine nichtparametrische Familie von Verteilungen.*

Beweis: Wir betrachten eine parametrische Familie von Verteilungen $\mathfrak{F}_r$, wobei eine Verteilung aus dieser Familie durch

$$\overline{F}_\theta = \overline{F}_\theta(s) = \exp\left(-\int_0^s h_r(u)\,du\right)$$

mit $h_r(u) = h_k$ für $s_{k-1} \leq u < s_k$, $k = 1, \ldots, r$ und der Parameterraum Θ_r durch

$$\Theta_r = ((h_1, \cdots, h_r, s_1, \cdots, s_r) : h_{k+1} > h_k, \ s_{k+1} \geq s_k, \ k = 0, \ldots, r) \, .$$

gegeben sind (siehe Abbildung 2.4). Die Dimension des Parameters ist $2r$. Es ist offensichtlich, daß $\mathfrak{F}_r \subseteq \mathfrak{F}_{IFR}$. Da r beliebig groß gewählt werden kann, gehört die IFR–Familie zu den nichtparametrischen Familien von Verteilungen. ∎

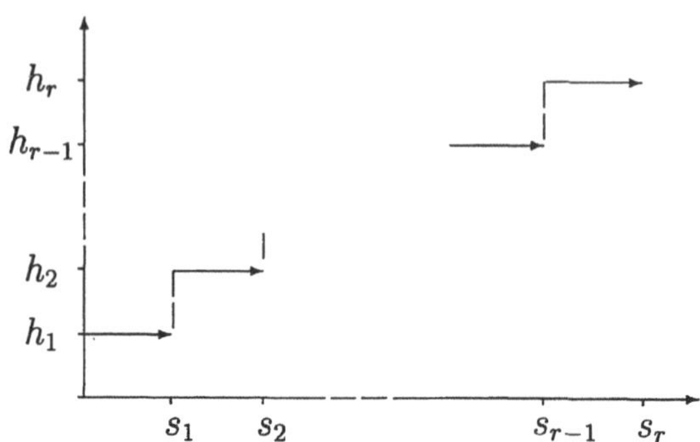

Abbildung 2.4: Der Parameter einer Verteilung aus $\mathfrak{F}_r$

Satz 2.3 (Beichelt, Franken [13]) *Für $F \in \mathfrak{F}_{IFR}$ gilt*

$$\frac{m_{F,k+1} \cdot m_{F,k-1}}{(k+1)!(k-1)!} \le \left(\frac{m_{F,k}}{k!}\right)^2 . \tag{2.3}$$

Speziell gilt für $k = 1$

$$m_{F,2} \le 2m_{F,1}^2 . \tag{2.4}$$

Bemerkung: Es ist gut bekannt, daß für eine konvexe Funktion φ, und eine nichtnegative Zufallsgröße S die Ungleichung $\varphi(\mathrm{E}(S)) \le \mathrm{E}(\varphi(S))$ (Jensensche Ungleichung) gilt. Wählen wir $\varphi(t) = t^{(k+1)/k}$, so erhalten wir

$$\left(\mathrm{E}(S^k)\right)^{(k+1)/k} \le \mathrm{E}\left((S^k)^{(k+1)/k}\right) \le \mathrm{E}(S^{k+1})$$

$$\text{und daraus} \quad \left(\mathrm{E}(S^k)\right)^{1/k} \le \left(\mathrm{E}(S^{k+1})\right)^{1/(k+1)} \quad k = 1, 2, \dots .$$

Mit dieser Ungleichung ist es möglich, jeweils die niedrigeren Momente durch die höheren Momente abzuschätzen. Die im Satz 2.3 angegebene Ungleichung gestattet es jedoch, höhere Momente durch Momente niedrigerer Ordnung abzuschätzen, wenn die betrachtete Verteilung zur IFR–Familie gehört.

Satz 2.4 *Sei $F \in \mathfrak{F}_{IFR}$. Dann gilt*

$$\text{(i)} \quad \overline{F}(s) \ge \exp\left(-\frac{s}{m_F}\right) \quad \text{für} \quad s \le m_F = m_{F,1} ,$$

$$\text{(ii)} \quad \overline{F}(s) \le \exp\left(-w(s)s\right) \quad \text{für} \quad s > m_F .$$

Wobei $w(s)$ die Lösung der Gleichung $1 - wm_F = e^{-ws}$ ist.

Beweis: Die Aussage (i) des Satzes ist ein Spezialfall des folgenden Satzes 2.5 aus BARLOW, PROSHAN [7]. Wir bringen hier allerdings einen etwas anderen Beweis. Betrachten wir zwei Abbildungen $s \to z = H(s)$, $s > 0$ und $z \to s = R(z)$, $z > 0$. Hierbei ist $H(\cdot)$ die zu F gehörige Hazardfunktion und $R(\cdot)$ ist die Umkehrfunktion: $R(\cdot) = H^{-1}(\cdot)$. Somit gilt $H(R(z)) = z$. Diese beiden Funktionen sind in Abbildung 2.5 dargestellt. Wenn $F \in \mathfrak{F}_{\mathrm{IFR}}$, so sind $H(\cdot)$

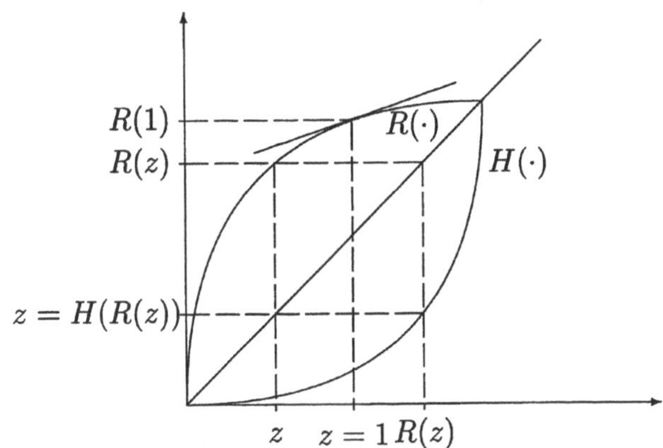

Abbildung 2.5: Die Funktionen $H(\cdot)$ und $R(\cdot)$

und $R(\cdot)$ rechtsseitig differenzierbar. $H(\cdot)$ ist konvex und $R(\cdot)$ ist konkav. Nun betrachten wir den Punkt $(z = 1, s = R(1))$ und legen in diesem Punkt eine Tangente an die Kurve $R(\cdot)$. Da $R(\cdot)$ konkav ist, gilt die Ungleichung

$$R(z) \leq R(1) + R'(1)\,(z-1) \quad \text{mit} \quad R'(1) = \lim_{h \downarrow 0} \frac{R(1+h) - R(1)}{h} \ .$$

Da

$$dF(s) = -d(e^{-H(s)}) = e^{-H(s)}\,dH(s)$$

erhalten wir für das erste Moment

$$m_{\mathrm{F}} = \int_0^\infty s\,dF(s) = \int_0^\infty s\,e^{-H(s)}\,dH(s) \ .$$

Führen wir jetzt im Integral die Substitution $H(s) = z$, $s = R(z)$ durch, so erhalten wir

$$m_{\mathrm{F}} = \int_0^\infty R(z)\,e^{-z}\,dz \leq \int_0^\infty [R(1) + R'(1)(z-1)]\,e^{-z}\,dz =$$

$$= R(1)\int_0^\infty e^{-z}\,dz + R'(1)\int_0^\infty (z-1)\,e^{-z}\,dz = R(1) \ .$$

Somit gilt $m_F \le R(1)$ oder $H(m_F) \le H(R(1)) = 1$ und damit $\frac{H(m_F)}{m_F} \le \frac{1}{m_F}$.
Aus der Konvexität von $H(\cdot)$ erhalten wir $\frac{H(s)}{s} \uparrow (\uparrow s)$, daraus folgt

$$\frac{H(s)}{s} \le \frac{H(m_F)}{m_F} \le \frac{1}{m_F} \quad \text{für} \quad s \le m_F .$$

Somit gilt

$$H(s) \le \frac{s}{m_F}$$

und damit

$$\overline{F}(s) = e^{-H(s)} \ge e^{-s/m_F} \quad \text{für} \quad s \le m_F$$

und (i) ist bewiesen.
Zum Beweis der zweiten Ungleichung betrachten wir eine weitere Überlebensfunktion

$$\overline{G}_s(t) = \begin{cases} e^{-wt}, & t < s , \\ 0, & t \ge s . \end{cases}$$

Die zu dieser Überlebensfunktion gehörige Hazard–Funktion ist

$$H_s(t) = \begin{cases} wt, & t < s , \\ \infty, & t \ge s . \end{cases}$$

w wird nun so gewählt, daß m_F auch der Erwartungswert der Überlebensfunktion $\overline{G}_s(t)$ ist:

$$m_F = \int_0^\infty \overline{G}_s(t)\,dt = \int_0^s e^{-wt}\,dt = \frac{1 - e^{-ws}}{w} .$$

Daraus folgt, daß man w als eine Lösung der Gleichung $1 - w m_F = e^{-ws}$ suchen
muß. Die Gleichung $1 - ax = e^{-bx}$ besitzt für $a < b$ eine eindeutige von Null
verschiedene Lösung. In unserem Fall (siehe Abbildung 2.6) gilt das für $s > m_F$.

Wenn wir nun annehmen, daß für alle $t < s$ $\overline{F}(t) > \overline{G}_s(t)$, dann gilt

$$m_F = \int_0^\infty \overline{F}(t)\,dt \ge \int_0^s \overline{F}(t)\,dt > \int_0^s \overline{G}_s(t)\,dt = m_F$$

und wir erhalten einen Widerspruch. Also schneiden sich $\overline{G}_s(\cdot)$ und $\overline{F}(\cdot)$ vor der
Zeit s. Dann gilt $\overline{F}(s) \le \overline{G}_s(s-) = e^{-w(s)s}$, $s > m_F$ und damit ist die zweite
Ungleichung bewiesen. Abbildung 2.7 zeigt, wie die beiden Überlebensfunktionen $\overline{F}(s)$ und e^{-ws} aussehen.   ∎

Der nächste Satz zeigt, daß die Schranken (durch Anwendung der Jensenschen
Ungleichung) verbessert werden können.

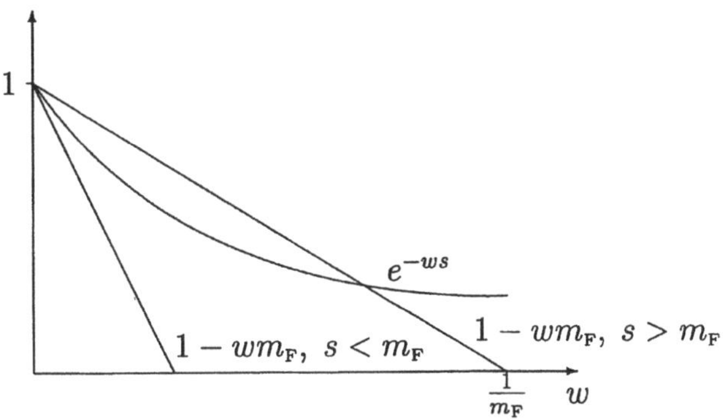

Abbildung 2.6: Die Lösung der Gleichung bei $s > m_F$

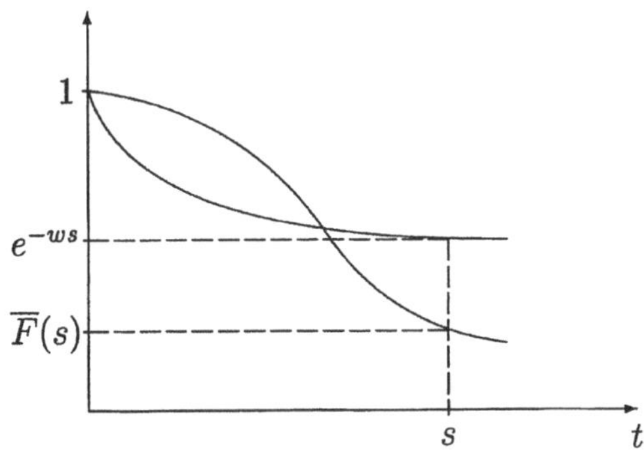

Abbildung 2.7: Zwei Überlebensfunktionen

Satz 2.5 *Wenn $F \in \mathfrak{F}_{IFR}$, dann existieren alle Momente und es gilt $m_{F,k}^{1/k} \leq m_{F,k+1}^{1/(k+1)} \leq \ldots$ sowie*

$$\overline{F}(t) \geq \begin{cases} \exp(-t(\frac{k!}{m_{F,k}})^{1/k}), & t \leq m_{F,k}^{1/k}, \\ 0, & t > m_{F,k}^{1/k}. \end{cases}$$

Den Beweis dieses Satzes findet man in BEICHELT, FRANKEN [13], BARLOW, PROSHAN [7].

Die nächste Behauptung enthält eine wichtige Eigenschaft der IFR–Verteilungen.

Satz 2.6 (Barlow, Proshan [7]) *Wenn $F_1, F_2 \in \mathfrak{F}_{IFR}$, dann gehört die Faltung ebenfalls zu dieser Familie: $F_1 * F_2 \in \mathfrak{F}_{IFR}$.*

Beispiel 2.3 Wir betrachten ein System aus zwei Elementen. Das erste Element besitzt die zufällige Lebensdauer S_1. Wenn es ausgefallen ist, tritt an seine Stelle das zweite Element mit der zufälligen Lebensdauer S_2. Diese Arbeitsweise heißt in der Zuverlässigkeitstheorie *kalte Reserve*. Das System besitzt dann die Lebensdauer $S = S_1 + S_2$ und die Wahrscheinlichkeit eines Ausfalls bis zur Zeit s ist

$$F(s) = \int_0^s F_1(s-u)\,dF_2(u) = \int_0^s F_2(s-u)\,dF_1(u) \ .$$

Aus der Behauptung 2.6 folgt, daß die Lebensdauer eines Systems mit kalter Reserve zur IFR–Familie gehört, wenn die Verteilungsfunktionen F_1 und F_2 zu dieser Familie gehören. $\Diamond$

2.2   Weitere nichtparametrische Familien von Lebensdauerverteilungen

In diesem Abschnitt sollen andere nichtparametrische Verteilungsfamilien betrachtet und ihr Zusammenhang mit der IFR–Familie bzw. untereinander dargestellt werden.

Definition 2.2 *Eine Lebensdauerverteilung heißt* IFRA–Verteilung *(increasing failure rate in average), wenn $(\overline{F}(s))^{1/s}$ monoton fallend für wachsende s ist.*

Alle Verteilungsfunktionen mit diesen Eigenschaften bilden die Familie $\mathfrak{F}_{\mathrm{IFRA}}$. Interpretiert man diese Eigenschaft geometrisch, so bedeutet das, daß für Verteilungen aus $\mathfrak{F}_{\mathrm{IFRA}}$ die Funktion $-\ln\overline{F}(\cdot)$ ein von Null ausgehendes Geradenbüschel von unten nach oben durchquert (siehe Abbildung 2.8). Diese Interpretation ergibt sich daraus, daß $-\frac{1}{s}\ln\overline{F}(\cdot)$ monoton wachsend ist und daher $-\ln\overline{F}(\cdot)$ mindestens so schnell wie s wächst.

Satz 2.7 *Die Familie $\mathfrak{F}_{IFRA}$ enthält die Familie $\mathfrak{F}_{IFR}$ ($\mathfrak{F}_{IFR} \subset \mathfrak{F}_{IFRA}$).*

Beweis: Sei $F \in \mathfrak{F}_{IFR}$. Dann gilt $\overline{F}(s) = e^{-H(s)}$, wobei $H(s)$ konvex ist. Für konvexe Funktionen gilt

$$\frac{H(s)}{s} \uparrow (s\uparrow) \quad \text{und daher} \quad (\overline{F}(s))^{1/s} = \exp(-H(s)/s) \downarrow (s\uparrow) \ .$$

                                                                ∎

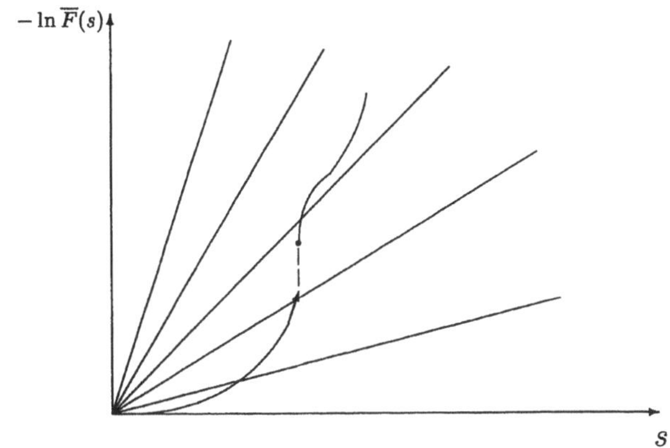

Abbildung 2.8: Das Verhalten der Überlebensfunktion einer IFRA–Verteilung

Bemerkung: Eine Zufallsgröße mit der Ausfallrate

$$h(s) = \begin{cases} 0, & s < 0.5 \\ 2, & 0.5 \le s < 1 \\ 1, & s \ge 1 \end{cases}$$

gehört zur IFRA–Familie (siehe Übung 2.3). Da diese Ausfallrate nicht monoton wachsend ist, erhält man als Folgerung, daß $\mathfrak{F}_{\text{IFRA}} \setminus \mathfrak{F}_{\text{IFR}} \ne \emptyset$ ist.

Definition 2.3 *Eine Lebensdauerverteilung heißt* NBU–Verteilung *(new better than used), wenn*

$$\overline{F}(t+s) \le \overline{F}(t) \cdot \overline{F}(s) \qquad \forall t, s > 0 \tag{2.5}$$

Alle Verteilungen mit dieser Eigenschaft bilden die Familie von NBU–Verteilungen $\mathfrak{F}_{NBU}$.

Für alle $t : \overline{F}(t) > 0$ ist zu dieser Definition äquivalent, daß

$$\overline{F}_t(s) = \frac{\overline{F}(t+s)}{\overline{F}(t)} \le \overline{F}(s) \quad \forall t, s > 0 \,,$$

d.h., daß die bedingte Überlebenswahrscheinlichkeit eines Elementes, das bereits das Alter t erreicht hat, kleiner ist als die entsprechende Überlebenswahrscheinlichkeit eines neuen Elementes.

Satz 2.8 *Die Familie* $\mathfrak{F}_{NBU}$ *enthält die Familie* $\mathfrak{F}_{IFRA}$ *(*$\mathfrak{F}_{IFRA} \subset \mathfrak{F}_{NBU}$*).*

Beweis: Sei $F \in \mathfrak{F}_{\mathrm{IFRA}}$. Dann gilt

$$(\overline{F}(t+s))^{1/(t+s)} \leq (\overline{F}(t))^{1/t}, \quad (\overline{F}(t+s))^{1/(t+s)} \leq (\overline{F}(s))^{1/s} .$$

Daraus folgt

$$(\overline{F}(t+s))^{t/(t+s)} \leq \overline{F}(t), \quad (\overline{F}(t+s))^{s/(t+s)} \leq \overline{F}(s)$$

und durch Multiplikation der beiden Ungleichungen

$$(\overline{F}(t+s))^{\frac{t}{t+s}+\frac{s}{t+s}} = \overline{F}(t+s) \leq \overline{F}(t) \cdot \overline{F}(s) .$$

Das ist jedoch die charakteristische Eigenschaft für die Familie der NBU–Verteilungen. ∎

Bemerkung: Eine Zufallsgröße mit der in Abbildung 2.9 dargestellten Ausfallrate

$$h(s) = \begin{cases} 0, & s < 1 \\ 1, & 1 \leq s < 1.5 \\ 0, & 1.5 \leq s < 2 \\ 2, & s \geq 2 \end{cases}$$

besitzt eine Verteilungsfunktion, für die $F \notin \mathfrak{F}_{\mathrm{IFRA}}$, jedoch $F \in \mathfrak{F}_{\mathrm{NBU}}$ gilt (siehe Übung 2.5). Als Folgerung aus dieser Übung erhält man, daß $\mathfrak{F}_{\mathrm{NBU}} \setminus \mathfrak{F}_{\mathrm{IFRA}} \neq \emptyset$.

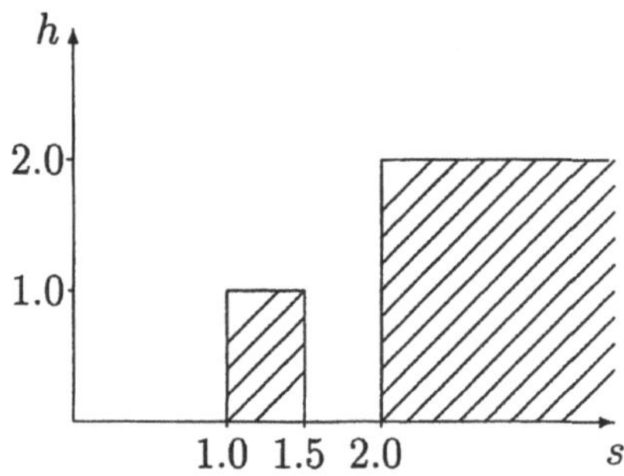

Abbildung 2.9: Eine Ausfallrate aus der NBU–Familie

Wir betrachten nun bedingte Erwartungswerte für die Restlebensdauer $S_t = S - t$ unter der Bedingung, daß $S > t$ ist. Sei $m_{\mathrm{F}}(t) = \mathrm{E}(S_t \mid S > t)$ die erwartete Restlebensdauer.

Definition 2.4 *Eine Lebensdauerverteilung F heißt* NBUE–Verteilung *(new better than used in expectation), wenn sie einen endlichen Erwartungswert m_F besitzt und für beliebige $t > 0$ die Ungleichung $m_F(t) \leq m_F(0) = m_F$ gilt.*

Satz 2.9 *Die Familie $\mathfrak{F}_{NBUE}$ enthält die Familie $\mathfrak{F}_{NBU}$ ($\mathfrak{F}_{NBU} \subset \mathfrak{F}_{NBUE}$).*

Beweis: Sei $F \in \mathfrak{F}_{NBU}$. Dann folgt aus Gleichung (2.5)

$$m_{\mathrm{F}}(t) \;=\; \mathrm{E}(S_t \mid S > t) = \int_0^\infty \overline{F}_t(s)\,ds = \int_0^\infty \frac{\overline{F}(t+s)}{\overline{F}(t)}\,ds \leq$$

$$\leq \int_0^\infty \overline{F}(s)\,ds = m_{\mathrm{F}}(0) = m_{\mathrm{F}} \,. \qquad \blacksquare$$

Wir wollen nun einige interessante Eigenschaften der Familie $\mathfrak{F}_{NBUE}$ betrachten, die durch die vorher aufgeführten Relationen der Verteilungsfamilien gleichzeitig auch Eigenschaften der anderen betrachteten Verteilungsfamilien sind.

Zu jeder Lebensdauerverteilung mit der Verteilungsfunktion F kann eine Größe $A_F(t)$ folgendermaßen eingeführt werden:

$$A_F(t) := \frac{1}{m_{\mathrm{F}}} \int_0^t \overline{F}(u)\,du, \quad \bar{A}_F(t) = \frac{1}{m_{\mathrm{F}}} \int_t^\infty \overline{F}(u)\,du$$

mit

$$m_{\mathrm{F}} = \int_0^\infty u\,dF(u) = \int_0^\infty \overline{F}(u-)\,du = \int_0^\infty \overline{F}(u)\,du \,.$$

Es ist offensichtlich, daß $A_F(t)$ die Eigenschaften einer Verteilungsfunktion besitzt. Sie läßt sich als asymptotische Verteilung der Vorwärtsrekurrenzzeit eines stationären Erneuerungsprozesses interpretieren (siehe Abschnitt 3.1).

Lemma 2.1 *Für eine Verteilungsfunktion F gilt $F \in \mathfrak{F}_{NBUE}$ genau dann, wenn*

$$\bar{A}_F(t) \leq \overline{F}(t) \quad \forall t \geq 0 \,. \tag{2.6}$$

Beweis: Sei $F \in \mathfrak{F}_{NBUE}$. Dann gilt

$$m_{\mathrm{F}} \geq m_{\mathrm{F}}(t) = \int_0^\infty \overline{F}_t(s)\,ds = \int_0^\infty \frac{\overline{F}(t+s)}{\overline{F}(t)}\,ds = \int_t^\infty \frac{\overline{F}(u)}{\overline{F}(t)}\,du \,.$$

Hieraus folgt $\overline{F}(t) \geq \int_t^\infty \frac{\overline{F}(u)}{m_{\mathrm{F}}}\,du = \bar{A}_F(t)$ und die Notwendigkeit der Ungleichung (2.6) ist bewiesen.

Nun sei $\overline{F}(t) \geq \int_t^\infty \frac{\overline{F}(u)}{m_{\mathrm{F}}}\,du$. Dann erhält man

$$m_{\mathrm{F}} \geq \int_t^\infty \frac{\overline{F}(u)}{\overline{F}(t)}\,du = \int_0^\infty \frac{\overline{F}(t+s)}{\overline{F}(t)}\,ds = \int_0^\infty \overline{F}_t(s)\,ds = m_{\mathrm{F}}(t)$$

und damit ist die Ungleichung (2.6) auch hinreichend. $\qquad \blacksquare$

Folgerung 2.5 $\Delta(t) = \overline{F}(t) - \bar{A}_F(t) \geq 0$ *für* $F \in \mathfrak{F}_{NBUE}$.

Lemma 2.2 *Aus* $F \in \mathfrak{F}_{NBUE}$ *folgt*

(i) *für die Ausfallrate* h_{A_F} *von* A_F *gilt* $h_{A_F}(t) = \frac{1}{m_F(t)} \geq \frac{1}{m_F}$, *falls* h_{A_F} *existiert,*

(ii) $\bar{A}_F(t) \leq e^{-t/m_F}, \quad \forall t \geq 0$.

Beweis:

(i) Die Dichte der Verteilung $A_F(t)$ ist $a_F(t) = \frac{dA_F(t)}{dt} = \frac{\overline{F}(t)}{m_F}$.
Damit erhält man für die Ausfallrate

$$h_{A_F}(t) = \frac{a_F(t)}{\bar{A}_F(t)} = \frac{\overline{F}(t)}{m_F \cdot \int_t^\infty \frac{\overline{F}(u)}{m_F}\, du} = \frac{1}{\int_t^\infty \frac{\overline{F}(u)}{\overline{F}(t)}\, du} = \frac{1}{m_F(t)} \geq \frac{1}{m_F} \ .$$

(ii) Unter Verwendung der in (i) gezeigten Ungleichung erhalten wir

$$\bar{A}_F(t) = \exp(-H_{A_F}(t)) = \exp(-\int_0^t h_{A_F}(u)\, du) \leq \exp(-\frac{t}{m_F}) \ .$$

$\blacksquare$

Folgerung 2.6 *Alle Momente von* $A_F(t)$ *sind endlich:*

$$m_{A_F,k} = \int_0^\infty t^k\, dA_F(t) < \infty \quad k = 1, 2, \ldots .$$

Beweis:

$$m_{A_F,k} = \int_0^\infty t^k\, dA_F(t) = k \int_0^\infty t^{k-1} \bar{A}_F(t)\, dt \leq k \int_0^\infty t^{k-1} \exp(-\frac{t}{m_F})\, dt < \infty \ .$$

$\blacksquare$

Folgerung 2.7 *Wenn* $F \in \mathfrak{F}_{NBUE}$, *dann sind alle Momente von* F *endlich:* $m_{F,k} < \infty$, $k = 1, 2, \ldots$.

Beweis:

$$m_{F,k} = \int_0^\infty t^k \, dF(t) = k \int_0^\infty t^{k-1} m_F \frac{\overline{F}(t)}{m_F} \, dt = k \cdot m_F \int_0^\infty t^{k-1} \, dA_F(t) < \infty \, .$$

$\blacksquare$

Bemerkung: Für $k = 2$ erhält man

$$m_{F,2} = \int_0^\infty t^2 \, dF(t) = 2 \, m_F \int_0^\infty t \, dA_F(t) = 2 \, m_F \int_0^\infty \bar{A}_F(t) \, dt$$

und damit

$$m_{F,2} = 2 \, m_{F,1} \cdot m_{A_F,1} \, , \quad m_{A_F,1} = \frac{m_{F,2}}{2 \, m_{F,1}} \, . \tag{2.7}$$

Satz 2.10 *Für* $F \in \mathfrak{F}_{NBUE}$ *gilt* $m_{F,2} \leq 2 \, m_{F,1}^2$.

Beweis: Aus der vorhergehenden Bemerkung und Lemma 2.2 erhalten wir

$$m_{F,2} = 2 \, m_{F,1} \int_0^\infty \bar{A}_F(t) \, dt \leq 2 \, m_{F,1} \int_0^\infty \exp(-\frac{t}{m_{F,1}}) \, dt = 2 \, m_{F,1}^2 \, . \tag{2.8}$$

$\blacksquare$

Die folgenden Sätze beinhalten Abschätzungen des Abstandes einer Verteilung $F \in \mathfrak{F}_{NBUE}$ von der Exponentialverteilung $1 - e^{-t/m_F}$. Zunächst bezeichnen wir mit $\delta(F) = 1 - \frac{m_{F,2}}{2 m_{F,1}^2} \geq 0$ und beweisen folgendes Lemma:

Lemma 2.3 *Für jede Verteilung* $F \in \mathfrak{F}_{NBUE}$ *gilt* $\int_0^\infty \Delta(t) \, dt = \delta(F) \cdot m_{F,1}$, *wobei* $\Delta(t) = \overline{F}(t) - \bar{A}_F(t) \geq 0$ *ist.*

Beweis:

$$\int_0^\infty \Delta(t) \, dt = \int_0^\infty (\overline{F}(t) - \bar{A}_F(t)) \, dt = m_F - \int_0^\infty \bar{A}_F(t) \, dt = m_{F,1} - m_{A_F,1}$$

und aus (2.7) folgt weiter

$$\int_0^\infty \Delta(t) \, dt = m_{F,1} - \frac{m_{F,2}}{2 \, m_{F,1}} = m_{F,1} \left(1 - \frac{m_{F,2}}{2 \, m_{F,1}^2} \right) = m_{F,1} \, \delta(F) \, .$$

$\blacksquare$

Die folgenden Sätze dieses Abschnittes stammen von SOLOV'EV [11]

Satz 2.11 *Für* $F \in \mathfrak{F}_{NBUE}$ *gilt*

$$\left| \overline{F}(t) - \exp(-\frac{t}{m_F}) \right| \leq \Delta_0 = \sup_{t \geq 0} \Delta(t) \, .$$

Beweis: Zunächst leiten wir eine geignete Darstellung für $\bar{A}_F(t)$ her. Aus $\frac{d\bar{A}_F(t)}{dt} = -\frac{\overline{F}(t)}{m_F}$ folgt

$$\Delta(t) = \overline{F}(t) - \bar{A}_{\mathrm{F}}(t) = m_{\mathrm{F}}\frac{\overline{F}(t)}{m_{\mathrm{F}}} - \bar{A}_{\mathrm{F}}(t) = -m_{\mathrm{F}}\frac{d\bar{A}_{\mathrm{F}}(t)}{dt} - \bar{A}_{\mathrm{F}}(t)\ .$$

Somit genügt $\bar{A}_F(t)$ der Differentialgleichung

$$m_{\mathrm{F}}\frac{d\bar{A}_{\mathrm{F}}(t)}{dt} + \bar{A}_{\mathrm{F}}(t) = -\Delta(t)$$

mit der Anfangsbedingung $\bar{A}_{\mathrm{F}}(0) = 1$.
Die Lösung dieser Differentialgleichung ist

$$\bar{A}_{\mathrm{F}}(t) = \exp(-\frac{t}{m_{\mathrm{F}}}) - \frac{1}{m_{\mathrm{F}}}\int_0^t \exp(-\frac{t-s}{m_{\mathrm{F}}})\,\Delta(s)\,ds\ ,$$

wobei $\exp(-t/m_{\mathrm{F}})$ die Lösung der zugehörigen homogenen Differentialgleichung ist und die allgemeine Lösung mit Hilfe der Greenschen Funktion $\frac{1}{m_{\mathrm{F}}}\exp(-(t-s)/m_{\mathrm{F}})$ ermittelt werden kann. Nun erhält man für $\Delta(t)$:

$$\Delta(t) = \overline{F}(t) - \bar{A}_{\mathrm{F}}(t) = \overline{F}(t) - \exp(-\frac{t}{m_{\mathrm{F}}}) + \frac{1}{m_{\mathrm{F}}}\int_0^t \exp(-\frac{t-s}{m_{\mathrm{F}}})\Delta(s)\,ds$$

und durch Umstellen der Gleichung

$$\overline{F}(t) - \exp(-\frac{t}{m_{\mathrm{F}}}) = \Delta(t) - \frac{1}{m_{\mathrm{F}}}\int_0^t \exp(-\frac{t-s}{m_{\mathrm{F}}})\,\Delta(s)\,ds\ .$$

Hieraus folgt einerseits wegen $\frac{1}{m_F}\int_0^t e^{-\frac{t-s}{m_F}}(s)\,ds \geq 0$:

$$\overline{F}(t) - \exp(-\frac{t}{m_F}) \leq \Delta(t) \leq \Delta_0$$

und andererseits wegen $\Delta(t) \geq 0$:

$$\overline{F}(t) - \exp(-\frac{t}{m_{\mathrm{F}}}) \geq -\frac{1}{m_{\mathrm{F}}}\int_0^t \exp(-\frac{t-s}{m_{\mathrm{F}}})\Delta(s)\,ds \geq$$

$$\geq -\frac{1}{m_{\mathrm{F}}}\int_0^t \exp(-\frac{t-s}{m_{\mathrm{F}}})\Delta_0\,ds = -(1 - \exp(-\frac{t}{m_{\mathrm{F}}}))\Delta_0 \geq -\Delta_0\ .$$

Damit ist die Behauptung des Satzes bewiesen. ∎

Satz 2.12 *Für jede Verteilungsfunktion $F \in \mathfrak{F}_{NBUE}$ gilt die Ungleichung*

$$\left| \overline{F}(t) - \exp(-\frac{t}{m_F}) \right| \le \sqrt{2\,\delta(F)} = \sqrt{2\left(1 - \frac{m_{F,2}}{2\,m_{F,1}^2}\right)} \, .$$

Beweis: Wir verwenden die Bezeichnung $\Delta_0 = \sup\limits_{t \ge 0} \Delta(t) = \Delta(t_0)$, wobei t_0 der Punkt ist, in dem $\Delta(t) = \overline{F}(t) - \overline{A}_F(t)$ sein Maximum besitzt. Für $t \le t_0$ gilt

$$\Delta(t) = \Delta(t_0) + \Delta(t) - \Delta(t_0) =$$

$$= \Delta_0 + \overline{F}(t) - \int_t^\infty \frac{\overline{F}(s)}{m_F}\, ds - \overline{F}(t_0) + \int_{t_0}^\infty \frac{\overline{F}(s)}{m_F}\, ds =$$

$$= \Delta_0 + (\overline{F}(t) - \overline{F}(t_0)) - \int_t^{t_0} \frac{\overline{F}(u)}{m_F}\, du \ge \Delta_0 - \int_t^{t_0} \frac{du}{m_F} = \Delta_0 - \frac{t_0 - t}{m_F}\, .$$

Für $t = 0$ gilt $\Delta(0) = 0$ und $0 \ge \Delta_0 - \frac{t_0}{m_F}$, folglich ist $t_0 - \Delta_0\, m_F \ge 0$. Aus Lemma 2.3 folgt

$$\delta(F)\, m_F = \int_0^\infty \Delta(t)\, dt \ge \int_{t_0 - \Delta_0\, m_F}^{t_0} \Delta(t)\, dt \ge \int_{t_0 - \Delta_0\, m_F}^{t_0} \left(\Delta_0 - \frac{t_0 - t}{m_F}\right) dt =$$

$$= \Delta_0(\Delta_0\, m_F) - \frac{1}{m_F} \int_{t_0 - \Delta_0\, m_F}^{t_0} (t_0 - t)\, dt = \Delta_0^2\, m_F - \frac{1}{m_F} \int_0^{\Delta_0\, m_F} s\, ds =$$

$$= \Delta_0^2\, m_F - \frac{1}{m_F}\left(\frac{\Delta_0\, m_F}{2}\right)^2 = \frac{\Delta_0^2\, m_F}{2}\, .$$

Damit erhalten wir $\delta(F)\, m_F \ge \frac{\Delta_0^2\, m_F}{2}$ oder $\Delta_0^2 \le 2\delta(F)$. Somit ist $\Delta_0 \le \sqrt{2\delta(F)}$. Da auf Grund von Lemma 2.11 $\left|\overline{F}(t) - \exp(-\frac{t}{m_F})\right| \le \Delta_0$ ist, folgt hieraus die Aussage des Satzes. $\blacksquare$

Schränkt man sich auf die engere Familie $\mathfrak{F}_{IFR}$ ein, so läßt sich die Ungleichung in Satz 2.12 verschärfen:

Satz 2.13 *Für $F \in \mathfrak{F}_{IFR}$ gilt die Ungleichung*

$$\left| \overline{F}(t) - \exp(-\frac{t}{m_F}) \right| \le 1 - \sqrt{1 - 2\,\delta(F)} \quad \forall t > 0 \, .$$

Wenn $\delta(F) \to 0$, so erhält man für den Abstand

$$\sup_{t \ge 0} \left| \overline{F}(t) - \exp(-\frac{t}{m_F}) \right| \le \delta(F) + o(\delta(F)) \, .$$

Bemerkung: Gehört eine Verteilung $F(\cdot)$ zur Familie $\mathfrak{F}_{\text{NBUE}}$, so ist die Gleichung $\delta(F) = 0$ eine charakteristische Eigenschaft dafür, daß F zur Familie der Exponentialverteilungen gehört.

Zum Schluß dieses Abschnittes sei noch vermerkt, daß es möglich ist, nicht-parametrische Familien von Verteilungen mit den umgekehrten Eigenschaften zu definieren, z.B. Verteilungen mit fallender Ausfallrate (DFR–Verteilungen oder decreasing failure rate Verteilungen), NWU–Verteilungen (new worse than used) usw.

Für diese Familien von Verteilungen können verschiedene andere Ungleichungen bewiesen werden, die jedoch über den Rahmen dieses Buches hinausgehen.

2.3   Einige parametrische Verteilungen der Zuverlässigkeitstheorie

In diesem Abschnitt sollen noch kurz einige der wichtigsten parametrischen Verteilungen der Zuverlässigkeitstheorie vorgestellt werden. Im Kapitel 1 wurden schon die wichtigsten Verteilungen der Wahrscheinlichkeitstheorie vorgestellt. Außerdem wurde im Abschnitt 2.1 bereits als Beispiel einer Verteilung mit wachsender Ausfallrate die Weibullverteilung betrachtet. Hier werden Normal- und Weibullverteilung in Zusammenhang mit den bisher betrachteten Eigenschaften von Lebensdauerverteilungen gebracht und verallgemeinert.

2.3.1   Normal– und logarithmische Normalverteilung

Man kann beweisen, daß eine normalverteilte Zufallsgröße S zur Familie der IFR–Verteilungen gehört. Wir betrachten zunächst den Fall $\mu = 0$, $\sigma^2 = 1$. Dann gilt

$$h(x) \;=\; \frac{\varphi(x)}{\overline{\Phi}(x)} = \frac{\exp(-x^2/2)}{\int_x^\infty \exp(-u^2/2)\,du}\,,$$

$$\frac{dh(x)}{dx} \;=\; \frac{-x\exp(-x^2/2)\int_x^\infty \exp(-u^2/2)\,du + \exp(-x^2/2)\exp(-x^2/2)}{\left(\int_x^\infty \exp(-u^2/2)\,du\right)^2}\,.$$

Um zu zeigen, daß die Normalverteilung zur IFR–Familie gehört, muß man zeigen, daß die Funktion $h(x)$ monoton wachsend ist bzw. daß ihre Ableitung größer als Null ist. Unter Berücksichtigung von

$$\exp(-x^2/2) = \int_x^\infty u\exp(-u^2/2)\,du > x\int_x^\infty \exp(-u^2/2)\,du\,,$$

folgt für den Zähler

$$\exp(-x^2/2)\left(-x\int_x^\infty u\exp(-u^2/2)\,du + \exp(-x^2/2)\right) >$$
$$> \exp(-x^2/2)(-\exp(-x^2/2) + \exp(-x^2/2)) = 0\,.$$

Der Nenner ist offensichtlich größer als Null. Damit ist $h(x)$ monoton wachsend und die Normalverteilung mit den Parametern $\mu = 0$, $\sigma^2 = 1$ gehört zur Familie $\mathfrak{F}_{\mathrm{IFR}}$. Der Nachweis für den allgemeinen Fall erfolgt völlig analog. In den obigen Betrachtungen ist lediglich x durch $\frac{x-\mu}{\sigma}$ zu ersetzen.

Definition 2.5 *Die zufällige Größe $S > 0$ heißt* logarithmisch normalverteilt, *wenn* $\ln S$ *einer Normalverteilung unterliegt.*

Damit erhält man für die logarithmische Normalverteilung

$$F(s) = \mathrm{P}(S \le s) = \mathrm{P}(\ln S \le \ln s) = \Phi\left(\frac{\ln s - \mu}{\sigma}\right)\,, s > 0\,.$$

Die logarithmische Normalverteilung gehört nicht zur Familie der IFR–Verteilungen.

2.3.2 Die Birnbaum–Saunders–Verteilung

Die Birnbaum–Saunders–Verteilung entsteht als Lebensdauerverteilung eines einfachen Abnutzungsmodelles. Nehmen wir an, daß eine zufällige Größe $X(t)$ den Zustand eines Bauteiles zur Zeit t charakterisiert. Dieser Zustand ändert sich nach der Beziehung

$$X(t) = \mu t + \sigma Z\sqrt{t}\,, \quad \mu > 0\,, \sigma > 0\,, \tag{2.9}$$

wobei Z eine standardnormalverteilte Zufallsgröße ist, d.h. $\mathrm{P}(Z \le z) = \Phi(z)$. So ein Modell heißt auch Modell mit einmaliger Wirkung des Zufalls: Für jedes spezielle Bauteil wird die Realisierung einer normalverteilten Zufallsgröße bestimmt und dann verläuft der Abnutzungsprozeß deterministisch. Betrachten wir nun

$$\frac{dX(t)}{dt} = \mu + \frac{\sigma Z}{2\sqrt{t}}\,.$$

Man kann zeigen (vergleiche Übung 2.7), daß für große t diese Ableitung immer positiv ist. Damit werden alle Trajektorien des Abnutzungsprozesses nach einer gewissen Zeit monoton wachsend und überschreiten eine Grenze $h > 0$ zur zufälligen Zeit $S(h)$ (siehe Abbildung 2.10). Wir wollen annehmen, daß die

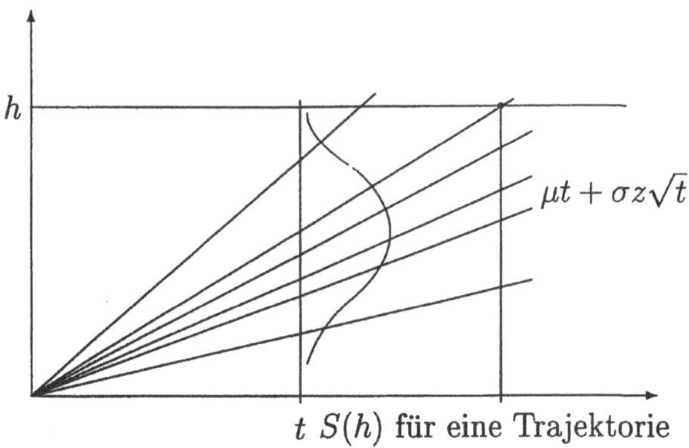

Abbildung 2.10: Trajektorien des Abnutzungsprozesses bis zur Erstüberschreitung

Überschreitung von h zu einem Ausfall des Bauteles führt. Für die Verteilung der Erstüberschreitungszeit benutzt man die Beziehung zu dem entsprechenden Abnutzungsprozeß: Die erste Überschreitung von h erfolgt vor dem Zeitpunkt s, wenn sich zur Zeit s der Prozeß oberhalb des Niveaus h befindet:

$$
\begin{aligned}
F_{S(h)}(s) \;&=\; \mathrm{P}(S(h) \le s) = \mathrm{P}(X(s) \ge h) = \mathrm{P}(\mu s + \sigma Z \sqrt{s} \ge h) \\
&=\; \mathrm{P}(Z > \frac{h - \mu s}{\sigma \sqrt{s}}) = \overline{\Phi}(\frac{h - \mu s}{\sigma \sqrt{s}}) \,.
\end{aligned}
\tag{2.10}
$$

Definition 2.6 *Eine zufällige Größe S mit der Verteilungsfunktion (2.10) heißt* Birnbaum–Saunders–Verteilung.

Damit enthält die Familie der Birnbaum–Saunders–Verteilungen die drei Parameter $\underline{\theta} = (\mu, \sigma, h)$. Erwartungswert und Varianz dieser Verteilung sind durch

$$
m_{\mathrm{F},1} = \frac{h}{\mu} + \frac{\sigma^2}{2\mu^2} \,,
$$
$$
\sigma_{\mathrm{F}}^2 = m_{\mathrm{F},2} - (m_{\mathrm{F},1})^2 = h\frac{\sigma^2}{\mu^3} + \frac{5\sigma^4}{4\mu^4}
$$

gegeben (siehe auch Übung 2.8).

2.3.3 Die Inverse Gaußverteilung als Lebensdauerverteilung bei speziellen Abnutzungsprozessen

Das Ausfallverhalten von technischen Erzeugnissen wird häufig durch Abnutzungsprozesse (Alterung, Verschleiß, Ermüdung usw.) bestimmt. Typische Verläufe dieser Abnutzungsprozesse sind in Abbildung 2.11 dargestellt.

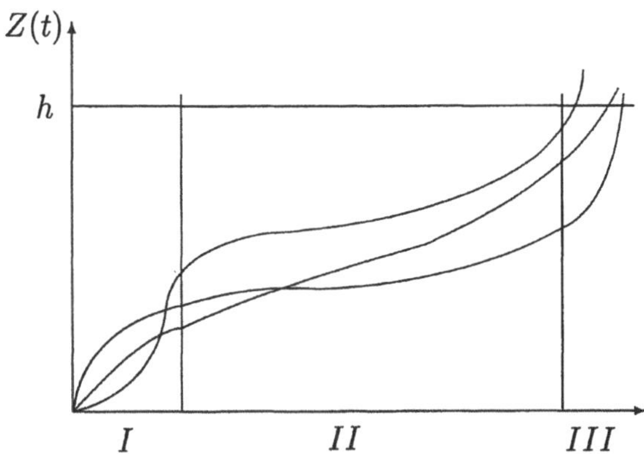

Abbildung 2.11: Verläufe von Abnutzungsprozessen

Das Zeitintervall I beschreibt Einlaufphasen, bei denen die Abnutzung einen degressiven Verlauf aufweist, es folgt eine lineare Phase II und nach einer gewissen Zeit eine progressive Phase III. Der Ausfall des Erzeugnisses erfolgt dann, wenn die Abnutzungsentwicklung das Niveau h erreicht hat.
Mit $Z(t)$ bezeichnen wir einen stochastischen Prozeß, der die Abnutzungsentwicklung beschreibt. Für viele Anwendungsfälle ist der Wienerprozeß mit Drift ein geeignetes Modell, da dieser Prozeß normalverteilte Zuwächse besitzt und die Normalverteilung als Grenzverteilung bei der Überlagerung vieler kleiner zufälliger Einflüsse auftritt. Hier sollen kurz Modelle vorgestellt werden, die die Einlaufphase und die lineare Phase des Abnutzungsverlaufes beschreiben. Dazu betrachten wir einen stochastischen Prozeß

$$Z(t) = \begin{cases} x_0 + X(t - t_0), & t > t_0 \\ x_0, & t \leq t_0 \end{cases}, \qquad (2.11)$$

wobei die beiden Parameter x_0 und t_0 den Anfangszustand des Prozesses und den Abnutzungsbeginn darstellen. Durch diese Parameter ist es möglich, die nichtlineare Einlaufphase des Abnutzungsprozesses zu beschreiben. Darauf kommen wir etwas später noch einmal zurück.
$X(t)$ ist ein homogener Wienerprozeß mit Drift, das heißt

$$X(t) = \sigma W(t) + \mu t, \qquad (2.12)$$

wobei $W(t)$ der Standard–Wienerprozeß ist. Damit sind die Zuwächse $X(t) - X(s)$ unabhängig und normalverteilt mit den Parametern

$$\mathrm{E}(X(t) - X(s)) = \mu(t - s), \ \mathrm{Var}(X(t) - X(s)) = \sigma^2(t - s) \, .$$

Der Mittelwert und die Varianzfunktion des Prozesses sind dann durch

$$\begin{aligned} \mathrm{E}(Z(t)) &= x_0 + \mu(t - t_0), \\ \mathrm{Var}(Z(t)) &= \sigma^2(t - t_0) \end{aligned}$$

gegeben, wobei μ die Abnutzungsintensität und σ^2 der Varianzparameter des Prozesses sind. Damit enthält der Abnutzungsprozeß vier Parameter, die eine gute Anpassung des Modells an die praktischen Gegebenheiten ermöglichen. Die Parameter μ und σ^2 kennzeichnen den Prozeßverlauf. Die beiden Anfangsparameter x_0 und t_0 ermöglichen es, nichtlineare Einlaufphasen zu berücksichtigen. Sie enthalten als Spezialfälle sowohl einen normalverteilten Anfangszustand des Abnutzungsteiles (z. B. herstellungsbedingt oder um damit die degressive Einlaufphase abzufangen) als auch eine „Inkubationszeit", d.h. eine Zeitspanne bis zum Einsetzen des Abnutzungsverlaufes:
Ist $t_0 > 0$, so hat man eine „Inkubationsphase" bis zur Zeit t_0 vorzuliegen; ist $t_0 < 0$, so erhält man zur Zeit $t = 0$ einen normalverteilten Anfangszustand mit des Parametern

$$\begin{aligned} \mathrm{E}(Z(0)) &= x_0 - \mu t_0 = x_0 + \mu|t_0| \,, \\ \mathrm{Var}(Z(0)) &= -\sigma^2 t_0 = \sigma^2|t_0| \,. \end{aligned}$$

Die Unabhängigkeit der Zuwächse des Wienerprozesses ermöglicht es auch, relativ einfach Verfahren der klassischen Statistik auf die Beobachtung des Prozesses zu diskreten Zeitpunkten zu verallgemeinern (siehe KAHLE[40]).
Vergleicht man die Darstellung (2.12) mit der Formel (2.9), so sieht man, daß in beiden Fällen eine lineare Mittelwertfunktion μt mit einer „zufälligen" Wirkung $\sigma W(t)$ bzw. $\sigma Z\sqrt{t}$ überlagert wurde. Die ersten beiden Momente des zufälligen Anteils sind gleich:

$$\mathrm{E}\sigma W(t) = \mathrm{E}\sigma Z\sqrt{t} = 0 \,,$$
$$\mathrm{E}(\sigma W(t))^2 = \mathrm{E}(\sigma Z\sqrt{t})^2 = \sigma^2 t \,,$$

jedoch unterscheiden sich die beiden Modelle wesentlich.
Während im Modell (2.9) für jede Realisierung der Zufall nur einmal wirkt und dann die Trajektorie deterministisch verläuft, wird im Modell (2.12) die Mittelwertfunktion durch einen Wienerprozeß überlagert.
Wir berechnen nun die Dichte der resultierenden Lebensdauerverteilung als Dichte der Erstüberschreitungszeit eines Niveaus h. Sei wieder $S(h)$ die zufällige Zeit des ersten Überschreitens des Niveaus h. Die einfache Herangehensweise aus dem vorigen Abschnitt ist hier ungeeignet. Wegen des dortigen deterministischen Verlaufes und der Monotonie der Trajektorien überschreitet jede Trajektorie genau einmal das Niveau h. Im hier betrachteten Fall ist es jedoch

möglich, daß der Wienerprozeß das Niveau h überschreitet und danach wieder unterschreitet. Wir suchen also die Verteilung von

$$S(h) = \inf(t : Z(t) \geq h) \,.$$

Aus der Formel über die totale Wahrscheinlichkeit und der Markoveigenschaft für den Wienerprozeß erhalten wir folgende Integralgleichung:

$$
\begin{aligned}
\mathrm{P}(Z(t) > h) &= \int_{t_0}^{t} \mathrm{P}(Z(t) > h | S(h) = z) \, dF_{S(h)}(z) = \\
&= \int_{t_0}^{t} \mathrm{P}(Z(t) > h | Z(z) = h) \, dF_{S(h)}(z) \,.
\end{aligned}
\tag{2.13}
$$

Die Beziehung (2.13) sagt aus, daß der Wienerprozeß zum Zeitpunkt t die Höhe $x > h$ erreicht hat, wenn er zur Zeit z das Niveau h erstmalig überschreitet und in der Zeit $(t - z)$ den Zuwachs $(x - h)$ besitzt (siehe Abbildung 2.12).

Wir betrachten hier der Einfachheit halber die Lösung der Integralgleichung

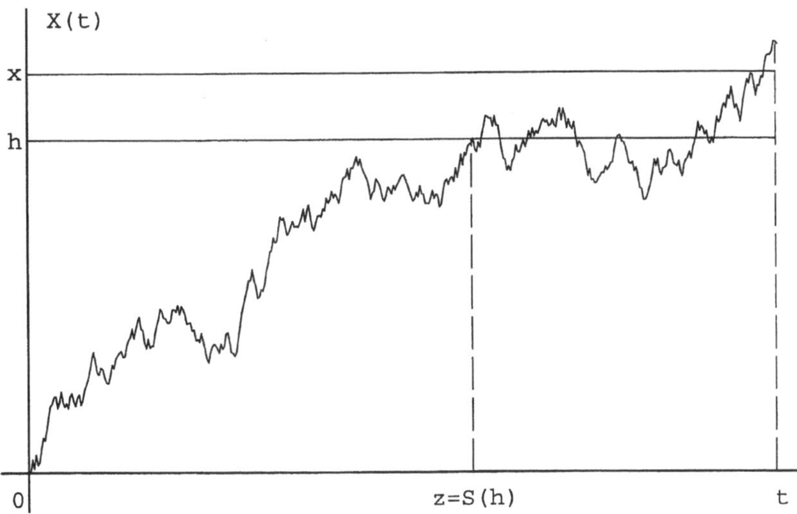

Abbildung 2.12: Eine Trajektorie des Wienerprozesses mit Drift bis zur Erstüberschreitung

(2.13) für den Fall $\mu = 0, x_0 = 0, t_0 = 0$. In diesem Fall ist $Z(t) = \sigma W(t)$ und

$$\mathrm{P}(Z(t) > x) = \mathrm{P}(\sigma W(t) > x) = \mathrm{P}\left(\frac{W(t)}{\sqrt{t}} > \frac{x}{\sigma\sqrt{t}}\right) = \overline{\Phi}\left(\frac{x}{\sigma\sqrt{t}}\right) \,,$$

da $\frac{W(t)}{\sqrt{t}}$ einer Standardnormalverteilung unterliegt.
Weiterhin gilt:

$$\begin{aligned}
\mathrm{P}(Z(t) > h | Z(z) = h) &= \mathrm{P}(Z(t) - h > 0 | Z(z) = h) = \\
&= \mathrm{P}(Z(t) - Z(z) > 0 | Z(z) = h) \, .
\end{aligned}$$

Da der Wienerprozeß unabhängige Zuwächse besitzt, ist $Z(t) - Z(z)$ unabhängig von $Z(z)$. Der Zuwachs $Z(t) - Z(z) = \sigma(W(t) - W(z))$ ist normalverteilt mit dem Erwartungswert 0. Daher gilt

$$\mathrm{P}(Z(t) - Z(z) > 0 | Z(z) = h) = \mathrm{P}(Z(t) - Z(z) > 0) = \frac{1}{2} \, .$$

Aus Gleichung (2.13) erhält man nun

$$\mathrm{P}(Z(t) > h) = \int_0^t \frac{1}{2} \, dF_{S(h)}(z) = \frac{1}{2} F_{S(h)}(t) \, .$$

Dann folgt für die Verteilung der zufälligen Erstüberschreitungszeit

$$F_{S(h)}(t) = 2\mathrm{P}(Z(t) > h) = 2\mathrm{P}\left(\frac{W(t)}{\sigma\sqrt{t}} > \frac{h}{\sigma\sqrt{t}}\right) = 2\overline{\Phi}\left(\frac{h}{\sigma\sqrt{t}}\right)$$

und für die Dichte

$$\begin{aligned}
f_{S(h)}(t) &= \frac{dF_{S(h)}(t)}{dt} = 2\frac{d\overline{\Phi}\left(\frac{h}{\sigma\sqrt{t}}\right)}{dt} = \\
&= \varphi\left(\frac{h}{\sigma\sqrt{t}}\right)\frac{h}{\sigma t^{3/2}} = \frac{h}{\sqrt{2\pi\sigma^2 t^3}} \exp\left(-\frac{h^2}{2\sigma^2 t}\right), \; t \geq 0. \qquad (2.14)
\end{aligned}$$

Definition 2.7 *Eine Verteilung mit der Dichtefunktion (2.14) heißt* Inverse Gaußverteilung.

Die Herleitung der Dichte für den allgemeinen Fall $\mu \neq 0$ ist wesentlich komplizierter. Man kann sich jedoch leicht davon überzeugen, daß

$$f_{S(h)}(t) = \frac{h - x_0}{\sqrt{2\pi\sigma^2(t - t_0)^3}} \exp\left(-\frac{(h - x_0 - \mu(t - t_0))^2}{2\sigma^2(t - t_0)}\right), \; t \geq t_0 \qquad (2.15)$$

Lösung der folgenden Differentialgleichung für die Dichte $f_{S(h)}(\cdot)$ ist:

$$f_{Z(t)}(x) = \int_{t_0}^t f_{S(h)}(z) f_{Z(t-z)}(x - h) \, dz \, . \qquad (2.16)$$

Die Integralgleichung (2.16) ist das Analogon zu (2.13). Wenn eine Dichte existiert, so läßt sich Gleichung (2.13) (mit dem Argument x) ableiten und man erhält (2.16).

Integriert man die Dichte (2.15), so erhält man die Verteilungsfunktion

$$F_{S(h)}(t) = P(S(h) \le t)$$
$$= \Phi\left(\frac{\mu(t - t_0) - h + x_0}{\sigma\sqrt{(t - t_0)}}\right) + \exp\left(\frac{2\mu(h - x_0)}{\sigma^2}\right)\Phi\left(-\frac{\mu(t - t_0) + h - x_0}{\sigma\sqrt{(t - t_0)}}\right), \ t \ge t_0.$$

Erwartungswert und Varianz dieser Verteilung sind

$$m_{F_{S(h)},1} = \frac{h}{\mu}, \quad \sigma^2_{F_{S(h)}} = \frac{h\sigma^2}{\mu^3}.$$

Man beachte, daß im Fall $\mu = 0$ der Erwartungswert der inversen Gaußverteilung nicht existiert.

Die hier vorgestellten Modelle lassen sich verallgemeinern. Man kann statt einer linearen Mittelwertfunktion andere Funktionen oder Transformationen des Wienerprozesses betrachten. Statt des Wienerprozesses können auch andere Prozesse, z.B. spezielle Klassen von Punktprozessen zur Beschreibung des Abnutzungsverhaltens verwendet werden. Einige dieser Modelle findet man in PIEPER, TIEDGE [56] und WENDT [66].

2.3.4 Die zweiparametrische Exponentialverteilung

Definition 2.8 *Eine Zufallsgröße S heißt* zweiparametrisch exponentialverteilt *mit den Parametern* $\lambda > 0$ *und* $t_0 > 0$, *wenn sie die Überlebensfunktion*

$$\overline{F}(t) = P(S > t) = \exp(-\lambda(t - t_0))$$

für $t \ge t_0$ *und* $\overline{F}(t) = 1$ *für* $t < t_0$ *besitzt.*

Der Erwartungswert dieser Verteilung ist durch

$$E(S) = t_0 + \frac{1}{\lambda}$$

gegeben (siehe auch Übung 2.9). Diese Familie von Verteilungen ist sehr gut geeignet, um das Ausfallverhalten technischer Erzeugnisse zu beschreiben, bei denen ein Ausfall erst nach einer „Inkubationszeit" eintreten kann und nach dieser Inkubationszeit keine Alterungserscheinungen auftreten. Die Ausfallrate dieser Verteilung hat die Form

$$h(s) = \lambda \, I(s \ge t_0),$$

d.h. sie ist konstant für alle $s \ge t_0$.

2.3.5 Verteilungen vom Pareto-Typ

Definition 2.9 *Eine Zufallsgröße S gehört zur Familie der Verteilungen vom Pareto–Typ $\mathfrak{F}_{P,3}$ mit den Parametern $\alpha > 0$, $\beta > 0$ und $\mu > 0$, wenn sie die Überlebensfunktion*

$$\overline{F}(s) = \left(\frac{\alpha}{\alpha + (s - \mu)^+} \right)^\beta = \left(\frac{1}{1 + \left(\frac{s-\mu}{\alpha} \right)^+} \right)^\beta , \quad (s - \mu)^+ = (s - \mu) \vee 0$$

besitzt.

Hierbei sind α ein Maßstabsparameter, β ein Formparameter und μ ein Anfangsparameter. Für $\alpha = \mu$ erhält man die bekannte Paretoverteilung.
Verteilungen vom Pareto–Typ kann man als Mischung von Exponentialverteilungen ansehen. Betrachten wir eine Zufallsgröße S mit der Überlebensfunktion $\overline{F}(s) = \exp\{-\Lambda s\}$, wobei Λ wiederum eine zufällige Größe ist, die die Dichtefunktion $\lambda \exp(-\lambda)$ besitzt. Dann erhält man aus der Formel über die totale Wahrscheinlichkeit für die Verteilung von S

$$
\begin{aligned}
F(s) \;&=\; \mathrm{P}(S \le s) = \int_0^\infty \mathrm{P}(S \le s | \Lambda = \lambda) \lambda \exp(-\lambda)\, d\lambda = \\
&=\; \int_0^\infty (1 - \exp(-\lambda s)) \lambda \exp(-\lambda)\, d\lambda = \\
&=\; \int_0^\infty \lambda \exp(-\lambda)\, d\lambda - \int_0^\infty \lambda \exp(-\lambda(s+1))\, d\lambda = 1 - \frac{1}{(s+1)^2} \, ,
\end{aligned}
$$

d. h. eine Verteilung vom Pareto–Typ mit den Parametern $\alpha = 1$, $\beta = 2$ und $\mu = 0$.

2.3.6 Weibull–Verteilungen

Definition 2.10 *Eine Zufallsgröße S gehört zur Familie der zweiparametrischen Weibull–Verteilungen $\mathfrak{F}_{W,2}$ mit den Parametern $\alpha > 0$ und $\beta > 0$, wenn sie die Überlebensfunktion*

$$\overline{F}(s) = \exp\left(- \left(\frac{s}{\alpha} \right)^\beta \right)$$

für $s \ge 0$ besitzt und zur Familie der dreiparametrischen Weibull–Verteilungen $\mathfrak{F}_{W,3}$ mit den Parametern $\alpha > 0$, $\beta > 0$ und μ, wenn sie die Überlebensfunktion

$$\overline{F}(s) = \exp\left(- \left(\frac{s - \mu}{\alpha} \right)^\beta \right)$$

für $s \ge \mu$ besitzt.

Die Weibull–Verteilung gehört zur Klasse der Extremwertverteilungen[1]. Diesen Verteilungen liegt folgende Modellvorstellung zugrunde: Ein System besteht aus vielen einzelnen Teilen mit den zufälligen Lebensdauern $S_i, i = 1, \ldots, n$, von denen jedes für das Funktionieren des Systems wesentlich ist, d.h. der Ausfall des Systems erfolgt zur Zeit $S_{(1)} = \min(S_1, \ldots, S_n)$. Wenn die Anzahl der Elemente des Systems und gleichzeitig die Lebensdauer jedes Elementes groß werden, so läßt sich die Weibullverteilung als Grenzlebensdauer des Systems herleiten (vgl. GUMBELL [34]). Dabei muß man voraussetzen, daß alle S_i, $i = 1, 2, \ldots$ identisch verteilt sind oder zumindest ihre Überlebensfunktionen für große Argumente asymptotisch identisch sind.

Die Zugehörigkeit der Weibullverteilung zur Klasse der Extremwertverteilungen wird deutlich, wenn die Überlebenswahrscheinlichkeit in folgender Form geschrieben wird:

$$\overline{F}(t) \;=\; \exp\left(-\left(\frac{s}{\alpha}\right)^{\beta}\right) = \exp\left(-\exp\left(\beta(\ln s - \ln \alpha)\right)\right) =$$

$$=\; \exp\left(-\exp\left(\frac{s' - \alpha'}{\beta'}\right)\right),$$

wobei $s' = \ln s, \alpha' = \ln \alpha$ und $\beta' = \beta^{-1}$ sind.

Außerdem ist offensichtlich, daß die Familie der Weibull–Verteilungen abgeschlossen bezüglich der Minimumbildung ist. Wenn die zufälligen Lebensdauern S_i, $i = 1, \ldots, n$ zur Familie $\mathfrak{F}_{\mathrm{w},2}$, gehören, so erhält man für das Minimum:

$$\overline{F}_{S_{(1)}}(t) \;=\; \mathrm{P}\left(\bigcup_{i=1}^{n}(S_i > s)\right) = \left(\overline{F}(s)\right)^{n} =$$

$$=\; \exp\left(-n\left(\frac{s}{\alpha}\right)^{\beta}\right) = \exp\left(-\left(\frac{s}{\alpha''}\right)^{\beta}\right) \quad \text{mit} \quad \alpha'' = \frac{\alpha}{n^{1/\beta}}.$$

Damit gehört die Verteilung des Minimums ebenfalls zur Familie der zweiparametrischen Weibullverteilungen.

2.3.7 Verteilungen mit Lage– und Maßstabsparameter

Familien zweiparametrischer Verteilungen können u.a. folgendermaßen konstruiert werden. Es wird eine Verteilungsfunktion $F_0(s)$ (im allgemeinen mit bekannten Parametern oder in einer standardisierten Version) vorgegeben. Alle

---

[1]Da die vollständigsten Resultate in der Theorie der Extremwertverteilungen, zu denen die Weibullverteilung gehört, von GNEDENKO [33] stammen, heißt diese Verteilung in der russischsprachigen Literatur Weibull–Gnedenko–Verteilung.

Verteilungen aus der entsprechenden Familie ergeben sich dann aus $F_0(s)$ durch Einführung zweier Parameter μ und α:

$$F(s) = F_0\left(\frac{s-\mu}{\alpha}\right)$$

oder, allgemeiner,

$$F(s) = F_0\left(\frac{g(s)-\mu}{\alpha}\right) \quad \text{mit} \quad g(s)\uparrow (s\uparrow).$$

In dieser Familie sind μ ein Lageparameter und α ein Maßstabsparameter. Diese Verteilungen werden verwendet, wenn man gewisse Eigenschaften des Verteilungsgesetzes voraussetzt (z.B. eine bestimmte Form der Ausfallrate) und durch die Parameter eine Anpassung der Daten an das Modell vornimmt. Einige der in diesem Abschnitt vorgestellten Verteilungen lassen sich so darstellen, daß sie zur Familie der Verteilungen mit Maßstabs– und Lageparameter gehören (vergleiche auch Übung 2.12).
Zum Schluß sollen nun noch zwei Verteilungen vorgestellt werden, die durch ihre Ausfallrate definiert sind.

2.3.8 Gomperz–Makeham–Verteilungen

Definition 2.11 *Eine Zufallsgröße S gehört zur Familie der* Gomperz–Makeham–Verteilungen $\mathfrak{F}_{GM,s}$ *mit den Parametern $h_0 > 0$, $h_1 > 0$ und $h_2 \neq 0$, wenn sie die Ausfallrate*

$$h(s) = h_0 + h_1 \exp(h_2 s)$$

für $s \geq 0$ besitzt.

Verteilungen dieser Art erhält man z.B., wenn ein Ausfall auf zwei verschiedene Ursachen beruhen kann. Sei $S = \min(S_1, S_2)$, wobei die beiden Ausfallursachen den Verteilungsgesetzen

$$S_1 \sim \overline{F}_1(s) = \exp(-h_0 s), \quad S_2 \sim \overline{F}_2(s) = \exp\left(-\int_0^s h_1 \exp(h_2 u)\, du\right)$$

unterliegen und nicht bekannt ist, aus welcher Ursache der Ausfall erfolgte. Man kann sich leicht davon überzeugen, daß sich die Ausfallraten der Verteilung als Summe der Ausfallraten der beiden Ursachen ergibt, da

$$\begin{aligned}
\overline{F}(s) &= \overline{F}_1(s)\overline{F}_2(s)\,, \\
f(s) &= f_1(s)\overline{F}_2(s) + f_2(s)\overline{F}_1(s)\,, \\
h(s) &= \frac{f(s)}{\overline{F}_1(s)\overline{F}_2(s)} = h_1(s) + h_2(s)\,.
\end{aligned}$$

2.3.9 Cox'sche Verteilungen

Definition 2.12 *Eine Zufallsgröße S gehört zur Familie der* Cox'schen *Verteilungen $\mathfrak{F}_C$, wenn sie die Ausfallrate*

$$h(s) = h_0(s)\exp(gx + hy)$$

für $s \geq 0$ besitzt.

Cox'sche Verteilungen sind als parametrische oder halbparametrische Verteilungen bekannt. Auch in diesem Fall wird die Verteilungsfamilie durch ihre Ausfallrate definiert.

Als Beispiel für parametrische Cox'sche Verteilungen stellen wir uns vor, daß ein Element mit weibullverteilter Lebensdauer unter bekannten äußeren Bedingungen arbeitet, welche Einfluß auf den Zustand des Elementes haben. Seien z.B. x eine bestimmte Temperaturstufe und y eine bestimmte Luftfeuchtigkeit. Wir nehmen weiterhin an, daß die zufällige Lebensdauer S_i des Elementes unter diesen Bedingungen die Ausfallrate

$$h(s) = \left(\frac{s}{\alpha}\right)^{\beta}\exp(gx + hy)$$

besitzt. Der erste Faktor in dieser Funktion ist die Ausfallrate der Weibull–Verteilung und der zweite Faktor spiegelt den Einfluß der äußeren Bedingungen wieder. Wenn $g > 0$ und $h > 0$ sind, so spielen Temperatur und Feuchtigkeit eine negative Rolle und verschlechtern den Zustand des Elementes. Somit erhält man eine Verteilung mit den vier Parametern (α, β, g, h).

Häufig werden Cox'schen Verteilungen als halbparametrische Verteilungsfamilie betrachtet, indem dem ersten Faktor h_0 keine vorgegebene Form zugeschrieben wird. In diesem Fall definiert man eine Cox'sche Verteilung über die Ausfallrate

$$h(s) = h_0(s)\exp(gx + hy)\,,$$

wobei $h_0(s)$ unbekannt ist. Dieser Zugang wird häufig verwendet, um den Einfluß von Umweltbedingungen auf die Lebensdauer eines Erzeugnisses zu beschreiben.

2.4 Übungen

Übung 2.1 Wir betrachten ein System aus 2 identischen Elementen, die eine mittlere Lebensdauer von $m_{\mathrm{F}} = 5000h$ besitzen. Zum Funktionieren des Systems ist nur ein Element nötig. Wenn das erste Element ausgefallen ist, tritt sofort das zweite an dessen Stelle (kalte Reserve). Die beiden Elemente besitzen eine Verteilungsfunktion aus der IFR–Familie. Man bestimme eine obere Grenze für die Wahrscheinlichkeit, daß dieses System $1,5$ Jahre ausfallfrei arbeitet.

Übung 2.2 3 Städte A, B und C seien jede mit den beiden anderen verbunden. Die Verbindung zwischen A und B besitzt die Überlebensfunktion $\overline{F}_{AB}(\cdot)$ usw. Das Verbindungsnetz gilt als ausgefallen, wenn mindestens eine Stadt isoliert ist. Es ist nicht ausgefallen, wenn es sich in einem der in Abbildung 2.13 dargestellten Zustände befindet:

(i) zeigen Sie, daß die Verteilungsfunktion $F(\cdot)$ des Netzes zur IFR–Familie

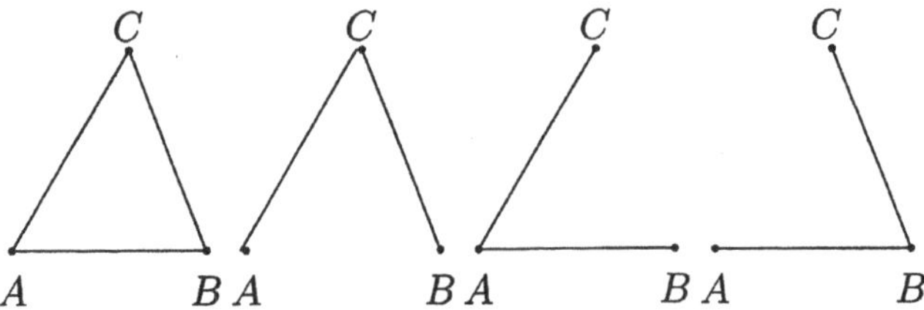

Abbildung 2.13: Arbeitfähige Zustände eines Verbindungsnetzes zwischen 3 Städten

gehört, wenn

$$\overline{F}_{\mathrm{AB}}(s) = \overline{F}_{\mathrm{BC}}(s) = \overline{F}_{\mathrm{AC}}(s) = e^{-\lambda s} \; .$$

(ii) Untersuchen Sie, ob $F(\cdot)$ zur IFR–Familie gehört, wenn

$$\overline{F}_{\mathrm{AB}}(s) = e^{-\lambda s}, \quad \overline{F}_{\mathrm{BC}}(s) = e^{-\frac{3}{2}\lambda s}, \quad \overline{F}_{\mathrm{AC}}(s) = e^{-2\lambda s} \; .$$

Bemerkung: Da λ nur die Rolle eines Maßstabsparameters spielt, kann die Aufgabe für $\lambda = 1$ gelöst werden.

Übung 2.3 Zeigen Sie, daß eine Zufallsgröße mit der Ausfallrate

$$h(s) = \begin{cases} 0, & s < 0,5 \\ 2, & 0,5 \leq s < 1 \\ 1, & s \geq 1 \end{cases}$$

zur IFRA–Familie gehört.

Übung 2.4 Wir betrachten eine Parallelschaltung aus zwei unabhängigen Elementen mit den Lebensdauern S_1 und S_2. Die Lebensdauer des Systems ist $S = S_1 \vee S_2$ mit der Verteilungsfunktion $F(s)$, $\overline{F}(s) = 1 - F_1(s)F_2(s)$. Zeigen Sie:

(i) Wenn $\overline{F}_1(s) = \overline{F}_2(s) = e^{-\lambda s}$, $s > 0$, dann gilt $F \in \mathfrak{F}_{\mathrm{IFR}}$.

(ii) Wenn $\overline{F}_1(s) = e^{-\lambda s}$, $\overline{F}_2(s) = e^{-2\lambda s}$, dann gilt $F \notin \mathfrak{F}_{\mathrm{IFR}}$ aber $F \in \mathfrak{F}_{\mathrm{IFRA}}$.

Bemerkung: Da λ nur ein Maßstabsparameter ist, kann die Aufgabe für $\lambda = 1$ gelöst werden.

Übung 2.5 Zeigen Sie, daß eine Zufallsgröße mit der Ausfallrate

$$h(s) = \begin{cases} 0, & s < 1 \\ 1, & 1 \leq s < 1{,}5 \\ 0, & 1{,}5 \leq s < 2 \\ 2, & s \geq 2 \end{cases}$$

eine Verteilungsfunktion besitzt, für die $F \notin \mathfrak{F}_{\text{IFRA}}$ jedoch $F \in \mathfrak{F}_{\text{NBU}}$ gilt.

Übung 2.6 Weisen Sie nach, daß die Normalverteilung zur IFR-Familie gehört.

Übung 2.7 Zeigen Sie, daß für den Prozeß $X(t)$ aus Gleichung (2.9) im Birnbaum–Saunders–Modell $\frac{dX(t)}{dt} > 0$ gilt, wenn t genügend groß ist.

Übung 2.8 Bestimmen Sie die Dichtefunktion der Birnbaum–Saunders–Verteilung und ermitteln Sie, ob diese Verteilung zur IFR–Familie gehört.

Übung 2.9 Bestimmen Sie die Momente $m_{\text{F},k}$, $k = 1, 2, \ldots$ sowie Schiefe und Exzeß der zweiparametrischen Exponentialverteilung.

Übung 2.10 Berechnen Sie die Ausfallratenfunktion $h(s) = \frac{f(s)}{\overline{F}(s)}$ einer Verteilung vom Pareto-Typ. Für $\alpha = 1$ und $\mu = 0$ ermittle man, ob eine der Beziehungen $F \in \mathfrak{F}_{\text{IFR}}$ oder $F \in \mathfrak{F}_{\text{DFR}}$ gilt. Wann existieren die Momente $m_{\text{F},1}$ und $m_{\text{F},2}$?

Übung 2.11 Berechnen Sie die Momente

$$\alpha_3 = \mathrm{E}\left(\frac{S - \mu}{\sigma}\right)^3 \quad \text{und} \quad \alpha_4 - 3 = \mathrm{E}\left(\frac{S - \mu}{\sigma}\right)^4 - 3$$

für normalverteilte und weibullverteilte Zufallsgrößen S.

Übung 2.12 Man untersuche, welche der im Abschnitt 2.3 vorgestellten Verteilungen zu den Verteilungen mit Lage- und Maßstabsparameter gehören.

3 Ausfallmodelle

3.1 Einführung in die Erneuerungstheorie mit einigen Anwendungen in der Zuverlässigkeitstheorie

In diesem Abschnitt wollen wir das Ausfallverhalten und die Zuverlässigkeit reparierbarer Erzeugnisse betrachten. Dazu nehmen wir an, daß nach jedem Ausfall das betrachtete Element sofort (d.h. die Austauschzeit ist vernachlässigbar klein) durch ein neues Element desselben Typs ersetzt wird (bzw. so repariert wird, daß es wieder als neues Element angesehen werden kann).

Wir beschränken uns hier auf einige Aussagen der Erneuerungstheorie, soweit sie für die künftigen Abschnitte von Interesse sind. Eine ausführliche Darstellung der Erneuerungstheorie findet sich in COX, SMITH [23] oder ASMUSSEN [4].

Sei S_1 die zufällige Lebensdauerzeit des ersten Elements, S_2 die des zweiten usw. Wir betrachten die Folge von Lebensdauerzeiten $(S_i)_{i \geq 1}$ und die Folge $(T_i)_{i \geq 1}$, $T_i = S_1 + ... + S_i$, $T_0 = 0$ der zugehörigen Ausfallzeiten. Die beiden Folgen sind in Abbildung 3.1 dargestellt.

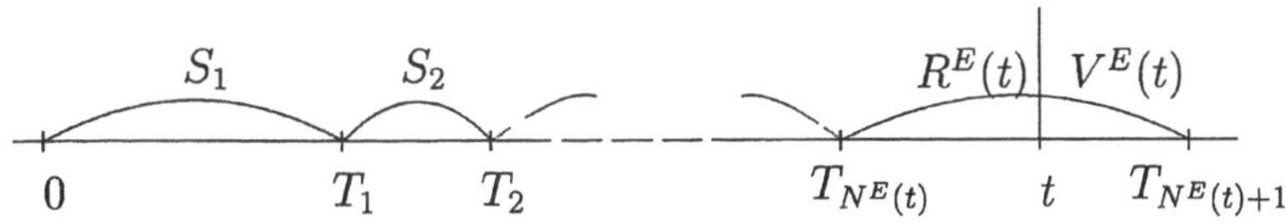

Abbildung 3.1: Ein Erneuerungsprozeß

Definition 3.1 *Die Folge $(T_i)_{i \geq 1}, T_i < T_{i+1}$ heißt gewöhnlicher Erneuerungsprozeß, wenn die zugehörige Folge $(S_i)_{i \geq 1}$ mit $S_i = T_i - T_{i-1}, T_0 = 0$ eine Folge unabhängiger und identisch verteilter Zufallsgrößen mit der Verteilungsfunktion* $P(S_i \leq s) = F(s)$, $F(0) = 0$ *ist.*

Sind nur die Zeiten zwischen den Ausfällen $S_2, S_3, ...$ identisch mit $F(s)$ verteilt und besitzt die zufällige Zeit S_1 bis zum ersten Ausfall die Verteilungsfunktion $F_0(\cdot)$, so heißt $(T_i)_{i \geq 1}$ allgemeiner oder verzögerter Erneuerungsprozeß.

Im Zusammenhang mit einem Erneuerungsprozeß sind einige andere Prozesse von Interesse.

Definition 3.2 *Die Anzahl der Erneuerungen (oder die Anzahl der ausgefallenen Elemente) im Intervall $[0, t]$*

$$N^E(t) := \sum_{k=1}^{\infty} \mathrm{I}(T_k \leq t)$$

heißt Zählprozeß. *Die zufällige Zeit seit der letzten Erneuerung*

$$R^E(t) := t - T_{N^E(t)}$$

heißt Rückwärtsrekurrenzzeit *des Prozesses. Die zufällige Zeit bis zur nächsten Erneuerung*

$$V^E(t) := T_{N^E(t)+1} - t$$

heißt Vorwärtsrekurrenzzeit *des Prozesses.*

Zunächst betrachten wir gewöhnliche Erneuerungsprozesse, in denen alle S_i die Verteilungsfunktion $F(s)$ besitzen. Dann erhalten wir für die Verteilung des k–ten Erneuerungszeitpunktes T_k

$$\mathrm{P}(T_k \leq t) = \mathrm{P}(S_1 + ... + S_k \leq t) = F^{*k}(t)\,,$$

wobei $F^{*k}(t)$ die k–fache Faltung der Verteilungsfunktion $F(t)$ ist, die aus einer Rekursionsbeziehung

$$F^{*(k)}(t) = F^{*(k-1)} * F(t) = \int_0^t F^{*(k-1)}(t - u)\, dF(u)\,, \quad F^{*(0)}(u) \equiv 1$$

bestimmt werden kann.

Für den Erwartungswert der Anzahl der Erneuerungen bis zur Zeit t erhält man dann

$$H^E(t) := \mathrm{E}N^E(t) = \mathrm{E} \sum_{k=1}^{\infty} \mathrm{I}(T_k \leq t) = \sum_{k=1}^{\infty} \mathrm{P}(T_k \leq t) = \sum_{k=1}^{\infty} F^{*(k)}(t)\,. \quad (3.1)$$

Man kann beweisen, daß die Reihe (3.1) mit der Geschwindigkeit einer geometrischen Reihe konvergiert.

Definition 3.3 *Die Funktion $H^E(t) = \mathrm{E}N^E(t)$ (erwartete Anzahl von Ausfällen bis zur Zeit t) heißt* Erneuerungsfunktion *des gewöhnlichen Erneuerungsprozesses.*

Satz 3.1 *Die Erneuerungsfunktion ist die eindeutige Lösung der Integralgleichung*

$$H^E(t) = F(t) + \int_0^t H^E(t - u)\, dF(u)\,. \tag{3.2}$$

Beweis: Gemäß Formel (3.1) gilt

$$H^E(t) = F(t) + \sum_{k=2}^{\infty} F^{*(k-1)} * F(t) = F(t) + \sum_{k=1}^{\infty} F^{*(k)} * F(t) =$$

$$= F(t) + \sum_{k=1}^{\infty} \int_0^t F^{*(k)}(t - u)\, dF(u) = F(t) + \int_0^t \Big(\sum_{k=1}^{\infty} F^{*(k)}(t - u)\Big)\, dF(u) =$$

$$= F(t) + \int_0^t H^E(t - u)\, dF(u)\,.$$

Die Eindeutigkeit der Lösung beweisen wir nur für den Fall $F(t) < 1 \quad \forall t > 0$. Seien $H_1^E(t)$ und $H_2^E(t)$ zwei Lösungen der Erneuerungsgleichung (3.2). Dann erhält man für die Differenz

$$D(t) = H_2^E(t) - H_1^E(t) = \int_0^t (H_2^E(t - u) - H_1^E(t - u))\, dF(u)$$

und damit für alle $t' \leq t$

$$|D(t')| \leq \int_0^{t'} |D(t' - u)|\, dF(u) \leq \sup_{t' \leq t} |D(t')| F(t) \quad \forall t' \leq t\,.$$

Daraus folgt

$$\sup_{t' \leq t} |D(t')| \leq \sup_{t' \leq t} |D(t')| F(t)\,.$$

Das ist nur möglich, wenn $D(t') \equiv 0 \quad \forall t' \leq t$. $\blacksquare$

Bemerkung: Analog zu diesem Satz kann bewiesen werden, daß für das zweite Moment

$$H_2^E(t) = \mathrm{E}(N^E(t))^2 = \sum_{k=1}^{\infty} (2k - 1) F^{*(k)}(t)$$

gilt (siehe Cox [22]). Man erhält dann die Gleichung

$$H_2^E(t) = H^E(t) + 2 \int_0^t H^E(t - u)\, dH^E(u),$$

und hieraus eine Ungleichung für das zweite Moment

$$H_2^E(t) \leq H^E(t) + 2(H^E(t))^2 \, . \tag{3.3}$$

Satz 3.2 *Seien* $(T_i)_{i \geq 1}$ *ein allgemeiner Erneuerungsprozeß und* $H_0^E(t) :=$ $\mathrm{E}N_0^E(t)$ *die Erneuerungsfunktion dieses Prozesses. Dann gilt*

$$H_0^E(t) = F_0(t) + \int\limits_0^t H^E(t-u)\,dF_0(u) \, ,$$

wobei $H^E(t)$ *die Erneuerungsfunktion des zugehörigen gewöhnlichen Erneuerungsprozesses ist.*

Der Beweis dieses Satzes ist völlig analog zum Beweis der Integralgleichung (3.2), jedoch für die Verteilungsfunktion der Zeit bis zur ersten Erneuerung wird jeweils $F_0(t)$ eingesetzt.

Bemerkung: Für absolut stetige Funktionen $F_0(s)$ und $F(s)$ existieren die entsprechenden Dichten $f_0(s)$ und $f(s)$. In diesem Fall kann neben der Erneuerungsfunktion die Erneuerungsdichte

$$h^E(s) = \frac{dH^E(s)}{ds}$$

betrachtet werden.

Für die Erneuerungsdichten des gewöhnlichen und allgemeinen Erneuerungsprozesses erhält man dann die Integralgleichungen

$$h^E(t) = f(t) + \int\limits_0^t h^E(t-u)f(u)\,du$$

bzw.

$$h_0^E(t) = f_0(t) + \int\limits_0^t h^E(t-u)f_0(u)\,du \, .$$

Die Lösung der Integralgleichungen für Erneuerungsfunktionen und Erneuerungsdichten ist u. a. mit Hilfe von Laplace-Transformationen möglich. Ist $g(\cdot)$ eine reellwertige Funktion von s mit endlicher Variation, so wird ihre Laplace–Transformierte $\tilde{g}(z)$ durch

$$\tilde{g}(z) = \int\limits_0^\infty e^{-zs}\,dg(s)$$

definiert. Die Laplace–Transformierte $\tilde{g}(z)$ existiert unter einigen schwachen Voraussetzungen, die für F und H^E erfüllt sind. Seien $\tilde{F}(z)$ und $\tilde{F}_0(z)$ die Laplace–Transformierten von den Verteilungen $F(s)$ und $F_0(s)$ und $\tilde{H}^E(z)$ bzw. $\tilde{H}^E_0(z)$ die Laplace–Transformierten der Erneuerungsfunktionen $H^E(s)$, $H^E_0(s)$ für den gewöhnlichen bzw. allgemeinen Erneuerungsprozeß.
$\tilde{F}(z)$ und $\tilde{F}_0(z)$ können als Erwartungswerte der zufälligen Größen e^{-zS_i} interpretiert werden :

$$\tilde{F}(z) = \mathrm{E}e^{-zS_i}, \quad i = 2, 3, ..., \quad \tilde{F}_0(z) = \mathrm{E}e^{-zS_1} .$$

Diese Erwartungswerte existieren für beliebige $z \geq 0$, da $e^{-zS_i} \leq 1$ ist. Aus der Unabhängigkeit der S_i folgt für die Laplace-Transformierte der k-fachen Faltung

$$\tilde{F}^{*(k)}(z) = \int\limits_0^\infty e^{-zs}\, dF^{*(k)}(s) = \mathrm{E}e^{-z(S_1+..+S_k)} = \mathrm{E}e^{-zS_1}...\mathrm{E}e^{-zS_k} = (\tilde{F}(z))^k .$$

Daraus erhält man

$$\begin{aligned}
\tilde{H}^E(z) &= \int\limits_0^\infty e^{-zs}\, d(\sum_{k=1}^\infty F^{*(k)}(s)) = \sum_{k=1}^\infty \int\limits_0^\infty e^{-zs}\, dF^{*(k)}(s) = \\
&= \sum_{k=1}^\infty (\tilde{F}(z))^k = \frac{\tilde{F}(z)}{1 - \tilde{F}(z)} .
\end{aligned} \tag{3.4}$$

Damit existiert $\tilde{H}^E(z)$ und ist durch (3.4) definiert. Analog erhält man für den allgemeinen Erneuerungsprozeß

$$\tilde{H}^E_0(z) = \frac{\tilde{F}_0(z)}{1 - \tilde{F}(z)} . \tag{3.5}$$

Für einige Verteilungsfunktionen ist es möglich, die Laplace–Transformierten zu berechnen, die Erneuerungsfunktion im Bildraum zu bestimmen und die Rücktransformation durchzuführen. Die größte Schwierigkeit bereitet hierbei die Rücktransformation. Ist diese analytisch nicht möglich, kann man numerische Verfahren verwenden. Häufig beschränkt man sich auch auf die Laplace-Transformierte der Erneuerungsfunktion, da hieraus z.B. Momente berechnet werden können.

Beispiel 3.1 Wir betrachten einen gewöhnlichen Erneuerungsprozeß, in dem die Zeiten zwischen zwei Erneuerungen S_i, $i = 1, 2, ...$ einer Exponentialverteilung unterliegen (dieser Prozeß heißt homogener Poissonprozeß und wird im nächsten Abschnitt aus anderer Sicht näher untersucht). In diesem Fall erhält man für die Erneuerungsfunktion $H^E(t) = \lambda t$ (siehe Übung 3.1). Da in diesem Fall $m_{F,1} = \frac{1}{\lambda}$ ist, gilt also $H^E(t) = \frac{t}{m_{F,1}}$. Die Erneuerungsfunktion ist somit eine lineare Funktion in t. Diese Eigenschaft heißt Stationarität des Erneuerungsprozesses. $\Diamond$

Wir betrachten nun allgemeine Erneuerungsprozesse hinsichtlich ihrer Stationarität.

Satz 3.3 (Satz von Blackwell) *Sei $F(\cdot)$ eine stetige Lebensdauerverteilung mit $F(0) = 0$ und $m_{F,1} < \infty$. Dann gilt für beliebige s*

$$\lim_{t \to \infty} (H_0^E(t+s) - H_0^E(t)) = \frac{s}{m_{F,1}} \, . \tag{3.6}$$

Sei weiterhin $Q(t)$ eine beschränkte nichtwachsende Funktionen auf dem Intevall $[0, \infty)$ mit $\int_0^\infty Q_i(u)\,du < \infty$. Dann gilt

$$\lim_{t \to \infty} \int_0^t Q(t-u)\,dH_0(u) = \frac{1}{m_{F,1}} \int_0^\infty Q(u)\,du.$$

Den Beweis dieses Satzes findet man in FELLER, Bd. 2 [28]. Aus dem Satz von Blackwell lassen sich verschiedene asymptotische Aussagen über die Verteilungen der beiden Rekurrenzzeiten, der Varianz des Zählprozesses u.a. ableiten. Dies wollen wir nun am Beispiel der Verteilung der Vorwärtsrekurrenzzeiten demonstrieren.

Im Abschnitt 2.2 haben wir bereits die Größe $A_F(s) = \frac{1}{m_{F,1}} \int_0^s \overline{F}(u)\,du$ eingeführt, die auch hier im weiteren benutzt wird.

Satz 3.4 *Unter den Voraussetzungen des Satzes von Blackwell gilt für die Verteilung der Vorwärtsrekurrenzzeit eines Erneuerungsprozesses*

$$\lim_{t \to \infty} \mathrm{P}\left(V^E(t) > s\right) = \overline{A}_F(s) := \frac{1}{m_{F,1}} \int_s^\infty \overline{F}(u)\,du \, .$$

Beweis: Sei $G_t(\cdot)$ die Verteilungsfunktion der Vorwärtsrekurrenzzeit $G_t(s) = \mathrm{P}(V^E(t) \le s)$, d.h. die Wahrscheinlichkeit, daß der nächste Ausfall vor Ablauf der Zeit s erfolgt, wenn wir uns im Zeitpunkt t eines Erneuerungsprozesses befinden.

Dann folgt aus der Formel über die totale Wahrscheinlichkeit

$$\mathrm{P}(V^E(t) > s) = \mathrm{P}(S_1 > t + s) + \sum_{k=1}^\infty \int_0^t \mathrm{P}(S_{k+1} > t - u + s)\,dF^{*(k)}(u) \, ,$$

wobei $F^{*(1)}(\cdot) = F_0(\cdot)$. Zur Interpretation dieser Formel dient Abbildung 3.2: $V^E(t)$ ist größer als s, wenn entweder die erste Erneuerung später als $t+s$ erfolgt oder wenn zum Zeitpunkt u die k-te Erneuerung stattgefunden hat ($0 < t \leq u$, $k = 1, 2...$) und die $(k+1)$-te Erneuerung erst nach Ablauf der Zeit $t - u + s$ erfolgt. Hieraus erhält man

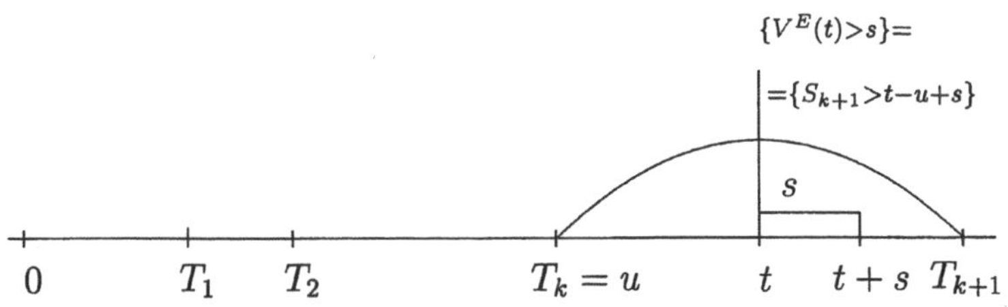

Abbildung 3.2: Die Vorwärtsrekurrenszeiten

$$P(V^E(t) > s)$$

$$= P(S_1 > t + s) + \int_0^t P(S_{N^E(t)+1} > t - u + s | T_{N^E(t)} = u)\, dH_0^E(u) =$$

$$= \overline{F}_0(t + s) + \int_0^t \overline{F}(t - u + s)\, dH_0^E(u)\,.$$

Wir wenden nun den Satz von Blackwell mit $Q(u) = \overline{F}(u + s)$ an. Für $t \to \infty$ konvergiert der erste Summand gegen 0 und der zweite gegen $\frac{1}{m_{F,1}} \int_0^\infty \overline{F}(u + s)\, du$. Daraus erhalten wir die geforderte Aussage. ∎

Bemerkung 1: Der Satz von Blackwell läßt sich für den Beweis vieler anderer Aussagen verwenden. Zum Beispiel sind häufig genauere Aussagen über das Verhalten der Erneuerungsfunktion als in Formel (3.6) oder Aussagen über das Verhalten der Varianz des Zählprozesses von Interesse. Durch geeignete Wahl der Funktion $Q(t)$ im Satz von Blackwell erhält man z.B. für gewöhnliche Erneuerungsprozesse

$$H^E(t) = \frac{t}{m_{F,1}} + \left(\frac{m_{F,2}}{2m_{F,1}^2} - 1\right) + g_1(t)$$

mit $g_1(t) \to 0$ für $t \to \infty$ und

$$\mathrm{Var}\left(N^E(t)\right) = \frac{\sigma_F^2}{m_{F,1}^3} \cdot t + \frac{1}{2}\frac{m_{F,2}^2}{m_{F,1}^4} - \frac{m_{F,3}}{3m_{F,1}^3} + g_2(t)$$

mit $g_2(t) \to 0$ für $t \to \infty$.

Bemerkung 2: Weiterhin läßt sich zeigen, daß der Zählprozeß asymptotisch normalverteilt ist: Für beliebige x gilt

$$P\left(\frac{N^E(t) - H^E(t)}{\sqrt{\mathrm{Var}\, N^E(t)}} \leq x\right) \to \Phi(x), \quad t \to \infty,$$

wobei $\Phi(\cdot)$ die Verteilungsfunktion der Standardnormalverteilung ist. Die asymptotische Normalverteilung kann zur näherungsweisen Bestimmung von oberen und unteren Grenzen für die Anzahl von Ausfällen in einem gegebenen Zeitintervall genutzt werden(siehe Übung 3.3).

Wir betrachten nun eine sinnvolle Verallgemeinerung von Erneuerungsprozessen. Die Reparaturzeit soll nicht mehr vernachlässigbar klein sein, sondern eine zufällige Zeit U_i in Anspruch nehmen. Ein Prozeß dieser Art ist in Abbildung 3.3 dargestellt.

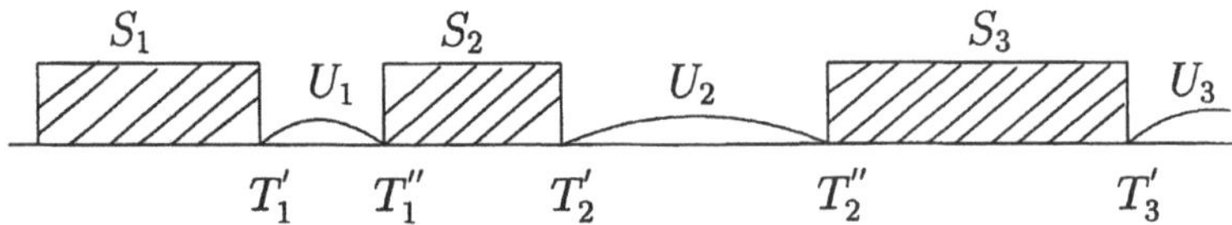

Abbildung 3.3: Ein alternierender Prozeß

Nach einer Arbeitszeit S_i folgt jeweils eine Reparaturzeit U_i. T_i' seien die Ausfallzeitpunkte und T_i'' die Zeitpunkte, zu denen eine Reparatur beendet wird und die $(i+1)$-te Arbeitsperiode beginnt. Wir nehmen an, daß die Reparatur eine vollständige ist, d.h. nach der Reparatur wird das Element als neu angesehen.

Die Arbeitszeiten besitzen wieder die Verteilungsfunktion $F(s) = P(S_i \leq s)$ und die Reparaturzeiten besitzen die Verteilungsfunktion $G(s) = P(U_i \leq s), i = 1, 2, \ldots$ Die U_i seien unabhängig von den $S_i, i = 1, 2, \ldots$.

Definition 3.4 *Die Folge* $(T_i', T_i'')_{i \geq 1}$ *heißt gewöhnlicher alternierender Prozeß. Unterliegt S_1 einer anderen Verteilung $F_0(s) = P(S_1 \leq t)$, so nennt man* $(T_i', T_i'')_{i \geq 1}$ *allgemeinen alternierenden Prozeß.*

Analog zu Erneuerungsprozessen lassen sich auch hier verschiedene Aussagen beweisen.

Betrachten wir einen gewöhnlichen alternierenden Prozeß mit stetigen Verteilungen $F(t)$ und $G(t)$. Die Erwartungswerte dieser beiden Verteilungen seien endlich: $m_{\mathrm{F},1} < \infty, m_{\mathrm{G},1} < \infty$.

Wenn wir nun nur die Folge $(T_i')_{i\geq 1}$ betrachten, so erhalten wir einen allgemeinen Erneuerungsprozeß mit $F_0(s) = F(s)$ und der Verteilung der Wartezeiten zwischen zwei Erneuerungen $\tilde{F}(s) = F * G(s)$, da $\tilde{F}(s) = \mathrm{P}(S_i + U_{i-1} \leq s)$, $i = 1, 2, \dots$. Die Erneuerungsfunktion dieses Prozesses bezeichnen wir mit $H_0^A(t)$ und aus dem Satz von Blackwell folgt

$$H_0^A(t+s) - H_0^A(t) \to \frac{s}{m_{\mathrm{F},1} + m_{\mathrm{G},1}}, \quad t \to \infty .$$

Ebenso einfach läßt sich die asymptotische Verfügbarkeit eines Elementes bestimmen. Nehmen wir an, daß ein Element die beiden Zustände $\{X = 0\}$ für „ausgefallen" und $\{X = 1\}$ für „intakt" annehmen kann. Die Verfügbarkeit des Elements ist die Wahrscheinlichkeit, daß sich das Element im arbeitfähigem Zustand befindet. Aus der Formel über die totale Wahrscheinlichkeit erhalten wir

$$p(t) = \mathrm{P}(X(t) = 1) = \overline{F}(t) + \int\limits_0^t \overline{F}(t - u)\, dH_0^A(u) \tag{3.7}$$

Wendet man hierauf den Satz von Blackwell mit $Q(t - u) = \overline{F}(t - u)$ an, so erhält man, daß der zweite Term (und damit auch $p(t)$) für $t \to \infty$ gegen

$$\frac{1}{m_{\tilde{F},1}} \int_0^\infty Q(u)\, du = \frac{m_{\mathrm{F},1}}{m_{\tilde{F},1}} = \frac{m_{\mathrm{F},1}}{m_{\mathrm{F},1} + m_{\mathrm{G},1}}$$

konvergiert.

Bemerkung: Wenn in diesen Modellen $m_{\mathrm{F},1} \gg m_{\mathrm{G},1}$, so gilt $\frac{m_{\mathrm{F},1}}{m_{\mathrm{F},1}+m_{\mathrm{G},1}} \sim 1$ und damit erhält man wieder die Beziehungen der einfachen Erneuerungstheorie.

Beispiel 3.2 Betrachten wir einen alternierenden Prozeß mit $F(s) = 1 - e^{-\lambda s}$ und $G(s) = 1 - e^{-\mu s}$. Dann läßt sich die Gleichung (3.7) mittels Laplace–Transformation explizit lösen und man erhält

$$p(t) = \frac{\lambda}{\lambda + \mu} + \frac{\mu}{\lambda + \mu} e^{-(\lambda+\mu)t} .$$

In diesem Beispiel wird deutlich, inwieweit sich asymptotische und exakte Verfügbarkeit voneinander unterscheiden: Die Differenz beider Größen ist $\frac{\mu}{\lambda+\mu} e^{-(\lambda+\mu)t}$, also ein exponentiell schnell abklingender Term. Somit kann man schon nach relativ kurzer Einlaufphase die asymptotischen Ergebnisse zur Beschreibung der Arbeit des Bauteiles nutzen. $\Diamond$

Bei Erneuerungsprozessen treten häufig Summen auf, wobei die Anzahl der Summanden zufällig ist. Für diese Summen spielt die folgende Waldsche Identität eine zentrale Rolle.

Satz 3.5 (Identität von Wald) *Sei $(S_i)_{i \geq 1}$ eine Folge unabhängiger und identisch verteilter Zufallsgrößen mit der Verteilungsfunktion $F(\cdot)$ und $m_{F,1} < \infty$. Weiterhin sei C eine zufällige Größe mit Realisierungen aus den natürlichen Zahlen, $p_i = \mathrm{P}(C = i)$ und $\mathrm{E}C < \infty$. Das Ereignis $\{C \geq i\}$ sei unabhängig von S_i, $i = 1, 2, \ldots$. Dann gilt*

$$\mathrm{E}\Big(\sum_{i=1}^{C} S_i\Big) = m_{F,1} \cdot \mathrm{E}C \ .$$

Beweis:

$$\mathrm{E}\Big(\sum_{i=1}^{C} S_i\Big) = \mathrm{E}\sum_{i=1}^{\infty} S_i \mathrm{I}(C \geq i) = \sum_{i=1}^{\infty} \mathrm{E}S_i \mathrm{I}(C \geq i) =$$

$$= \sum_{i=1}^{\infty} \mathrm{E}S_i \mathrm{P}(C \geq i) = \sum_{i=1}^{\infty} m_{F,1} \cdot \sum_{k=i}^{\infty} p_k = m_{F,1} \sum_{k=1}^{\infty} k \cdot p_k = m_{F,1}\mathrm{E}C \ .$$

∎

Folgerung 3.1 *Für die Vorwärtsrekurrenzzeit eines gewöhnlichen Erneuerungsprozesses gilt $\mathrm{E}V^E(t) = m_{F,1}(H^E(t) + 1) - t$.*

Beweis: Das Ereignis $\{N^E(t) \geq i - 1\}$ hängt nur von $S_1, \ldots, S_{i-1}$ ab. Daher ist das Ereignis $\{N^E(t) + 1 \geq i\}$ unabhängig von S_i. Die Vorwärtsrekurrenzzeit ist durch

$$V^E(t) = T_{N^E(t)+1} - t \quad \text{mit} \quad T_{N^E(t)+1} = \sum_{i=1}^{N^E(t)+1} S_i$$

definiert. Dann erhält man aus der Waldschen Identität

$$\mathrm{E}V^E(t) = \mathrm{E}\Big(\sum_{i=1}^{N^E(t)+1} S_i\Big) - t = m_{F,1}(H^E(t) + 1) - t \ .$$

∎

Für Verteilungen aus der NBU–Familie (siehe Kapitel 2) läßt sich die Erneuerungsfunktion folgendermaßen abschätzen :

Satz 3.6 *Wenn $F \in \mathfrak{F}_{NBU}$, dann gilt*

$$\frac{t}{m_{F,1}} - 1 \leq H^E(t) \leq \frac{t}{m_{F,1}} \ . \tag{3.8}$$

Beweis: Aus Folgerung 3.1 erhält man

$$H^E(t) = \frac{t}{m_{\mathrm{F},1}} + \frac{EV^E(t)}{m_{\mathrm{F},1}} - 1\,. \qquad (3.9)$$

Da $V^E(t) \geq 0$ ist, erhält man aus (3.9) sofort die linke Ungleichung in (3.8). Zum Beweis der rechten Ungleichung benutzen wir die Definition für NBU–Verteilungen $\overline{F}(s_1 + s_2) \leq \overline{F}(s_1) \cdot \overline{F}(s_2)$ und die Formel über die totale Wahrscheinlichkeit. Dann erhalten wir

$$
\begin{aligned}
\mathrm{P}(V^E(t) > s) &= \overline{F}(t+s) + \int_0^t \overline{F}(t+s-u)\,dH^E(u) \\[2mm]
&\leq \overline{F}(t)\overline{F}(s) + \int_0^t \overline{F}(s)\overline{F}(t-u)\,dH^E(u) \\[2mm]
&= \overline{F}(s)\left(\overline{F}(t) + \int_0^t \overline{F}(t-u)\,dH^E(u)\right) \\[2mm]
&= \overline{F}(s)\mathrm{P}(V^E(t) > 0) \\
&\leq \overline{F}(s)
\end{aligned}
$$

und daraus folgt

$$EV^E(t) = \int_0^\infty \mathrm{P}(V^E(t) > s)\,ds \leq \int_0^\infty \overline{F}(s)\,ds = m_{\mathrm{F},1}\,.$$

Damit ist auch die rechte Ungleichung bewiesen. ∎

Erneuerungsprozesse stehen in engem Zusammenhang mit Poissonschen Punktprozessen, die im nächten Abschnitt betrachtet werden.

3.2 Poissonsche Punktprozesse

Wir betrachten zunächst eine spezielle Verteilung der Wartezeiten in einem Erneuerungsprozeß. Sei $S_1, S_2, \ldots$ eine Folge unabhängiger und identisch exponentialverteilter Zufallsgrößen mit der Überlebensfunktion

$$\overline{F}(s) = \mathrm{P}(S > s) = e^{-\lambda s}\,.$$

Mit $(T_n)_{n\geq 1}$ bezeichnen wir wieder die Folge der Ausfallzeitpunkte $T_n = \sum_{i=1}^{n} S_i$. Desweiteren bezeichnen wir für einen fixierten Zeitpunkt t mit $\Psi(0,t]$ die zufällige Anzahl von Ausfallszeitpunkten T_i im Intervall $(0,t]$, d.h. $\Psi(0,t] = \max(d : T_d \leq t)$. $T_{\Psi(0,t]}$ ist der letzte Erneuerungszeitpunkt vor der Zeit t und $T_{\Psi(0,t]+1}$ ist der erste Erneuerungszeitpunkt nach der Zeit t (Abbildung 3.4). Dann ist $S_{\Psi(0,t]} = T_{\Psi(0,t]} - T_{\Psi(0,t]-1}$ nicht exponentialverteilt (vergleiche Übung 3.5).

Dieser zum Erneuerungsprozeß gehörende Zählprozeß $\Psi(0,t]$ entspricht der

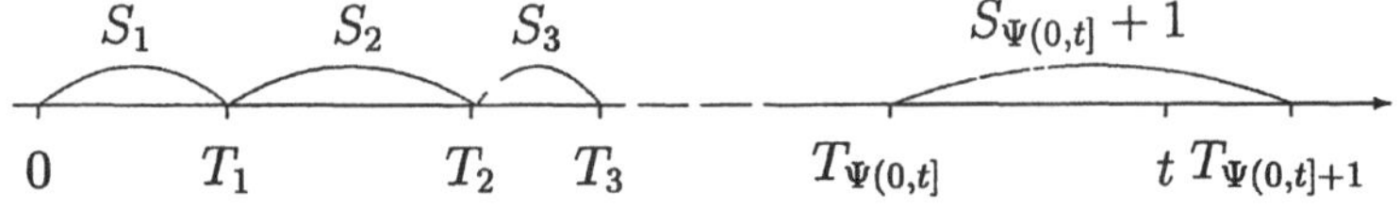

Abbildung 3.4: Ein Erneuerungsprozeß

Größe $N(t)$ aus dem letzten Abschnitt. Wir verwenden jedoch von jetzt an die für Punktprozesse übliche Bezeichnung. Durch diesen Zählprozeß kann der gesamte Erneuerungsprozeß beschrieben werden. Man kann sich leicht überlegen, daß sich aus alleiniger Kenntnis von $\Psi(0,t]$ (auch ohne Annahme exponentialverteilter Wartezeiten) alle Erneuerungszeitpunkte bestimmen lassen. Die Anzahl der Erneuerungen bis zur Zeit t und die Erneuerungszeitpunkte sind durch folgende Beziehung miteinander verbunden:

$$\{\Psi(0,t] \geq d\} = \{T_d \leq t\} = \{S_1 + S_2 + \cdots + S_d \leq t\}.$$

Setzen wir nun eine Exponentialverteilung für die Zeiten S_j voraus, so läßt sich die Verteilung des Zählprozesses explizit bestimmen:

$$P(\Psi(0,t] \geq d) = P(T_d \leq t) = F^{*d}(t).$$

Es ist also die d-fache Faltung der Exponentialverteilung zu berechnen. Das kann mit Hilfe von charakteristischen Funktionen oder auch auf direktem Wege mit vollständiger Induktion erfolgen. Das Resultat ist wohlbekannt: Die Summe d unabhängiger exponentialverteilter Zufallsgrößen unterliegt einer Erlangverteilung der Stufe d:

$$P(\Psi(0,t] \geq d) = F^{*d}(t) = 1 - \sum_{k=0}^{d-1} \frac{(\lambda t)^k}{k!} e^{-\lambda t}.$$

Hieraus lassen sich die Einzelwahrscheinlichkeiten der Anzahl der Erneuerungen berechnen:

$$P(\Psi(0,t] = d) = P(\Psi(0,t] \geq d) - P(\Psi(0,t] \geq d+1) = \frac{(\lambda t)^d}{k!} e^{-\lambda t}.$$

Somit ist die Anzahl der Erneuerungen bis zur Zeit t poissonverteilt mit dem Parameter λt.

Es ist leicht zu sehen, daß die Anzahl der Erneuerungen $\Psi(s,t]$ auf dem Zeitintervall $(s,t]$ poissonverteilt mit dem Parameter $\lambda(t-s)$ ist:

$$\Psi(s,t] = \sum_{i=1}^{\infty} \mathrm{I}(s < T_i \le t), \qquad \mathrm{P}(\Psi(s,t] = d) = \frac{(\lambda(t-s))^d}{d!} e^{-\lambda(t-s)}.$$

Weiterhin folgt sofort aus der Unabhängigkeit der Wartezeiten S_i und der Gedächtnislosigkeit der Exponentialverteilung, daß die Anzahlen von Erneuerungen auf disjunkten Zeitintervallen $(t_i, t_i + s_i]$ unabhängig voneinander sind:

$$\mathrm{P}(\Psi(t_i, t_i + s_i] = k_i, \ i = 1,2,\ldots) \ = \ \prod_{i=1}^{m} \mathrm{P}(\Psi(t_i, t_i + s_i] = k_i)$$

$$\text{für} \quad (t_i, t_i + s_i] \cap (t_j, t_j + s_j] = \emptyset, \ i \ne j.$$

Wir definieren nun den homogenen Poissonprozeß.

Definition 3.5 *Die zufällige Folge von Punkten $(T_n)_{n\ge 1}$ heißt (homogener) Poissonprozeß mit dem Intensitätsparameter λ, wenn für den zugehörigen Zählprozeß*

$$\Psi(0,t] = \sum_{i=1}^{\infty} \mathrm{I}(T_i \le t)$$

die folgenden beiden Eigenschaften erfüllt sind:

(i) *Der Zählprozeß $\Psi(t, t+s]$ ist für alle $t, s > 0$ poissonverteilt mit dem Parameter λs,*

(ii) *Die $\Psi(t_i, t_i + s_i]$ sind unabhängig für $t_i + s_i \le t_{i+1}$, $i = 1, 2, \ldots, m$; $m = 1, 2, \ldots$.*

Bemerkung 1: In KÖNIG, SCHMIDT [46] findet man den Beweis, daß diese Definition äquivalent zur Definiton des homogenen Poissionprozesses als Erneuerungsprozeß mit exponentialverteilten Wartezeiten ist.

Bemerkung 2: Statt der Eigenschaft (i) kann zur Definition des Poissonprozesses auch folgende Eigenschaft verwendet werden:

(i')			$\mathrm{P}(\Psi(t, t+s] = 0) = e^{-\lambda s}$,

siehe KALLENBERG [44].

Nun soll eine allgemeine Klasse von Prozessen eingeführt werden. Dazu betrachten wir eine Abbildung $t \to H(t)$, wobei $H(t)$ eine wachsende Funktion mit

$H(0) = 0$ ist. Wir werden, wenn es nicht anders gesagt wird, stetige Funktionen $H(\cdot)$ betrachten. Durch diese Transformation wird der Poissonprozeß mit dem Intensitätsparameter $\lambda = 1$ (andere Parameter können mit der Funktion $H(\cdot)$ erzeugt werden) in einen neuen Prozeß $(T_n')_{n \geq 1}$ abgebildet. Der zu diesem neuen Prozeß gehörende Zählprozeß wird mit $\Psi_H(0, t]$ bezeichnet. Für ihn erhält man:

$$\mathrm{P}(\Psi_H(0, t] = d) = \frac{H(t)^d}{d!} e^{-H(t)}.$$

Jetzt können wir Poissonprozesse allgemeiner definieren.

Definition 3.6 *Eine zufällige Punktfolge $(T_n)_{n \geq 1}$ heißt (inhomogener) Poisson-scher Punktprozeß mit der Erwartungswertfunktion $H(t)$, wenn*

(i) *der Zählprozeß $\Psi(t, t + s] = \sum_{n=1}^{\infty} \mathrm{I}(T_n \in (t, t + s])$ in jedem Intervall $(t, t + s]$ poissonverteilt mit dem Parameter $H(t + s) - H(t)$ ist,*

(ii) *für jede Folge von disjunkten Intervallen $(t_1, t_1 + s_1], \ldots, (t_m, t_m + s_m]$ mit $t_i + s_i \leq t_{i+1}$ die Zufallsgrößen $\Psi(t_i, t_i + s_i]$ $i = 1, 2, \ldots, m$ unabhängig voneinander sind, $m = 1, 2, \ldots$.*

Bemerkung: Wenn $H(t)$ eine stetige Funktion ist, so kann auch für den in-homogenen Poissonprozeß in der Definition die Eigenschaft (i) durch folgende Eigenschaft (i') ersetzt werden:

(i') für jedes Intervall $(t, t + s]$ gilt
$\mathrm{P}(\Psi(t, t + s] = 0) = \exp(-[H(t + s) - H(t)])$.

Den Beweis dazu findet man ebenfalls in KALLENBERG [44].

Poissonsche Punktprozesse besitzen eine Reihe bemerkenswerter Eigenschaften. Um diese Eigenschaften nachzuweisen, führen wir vorher noch als Hilfsmittel den Begriff der erzeugenden Funktion ein.

Definition 3.7 *Sei Ψ eine Zufallsgröße mit ganzzahligen Realisierungen und den Einzelwahrscheinlichkeiten $\mathrm{P}(\Psi = k) = p_k$, $k = 0, 1, \ldots$, $\sum_{k=0}^{\infty} p_k = 1$. Die Funktion*

$$G(z) = \sum_{k=0}^{\infty} z^k p_k = \mathrm{E} z^{\Psi}$$

heißt erzeugende Funktion der Zufallsgröße Ψ.

$G(\cdot)$ kann als Funktion einer komplexen Veränderlichen angesehen werden. In-nerhalb des Kreises $(z : |z| \leq 1)$ ist sie analytisch. Es besteht ein eineindeutiger

Zusammenhang zwischen $G(\cdot)$ und den Einzelwahrscheinlichkeiten; alle Einzelwahrscheinlichkeiten können aus $G(\cdot)$ bestimmt werden:

$$p_k = \frac{1}{k!} \frac{d^k G(z)}{dz^k} \bigg|_{z=0}.$$

Der Nutzen von erzeugenden Funktionen zeigt sich in folgendem Lemma:

Lemma 3.1 $\Psi_1, \ldots, \Psi_m$ *seien unabhängige ganzzahlige Zufallsgrößen mit den erzeugenden Funktionen* $G_1(z), \ldots, G_m(z)$. *Dann besitzt die Zufallsgröße* $\Psi = \Psi_1 + \cdots + \Psi_m$ *die erzeugende Funktion* $G(z) = G_1(z) \cdots G_m(z)$.

Beweis: Für die erzeugende Funktion der Summe erhalten wir

$$G(z) = \mathrm{E}z^{\Psi} = \mathrm{E}z^{\Psi_1 + \Psi_2 + \cdots + \Psi_m} = \mathrm{E}(z^{\Psi_1} \cdots z^{\Psi_m}).$$

Aus der Unabhängigkeit von $\Psi_1, \ldots, \Psi_m$ folgt für den Erwartungswert des Produktes

$$G(z) = \mathrm{E}z^{\Psi_1} \cdots \mathrm{E}z^{\Psi_m} = G_1(z) \cdots G_m(z).$$
∎

Folgerung 3.2 *Die Summe von m unabhängigen poissonverteilten Zufallsgrößen mit den Erwartungswerten* μ_i $(i = 1, \ldots, m)$ *ist wieder poissonverteilt mit dem Erwartungswert* $\mu = \mu_1 + \mu_2 + \cdots + \mu_m$.

Beweis: Ψ_i $(i = 1, \ldots, m)$ hat die erzeugende Funktion $G_i(z) = e^{\mu_i(z-1)}$. Aus Lemma 3.1 erhält man für die erzeugende Funktion der Summe $\Psi_1 + \Psi_2 + \cdots + \Psi_m$

$$G(z) = e^{\mu_1(z-1)} \cdots e^{\mu_m(z-1)} = e^{(\mu_1 + \cdots + \mu_m)(z-1)}.$$

Wegen der Eineindeutigkeit der Zuordnung besitzt nur die Poissonverteilung mit dem Erwartungswert $\mu = \mu_1 + \mu_2 + \cdots + \mu_m$ diese erzeugende Funktion. ∎
Bemerkung: Für poissonverteilte Zufallsgrößen gilt auch die umgekehrte Aussage: Ist die Summe $\Psi = \Psi_1 + \Psi_2$ unabhängiger Zufallsgrößen poissonverteilt, so sind auch die Summanden Ψ_1, Ψ_2 poissonverteilt.

Satz 3.7 $(T_{1,n})_{n \geq 1}, \ldots, (T_{m,n})_{n \geq 1}$ *seien unabhängige Poissonsche Punktprozesse mit den Erwartungswertfunktionen* $H_1(t), \ldots, H_m(t)$. *Dann ist die Superposition* $(T_{i,n}, \ i = 1, \ldots, m)_{n \geq 1}$ *auch ein Poissonscher Punktprozeß mit der Erwartungswertfunktion* $H(t) = H_1(t) + \cdots + H_m(t)$.

Die Superposition ist in Bild 3.5 dargestellt.
Beweis: Es ist zu zeigen, daß für die Superposition die beiden Eigenschaften

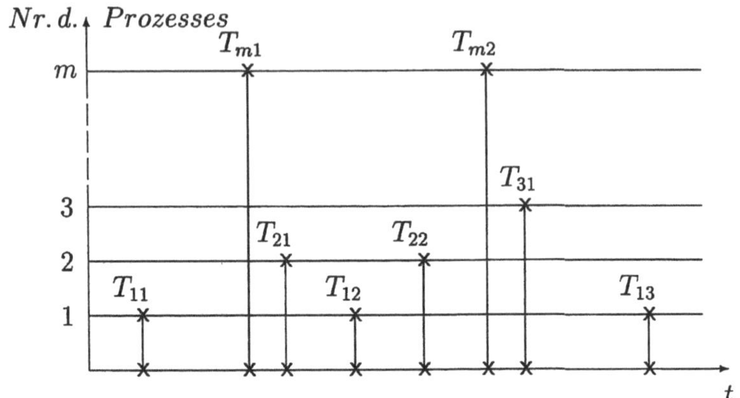

Abbildung 3.5: Die Überlagerung von Erneuerungsprozessen

der Definition 3.6 erfüllt sind. Eigenschaft (i) folgt aus Folgerung 3.2 und Eigenschaft (ii) folgt aus der Eigenschaft (ii) für jeden der Punktprozesse $(T_{i,n})_{n\geq 1}$.

∎

Wir betrachten nun ein in der Zuverlässigkeitstheorie häufig auftretendes Modell – das Verhalten eines Bauteils bei Minimalreparatur.

Das Element besitze die Verteilungsfunktion $F(\cdot)$. Sei S die zufällige Zeit bis zum ersten Ausfall. Zum Zeitpunkt $S = s$ erfolgt ein Ausfall, das Element wird sofort repariert (wobei die Reparaturzeit vernachlässigbar klein ist) und nach der Reparatur ist der Zustand des Elementes der gleiche wie vor dem Ausfall, d.h. mit einer Wahrscheinlichkeit $\overline{F}(t)/\overline{F}(s)$ erfolgt kein Ausfall im Intervall $(s, t]$. Diese Art von Reparatur nennt man auch *Minimalinstandsetzung* und die Ausfälle *Minimalausfälle*. Wenn zur Zeit T_2 wieder ein Ausfall erfolgt, wird wiederum minimal instandgesetzt, usw.

Die Ausfallzeitpunkte des Elementes bilden eine zufällige Punktfolge $(T_n)_{n\geq 1}$.

Satz 3.8 *Die Zeit bis zum Ausfall eines Elementes sei eine stetige Zufallsgröße mit der Verteilungsfunktion $F(\cdot)$. Dann ist die Folge $(T_n)_{n\geq 1}$ der Zeitpunkte aller Minimalinstandsetzungen ein Poissonscher Punktprozeß mit der Erwartungswertfunktion $H(t) = -\ln\overline{F}(t)$, d.h. der Erwartungswert der Anzahl von Ausfällen im Intervall $(0, t]$ ist gleich der Hazardfunktion an der Stelle t:* $\mathrm{E}\Psi(0, t] = H(t)$.

Beweis: Unter der Voraussetzung der Minimalinstandsetzung behält das Element nach einem Ausfall immer sein ursprüngliches Alter. Daher gilt

$$P(\Psi(t, t + s] = 0) = \frac{\overline{F}(t + s)}{\overline{F}(t)}.$$

Im Abschnitt 1.2, Gleichung (1.4) wurde bewiesen, daß für stetige Verteilungen $F(\cdot)$ die Beziehung $\overline{F}(t) = \exp(-H(t))$ gilt. Damit erhält man

$$P(\Psi(t, t+s] = 0) = \frac{\exp(-H(t+s))}{\exp(-H(t))} = \exp(-(H(t+s) - H(t)))$$

und Bedingung (i') der Definition 3.6 des Poissonschen Punktprozesses ist bewiesen. Die Bedingung (ii) folgt sofort aus der Definition der Minimalinstandsetzung. Da das Element sein ursprüngliches Alter behält, hängt ein Ausfall nicht davon ab, ob schon Ausfälle stattgefunden haben oder nicht und damit sind die Anzahlen von Instandsetzungen in disjunkten Intervallen unabhängig voneinander. ∎

Als nächstes betrachten wir ein System aus m unabhängigen Elementen. Jedes Element hat eine stetige Verteilungsfunktion $F_j(\cdot)$, $j = 1, \ldots, m$. Jedes Element wird bei Ausfall sofort minimalinstandgesetzt.

Satz 3.9 *Die Punktfolge aller Ausfälle in einem System mit Minimalreparaturen ist ein Poissonscher Punktprozeß mit der Erwartungswertfunktion*

$$H_s(t) = \sum_{i=1}^{m} H_i(t), \quad H_i(t) = -\ln \overline{F}_i(t).$$

Beweis: Aus Satz 3.8 folgt, daß die Folge $(T_{i,n})_{n \geq 1}$ von Ausfallzeitpunkten des i-ten Elementes ein Poissonscher Punktprozeß mit der Erwartungswertfunktion $H_i(t)$ ist. Die Punktprozesse der einzelnen Elemente sind unabhängig voneinander. Daher folgt aus Satz 3.7, daß die Superposition $(T_{i,n}, \; i = 1, \ldots, m)_{n \geq 1}$ dieser Punktprozesse wieder ein Poissonscher Punktprozeß mit der Erwartungswertfunktion $H_s(t) = H_1(t) + \cdots + H_m(t)$ ist. ∎

Bemerkung: Wenn das Alter des Elementes nach der Reparatur Null ist, so nennt man diese Reparatur Erneuerung. Wenn die Lebensdauerverteilung des Elementes eine Exponentialverteilung ist, dann ist die Ausfallintensität des Elementes immer gleich groß, und die beiden Modelle unterscheiden sich nicht voneinander. Im allgemeinen Fall erhält man jedoch wesentliche Unterschiede.

Nach der Überlagerung oder Superposition von Poissonschen Punktprozessen betrachten wir jetzt die Verdünnung eines solchen Prozesses. Sei $(T_n)_{n \geq 1}$ ein zufälliger Punktprozeß. Jeder Zeitpunkt T_n wird entweder mit der Wahrscheinlichkeit q aus dem Prozeß gestrichen oder verbleibt im Prozeß mit der Wahrscheinlichkeit $p = 1 - q$. Dieses Vorgehen heißt *unabhängige Verdünnung* mit der Wahrscheinlichkeit q.
Wir führen nun eine Folge $\{\Delta_n\}_{n \geq 1}$ ein. Wird T_n gestrichen, so ist $\Delta_n = 1$,

ansonsten ist $\Delta_n = 0$. Die Folge $\{\Delta_n\}_{n\geq 1}$ ist eine Folge unabhängiger und identisch verteilter Zufallsgrößen mit $\mathrm{P}(\Delta_n = 0) = p$, $\mathrm{P}(\Delta_n = 1) = q$, $q + p = 1$. Durch das Streichen von Zeitpunkten erhält man aus der Folge $(T_n)_{n\geq 1}$ eine neue Punktfolge $(T'_n)_{n\geq 1}$. $\Psi(t, t + s]$ und $\Psi'(t, t + s]$ seien wieder die zu diesen Prozessen gehörigen Zählprozesse. Dann gilt

$$\Psi'(t, t + s] = \Psi(t, t + s] - (\Delta_1 + \Delta_2 + \cdots + \Delta_{\Psi(t,t+s]}) \;.$$

Lemma 3.2 *Seien Ψ eine poissonverteilte Zufallsgröße mit dem Parameter μ und $\{\Delta_n\}_{n\geq 1}$ eine Folge unabhängiger und identisch verteilter Zufallsgrößen mit $\mathrm{P}(\Delta_n = 1) = q$, $\mathrm{P}(\Delta_n = 0) = p$, $p + q = 1$. Dann ist die Zufallsgröße*

$$\Psi_p = \left\{ \begin{array}{cc} \Psi - \Delta_1 - \cdots - \Delta_\Psi & \Psi = 1, 2, \ldots \\ 0 & \Psi = 0 \end{array} \right.$$

ebenfalls poissonverteilt mit dem Parameter $p\mu$.

Beweis: Die Summe der Δ_i, $i = 1, \ldots, r$ unterliegt einer Binomialverteilung mit den Parametern r und q, d.h.

$$\mathrm{P}(\Delta_1 + \cdots + \Delta_r = l) = \binom{r}{l} q^l p^{r-l} \;.$$

Aus der Formel über die totale Wahrscheinlichkeit folgt

$$\begin{aligned} \mathrm{P}(\Psi_p = k) &= \sum_{l=0}^{\infty} \mathrm{P}\left(\sum_{i=1}^{k+l} \Delta_i = l \mid \Psi = k + l \right) \mathrm{P}(\Psi = k + l) = \\ &= \sum_{l=0}^{\infty} \binom{k+l}{l} q^l p^k \frac{\mu^{k+l}}{(k+l)!} e^{-\mu} = \sum_{l=0}^{\infty} \frac{(k+l)!}{l! k!} \frac{q^l p^k \mu^k \mu^l}{(k+l)!} e^{-\mu(p+q)} = \\ &= \sum_{l=0}^{\infty} \frac{(q\mu)^l (p\mu)^k}{l! k!} e^{-\mu p} e^{-\mu q} = \frac{(p\mu)^k}{k!} e^{-p\mu} \sum_{l=0}^{\infty} \frac{(q\mu)^l}{l!} e^{-\mu q} = \\ &= \frac{(p\mu)^k}{k!} e^{-p\mu} \;. \end{aligned}$$

$\blacksquare$

Satz 3.10 *Sei $(T_n)_{n\geq 1}$ ein Poissonscher Punktprozeß mit der Erwartungswertfunktion $H(t)$. Nach unabhängiger Verdünnung mit der Wahrscheinlichkeit q erhält man wieder einen Poissonschen Punktprozeß mit der Erwartungswertfunktion $H_p(t) = pH(t)$, $t \geq 0$.*

Beweis: Es ist nun offensichtlich, daß die Bedingungen (i') und (ii) der Definition 3.6 eines Poissonschen Punktprozesses erfüllt sind:
(i') folgt aus Lemma 3.2 und (ii) folgt aus der Unabhängigkeit der Anzahl der Erneuerungen in disjunkten Intervallen des Ausgangsprozesses und der unabhängigen Verdünnung. ∎

Wir wollen nun den Begriff von Punktprozessen verallgemeinern, indem wir jeden Punkt T_n mit einer Marke Y_n versehen. Die Marken Y_n seien sowohl untereinander als auch vom Prozeß $(T_n)_{n\geq 1}$ unabhängig. Wir erläutern dieses Modell an einem Beispiel:

Beispiel 3.3 Zwischen zwei Städten gibt es eine Gasfernleitung. Man registriert alle Ausfallzeiten $(T_n)_{n\geq 1}$ und die Abstände $(B_n)_{n\geq 1}$ der Ausfallpunkte der Leitung von der Stadt A. $(T_n)_{n\geq 1}$ und $(B_n)_{n\geq 1}$ sind unabhängig. In Abbil-

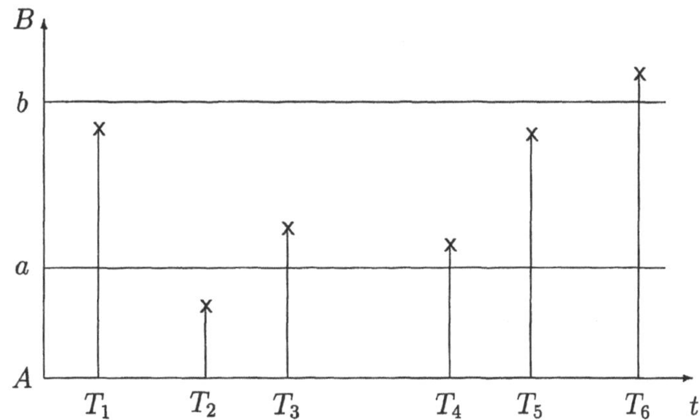

Abbildung 3.6: Ausfallzeiten und Ausfallpunkte einer Gasfernleitung

dung 3.6 ist gut sichtbar, daß damit z.B. die am meisten gefährdeten Abschnitte der Gasfernleitung bestimmt werden können, z.B ist der Abschnitt (a, b) der Leitung nicht zuverlässig. In diesem Beispiel bezeichnen die Marken den Abstand des Ausfallpunktes zur Stadt A. ◊

Als weiteres Beispiel aus der Zuverlässigkeitstheorie kann man annehmen, daß die Punkte T_n Ausfallzeitpunkte darstellen und zu jedem Zeitpunkt T_n die zufällige Reparaturdauer Y_n registriert wird.

Definition 3.8 *Eine zufällige Punktfolge*

$$((T_n, Y_n))_{n\geq 1} = ((T_1, Y_1), \ldots (T_n, Y_n), \ldots) \quad mit \quad 0 < T_n < T_{n+1}$$

heißt markierter Punktprozeß. *Jeder zufällige Zeitpunkt T_n besitzt seine zufällige Marke Y_n.*

Wenn $Y_n \in \mathrm{R}^1$, besitzt der markierte Punktprozeß $((T_n, Y_n))_{n \geq 1}$ Realisierungen in der Ebene, wenn $Y_n \in \mathrm{R}^2$, besitzt er Realisierungen im R^3 und wenn $Y_n \in \mathrm{R}^n$, so liegen die Realisierungen im R^{n+1}.

Somit nennt man eine beliebige (nicht notwendig Poissonsche) zufällige Punktfolge $(\underline{X}_n)_{n \geq 1}$, wobei die $\underline{X}_n$ zufällige Punkte im Raum R^k sind, zufälligen Punktprozeß im R^k.

Jedem Punktprozeß $(\underline{X}_n)_{n \geq 1}$, $\underline{X}_n \in \mathrm{R}^k$ kann ein Maß zugeordnet werden, indem die Borelsche Menge B das ganzzahlige Maß

$$\Psi(B) = \sum_{n=1}^{\infty} \mathrm{I}(\underline{X}_n \in B) \tag{3.10}$$

erhält.

Im weiteren betrachten wir nur den zweidimensionalen Fall.

Definition 3.9 *Das in (3.10) definierte Maß $\Psi : \mathfrak{B}(\mathrm{R}^2) \to (0, 1, 2, \ldots)$ heißt Zählmaß und der Erwartungswert von $\Psi : \mu(B) = \mathrm{E}\Psi(B)$ heißt Momentmaß erster Ordnung des Punktprozesses $\underline{X}_n$.*

Verschiedene Arten der Markierung führen zu verschiedenen Punktprozessen. Wir betrachten die einfachsten, jedoch häufig anwendbaren Arten.

Definition 3.10 *Man nennt eine zufällige Punktfolge $((T_n, Y_n))_{n \geq 1}$ Poissonschen Punktprozeß mit dem Momentmaß erster Ordnung $\mu(B) = \mathrm{E}\Psi(B)$, $B \in \mathfrak{B}(\mathrm{R}^2)$, wenn*

(i) für jede Menge B die zufällige Größe

$$\Psi(B) = \sum_{n=1}^{\infty} \mathrm{I}((T_n, Y_n) \in B)$$

poissonverteilt ist

(ii) für alle disjunkten Mengen B_1, B_2, ..., B_m, $m = 2, 3, \ldots$ die Größen $\Psi(B_1)$, ..., $\Psi(B_m)$ unabhängig voneinander sind.

Bemerkung 1: Es geügt, wenn die Eigenschaft (ii) nur für Rechtecke B_i erfüllt ist. Daraus folgt dann ihre Gültigkeit für beliebige Borelsche Mengen.

Bemerkung 2: Ein Poissonscher Punktprozeß $((T_n, Y_n))_{n \geq 1}$ hat eine charakteristische Eigenschaft, die zur Simulation solcher Prozesse genutzt werden kann.

Um sie zu erläutern, betrachten wir eine beliebige Menge B mit $\mu(B) < \infty$. Dann ist die Wahrscheinlichkeit des Ereignisses $\{\Psi(B) = k\}$:

$$P(\Psi(B) = k) = \frac{(\mu(B))^k}{k!} e^{-\mu(B)} .$$

Nun teilen wir B in m disjunkte Mengen B_l, $l = 1, ..., m$ mit $B_l \cap B_{l'} = \emptyset$, $l \neq l'$ und $B = \bigcup_{l=1}^{m} B_l$. Dann ist das Momentmaß 1. Ordnung $\mu(B) = \sum_{l=1}^{m} \mu(B_l)$. Wir betrachten die nun die bedingte Wahrscheinlichkeit

$$P(\Psi(B_l) = k_l, \, l = 1, ..., m \mid \Psi(B) = k) =$$

$$= \frac{\prod_{l=1}^{m} \frac{\mu(B_l)^{k_l}}{k_l!} e^{-\mu(B_l)}}{\frac{\mu(B)^k}{k!} e^{-\mu(B)}} = \frac{k!}{k_1! \, ... \, k_m!} \left(\frac{\mu(B_1)}{\mu(B)} \right)^{k_1} \cdots \left(\frac{\mu(B_m)}{\mu(B)} \right)^{k_m}$$

mit $k_1 + ... + k_m = k$.

Das ist eine Polynomialverteilung. Die Simulation erfolgt in zwei Stufen. Zuerst wird die Realisierung k einer poissonverteilten Zufallsgröße simuliert. Dann wird die Menge B in disjunkte Teilmengen zerlegt. Nun kann man k unabhängige „Würfe" simulieren, wobei $\mu(B')/\mu(B)$ die Wahrscheinlichkeit ist, daß ein auf B geworfener Punkt sich in B' befindet.

Als nächstes zeigen wir, wie man durch eine unabhängige Markierung Poissonsche Punktprozesse konstruieren kann. Wir betrachten einen zufälligen Versuch mit den möglichen Ausgängen $A_1, ..., A_m$. Diese Versuchsausgänge treten mit den Wahrscheinlichkeiten $p_1, ..., p_m$ ein. Der Versuch wird k mal unabhängig voneinander durchgeführt. Bezeichnen wir nun mit Δ_i die zufällige Anzahl des Auftretens des Ereignisses A_i in k Versuchen, $i = 1, ..., m$. Der Vektor $\underline{\Delta} = (\Delta_1, ..., \Delta_m)$ besitzt eine Polynomialverteilung besitzt, d.h.

$$P(\Delta_1 = k_1, ..., \Delta_m = k_m) = \frac{k!}{k_1! \cdots k_m!} p_1^{k_1} \cdots p_m^{k_m}$$

mit $k_1 + \cdots + k_m = k$, $p_1 + \cdots p_m = 1$.

Vereinigt man zwei der Versuchsausgänge $B = A_i \cup A_{i+1}$, so erhält man wieder eine Polynomialverteilung mit $m - 1$ Versuchsausgängen und den Wahrscheinlichkeiten $(p_1, ..., p_{i-1}, p_i + p_{i+1}, p_{i+2}, ..., p_m)$.

Jetzt nehmen wir an, daß auch die Anzahl Δ der Versuche zufällig ist. Dann gilt folgendes Lemma:

Lemma 3.3 *Sei die zufällige Anzahl Δ der Versuche poissonverteilt mit dem Parameter μ. Dann sind die zufälligen Größen $\Delta_1, ..., \Delta_m$ unabhängig und ebenfalls poissonverteilt mit den Parametern $\mu p_1, ..., \mu p_m$, d.h.*

$$P(\Delta_1 = k_1, ..., \Delta_m = k_m) = \prod_{i=1}^{m} \frac{(\mu p_i)^{k_i}}{k_i!} e^{-\mu p_i} .$$

Beweis: Aus der Formel für bedingte Wahrscheinlichkeiten erhalten wir

$$
\begin{aligned}
\mathrm{P}(\Delta_1 = k_1, \ldots, \Delta_m = k_m) &= \\
&= \mathrm{P}(\Delta = \Delta_1 + \cdots + \Delta_m = k, \Delta_1 = k_1, \ldots, \Delta_m = k_m) = \\
&= \mathrm{P}(\Delta_1 = k_1, \ldots, \Delta_m = k_m \mid \Delta = k)\, \mathrm{P}(\Delta = k) = \frac{k!}{k_1! \cdots k_m!} p_1^{k_1} \cdots p_m^{k_m} \frac{\mu^k}{k!} e^{-\mu}.
\end{aligned}
$$

Da $k_1 + \cdots + k_m = k$ und $p_1 + \cdots p_m = 1$, erhält man weiter

$$
\begin{aligned}
\mathrm{P}(\Delta_1 = k_1, \ldots, \Delta_m = k_m) &= \frac{p_1^{k_1} \cdots p_m^{k_m}}{k_1! \cdots k_m!} \mu^{(k_1 + \cdots + k_m)} e^{-\mu(p_1 + \cdots p_m)} = \\
&= \frac{(\mu p_1)^{k_1}}{k_1!} \cdots \frac{(\mu p_m)^{k_m}}{k_m!} e^{-\mu p_1} \cdots e^{-\mu p_m}
\end{aligned}
$$

und damit die obige Aussage. ∎

Satz 3.11 *Sei $(T_n)_{n \geq 1}$ ein Poissonscher Punktprozeß mit der Erwartungswertfunktion $H(t)$, $t \geq 0$ und $(Y_n)_{n \geq 1}$ eine Folge unabhängiger und identisch verteilter Zufallsgrößen mit der Verteilungsfunktion $\mathrm{P}(Y_n \leq y) = G(y)$. Dann ist der zufällige Punktprozeß $((T_n, Y_n))_{n \geq 1}$ ein Poissonscher Punktprozeß auf dem $\mathbb{R}^2$ mit dem Momentenmaß erster Ordnung*

$$
\mu(B) = \iint_{(u,y) \in B} dH(u)\, dG(y) \, .
$$

Beweis: Wir betrachten eine Menge $B = (t, t+s] \times (a, b]$. Sei $\{\Delta = \Psi(t, t+s] = k\}$ das Ereignis, daß k Punkte des Poissonschen Punktprozesses $(T_n)_{n \geq 1}$ im Intervall $(t, t+s]$ liegen. Das Ereignis $(T_i, Y_i) \in (t, t+s] \times (a, b]$ kann nun interpretiert werden als eine zufällige Anzahl Δ von Versuchen mit den beiden Ausgängen $A_1 = (Y_i \in (a, b])$ und $A_2 = (Y_i \notin (a, b])$. Die Wahrscheinlichkeiten für diese Ausgänge sind $p = \mathrm{P}(A_1) = \mathrm{P}(Y_i \in (a, b]) = G(b) - G(a) = \int_a^b dG(y)$ und $q = \mathrm{P}(A_2) = 1 - p$. Dann folgt aus Lemma 3.3, daß

$$
\Psi(B) = \sum_{n=1}^{\infty} \mathrm{I}((T_n, Y_n) \in (t, t+s] \times (a, b])
$$

eine poissonverteilte Zufallsgröße mit dem Erwartungswert

$$
\mathrm{E}\Psi(B) = p[H(t+s) - H(t)] = [G(b) - G(a)][H(t+s) - H(t)] = \iint_B dH(u)\, dG(y)
$$

ist. Somit ist die Bedingung (i) in Definition 3.10 erfüllt.
Die Bedingung (ii) wird folgendermaßen bewiesen:

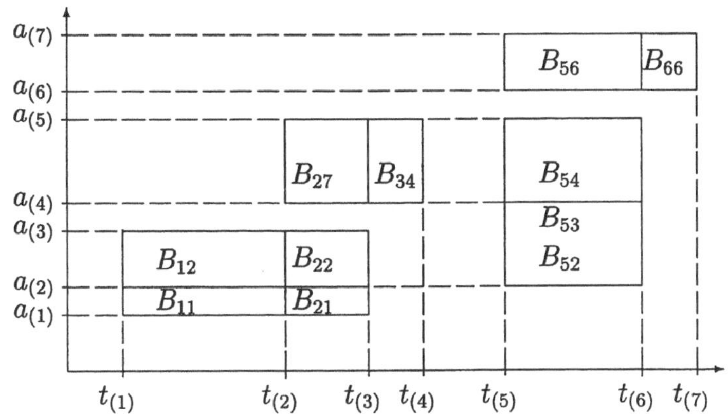

Abbildung 3.7:

Wie in Abbildung 3.7 dargestellt, werden die disjunkten Rechtecke aufgespalten. Seien $\{(t_i, a_i)\}$ alle Punkte, die Eckpunkte von Rechtecken sind. Ordnet man die t_i und a_i, so erhält man die beiden Folgen $t_{(1)} < t_{(2)} < \cdots < t_{(g)}$ und $a_{(1)} < a_{(2)} < \cdots < a_{(h)}$. Mit $B_{ij} = (t_{(i)}, t_{(i+1)}] \times (a_{(j)}, a_{(j+1)}]$ wird das Rechteck bezeichnet, dessen linker unterer Punkt $(t_{(i)}, a_{(j)})$ ist.

Wir betrachten nun alle Rechtecke $B_{ij_1}, \ldots, B_{ij_{k_i}}$ innerhalb eines Intervalls $(t_{(i)}, t_{(i+1)}]$. Aus Lemma 3.3 folgt, daß alle $\Psi(B_{ij})$ $j = j_1, \ldots, j_{k_i}$ unabhängig und poissonverteilt mit dem Parameter $[H(t_{(i+1)} - H(t_{(i)})][G(a_{(j+1)}) - G(a_{(j)})]$ sind. Weiterhin folgt aus der Definition des Poissonprozesses $(T_n)_{n \geq 1}$, daß die Größen $\Psi(B_{ij})$ unabhängig von den Größen $\Psi(B_{i'j'})$ für $i' \neq i$ sind, da sie auf disjunkten Intervallen definiert sind. Damit sind alle $\{\Psi(B_{ij})\}$ unabhängige Ereignisse und die Bedingung (ii) ist ebenfalls erfüllt. ∎

Beispiel 3.4 Sei $(T_n)_{n \geq 1}$ ein Poissonscher Punktprozeß mit der Erwartungswertfunktion $H(t) = \lambda t$ und $G(y) = \frac{y}{h}$ eine Gleichverteilung auf dem Intervall $(0, h]$. Dann erhält man auf dem Rechteck $(0, h] \times (0, T]$ einen Poissonschen Punktprozeß mit dem Momentenmaß erster Ordnung $\mu(B) = \lambda \cdot l(B)$, wobei $l(B)$ das Lebesguesche Maß auf $\mathbb{R}^2$ ist. ◇

Eine weitere wichtige Eigenschaft Poissonscher Punktprozesse ist ihre Invarianz gegenüber unabhängigen Verschiebungen. Zunächst soll so eine unabhängige Verschiebung erklärt werden. Wir betrachten einen Poissonschen Punktprozeß auf der Ebene. Der Punkt (t, y) wird jeweils in den Punkt $(t + y, y)$ abgebildet. Diese Verschiebung ist in Abbildung 3.8 dargestellt. Sie bewirkt, daß z.B. aus einem Rechteck ein Parallelogramm wird.

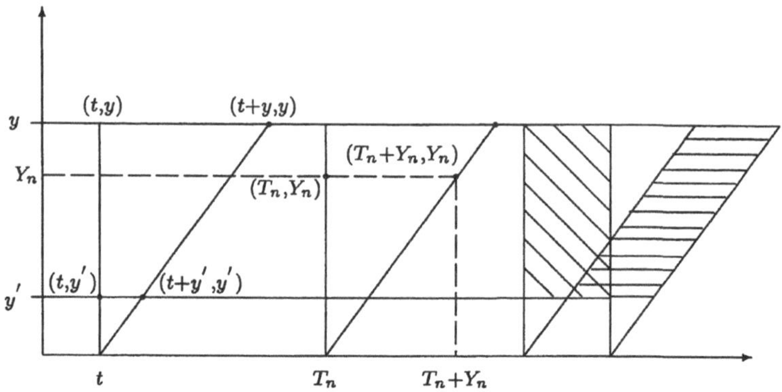

Abbildung 3.8: Eine Transformation markierter Punktprozesse

Betrachten wir einen Poissonschen Punktprozeß $(T_n)_{n\geq 1}$ und markieren wir diesen Prozeß unabhängig mit $(Y_n)_{n\geq 1}$ mit der Verteilungsfunktion $G(t)$. Das Momentmaß erster Ordnung für diesen markierten Punktprozeß $((T_n, Y_n))_{n\geq 1}$ ist
wegen Satz 3.11

$$\mu(B) = \iint_B dH(t)\, dG(y)\,.$$

Betrachtet man nun einen Bereich $B = ((u,y) \;:\; u+y \leq t,\, u \geq 0,\, y \geq 0)$,
so wird aus diesem Bereich bei der oben beschriebenen Transformation $B' =
((u',y) \;:\; u' \leq t)$. B' ist ein Rechteck, d.h. man wählt B so, daß man nach
der Transformation ein Rechteck erhält. Damit erhält man für das Momentmaß
erster Ordnung

$$\mu(B) = \iint_{B=((u,y)\,:\,u+y\leq t)} dH(u)\, dG(y) = \int_0^t \left(\int_0^{t-u} dG(y) \right) dH(u) =$$

$$= \int_0^t G(t-u)\, dH(u) = G*H(t) = H*G(t)$$

d.h. man erhält die Faltung der beiden Funktionen $H(t)$ und $G(t)$.

Definition 3.11 *Sei $(Y_n)_{n\geq 1}$ eine Folge unabhängiger und identisch verteilter
Zufllsgrößen mit $G(y) = \mathrm{P}(Y_n \leq y)$. Der Punktprozeß $(T'_n)_{n\geq 1}$ mit*

$$T'_n = \min(T_k + Y_k > T'_{n-1},\, k = 1,2,\ldots) \tag{3.11}$$

heißt unabhängige Verschiebung des Punktprozesses $(T_n)_{n\geq 1}$ mit der Verteilungsfunktion G.

Die Gleichung (3.11) bedeutet hierbei, daß die Punkte nach ihrer Verschiebung wieder fortlaufend numeriert werden.

Satz 3.12 *Die unabhängige Verschiebung $(T'_n)_{n\geq 1}$ des Poissonschen Punktprozesses $(T_n)_{n\geq 1}$ mit der Erwartungswertfunktion $H(t)$ ist wieder ein Poissonscher Punktprozeß mit einer Erwartungswertfunktion $H'(t) = H * G(t)$.*

Beweis: Es sind wieder die Bedingungen (i) und (ii) der Definition des Poissonschen Punktprozesses zu prüfen. Zuerst wird eine unabhängige Markierung $(T_n)_{n\geq 1} \to ((T_n, Y_n))_{n\geq 1}$ durchgeführt. Aus Satz 3.11 folgt, daß $((T_n, Y_n))_{n\geq 1}$ ein Poissonscher Punktprozeß auf dem R^2 mit dem Momentmaß erster Ordnung

$$\mu(B) = \iint_{(t,y)\in B} dH(t)\, dG(y)$$

ist. Die unabhängige Verschiebung des Punktprozesses erhält man, wenn man nun den neuen transformierten Punktprozeß auf die Gerade projiziert (siehe Abbildung 3.9). Betrachten wir als Bereich B ein Parallelogramm mit den Eck-

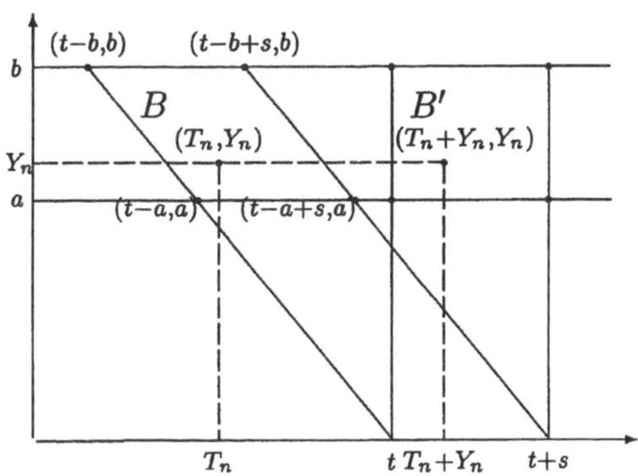

Abbildung 3.9: Eine unabhängige Verschiebung

punkten $(t-b,b)$, $(t+s-b,b)$, $(t-a,a)$ und $(t+s-a,a)$. Bei der oben beschriebenen Transformation wird aus diesem Parallelogramm ein Rechteck B'. Die Anzahl der Punkte des Prozesses in diesem Bereich ändert sich bei der Transformation nicht, d.h. $\Psi(B) = \Psi'(B')$. Da $\Psi(B)$ poissonverteilt ist, ist auch $\Psi'(B')$ poissonverteilt und Bedingung (i') gilt.

Ebenso einfach folgt Bedingung (ii): Die disjunkten Mengen $B'_1, \ldots, B'_m$ erhalten wir aus den disjunkten Mengen $B_1, \ldots, B_m$. Da die $\Psi_i(B_i)$ unabhängig sind, sind auch die $\Psi'_i(B'_i)$ unabhängig und (ii) gilt. Damit erhalten wir, daß die Punkte $(T_n + Y_n)_{n\geq 1}$ einen Poissonprozeß ergeben. ∎

Für die hier vorgestellten Modelle gibt es sehr viele Anwendungen in der Bedienungs– und Zuverlässigkeitstheorie. Einige werden im folgenden Abschnitt vorgestellt.

3.3 Perkolationsmodelle

In diesem Abschnitt werden Modelle untersucht, bei denen Schocks die Ursache für den Ausfall darstellen. Nehmen wir an, daß ein System der Einwirkung von Schocks ausgesetzt ist. Diese Schocks erfolgen zu zufälligen Zeitpunkten T_n. Wir nehmen an, daß die Folge $(T_n)_{n\geq 1}$ ein Poissonscher Punktprozeß mit der Erwartungswertfunktion $H(t) = \lambda t$ ist. Der n-te Schock habe die Kraft Y_n. Die Folge $(Y_n)_{n\geq 1}$ ist eine Folge von unabhängigen und identisch verteilten Zufallsgrößen mit der Verteilungsfunktion $G(y) = \mathrm{P}(Y_n \leq y)$. Damit ist $(T_n, Y_n)_{n\geq 1}$ ein markierter Punktprozeß.

Zuerst soll nun die Wahrscheinlichkeit $F(t)$ dafür bestimmt werden, daß das System trotz der Einwirkung der Schocks im Zeitintervall $(0, t]$ intakt ist. Sei $\Psi(0, t] = \sum_{k=1}^{\infty} \mathrm{I}(T_n \leq t)$ die Anzahl der Schocks im Intervall $(0, t]$. Wenn das System nach Einwirkung eines Schocks von der Stärke Y noch intakt ist, so bezeichnen wir dieses Ereignis mit $\{\Delta(Y) = 1\}$. Sei $Q(y)$ die Wahrscheinlichkeit, daß das System nach einem Schock mit der Kraft $Y = y$ intakt ist. Aus der Formel über die totale Wahrscheinlichkeit erhalten wir

$$
\begin{aligned}
\overline{F}(t) &= \sum_{n=1}^{\infty} \mathrm{P}(\Delta(Y_1) = 1, \ldots, \Delta(Y_n) = 1 \mid T_n \leq t < T_{n+1}) \mathrm{P}(T_n \leq t < T_{n+1}) = \\
&= \sum_{n=1}^{\infty} \mathrm{P}(\Delta(Y_1) = 1) \cdots \mathrm{P}(\Delta(Y_n) = 1) \mathrm{P}(\Psi(0, t] = n) = \\
&= \sum_{n=1}^{\infty} \mathrm{P}(\Delta(Y_i) = 1)^n \frac{(\lambda t)^n}{n!} e^{-\lambda t} = \sum_{n=1}^{\infty} \left(\int_0^{\infty} Q(y)\, dG(y) \right)^n \frac{(\lambda t)^n}{n!} e^{-\lambda t} = \\
&= e^{-\lambda t} \exp\left(\lambda t \int_0^{\infty} Q(y)\, dG(y) \right) = \exp\left(-\left(1 - \int_0^{\infty} Q(y)\, dG(y) \right) \lambda t \right).
\end{aligned}
$$

Damit ist folgender Satz bewiesen:

Satz 3.13 *Die Lebensdauer eines Systems unter Schockeinwirkung ist exponentialverteilt mit dem Parameter* $\lambda(1 - \int_0^{\infty} Q(y)\, dG(y))$.

Wir betrachten jetzt ein Schockmodell mit Schadensakkumulation , z.B. können durch Stromschwankungen Schäden an Leitungen hervorgerufen werden. Das

System ist wieder der Einwirkung von Schocks ausgesetzt, die zu den Zeitpunkten $(T_n)_{n\geq 1}$ auftreten und eine allmähliche Beschädigung des System hervorrufen. Jede Beschädigung durch einen Schock zur Zeit T_n ist eine skalare zufällige Größe $X_n \geq 0, n = 1, 2, \ldots$. Die Beschädigungen akkumulieren sich, d.h. nach dem n-ten Schock ist die Beschädigung des Systems $X_1 + \cdots + X_n$. Nehmen wir an es existiert ein solches R, daß das System intakt ist, wenn $X_1 + \cdots + X_n \leq R$. Überschreitet das Ausmaß der Beschädigungen die Grenze R, so fällt das System aus. Tritt ein Ausfall auf Grund von Schadensakkumulation ein, so nennt man dieses Ausfallmodell Perkolationsmodell. Bezeichnen wir mit $\nu(t)$ die Nummer des Schocks, der den Ausfall hervorruft, d.h.

$$\nu = \min(n : X_1 + \cdots + X_n > R) \, .$$

Wir berechnen wieder die Wahrscheinlichkeit $\overline{F}(t)$, daß das System während des Intervalls $(0, t]$ ausfallfrei arbeitet. Aus der Formel über die totale Wahrscheinlichkeit erhalten wir

$$
\begin{aligned}
\overline{F}(t) &= \mathrm{P}(T_\nu > t) = \mathrm{P}((T_1 > t) \cup (X_1 \leq R, T_1 \leq t < T_2) \cup \cdots \\
&\quad \cdots \cup (X_1 + \cdots + X_n \leq R, T_n \leq t < T_{n+1}) \cup \cdots) = \\
&= \sum_{n=0}^{\infty} \mathrm{P}(\Psi(0, t] = n) \cdot \mathrm{P}(X_1 + \cdots + X_n \leq R \,|\, T_n \leq t < T_{n+1}) \, .
\end{aligned}
$$

Nehmen wir nun zusätzlich an, daß $(T_n)_{n\geq 1}$ ein Poissonscher Punktprozeß mit der Erwartungswertfunktion $H(t) = \lambda t$ ist, daß $(X_n)_{n\geq 1}$ eine Folge unabhängiger und identisch verteilter Zufallsgrößen mit der Verteilungsfunktion $G(s)$ ist und daß die Folge $(X_n)_{n\geq 1}$ unabhängig von der Folge $(T_n)_{n\geq 1}$ ist, so erhalten wir

$$
\begin{aligned}
\overline{F}(t) &= \sum_{n=0}^{\infty} \frac{(\lambda t)^n}{n!} \, e^{-\lambda t} \, \mathrm{P}(X_1 + \cdots + X_n \leq R) = \\
&= \sum_{n=0}^{\infty} \frac{(\lambda t)^n}{n!} \, e^{-\lambda t} \cdot G^{*n}(R) \, . \tag{3.12}
\end{aligned}
$$

Hierbei ist $G^{*n}(\cdot)$ die n-fache Faltung der Verteilungsfunktion $G(\cdot)$. Dann gilt

Satz 3.14 *Für beliebige Grenzen R und beliebige Verteilungen $G(\cdot)$ gehört die Lebensdauerverteilung $F(\cdot)$ des Perkolationsmodelles zur Familie $\mathfrak{F}_{IFRA}$.*

Beweis: Dieser Satz findet sich im Buch von BARLOW, PROSHAN [2]. Der dortige Beweis basiert jedoch auf anderen Sätzen. Wir halten es daher für nutzlich, hier einen direkten Beweis zu geben.

Zuerst beweisen wir, daß $\overline{F}(t)$ eine stetige Funktion ist. Da $G^{*n}(R)$ als Verteilungsfunktion kleiner oder gleich 1 ist und unter Verwendung der Ungleichungen $1-e^{-x} \leq x$, $e^x - 1 \leq xe^x$ sowie $e^x(1+x) \leq e^{2x}$ kann man für beliebige t folgende Abschätzung durchführen:

$$\left| \overline{F}(t) - \overline{F}(t+h) \right| \leq \sum_{n=0}^{\infty} \left| \frac{(\lambda t)^n}{n!} e^{-\lambda t} - \frac{(\lambda(t+h))^n}{n!} e^{-\lambda(t+h)} \right| G^{*n}(R) \leq$$

$$\leq \sum_{n=0}^{\infty} \frac{1}{n!}(\lambda t)^n e^{-\lambda t} \left| 1 - \left(1 + \frac{h}{t}\right)^n (e^{-\lambda h} - 1 + 1) \right| \leq$$

$$\leq \sum_{n=0}^{\infty} \frac{1}{n!}(\lambda t)^n e^{-\lambda t} \left(\left(\left(1 + \frac{h}{t}\right)^n - 1 \right) + \left(1 + \frac{h}{t}\right)^n (1 - e^{-\lambda h}) \right) \leq$$

$$\leq \sum_{n=0}^{\infty} \frac{1}{n!}(\lambda t)^n e^{-\lambda t} \left((e^{nh/t} - 1) + e^{nh/t}(1 - e^{-\lambda h}) \right) =$$

$$= \sum_{n=0}^{\infty} \frac{1}{n!}(\lambda t e^{h/t})^n e^{-\lambda t}(2 - e^{-\lambda h}) - 1 = e^{(e^{h/t}-1)\lambda t}(2 - e^{-\lambda h}) - 1 \leq$$

$$\leq e^{(h/t)e^{h/t}\lambda t}(1 + \lambda h) - 1 \leq e^{2\lambda h e^{h/t}} - 1 =$$

$$\leq 2\lambda h e^{h/t} e^{2\lambda h e^{h/t}} \to 0 \quad \text{für} \quad h \to 0 \,.$$

Damit ist die Stetigkeit bewiesen.

Nun muß gemäß Abschnitt 2.2 gezeigt werden, daß $\frac{H(t)}{t} \uparrow (\uparrow t)$. Da $H(t) = -\ln \overline{F}(t)$ ist, muß gezeigt werden, daß $\overline{F}(t) - e^{-at}$ entweder immer dasselbe Vorzeichen besitzt oder sein Vorzeichen nur einmal von $+$ nach $-$ wechselt (siehe Abschnitt 2.2). Wenn $a \geq \lambda$ ist, erhalten wir aus (3.12)

$$\overline{F}(t) - e^{-at} = e^{-\lambda t} + \sum_{n=1}^{\infty} G^{*n}(R) \frac{(\lambda t)^n}{n!} e^{-\lambda t} - e^{-at} > e^{-\lambda t} - e^{-at} \geq 0 \,.$$

Man muß also nur noch den Fall $a < \lambda$ betrachten.
Sei $a = \lambda(1 - z), 0 \leq z \leq 1$. Für diesen Fall erhält man

$$\overline{F}(t) - e^{-at} = \overline{F}(t) - e^{\lambda z t} \cdot e^{-\lambda t} =$$

$$= \sum_{n=0}^{\infty} \frac{(\lambda t)^n}{n!} e^{-\lambda t} G^{*n}(R) - \sum_{n=0}^{\infty} \frac{(\lambda t)^n}{n!} z^n e^{-\lambda t} =$$

$$= \left(\sum_{n=0}^{\infty} \lambda^n (G^{*n}(R) - z^n) \cdot \frac{t^n}{n!} \right) e^{-\lambda t} \,.$$

Bezeichnen wir mit

$$a_n = \lambda^n (G^{*n}(R) - z^n) \tag{3.13}$$

und

$$a(t) = \sum_{n=0}^{\infty} a_n \frac{t^n}{n!} \,. \tag{3.14}$$

Dann gilt

$$\overline{F}(t) - e^{-at} = a(t) \cdot e^{-\lambda t}$$

und es muß noch bewiesen werden, daß $a(t)$ höchstens einmal sein Vorzeichen von $+$ nach $-$ wechselt. Dazu dienen die folgenden Lemmata:

Lemma 3.4 *Für jede Verteilungsfunktion $G(\cdot)$ gilt*

$$G^{*(k+1)}(s) \leq \left(G^{*k}(s)\right)^{\frac{k+1}{k}} \quad bzw. \quad \left(G^{*(k+1)}(s)\right)^{\frac{k}{k+1}} \leq G^{*k}(s) \,. \tag{3.15}$$

Beweis: Wir beweisen dieses Lemma mit Hilfe der vollständigen Induktion. Überzeugen wir uns, daß (3.15) für $k = 1$ gilt:

$$G^{*2}(s) = \int_0^s G(s-u)\, dG(u) \leq G(s) \int_0^s dG(u) = G(s)^2 \,.$$

Nun nehmen wir an, daß (3.15) für k gilt und zeigen daraus die Gültigkeit für $k+1$:

$$\begin{aligned}
G^{*(k+2)}(s) &= \int_0^s G^{*(k+1)}(s-u)\, dG(u) = \\
&= \int_0^s \left(G^{*(k+1)}(s-u)\right)^{1-\frac{1}{k+1}+\frac{1}{k+1}} dG(u) \leq \\
&\leq \left(G^{*(k+1)}(s)\right)^{\frac{1}{k+1}} \int_0^\infty \left(G^{*(k+1)}(s-u)\right)^{\frac{k}{k+1}} dG(u) \leq \\
&\leq \left(G^{*(k+1)}(s)\right)^{\frac{1}{k+1}} \int_0^\infty G^{*(k)}(s-u)\, dG(u) = \\
&= \left(G^{*(k+1)}(s)\right)^{\frac{1}{k+1}} G^{*(k+1)}(s) = \left(G^{*(k+1)}(s)\right)^{\frac{k+2}{k+1}} \,. \qquad \blacksquare
\end{aligned}$$

Folgerung 3.3 *Die Folge $(a_k)_{k\geq 1}$, wobei a_k in (3.13) definiert ist, kann ihr Vorzeichen höchstens einmal von $+$ nach $-$ ändern.*

Beweis: Nehmen wir an, daß ein Index k_0 existiert, so daß $a_{k_0} < 0$. Dann folgt aus (3.13), daß

$$G^{*(k_0)}(s) < z^{k_0}$$

und aus (3.15) erhalten wir

$$G^{*(k_0+1)}(s) \leq \left(G^{*k_0}(s)\right)^{\frac{k_0+1}{k_0}} < \left(z^{k_0}\right)^{\frac{k_0+1}{k_0}} = z^{k_0+1}\,.$$

Damit sind alle $a_{k_0+l} < 0$, $l = 1, 2, \ldots$. $\blacksquare$

Folgerung 3.4 *Für die Folge* $(a_k)_{k \geq 1}$ *gibt es nur drei Möglichkeiten:*

  i $a_k \geq 0 \quad \forall k$

  ii $\exists k_0 : \begin{cases} a_k \geq 0 & \text{wenn} \quad k < k_0 \\ a_k < 0 & \text{wenn} \quad k \geq k_0 \end{cases}$

  iii $a_k < 0 \quad \forall k$.

Lemma 3.5 *Sei* $b_0 \geq 0$ *und die Funktion* $b(t)$, $t \geq 0$ *habe entweder immer das gleiche Vorzeichen oder wechsle ihr Vorzeichen nur einmal von* $+$ *nach* $-$. *Dann kann auch die Funktion*

$$B(t) = b_0 + \int_0^t b(u)\, du$$

ihr Vorzeichen nur einmal von $+$ *nach* $-$ *wechseln.*

Beweis: Wir untersuchen drei Fälle. Wenn $b(t) \geq 0$ für beliebige $t > 0$ ist, dann ist offensichtlich auch $B(t) \geq 0$ für alle $t > 0$. Wenn $b(t)$ sein Vorzeichen wechselt, dann existiert ein t_0 mit

$$\begin{aligned} b(t) &> 0\,, \quad t < t_0\,, \\ b(t) &\leq 0\,, \quad t \geq t_0\,. \end{aligned}$$

Da $b(t)$ die Ableitung von $B(t)$ ist, bedeutet dies, daß $B(t)$ nichtfallend für $t < t_0$ und nichtwachsend für $t \geq t_0$ ist. Daraus folgt, daß $B(t)$ sein Vorzeichen auch nur einmal von $+$ nach $-$ wechseln kann.
Wenn $b(t) \leq 0$ ist, dann ist $B(t)$ nichtwachsend und die obige Aussage gilt auch für diesen Fall. $\blacksquare$

Lemma 3.6 *Die Folge* $(a_k)_{k \geq 1}$ *habe entweder immer das gleiche Vorzeichen oder wechsle ihr Vorzeichen einmal von* $+$ *nach* $-$. *Dann hat auch die Funktion* $a(t)$ *in (3.14) immer dasselbe Vorzeichen oder wechselt ihr Vorzeichen nur einmal von* $+$ *nach* $-$.

Beweis: Diese Aussage ist sofort klar für den Fall, daß alle Glieder der Folge dasselbe Vorzeichen besitzen. Betrachten wir den Fall des Vorzeichenwechsels. Sei k_0 wieder der Index, für den $a_k \geq 0$, $k < k_0$ und $a_{k_0+l} < 0$, $l = 0, 1, 2, \ldots$ gilt.

Bezeichnen wir mit

$$b_{k_0}(t) = a_{k_0} + a_{k_0+1} t + a_{k_0+2} \frac{t^2}{2} + \cdots ,$$

so ist b_{k_0} kleiner als 0. Für

$$b_{k_0-1}(t) = a_{k_0-1} + a_{k_0} t + a_{k_0+1} \frac{t^2}{2} + \cdots = a_{k_0-1} + \int_0^t b_{k_0}(u)\, du$$

gilt auf Grund von Lemma 3.5, daß es sein Vorzeichen nur einmal von $+$ nach $-$ wechseln kann.

Diese Prozedur kann fortgesetzt werden, aus der gewünschten Eigenschaft für b_k folgt jeweils die Eigenschaft für b_{k-1}. Da $b_0(t) = a(t)$, folgt schließlich die Aussage des Lemmas. ∎

Mit diesen Lemmata ist auch Satz 3.13 bewiesen, da und es gilt $F(\cdot) \in \mathfrak{F}_{\mathrm{IFRA}}$. ∎

Wir betrachten wir ein weiteres Perkolationsmodell. Nehmen wir an, daß ein Werkstoff der Länge L und der Breite B betrachtet wird, d.h. wir beschränken uns hier auf das zweidimensionale Modell. Der Werkstoff kann in bestimmten Punkten (x, y) Defekte besitzen. Diese Defekte sind die Ursprünge von Rissen. Risse wachsen mit der Geschwindigkeit v in y–Richtung nach oben und nach unten, so daß die Grenzen des Risses mit dem Ursprung in (x, y) nach der Zeit t in den Punkten $(x, y - vt)$ und $(x, y + vt)$ liegen. Ein Ausfall liegt vor, wenn der Riß beide Seiten des Werkstoffes erreicht hat, wenn er sich also durch den gesamten Werkstoff zieht (siehe Abbildung 3.10). Modelle dieser Art heißen Perkolationsmodelle.

Wenn der Ursprung des Risses im Punkt (x, y) mit $y \leq \frac{B}{2}$ liegt, so erfolgt der Ausfall zur Zeit $\frac{B-y}{v}$ beim Erreichen der oberen Seite des Werkstoffes, ist $y > \frac{B}{2}$, so erfolgt der Ausfall zur Zeit $\frac{y}{v}$ beim Erreichen der unteren Seite. Wir nehmen an, daß die Ursprünge der Risse einen Poissonschen Punktprozeß im $\mathbb{R}^2$ mit der Intensität λ_0 darstellen. Dann ist die Wahrscheinlichkeit, daß die Anzahl Ψ der Risse gleich k ist:

$$\mathrm{P}(\Psi = k) = \frac{(\lambda_0 BL)^k}{k!} e^{-\lambda_0 BL} . \tag{3.16}$$

Wenn $k = 0$ ist, hat man einen Werkstoff ohne Defekte. Diese Wahrscheinlichkeit ist

$$p = \mathrm{P}(\Psi = 0) = e^{-\lambda_0 BL} .$$

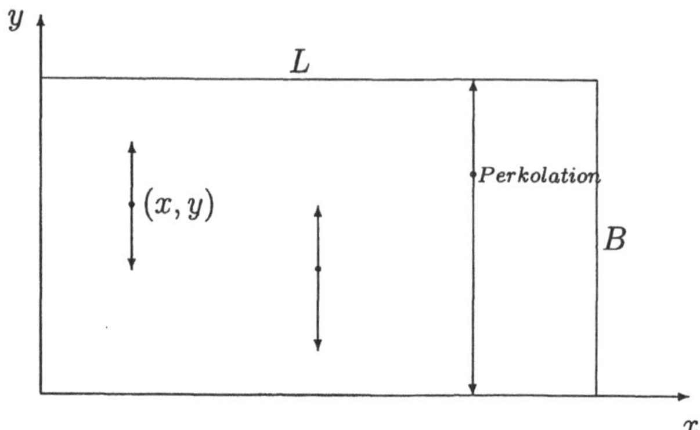

Abbildung 3.10: Rißentwicklung in Werkstoffen

Wenn $\Psi = k$ ist, dann entspricht die bedingte Verteilung für die Lage der Ursprungspunkte $(x_1, y_1), \cdots, (x_k, y_k)$ der Risse einer Stichprobe von unabhängigen und identisch verteilten Größen auf dem Rechteck $[0, L] \times [0, B]$ (siehe Abschnitt 2.3). Damit besitzt die Koordinate Y_i des Punktes (X_i, Y_i) eine gleichmäßige Verteilung mit der Dichte $\frac{1}{B}$. Es folgt, daß die Wahrscheinlichkeit eines ausfallfreien Funktionieren des Werkstoffes während der Zeit s

$$
\begin{aligned}
\overline{G}(s) &= \mathrm{P}\left(\frac{B - Y_i}{v} > s, Y_i \le \frac{B}{2}\right) + \mathrm{P}\left(\frac{Y_i}{v} > s, Y_i > \frac{B}{2}\right) = \\
&= \int_0^{\frac{B}{2}} \mathrm{I}\left(\frac{B - y}{v} > s\right)\frac{dy}{B} + \int_{\frac{B}{2}}^{B} \mathrm{I}(\frac{y}{v} > s)\frac{dy}{B} = \\
&= \int_0^{\frac{B}{2}\wedge(B-sv)} \frac{dy}{B} + \int_{\frac{B}{2}\vee sv}^{B} \frac{dy}{B} = \begin{cases} 1, & s \le \frac{B}{2v}, \\ \frac{2(B-sv)}{B}, & \frac{B}{2v} < s \le \frac{B}{v}, \\ 0, & s > \frac{B}{v} \end{cases}
\end{aligned}
$$

ist. Die zugehörige Dichtefunktion ist

$$
g(s) = \frac{2v}{B}\mathrm{I}(\frac{B}{2v} \le s < \frac{B}{v}) . \tag{3.17}
$$

Haben wir nun k Ursprungspunkte für gewisse Risse (Defekte), so ist die Wahrscheinlichkeit, daß bis zur Zeit s keine Perkolation erfolgt, $(\overline{G}(s))^k$. Aus der Formel über die totale Wahrscheinlichkeit folgt aus (3.16)

$$
\overline{F}_0(s) = \sum_{k=0}^{\infty} (\overline{G}(s))^k \frac{(\lambda_0 LB)^k}{k!} e^{-\lambda_0 LB} = e^{\lambda_0 LB\overline{G}(s)} \cdot e^{-\lambda_0 LB} = e^{-\lambda_0 LBG(s)}
$$

und aus (3.17)

$$h_0(s) \;=\; \frac{f_0(s)}{\overline{F}_0(s)} = \frac{e^{-\lambda_0 LBG(s)} \cdot \lambda_0 LB g(s)}{e^{-\lambda_0 LBG(s)}} =$$

$$=\; \lambda_0 LB \cdot \frac{2v}{B} \mathrm{I}\left(\frac{B}{2v} \le s < \frac{B}{v}\right) = 2\lambda_0 Lv \, \mathrm{I}\left(\frac{B}{2v} \le s < \frac{B}{v}\right).$$

Bemerkung 1: Wenn die Geschwindigkeit v der Rißausbreitung nicht konstant ist, sondern zufällig, z.B. $v = v_1$ mit p und $v = v_2$ mit $1 - p$, so erhält man unterschiedliche Verteilungen.

Bemerkung 2: Für alle $s > \frac{B}{v}$ gilt $\overline{F}(s) = e^{-\lambda_0 LB} = const.$

Ein realistischeres Modell besteht in folgendem. Wir nehmen an, daß neue Defekte nach einen markierten Poissonschen Punktprozeß $(T_n, (X_n, Y_n))_{n \ge 1}$ mit dem Intensitätsparameter λ_1 entstehen. Im Zeitpunkt T_n entsteht ein Defekt im Punkt (X_n, Y_n), wobei die Lage des Punktes gleichmäßig über $[0, L] \times [0, B]$ verteilt ist. Wenn zur Zeit T_n ein Defekt entstanden ist, so folgt später zur Zeit $T_n + S_n$ eine Perkolation. Die Wahrscheinlichkeit $\mathrm{P}(S_n > s) = \overline{G}(s)$ wurde schon berechnet. Alle $(S_n)_{n \ge 1}$ sind unabhängig und identisch verteilt mit der Verteilungsfunktion $G(s)$. Also erhalten wir die im Abschnitt 2.3 beschriebene unabhängige Verschiebung für den Poissonschen Punktprozeß und wenn wir die Perkolationszeitpunkte neu ordnen:

$$T_1' = \min_{n \ge 1}(T_n + S_n), \; T_2' = \min_{n \ge 1}(T_n + S_n : T_n + S_n > T_1'), \; \dots ,$$

dann erhalten wir aufgrund von Satz 3.12 wieder einen Poissonschen Punktprozeß mit der Erwartungswertfunktion $H_1(t) = H * G(t)$, wobei in unserem Fall $H(t) = \lambda_1 t$ ist. Für diesen Fall folgt

$$H * G(t) \;=\; \int_0^t \lambda_1(t - s)\frac{2v}{B}\mathrm{I}\left(\frac{B}{2v} \le s < \frac{B}{v}\right) ds = \int_{\frac{B}{2v}}^{\frac{B}{v} \wedge t} \lambda_1(t - s)\frac{2v}{B} ds =$$

$$=\; \begin{cases} 0, & t < \frac{B}{2v}, \\ \frac{v}{B}\lambda_1(t - B/2v)^2, & \frac{B}{2v} \le t < \frac{B}{v}, \\ \lambda_1(t - 3B/4v), & t \ge \frac{B}{v}. \end{cases}$$

Bezeichnen wir für dieses Modell die Ausfallintensität mit $h_1(t)$, so erhält man für diese Größe

$$h_1(t) = \frac{dH * G(t)}{dt} = \begin{cases} 0, & t < \frac{B}{2v}, \\ \lambda_1\left(\frac{2v}{B}t - 1\right), & \frac{B}{2v} \le t < \frac{B}{v}, \\ \lambda_1, & t \ge \frac{B}{v}. \end{cases}$$

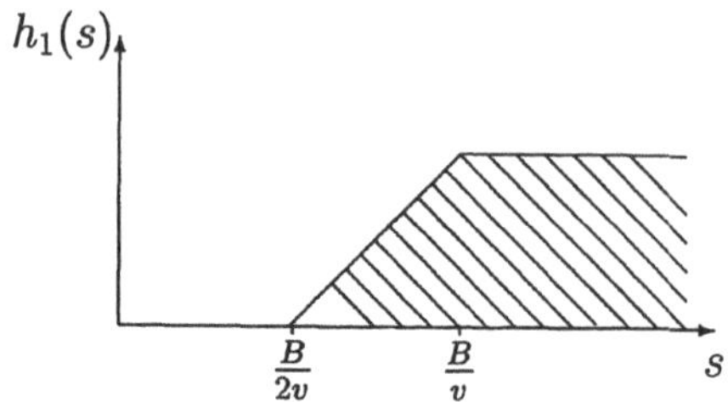

Abbildung 3.11: Die Ausfallintensität eines zweiten Perkolationsmodelles

Diese Ausfallrate ist in Abbildung 3.11 dargestellt.

Bemerkung 1: Natürlich ist es auch möglich, diese beiden Modelle durch

$$h(t) = h_0(t) + h_1(t)$$

zu überlagern. Damit ist es möglich, Ausfallintensitäten der in Abbildung 3.12 dargestellten Form zu erhalten.

Bemerkung 2: In den vorangegangenen Modellen wurden Körper mit

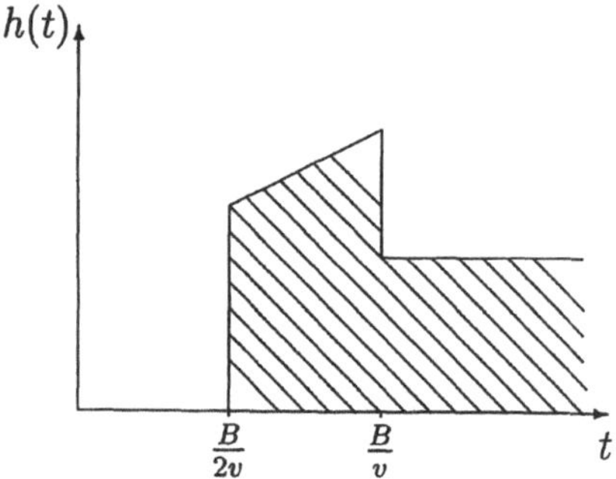

Abbildung 3.12: Die Ausfallintensität bei Überlagerung der beiden Perkolationsmodelle

konstanter „Dicke" B betrachtet. Es ist leicht verständlich, daß die Ausfallintensität bei Modellen mit Rißentwicklung von der Geometrie des Körpers abhängt (vergleiche Übung 3.8).

3.4 Übungen

Übung 3.1 Alle $S_i = T_i - T_{i-1}$ eines gewöhnlichen Erneuerungsprozesses seien exponentialverteilt : $F(s) = 1 - e^{-\lambda s}$ (homogener Poissonprozeß). Bestimmen Sie mittels Laplace-Transformation die Erneuerungsfunktion dieses Prozesses.

Übung 3.2 Aus der zweiten Aussage des Satzes von Blackwell leite man die Formel (3.6) her, indem die Funktion $Q(t)$ entsprechend gewählt wird.

Übung 3.3 Die Zeit zwischen zwei Erneuerungen sei exponentialverteilt mit dem Parameter λ . Es wird gefordert, mit einer Wahrscheinlichkeit von $p = 0,99$ hinreichend viele Reserveelemente für 10 Zeiteinheiten zu lagern. Wieviele Elemente benötigt man für $\lambda = 0.1, 0.2$ und 0.5 ?

Übung 3.4 Wir betrachten ein Parallelsystem aus zwei Elementen, d.h. die Lebensdauer des Systems sei $S = \max(S_1, S_2)$. Die Lebensdauerzeiten der Elemente seien unabhängig und exponentialverteilt mit $\mathrm{P}(S_i > \lambda) = e^{-\lambda t}$, $i = 1, 2$. Nach Ausfall des Systems wird es repariert:
a)   momentan
b)   mit einer zufälligen Reparaturzeit u mit $\mathrm{P}(u > t) = e^{-\mu t}$.
Bestimmen Sie die entsprechenden Erneuerungsfunktionen $H^E(t)$ und $H_0^A(t)$ des Systems.

Übung 3.5 Bestimmen Sie für einen homogenen Poissonprozeß ($\mathrm{P}(S_i > s) = e^{-\lambda s}$, $i = 1, 2, \ldots$) den Erwartungswert und die Verteilung der Größe $S_{\Psi(0,t]} = T_{\Psi(0,t]+1} - T_{\Psi(0,t]}$ sowie das Verhalten dieser Größe bei $t \to \infty$.

Übung 3.6 $\Delta_1, \ldots, \Delta_m$ seien unabhängige Zweipunkt-verteilte Zufallsgrößen, d. h. $\mathrm{P}(\Delta_i = 0) = p$, $\mathrm{P}(\Delta_i = 1) = q = 1 - p$, $i = 1, \ldots, m$. Berechnen Sie die erzeugende Funktion der Zufallsgröße $\Delta = \Delta_1 + \cdots + \Delta_m$.

Übung 3.7 Beweisen Sie den Satz 3.10 über die Verdünnung eines Poissonprozesses durch Anwendung von Satz 3.11.

Übung 3.8 Bestimmen Sie die Ausfallintensität bei Rißentwicklung des in Abbildung 3.13 dargestellten Körpers, wenn die Ursprünge der Risse einen Pois-

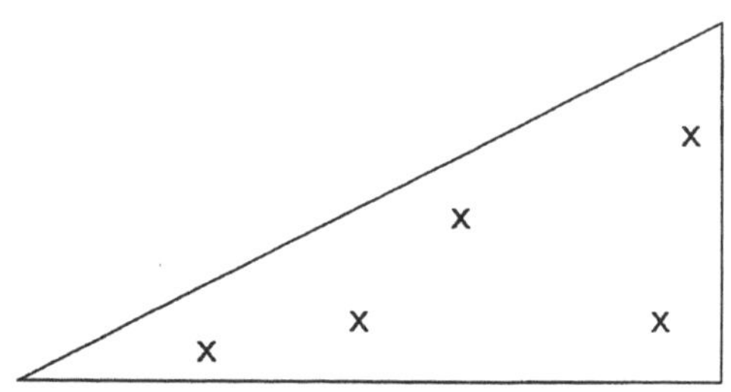

Abbildung 3.13: Ein dreieckiger Körper

sonschen Punktprozeß in diesem Dreieck bilden und die Rißentwicklung wie in den letzten beiden Perkolationsmodellen des Abschnitts 3.3 erfolgt.

4 Punktschätzungen für Lebensdauerverteilungen und ihre Parameter bei Zuverlässigkeitsauswertungen

4.1 Datenstrukturen in der Zuverlässigkeitsanalyse

In der Zuverlässigkeitstheorie treten häufig Datenstrukturen auf, die sich von der klassischen vollständigen Stichprobe unterscheiden. Daher ist es nötig, schon bei der Planung eines statistischen Experimentes die entstehende Datenstruktur zu berücksichtigen, um einerseits gute Verfahren auszuwählen und andererseits spezielle statistische Verfahren für diese Datenstrukturen zu entwickeln .

Der Fall der vollständigen Stichprobe ist gut bekannt. In diesem Fall beobachtet man die Daten

$$x = (S_1, \ldots, S_n) \tag{4.1}$$

wobei die $(S_1, S_2, \ldots, S_n)$ unabhängig und identisch verteilte Zufallsgrößen mit der Verteilungsfunktion $F^*(s), s \geq 0$ sind. Wir interpretieren die $S_i, \ i = 1, \ldots, n$, als Lebensdauern von Elementen. $F^*(\cdot)$ ist unbekannt. Wir nehmen jedoch an, daß man schon einige Informationen über $F^*(\cdot)$ besitzt, z. B. die Information $F^*(\cdot) \in \mathfrak{F}$, wobei $\mathfrak{F}$ eine bekannte Familie von Verteilungsfunktionen ist.

Häufiger treten in der Praxis zensierte Lebensdauerdaten auf.

Beispiel 4.1 Es wird eine Prüfung von n Elementen $e_1, \ldots, e_n$ durchgeführt. Das Element e_i hat die zufällige Lebensdauer $S_i, \ i = 1, \ldots, n$. Man kann jedoch bei der Prüfung nicht warten, bis alle Elemente ausgefallen sind; der Versuch wird zur Zeit T abgebrochen. Damit beobachtet man nur die zufälligen Lebensdauern, die kleiner als T sind. Von den restlichen Elementen weiß man nur, daß ihre Lebensdauer größer als T ist. Bei der Durchführung dieses Versuchs erhält man an Stelle von (4.1) die Daten

$$x = (S_1 \wedge T, \ldots, S_n \wedge T) \quad \text{mit} \quad a \wedge b = \min(a, b) \ .$$

Dieser Versuchsplan mit fest vorgegebenem T wird mit $[n, O, T]$ bezeichnet. Das Symbol „O" bedeutet „ohne Reparatur", d.h. bei Ausfall ist die Beobachtung des entsprechenden Elementes beendet. Diese Art des Beobachtungsabbruches wird auch mit Typ I - Zensierung (von rechts) bezeichnet. Es ist möglich, den Versuchsplan zu verallgemeinern, indem jedes Element seinen eigenen Zensierungszeitpunkt erhält. Dann erhält man den Plan $[n, O, T_1, \ldots, T_n]$.   ◊

Beispiel 4.2 Häufig legt man vor der Durchführung des Versuchs nicht die Zeit des Beobachtungsabbruches, sondern die Anzahl der ausgefallenen Elemente fest. Bezeichnen wir mit $S_{(1,n)} \leq \ldots \leq S_{(n,n)}$ die geordneten Ausfallszeitpunkte, so wird bei diesem Plan der Versuch zur zufälligen Zeit $t = S_{(r,n)}$ abgebrochen. Hier erhält man die statistischen Daten

$$x = (S_1 \wedge S_{(r,n)}, \ldots, S_n \wedge S_{(r,n)})$$

oder

$$x = (S_{(1,n)}, S_{(2,n)}, \ldots, S_{(r,n)}) \ .$$

Wenn außerdem auch noch bekannt ist, welche Elemente in welcher Reihenfolge ausgefallen sind, d.h. man kennt $i_1, \ldots, i_r \ : \ S_{i1} = S_{(1,n)}, \ldots, S_{ir} = S_{(r,n)}$, dann liegen Daten der Form

$$x = (i_1, S_{i1}, i_2, S_{i2}, \ldots, i_r, S_{ir})$$

vor.

Erfolgt der Beobachtungsabbruch nach einer vorgegebenen Anzahl von ausgefallenen Elementen, so spricht man von Typ–II–Zensierung oder einem Versuchsplan $[n, O, r]$. Auch dieser Versuchsplan kann verallgemeinert werden:
Zum Zeitpunkt $S_{(1,n)}$ wird bei k_1 Elementen die Beobachtung abgebrochen, zum Zeipunkt $S_{(2,n)}$ bei weiteren k_2 Elementen und zum Zeitpunkt $S_{(r,n)}$ erfolgt der Beobachtungsabbruch bei den noch verbleibenden k_r Elementen. $(r + k_1 + \ldots + k_r = n)$. Diesen Plan bezeichnen wir mit $[n, O, k_1 + 1, \ldots, k_r + 1]$.
          ◊

Die Stichprobenpläne $[n, O, T]$ und $[n, O, r]$ aus den Beispielen 4.1 und 4.2 sind in Abbildung 4.1 dargestellt.

Beispiel 4.3 Es ist auch möglich, Stichprobenpläne zu betrachten, bei denen man noch weniger Informationen aus dem Versuch erhält. Z. B. kann für jedes Element e_i eine Zeit T_i festgelegt werden, zu der das Element überprüft wird. Zu diesem Zeitpunkt wird festgestellt, ob das Element ausgefallen oder intakt ist, d.h. man hat nur die Information darüber, ob der Ausfall des Elementes e_i vor oder nach der Zeit T_i erfolgte. Verwendet man die Bezeichnung $\delta_i = 1$ für das Ereignis $\{S_i \leq T_i\}$ und $\delta_i = 0$ für $\{S_i > T_i\}$, so können die Daten in der Form

$$x = (T_1, \delta_1; \ldots; T_n, \delta_n)$$

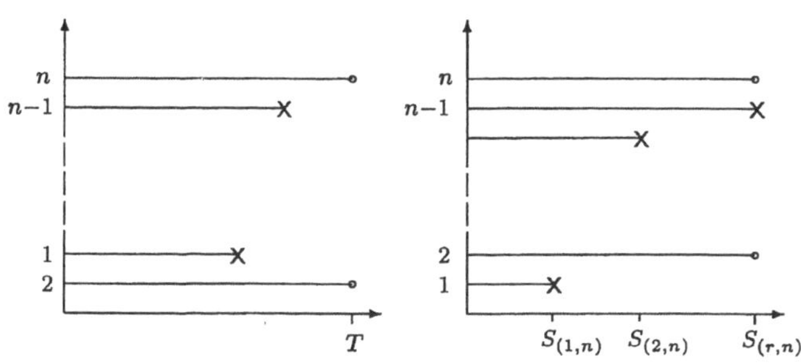

Abbildung 4.1: Die Stichprobenpläne $[n, O, T]$ und $[n, O, r]$

dargestellt werden.

Diese Art der Information erhält man auch bei „Dosis–Effekt"–Versuchen, auf die im Abschnitt 4.3 im Zusammenhang mit den verallgemeinerten Likelihood-prinzip noch eigegangen wird. $\Diamond$

Sei $\mathfrak{X} = (x)$ der Stichprobenraum. Teilmengen aus diesem Raum $B_i \subset \mathfrak{X}$ sind Ereignisse; im Beispiel 4.3 könnte z.B. das Ereignis $B = \{\delta_i = 0,\ i = 1, \ldots, n\}$ beobachtet werden. Alle Ereignisse zusammen erzeugen die σ-Algebra $\mathfrak{B}(\mathfrak{X})$. Jede Verteilungsfunktion $F(\cdot)$ aus der Familie $\mathfrak{F}$ definiert eine Wahrscheinlich-keitsverteilung auf $(\mathfrak{X}, \mathfrak{B}(\mathfrak{X}))$. Das bedeutet, daß es im Prinzip (manchmal je-doch mit erheblichen Schwierigkeiten) möglich ist, für jedes Ereignis $B \in \mathfrak{B}$ die Wahrscheinlichkeit davon zu berechnen, daß dieses Ereignis als Ergebnis des zufälligen Versuches auftritt. Diese Wahrscheinlichkeit wird mit $P_F(B)$ be-zeichnet. Da die Verteilungsfunktion jedoch nicht vollständig bekannt ist, erhält man für jedes B eine Menge von Wahrscheinlichkeiten

$$(P_F(B),\ F(\cdot) \in \mathfrak{F})\ .$$

In dieser Menge liegt die „wahre" Wahrscheinlichkeit $P_{F*}(B)$, da nur eine Ver-teilung $F^*(\cdot) \in \mathfrak{F}$ die „wahre" Verteilungsfunktion ist. Wir betrachten im fol-genden absolut stetigen Verteilungen $F(\cdot) \in \mathfrak{F}^{(ac)}$. In diesem Fall existiert eine Dichte:

$$f(s) = \frac{dF(s)}{ds}\ .$$

Im folgenden sollen nun für einige Datenstrukturen die Dichte bzw. die Vertei-lung der Stichprobe herleiten.

Beispiel 4.4 Betrachten wir den Fall einer vollständigen Stichprobe mit den Daten

$$x = (s_1,\ \ldots,\ s_n) \in \mathrm{R}^n\ .$$

Wenn die Beobachtungen unabhängig sind, ist die gemeinsame Dichte der Stichprobe das Produkt der Dichten der einzelnen Beobachtungen:

$$f(x) = f(s_1, \ldots, s_n) = f(s_1) \cdot \ldots \cdot f(s_n) \, .$$

$$\Diamond$$

Beispiel 4.5 Für den Stichprobenplan $[n, O, T]$ aus Beispiel 4.1 betrachten wir das Ereignis $B = \{$genau d Ausfälle der Elemente $i_1, \ldots, i_d$ fanden in den Intervallen $(s_1, s_1 + ds_1), \ldots, (s_d, s_d + ds_d)$ statt$\}$.
Dann erhält man die Wahrscheinlichkeit

$$\mathrm{P}_F(B) = f(s_1) ds_1 \cdots f(s_d)\, ds_d \left(\overline{F}(T)\right)^{n-d}$$

oder die Dichte

$$f_F(s_1, \ldots, s_d) = f(s_1) \cdots f(s_d) \left(\overline{F}(T)\right)^{n-d} \, . \tag{4.2}$$

Wenn nur die Ausfallszeitpunkte bekannt sind, jedoch nicht, um welche Elemente es sich handelt, so muß man alle Möglichkeiten der Anordnung von d Ausfällen bei n Elementen betrachten, d.h. es werden $\binom{n}{d}$ Dichten der Form (4.2) summiert und man erhält

$$f_F(s_1, \ldots, s_d) = \binom{n}{d} f(s_1) \cdots f(s_d) \left(\overline{F}(T)\right)^{n-d} \tag{4.3}$$

Ebenfalls völlig natürlich ist es, die Dichte für die geordneten Ausfallzeitpunkte

$$s_{(1)} < s_{(2)} < \ldots, < s_{(d)} \tag{4.4}$$

zu betrachten.
Dann bestehen n Möglichkeiten für den ersten Ausfall, $(n-1)$ für den zweiten usw. und die Dichte der Stichprobe hat die Form

$$f_F(s_{(1)}, \ldots, s_{(d)}) = n(n-1) \ldots (n-d+1)\, f(s_{(1)}, \ldots, s_{(d)}) \left(\overline{F}(T)\right)^{n-d} \, . \tag{4.5}$$

Die Dichten (4.2) – (4.5) sind ein Beispiel dafür, wie sich das Aussehen der Dichte der Stichprobe bei unterschiedlicher Information ändert. In diesem Beispiel handelt es sich nur um einen konstanten Faktor, der für weitere statistische Untersuchungen keine Rolle spielt. Es treten jedoch Fälle auf, bei denen wesentliche Unterschiede bei unterschiedlicher Information vorliegen. $\Diamond$

Beispiel 4.6 Wir berechnen die Wahrscheinlichkeit des Auftretens von Daten der Form

$$x = (T_1, \delta_1, \ldots, T_n, \delta_n) \tag{4.6}$$

aus dem Beispiel 4.3. Für das Element e_i ist $\delta_i = 1$ mit der Wahrscheinlichkeit $F(T_i)$ und $\delta_i = 0$ mit der Wahrscheinlichkeit $\overline{F}(T_i)$. Zusammengefaßt läßt sich das Beobachtungsergebnis des i-ten Elementes als

$$(F(T_i))^{\delta_i} \left(\overline{F}(T_i)\right)^{1-\delta_i}$$

aufschreiben. Somit ist die Wahrscheinlichkeit, Beobachtungsdaten der Form (4.6) zu erhalten,

$$\mathrm{P}_F(x) = \prod_{i=1}^{n} (F(T_i))^{\delta_i} \left(\overline{F}(T_i)\right)^{1-\delta_i} .$$

$\Diamond$

Im einführenden Kapitel, Abschnitt 1.1 wurde der Begriff der Statistik definiert. Die wichtigste Unterscheidung einer Statistik von anderen Funktionen von Zufallsgrößen besteht darin, daß die Statistik keine unbekannten Parameter enthält. Das soll in den beiden folgenden Beispielen verdeutlicht werden.

Beispiel 4.7 S sei eine exponentialverteilte zufällige Größe, d.h.

$$\mathrm{P}(S > s) = e^{-\lambda^* s}, \quad \lambda^* > 0 .$$

λ^* ist der unbekannte wahre Parameter. Die Größe $\lambda^* S$ ist exponentialverteilt mit dem Parameter 1:

$$\mathrm{P}(\lambda^* S > s) = \mathrm{P}(S > \frac{s}{\lambda^*}) = e^{-\lambda^*(\frac{s}{\lambda^*})} = e^{-s} .$$

Damit ist zwar die Verteilung von $\lambda^* S$ unabhängig vom unbekannten Parameter, jedoch die Größe selbst enthält λ^* und ist damit keine Statistik. $\Diamond$

Beispiel 4.8 Wir betrachten eine nach dem Stichprobenplan $[n, O, r]$ erhaltene Stichprobe $x = (S_{(1,n)}, \ldots, S_{(r,n)})$. Die Gesamtprüfzeit (total time on test) T_r in diesem Stichprobenplan ist

$$T_r = S_{(1,n)} + \cdots + S_{(r-1,n)} + (n - r + 1)S_{(r,n)} .$$

T_r ist eine Statistik: $T_r : \mathfrak{X} \to \mathrm{R}_+^1$, da alle in der Definition 1.4 geforderten Eigenschaften erfüllt sind. Wenn wir annehmen, daß die Zeit bis zum Ausfall exponentialverteilt ist, kann die Verteilung von T_r bestimmt werden. Im Zeitintervall $(S_{(i,n)}, S_{(i+1,n)}]$, $i = 0, \ldots, n-1$, $S_{(0,n)} = 0$, werden jeweils $n-i$ Elemente geprüft. Daher gilt

$$T_r = nS_{(1,n)} + (n-1)(S_{(2,n)} - S_{(1,n)}) + \cdots + (n-r+1)(S_{(r,n)} - S_{(r-1,n)}).$$

Aus den Eigenschaften der Exponentialverteilung (siehe Abschnitte 1.4 und 2.3) folgt, daß der Ausfall eines von i Elementen mit der Wahrscheinlichkeit $(e^{-\lambda u})^i$ erfolgt. Dann erhält man

$$P_\lambda(nS_{(1,n)} > u_1) = P_\lambda\left(S_{(1,n)} > \frac{u_1}{n}\right) = \left(e^{-\lambda\frac{u_1}{n}}\right)^n = e^{-\lambda u_1},$$

$$P_\lambda((n-1)(S_{(2,n)} - S_{(1,n)}) > u_2) = P_\lambda\left((S_{(2,n)} - S_{(1,n)}) > \frac{u_2}{n-1}\right) =$$

$$= \left(e^{-\lambda\frac{u_2}{n-1}}\right)^{n-1} = e^{-\lambda u_2}.$$

usw. Daher kann T_r als Summe von n unabhängigen und identisch exponentialverteilten zufälligen Größen betrachtet werden. Man kann zeigen (siehe Übung 4.2), daß

$$P_\lambda(T_r > t) = \sum_{d=0}^{r-1} \frac{(\lambda t)^d}{d!} e^{-\lambda t},$$

d. h. die Statistik unterliegt einer Erlangverteilung der Stufe r mit dem Parameter λ. Wir bemerken, daß in der Verteilung der Statistik T_r wieder der „wahre" Parameter λ auftritt, daher wurde die Bezeichung P_λ gewählt. Betrachten wir die Verteilung der zufälligen Größe λT_r (das ist keine Statistik), so erhalten wir

$$P_\lambda(\lambda T_r > t) = P_\lambda(T_r > \frac{t}{\lambda}) = \sum_{d=0}^{r} \frac{t^d}{d!} e^{-t}.$$

$\Diamond$

Der wahre Parameter θ^* bzw. die wahre Verteilung P_{θ^*}, aus der die Daten stammen, ist unbekannt. Wir wollen nun aus den Daten den Parameter θ^* schätzen, d.h. wir wollen eine Statistik $T = T(x)$ so finden, daß der Abstand zwischen θ^* und T möglichst klein wird. Eine Mindestforderung an T besteht darin, daß alle Realisierungen von T in Θ liegen.

Definition 4.1 *Eine Statistik* $T : \mathfrak{X} \to \Theta$, *die den Stichprobenraum in den Parameterraum abbildet, heißt* Punktschätzung $\hat{\theta} = T(x)$, *wobei* x *die Stichprobe ist.*

Natürlich sind nicht alle Statistiken dieser Art sinnvolle Punktschätzungen. Liegen z.B. Daten aus der vollständigen Beobachtung von exponentialverteilten Lebensdauern vor, d.h. $X = (S_1, \ldots, S_n)$, so ist $T_n = S_1 + \cdots + S_n$ zwar eine Punktschätzung im obigen Sinne für den unbekannten Parameter λ^*, jedoch keine sinnvolle. Es ist gut bekannt, daß $1/T_n$ eine bessere Punktschätzung für λ^* ist und die korrigierte Größe

$$\hat{\lambda}_n = \frac{n-1}{T_n} = \frac{n-1}{S_1 + \cdots + S_n}$$

eine erwartungstreue Punktschätzung ist (siehe auch Übung 4.3). Aus diesen Ausführungen ist ersichtlich, daß die Definition einer Punktschätzung sehr allgemein ist und auch praktisch nicht sinnvolle Punktschätzungen umfaßt. Es gibt jedoch noch Fälle von Punktschätzungen, die durch diese Definition nicht erfaßt werden. Das zeigt das folgende Beispiel.

Beispiel 4.9 Wir betrachten den Fall der klassischen Stichprobe, d.h. es liegen Daten $X = (S_1, \ldots, S_n)$ vor. Alle S_i $(i = 1, \ldots, n)$ sind unabhängig und identisch verteilt mit der Verteilungsfunktion $F(s) \in \mathfrak{F}$. Für die „wahre" Verteilungsfunktion $F^*(s)$ soll eine Punktschätzung ermittelt werden. Der Parameterraum Θ ist in diesem Fall die Menge aller Funktionen $\mathfrak{F}$.
Bekanntlich ist die empirische Verteilungsfunktion eine gute Punktschätzung für die unbekannte Verteilung, d.h. wir betrachten

$$\hat{F}_n(s) = \frac{1}{n} \sum_{i=1}^{n} \mathrm{I}(S_i \leq s) \tag{4.7}$$

als Punktschätzung für $F^*(\cdot)$. $\hat{F}_n(\cdot)$ bildet $\mathfrak{X}$ in $\mathfrak{F}$ ab. Sie ist damit eine Punktschätzung im Sinne der obigen Definition, wenn $\mathfrak{F}$ alle Verteilungsfunktionen, z.B auch Sprungfunktionen enthält. Weiß man jedoch, daß die wahre Verteilungsfunktion stetig ist, so erhält man keine Punktschätzung im Sinne der Definition, obwohl auch eine stetige Verteilung durch die Schätzung (4.7) beliebig genau angenähert werden kann. Um das zu beheben, muß man statt des Parameterraumes Θ die Vervollständigung $\overline{\Theta}$ betrachten. Dazu wird eine Metrik $d(\theta_1, \theta_2)$ für alle Paare $(\theta_1, \theta_2) \in \Theta$ definiert und $\overline{\Theta}$ enthält neben Θ alle die Parameterwerte, deren Abstand zu $\theta \in \Theta$ beliebig klein werden kann:

$$\overline{\Theta} = \{\overline{\theta} : \exists\, (\theta_n)_{n \geq 1} \quad d(\overline{\theta}, \theta_n) \to 0, \quad n \to \infty, \quad \theta_n \in \Theta\}.$$

Aufgrund des Beispieles modifizieren wir die Definition 4.2:

Definition 4.2 *Wenn eine geeignete Metrik d auf Θ definiert ist und eine dieser Metrik entsprechende Vervollständigung $\overline{\Theta}$ des Parameterraumes gegeben ist, so heißt eine Statistik $T : \mathfrak{X} \to \overline{\Theta}$* Punktschätzung.

Im folgenden verstehen wir unter einer Punktschätzung immer eine Punktschätzung im Sinne von Definition 4.2.

4.2 Parameterschätzungen für Lebensdauerverteilungen. Das Maximum–Likelihood–Prinzip und der EM–Algorithmus

Wir betrachten ein statistisches Modell

$$\Big(\mathfrak{X}, \mathfrak{B}(\mathfrak{X}), \mathfrak{P} = (P_\theta, \theta \in \Theta)\Big).$$

Zur Bestimmung des unbekannten wahren Parameters θ aus der Menge Θ wird wegen ihrer guten Eigenschaften (auf die wir später zurückkommen werden) häufig die Maximum–Likelihood–Methode verwendet. Dazu benötigt man die Dichtefunktion der Beobachtung, die wir hier allgemein definieren wollen.

Zunächst betrachten wir eine dominierte Familie von Verteilungen $\mathfrak{P} = (P_\theta, \theta \in \Theta)$, für die die Dichte $p(x, \theta) = \frac{dP_\theta}{d\mu}(x)$ bezüglich eines Maßes μ auf $\mathfrak{B}(\mathfrak{X})$ existiert.

Durch die Dichtefunktion $p(\cdot, \cdot)$ ist eine Oberfläche definiert (siehe Abbildung 4.2). Wenn wir auf dieser Oberfläche θ fixieren und die Schnittlinie $p(\cdot, \theta)$ betrachten, erhalten wir eine Dichte aus obiger Familie. Fixiert man dagegen x und betrachtet diese Schnittlinie, so erhält man eine andere Funktion, die wir mit $L(\cdot, x)$ bezeichnen wollen. Natürlich gilt für jeweils fixierte x und θ

$$L(\theta, x) = p(x, \theta) \,.$$

Die andere Bezeichnung ist nur gewählt, um die Abhängigkeit vom unbekannten Parameter zu betonen.

Definition 4.3 *Die Funktion $L(\cdot, x)$ heißt* Likelihoodfunktion.

Beispiel 4.10 Sei $x = (s_{(1)}, ..., s_{(r)})$ eine Stichprobe, die aufgrund des Stichprobenplanes $[n, O, r]$ erhalten wurde.
Die Lebensdauer der Grundgesamtheit sei weibullverteilt mit der Überlebensfunktion und der Dichte

$$\overline{F}(s) = \exp(-(s/\alpha)^\beta), \quad f(s) = \frac{\beta}{\alpha}\left(\frac{s}{\alpha}\right)^{\beta-1} \exp(-(s/\alpha)^\beta) \,.$$

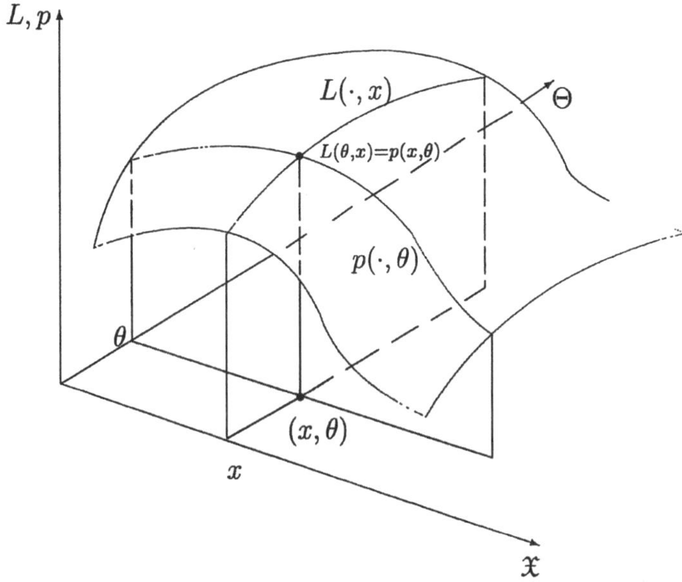

Abbildung 4.2: Die Dichte $p(\cdot, \theta)$ und die Likelihoodfunktion $L(\cdot, x)$

Dann erhält man für die statistischen Daten bezüglich des Lebesgue–Maßes $d\mu = ds_{(1)} \cdots ds_{(r)}$ auf dem Konus

$$K_r = \big((s_{(1)}, ..., s_{(r)}) : 0 < s_{(1)} < ... < s_{(r)}\big)$$

die Dichte

$$p(x, \theta) = n^{[r]} \left(\prod_{i=1}^{r} \left(\frac{\beta}{\alpha}\right) \left(\frac{s_{(i)}}{\alpha}\right)^{(\beta-1)} \exp(-(s_{(i)}/\alpha)^\beta) \right) \exp(-(n-r)(s_{(r)}/\alpha)^\beta)$$

mit $\theta = (\alpha, \beta)$, $\alpha > 0, \beta > 0, \Theta = \mathrm{R}_+^2$.
Hierbei bezeichnen wir mit $n^{[r]}$ das Produkt $n^{[r]} = n(n-1)\cdots(n-r+1)$. Für die Likelihoodfunktion erhalten wir somit

$$L(\theta, x) = n^{[r]}\beta^r \left(\prod_{i=1}^{r} s_{(i)}^{\beta-1} \right) \alpha^{-r\beta} \exp\left(-\alpha^{-\beta} \left(\sum_{i=1}^{r} s_{(i)}^\beta + (n-r)s_{(r)}^\beta \right) \right).$$

Die Likelihoodfunktion ist abhängig von x und für $x_1 \neq x_2$ erhält man im allgemeinen auch $L(\theta, x_1) \neq L(\theta, x_2)$. In Abbildung 4.3 ist die Likelihoodfunktion der Weibullverteilung für zwei verschiedene Stichproben dargestellt. Hierfür wurden jeweils $n = 50$ Realisierungen einer weibullverteilten Zufallsgröße mit

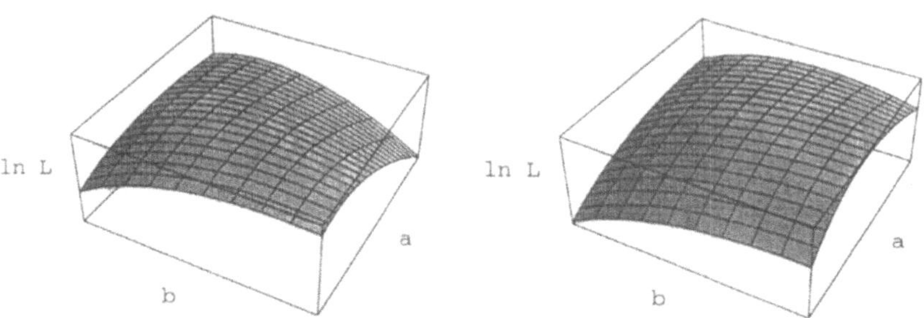

Abbildung 4.3: Die Likelihoodfunktion für zwei Stichproben x_1 und x_2

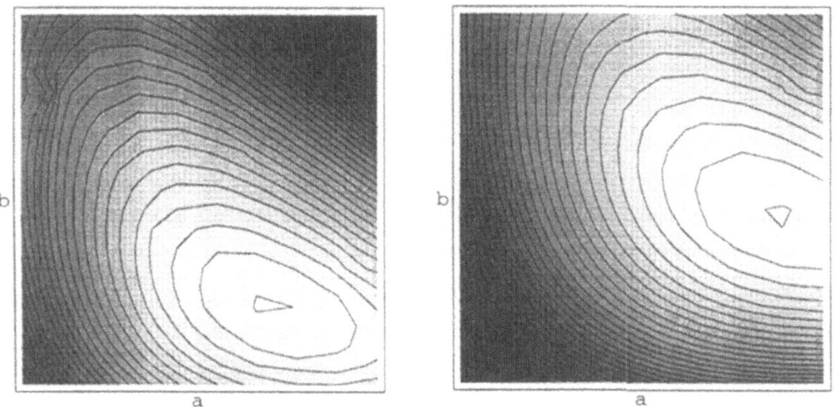

Abbildung 4.4: Niveaulinien der Likelihoodfunktion für zwei Stichproben x_1 und x_2

den Parametern $\alpha = a = 1000$ und $\beta = b = 2$ simuliert. Abbildung 4.4 enthält die Niveaulinien der Likelihoodfunktion für diese Stichproben. Für das Modell der Weibullverteilung kann bewiesen werden, daß eine eineindeutige Zuordnung zwischen x und $L(\cdot, x)$ besteht (siehe Übung 4.4). $\Diamond$

Es gibt jedoch auch Beispiele, in denen keine eineindeutige Zuordnung zwischen Stichprobe und Likelihoodfunktion besteht.

Beispiel 4.11 Wir betrachten wieder den Stichprobenplan $[n, O, r]$, jedoch die Familie der zweiparametrischen Exponentialverteilungen

$$\mathfrak{F}_{E,2} = \left(F(\cdot) : \overline{F}(s) = \exp(-\lambda(s - \mu)),\ s > 0,\ \theta = (\lambda, \mu) \in \mathrm{R}_+^2\right).$$

Für die Dichte der Stichprobe erhalten wir in diesem Fall

$$p(x,\theta) \;=\; n^{[r]}\mathrm{I}(s_{(1)} \geq \mu) \prod_{i=1}^{r} \lambda \exp(-\lambda(s_{(i)} - \mu)) \exp(-\lambda(n-r)(s_{(r)} - \mu)) =$$

$$=\; n^{[r]}\lambda^r \mathrm{I}(s_{(1)} \geq \mu) \exp\left(-\lambda(\sum_{i=1}^{r-1} s_{(i)} + (n-r+1)s_{(r)}) + n\lambda\mu \right) .$$

Betrachten wir nun zwei Stichproben $x' = (s'_{(1)}, ..., s'_{(r)})$ und $x'' = (s''_{(1)}, ..., s''_{(r)})$. Dann ist $p(x',\theta) \equiv p(x'',\theta)$ für beliebige $\theta \in \Theta$ genau dann, wenn

$$s'_{(1)} = s''_{(1)} \quad \text{und} \quad \sum_{i=1}^{r-1} s'_{(i)} + (n-r+1)s'_{(r)} = \sum_{i=1}^{r-1} s''_{(i)} + (n-r+1)s''_{(r)}.$$

Die Größe $\sum_{i=1}^{r-1} s_{(i)} + (n-r+1)s_{(r)}$ ist die Gesamtprüfzeit (total time on test). Wenn statistische Schlußfolgerungen auf der Grundlage der Likelihoodfunktion getroffen werden, braucht man in diesem Beispiel also nur noch die Zeit des ersten Ausfalles und die Gesamtprüfzeit zu kennen. $\qquad\qquad \Diamond$

Bemerkung 1: Für den Stichprobenplan $[n, O, r]$ und einige andere Pläne ist es manchmal günstig, in der Likelihoodfunktion statt der Dichten die Ausfallraten zu verwenden. Mit $h(s,\theta) = f(s,\theta)/\overline{F}_\theta(s)$ erhält man für den Plan $[n, O, r]$

$$L(\theta,x) = p(x,\theta) = n^{[r]} \prod_{i=1}^{r} h(s_{(i)},\theta) \prod_{i=1}^{r} \overline{F}_\theta(s_{(i)}) \left(\overline{F}_\theta(s_{(r)})\right)^{n-r}.$$

Bemerkung 2: Aus analytischen Gründen verwendet man häufig statt $L(\theta,x)$ die logarithmierte Likelihoodfunktion

$$l(\theta,x) := \ln L(\theta,x) \quad \forall \theta \in \Theta .$$

Bemerkung 3: $L(\cdot,x)$ bzw. $l(\cdot,x)$ können als Statistik angesehen werden. Betrachten wir die Menge aller möglichen x-Schnitte $\mathfrak{L} = (L(\cdot,x), x \in \mathfrak{X})$. Weiter sei $\mathfrak{B}(\mathfrak{L})$ die σ- Algebra, die man aus den Mengen

$$B_{(a,\theta)} = (L(\cdot,x) : L(\theta,x) \leq a) \quad \forall a \in \mathrm{R}^1, \theta \in \Theta$$

erhält. Dann ist die Likelihoodfunktion eine Abbildung $L(\cdot,\cdot) : \mathfrak{X} = (x) \to \mathfrak{L}$ und diese Abbildung ist meßbar.
Da $L(\cdot,x)$ als Funktion über alle $\theta \in \Theta$ betrachtet wird und damit nicht vom unbekannten Parameter θ^* abhängt, erfüllt sie die Forderungen an eine Statistik.

Definition 4.4 *Eine Punktschätzung* $\breve{\theta} : \mathfrak{X} \to \Theta$ *heißt* Maximum–Likelihood–Schätzung *des wahren unbekannten Parameters* θ^*, *wenn*

$$L(\breve{\theta}, x) = \max_{\theta \in \Theta} L(\theta, x) \,. \tag{4.8}$$

Wir werden für beliebige Punktschätzungen das Symbol $\hat{\theta}$ und für Maximum–Likelihood–Schätzungen das Symbol $\breve{\theta}$ verwenden.

Maximum–Likelihood–Schätzungen (4.8) besitzen unter bestimmten Voraussetzungen sehr gute Eigenschaften (siehe z.B. LEHMANN [50]). Man kann jedoch auch Beispiele finden, in denen $\breve{\theta}$ nicht existiert, nicht eindeutig ist bzw. keine guten Eigenschaften besitzt.

Beispiel 4.12 Die Grundgesamtheit sei auf dem Intervall $[\theta - \frac{1}{2}, \theta + \frac{1}{2}]$ gleichmäßig verteilt, d.h. $F_\theta(x) = x - \theta + \frac{1}{2}, x \in [\theta - \frac{1}{2}, \theta + \frac{1}{2}]$. Dann erhält man z.B. für klassische Stichproben $[n, O, n]$

$$L(\theta, x) = 1, \quad s_i \in [\theta - \frac{1}{2}, \theta + \frac{1}{2}].$$

Die Maximum–Likelihood–Schätzung ist in diesem Fall nicht eindeutig. Alle $\breve{\theta} \in [s_{(n)} - \frac{1}{2}, s_{(1)} + \frac{1}{2}]$ sind Maximum–Likelihood–Schätzungen. $\Diamond$

Bemerkung 1: Soll eine Funktion $g(\theta) \in R^1$ des unbekannten wahren Parameters θ mit der Maximum–Likelihood–Methode geschätzt werden, so ist die Schätzung der Funktion gleich der Funktion der Schätzung:

$$\breve{g}(\theta) = g(\breve{\theta}) \,.$$

Bemerkung 2: Häufig kann man das Maximum der Likelihoodfunktion mittels der partiellen Ableitungen ermitteln :

$$\frac{\partial \ln L(\breve{\theta}, x)}{\partial \theta_i} = 0, \quad i = 1, ..., m \,.$$

Beispiel 4.13 Wir betrachten wieder die Stichprobe $x = (s_{(1)}, ..., s_{(r)})$ für den Stichprobenplan $[n, O, r]$. Die Grundgesamtheit unterliege einer Exponentialverteilung: $\overline{F}(s) = e^{-\lambda s}$. Dann erhält man für die Likelihoodfunktion

$$L(\lambda, x) = n^{[r]} \cdot \lambda^r \cdot \exp\left(-\lambda\left(\sum_{i=1}^{r-1} s_{(i)} + (n - r + 1)s_{(r)}\right)\right) \,.$$

Die logarithmierte Likelihoodfunktion hat die Form

$$l(\lambda, x) = \ln(n^{[r]}) + r \ln(\lambda) - \lambda\left(\sum_{i=1}^{r-1} s_{(i)} + (n - r + 1)s_{(r)}\right) \,.$$

Das Maximum dieser Funktion kann aus der Likelihoodgleichung

$$\frac{\partial l(\lambda, x)}{\partial \lambda} = \frac{r}{\lambda} - \left(\sum_{i=1}^{r-1} s_{(i)} + (n - r + 1)s_{(r)}\right) = 0$$

ermittelt werden. Man erhält dann

$$\check{\lambda} = \frac{r}{\sum_{i=1}^{r-1} s_{(i)} + (n - r + 1)s_{(r)}} \, .$$

$\Diamond$

Die Punktschätzung ist nicht erwartungstreu (siehe Übung 4.5). Sie läßt sich jedoch explizit berechnen. Damit ist auch der Erwartungswert berechenbar und gegebenenfalls kann die Schätzung auf Erwartungstreue korrigiert werden. Wesentlich häufiger liegt der Fall vor, daß die Maximum–Likelihood–Gleichung zur Bestimmung von $\check{\theta}$ nichtlinear ist.

Beispiel 4.14 Die statistischen Daten werden wieder nach dem Stichprobenplan $[n, O, r]$ gewonnen, wir nehmen jedoch an, daß die Grundgesamtheit einer Weibullverteilung mit $\underline{\theta} = (\alpha, \beta)$ unterliegt.
Die logarithmierte Likelihoodfunktion ist in diesem Fall

$$l(\theta, x) = \ln n^{[r]} + r \ln \beta + (\beta - 1) \sum_{i=1}^{r} \ln s_{(i)} - r\beta \ln \alpha - \alpha^{-\beta} \left(\sum_{i=1}^{r} s_{(i)}^{\beta} + (n - r)s_{(r)}^{\beta}\right).$$

Daraus erhält man die beiden Maximum–Likelihood–Gleichungen

$$\frac{\partial l(\theta, x)}{\partial \alpha} = -\frac{r\beta}{\alpha} + \left(\sum_{i=1}^{r} s_{(i)}^{\beta} + (n - r)s_{(r)}^{\beta}\right)\beta\alpha^{-\beta-1} = 0 \, ,$$

$$\frac{\partial l(\theta, x)}{\partial \beta} = \frac{r}{\beta} + \sum_{i=1}^{r} \ln s_{(i)} - r \ln \alpha - \alpha^{-\beta}\left(\sum_{i=1}^{r} s_{(i)}^{\beta} \ln s_{(i)} + \right.$$

$$\left. + (n - r)s_{(r)}^{\beta} \ln s_{(r)}\right) + \alpha^{-\beta} \ln \alpha \left(\sum_{i=1}^{r} s_{(i)}^{\beta} + (n - r)s_{(r)}^{\beta}\right) = 0 \, .$$

Die erste dieser Gleichungen läßt sich nach α auflösen und liefert die Maximum–Likelihood–Schätzung für α in Abhängigkeit von β:

$$\check{\alpha} = \check{\alpha}(\beta) = \left(\frac{1}{r}\left(\sum_{i=1}^{r} s_{(i)}^{\beta} + (n - r)s_{(r)}^{\beta}\right)\right)^{\frac{1}{\beta}} \, . \tag{4.9}$$

Diese Beziehung für α kann in die zweite Gleichung eingesetzt werden und man erhält eine nichtlineare Gleichung zur Bestimmung von $\check{\beta}$:

$$\frac{\sum_{i=1}^{r} s_{(i)}^{\beta} \ln s_{(i)} + (n-r)s_{(r)}^{\beta} \ln s_{(r)}}{\sum_{i=1}^{r} s_{(i)}^{\beta} + (n-r)s_{(r)}^{\beta}} - \frac{1}{\beta} = \frac{1}{r}\sum_{i=1}^{r} \ln s_{(i)} \ .$$

Man kann beweisen, daß diese Gleichung eine eindeutige Lösung besitzt. Im Beispiel 4.24 wird die Eindeutigkeit der Lösung für eine Stichprobe allgemeinerer Art nachgewiesen. $\diamond$

Dieses Beispiel zeigt, daß die Lösung der Maximum–Likelihood–Gleichungen Schwierigkeiten bereiten kann. Bei zensierten Beobachtungen sind die Maximum–Likelihood–Gleichungen häufig nicht explizit lösbar, insbesondere wenn $\dim \Theta = m > 1$ ist. Hier sollen zwei mögliche Methoden der Lösung vorgestellt werden.

Die erste Möglichkeit ist die gut bekannte Newton–Raphson–Methode. Bei dieser Methode wird mit Hilfe der Linearisierung der Likelihoodfunktion eine Folge $\theta(k), \theta(k+1), \ldots$ von Näherungen für die Schätzung des unbekannten Parametervektors $\theta = (\theta_1, \ldots, \theta_m) \in \Theta$ ermittelt. Sei $\theta(k)$ die k–te Näherung. Wir betrachten die Taylorentwicklung der Likelihoodgleichungen

$$\frac{\partial l(\theta, x)}{\partial \theta_i} = \frac{\partial l(\theta(k), x)}{\partial \theta_i} + \sum_{j=1}^{m} \frac{\partial^2 l(\theta(k), x)}{\partial \theta_i \partial \theta_j}(\theta_j - \theta_j(k)) + o(\|\theta - \theta(k)\|) \ .$$

Da die Schätzung so bestimmt werden soll, daß $\frac{\partial l(\theta, x)}{\partial \theta_i} = 0$ für $i = 1, \ldots, m$ gilt, wird die $(k+1)$-te Näherung aus

$$0 = \frac{\partial l(\theta(k), x)}{\partial \theta_i} + \sum_{j=1}^{m} \frac{\partial^2 l(\theta(k), x)}{\partial \theta_i \partial \theta_j}(\theta_j(k+1) - \theta_j(k)), i = 1, \ldots, m \qquad (4.10)$$

ermittelt.

Damit ist in jedem Näherungsschritt ein System linearer Gleichungen der Ordnung m zu lösen. Für viele Aufgaben konvergiert die Folge $\theta(k)$ gegen die Maximum–Likelihood–Schätzung $\hat{\theta}$ für $k \to \infty$.

Es gibt jedoch auch Beispiele, bei denen die Newton–Raphson–Methode versagt.

Beispiel 4.15 Wir betrachten n unabhängige und identisch verteilte Beobachtungen einer Mischverteilung der Form

$$f(x, \theta) = p\frac{1}{\sqrt{2\pi\sigma^2}}e^{-\frac{x^2}{2\sigma^2}} + (1-p)e^{-\lambda|x|}$$

mit $\theta = (p, \lambda, \sigma^2)^1$. Man kann sich leicht davon überzeugen, daß die Likelihood-funktion in diesem Fall (wie überhaupt bei Mischverteilungen) eine Struktur aufweist, die auch die numerische Lösung der Likelihoodgleichungen fast unmöglich macht. $\Diamond$

Für diese Art Probleme ist häufig der sogenannte EM (expectation–maximiza-tion)–Algorithmus geeignet, der im verbleibenden Teil dieses Abschnittes erläutert werden soll. Wir betrachten zwei statistische Modelle $(\mathfrak{X}, \mathfrak{B}(\mathfrak{X}), \mathfrak{P}_0)$ mit der Loglikelihoodfunktion $l_0(\theta, x) = \ln L_0(\theta, x)$ und $(\mathfrak{Y}, \mathfrak{B}(\mathfrak{Y}), \mathfrak{P}_1)$ mit der Loglikelihoodfunktion $l_1(\theta, y) = \ln L_1(\theta, y)$.
Wir nehmen an, daß die Likelihoodfunktion für das erste Modell relativ einfach ist und daß Y eine Abbildung von $\mathfrak{X}$ in $\mathfrak{Y}$ ist $(Y : \mathfrak{X} \to \mathfrak{Y})$. $y = Y(x)$ ist die beobachtete Größe, die eine komplizierte Likelihoodfunktion besitzt.
Um die Maximum–Likelihood–Schätzungen auf direktem Wege zu ermitteln, müßte man das Gleichungssystem $\frac{\partial l_1(\check{\theta}, y)}{\partial \theta_i} = 0$ für $i = 1, ..., m$ lösen.
Wir betrachten nun anstelle von $l_1(\theta, y)$ die Funktion

$$G(\theta', \theta) = \mathrm{E}_\theta(l_0(\theta', x)|Y = y) \, ,$$

durch die ein bedingter Erwartungswert definiert ist. Diese Funktion hängt natürlich vom fixierten Wert y ab. Die Loglikelihoodfunktion für unser Problem läßt sich nun auf folgende Weise umformen:

$$\begin{aligned}
l_1(\theta', Y) &= l_0(\theta', X) - (l_0(\theta', X) - l_1(\theta', Y)) = \\
&= l_0(\theta', X) - \ln\left(\frac{L_0(\theta', X)}{L_1(\theta', Y)}\right) .
\end{aligned} \tag{4.11}$$

Wir bilden nun den bedingten Erwartungswert bezüglich $Y = y$ und bemerken, daß $\mathrm{E}_\theta(l_1(\theta', Y)|Y = y) = l_1(\theta', y)$ und $\mathrm{E}_\theta(l_0(\theta', X)|Y = y) = G(\theta', \theta)$.
Dann erhält man aus (4.11)

$$l_1(\theta', y) = G(\theta', \theta) - H(\theta', \theta) \tag{4.12}$$

mit

$$\begin{aligned}
H(\theta', \theta) &= \mathrm{E}_\theta\left(\ln \frac{L_0(\theta', X)}{L_1(\theta', Y)}|Y = y\right) = \mathrm{E}_\theta\left(\ln L_0(\theta', X|Y)|Y = y\right) \\
&= \mathrm{E}_\theta\left(\ln \frac{L_0(\theta', X|Y)}{L_0(\theta, X|Y)}|Y = y\right) + \mathrm{E}_\theta\left(\ln L_0(\theta, X|Y)|Y = y\right) .
\end{aligned}$$

---

[1]Diese Verteilung wurde benutzt, um Daten über den Abstand von Flugzeugen auf Start- und Landebahnen eines japanischen Flughafens auszuwerten. Dabei stand eine Stichprobe vom Umfang $n \sim 10000$ zur Verfügung (Rewiew of RGCSP – WP/158, 13/12/88, Report of Agenta Item 1, Annex C)

Es läßt sich beweisen (vergleiche Lemma 4.2 in Abschnitt 4.4), daß die Funktion $H(\cdot,\theta)$ ihr Maximum bei $\theta' = \theta$ besitzt. Hieraus und aus (4.12) erhält man

$$l_1(\theta', y) - l_1(\theta, y) = G(\theta', \theta) - G(\theta, \theta) - [H(\theta', \theta) - H(\theta, \theta)] \geq G(\theta', \theta) - G(\theta, \theta).$$

Sei θ_M dasjenige θ, für das $G(\theta', \theta)$ maximal wird :

$$G(\theta_M, \theta) = \max_{\theta'} G(\theta', \theta) > G(\theta, \theta) .$$

Dann erhält man

$$l_1(\theta_M, y) - l_1(\theta, y) \geq G(\theta_M, \theta) - G(\theta, \theta) > 0 . \tag{4.13}$$

Aufgrund dieser Eigenschaft wird nun folgender 2–Schritt–Näherungsalgorithmus gewählt:

(E) : Aus einer Näherung $\theta(k)$ wird die Funktion $G(\theta', \theta(k))$ bestimmt.

(M) : Die Näherung $\theta(k + 1)$ findet man aus

$$G(\theta(k + 1), \theta(k)) = \max_{\theta'} G(\theta', \theta(k)) > G(\theta(k), \theta(k)) .$$

Kann in diesem Schritt kein Maximum bestimmt werden, so wird $\theta(k + 1)$ so gewählt, daß die Ungleichung $G(\theta(k + 1), \theta(k)) > G(\theta(k), \theta(k))$ erfüllt ist. Die Folge $(\theta_k)_{k \geq 1}$ heißt EM–Folge.

Lemma 4.1 *Für die EM–Folge $(\theta_k)_{k \geq 1}$ gelten die Ungleichungen $l_1(\theta_k, y) < l_1(\theta_{k+1}, y) < ...$*

Der Beweis dieses Lemmas folgt unmittelbar aus Ungleichung (4.13). ∎

Folgerung 4.1

$$G(\theta, \check{\theta}) \leq G(\check{\theta}, \check{\theta}) \quad und \quad \frac{\partial G(\theta', \check{\theta})}{\partial \theta'}\Big|_{\theta'=\check{\theta}} = 0 .$$

Damit hat man das schwierige Problem der direkten Maximierung von $l_1(\theta, y)$ durch den EM-Algorithmus ersetzt und findet das Maximum von $l_1(\theta, y)$ aus

$$\check{\theta} = \lim_{k \to \infty} \theta_k ,$$

wenn $l_1(\theta, y)$ ein eindeutiges Maximum besitzt. Der EM-Algorithmus endet, wenn $\theta(k+1) = \theta(k)$. Wir illustrieren nun den EM-Algorithmus an 2 Beispielen, wobei das erste Beispiel sehr einfach ist und nur der Illustration dient.

Beispiel 4.16 Wir betrachten den Stichprobenplan $[n, O, T_1, ..., T_n]$ und die Familie der Exponentialverteilungen $\mathfrak{F}_{E,1}$.

Die Beobachtungsdaten liegen in der Form $y = (S_1 \wedge T_1, \delta_1, ..., S_n \wedge T_n, \delta_n)$ mit $\delta_i = \mathrm{I}(S_i \leq T_i)$ vor, d.h. es wird jeweils das Minimum von Ausfall und Beobachtungsabbruch beobachtet und man weiß, ob ein Ausfall erfolgte oder ob die Beobachtung abgebrochen wurde.

Die Likelihoodfunktion dieser Beobachtung ist

$$\lambda^{\delta_1} e^{-\lambda(S_1 \wedge T_1)} \ldots \lambda^{\delta_n} e^{-\lambda(S_n \wedge T_n)} = \lambda^{\delta} e^{-\lambda(\sum_{i=1}^n (S_i \wedge T_i))}$$

mit $\delta = \sum_{i=1}^n \delta_i$ – Anzahl der beobachteten Ausfälle und $\sum_{i=1}^n (S_i \wedge T_i)$ – Gesamtprüfzeit (total time on test).

Dann erhält man

$$l_1(\lambda, y) = \delta \ln \lambda - \lambda(\sum_{i=1}^n (S_i \wedge T_i))$$

und hieraus die Maximum–Likelihood–Schätzung

$$\check{\lambda} = \frac{\delta}{\sum_{i=1}^n (S_i \wedge T_i)}. \tag{4.14}$$

Wir betrachten nun, was uns der EM–Algorithmus für dieses Beispiel liefert. Dazu muß zuerst die Funktion

$$G(\lambda', \lambda) = \mathrm{E}_\lambda(l_0(\lambda', x)|Y = y)$$

bestimmt werden.

Der Loglikelihoodfunktion $l_0(\lambda, x)$ liegen die statistischen Daten $x = (S_1, ..., S_n)$, d.h. die vollständige Stichprobe ohne Beobachtungsabbruch zugrunde. Daher gilt

$$l_0(\lambda, x) = \ln(\lambda^n e^{-\lambda(\sum_{i=1}^n S_i)}) = n \cdot \ln \lambda - \lambda \sum_{i=1}^n S_i \,.$$

Hieraus erhält man für die Funktion G :

$$\begin{aligned}
G(\lambda', \lambda) &= \mathrm{E}_\lambda \left(n \ln \lambda' - \lambda' \sum_{i=1}^n (S_i | S_1 \wedge T_1, \delta_1, ..., S_n \wedge T_n, \delta_n) \right) = \\
&= n \ln \lambda' - \lambda' \sum_{i=1}^n \mathrm{E}_\lambda(S_i | S_1 \wedge T_1, \delta_1, ..., S_n \wedge T_n, \delta_n) = \\
&= n \ln \lambda' - \lambda' \sum_{i=1}^n \mathrm{E}_\lambda(S_i | S_i \wedge T_i, \delta_i).
\end{aligned}$$

$\delta_i = 0$ bedeutet, daß vor der Zeit T_i des Beobachtungsabbruches kein Ausfall stattgefunden hat. Wir schreiben nun S_i in folgender Form :

$$S_i = S_i\delta_i + (T_i + (S_i - T_i))(1 - \delta_i) = S_i\delta_i + T_i(1 - \delta_i) + (S_i - T_i)(1 - \delta_i) \,.$$

Damit erhält man

$$\begin{aligned}
\mathrm{E}_\lambda(S_i|S_i \wedge T_i, \delta_i) &= S_i\delta_i + T_i(1 - \delta_i) + \mathrm{E}_\lambda((S_i - T_i)(1 - \delta_i)|S_i \wedge T_i, \delta_i) = \\
&= S_i\delta_i + T_i(1 - \delta_i) + \frac{1 - \delta_i}{\lambda} = S_i \wedge T_i + \frac{1 - \delta_i}{\lambda} \,.
\end{aligned}$$

Die Funktion $G(\lambda', \lambda)$ ist nunmehr

$$G(\lambda', \lambda) = n \ln \lambda' - \lambda' \left(\sum_{i=1}^{n}(S_i \wedge T_i) + \sum_{i=1}^{n} \frac{1 - \delta_i}{\lambda} \right) \,.$$

Leitet man diese Funktion nach λ' ab und setzt diese Ableitung Null, erhält man

$$\frac{\partial G(\lambda', \lambda)}{\partial \lambda'}\big|_{\lambda'=\lambda} = \frac{n}{\lambda} - \sum_i (S_i \wedge T_i) - \frac{n - \delta}{\lambda} = 0 \,.$$

Hieraus folgt, daß die Funktion $G(\lambda', \lambda)$ ihr Maximum bei $\check{\lambda} = \frac{\delta}{\sum_{i=1}^{n}(S_i \wedge T_i)}$ annimmt und man erhält das gleiche Ergebnis wie vorher. $\qquad\qquad \Diamond$

Im nächsten Beispiel soll gezeigt werden, daß der EM–Algorithmus von entscheidendem Vorteil ist, wenn relativ viele unbekannte Parameter bestimmt werden müssen. Dazu betrachten wir die Gompertz–Makeham–Verteilungsfamilie mit 3 unbekannten Parametern $\mathfrak{F}_{\mathrm{GM,3}}$.

Beispiel 4.17 Der Beobachtungsvektor $X = (S_1, ..., S_n)$ besteht aus unabhängigen, identisch verteilten zufälligen Größen mit

$$\mathrm{P}(S_i > s) = \exp\left(-h_0 s - \int_0^s h_1 \exp(h_2 u)\, du \right) \,.$$

Wie im Abschnitt 2.3 beschrieben wurde, läßt sich eine Überlebensfunktion dieser Familie so interpretieren, daß das Ausfallverhalten zwei verschiedene Ursachen haben kann: die zufällige Ausfallzeit S_i ist das Minimum der beiden Größen S_i' und S_i'' mit

$$\overline{F}'(s) = \mathrm{P}(S_i' > s) = \exp(-h_0 s)$$

und

$$\overline{F}''(s) = \mathrm{P}(S_i'' > s) = \exp\left(- \int_0^s h_1 \exp(h_2 u)\, du \right) \,.$$

Vollständige Information liegt dann vor, wenn mit der Ausfallzeit S_i gleichzeitig bekannt ist, aus welcher Ursache der Ausfall erfolgte, d.h. wenn die Beobachtung in der Form $x_0 = (S_1, \delta_1, ..., S_n, \delta_n)$ mit $\delta_i = I(S_i = S_i')$ gegeben ist. Bezeichnen wir mit $f'(s)$ und $f''(s)$ die zu $F'(s)$ und $F''(s)$ gehörigen Dichten:

$$f'(s) = h_0 \exp(-h_0 s), \quad f''(s) = h_1 \exp(h_2 s) \exp\left(-\int_0^s h_1 \exp(h_2 u)\, du\right),$$

so ist die Dichte der i-ten vollständigen Beobachtung durch

$$p_0(s_i, \delta_i) = f'(s_i)\overline{F}''(s_i)\delta_i + f''(s_i)\overline{F}'(s_i)(1 - \delta_i) \tag{4.15}$$

gegeben.
Die Gleichung (4.15) schreiben wir in der folgenden, für spätere Zwecke besser geeigneten, äquivalenten Form

$$\begin{aligned}
p_0(s_i, \delta_i) &= (f'(s_i)\overline{F}''(s_i))^{\delta_i}(f''(s_i)\overline{F}'(s_i))^{1-\delta_i} = \\
&= h_0^{\delta_i} \exp(-h_0 s_i)\, (h_1 \exp(h_2 s_i))^{1-\delta_i} \exp\left(-\int_0^{s_i} h_1 \exp(h_2 u)\, du\right).
\end{aligned}$$

Hieraus erhält man die Likelihoodfunktion

$$\begin{aligned}
L_0(\theta, x_0) = \prod_{i=1}^n &\left(h_0^{\delta_i} \exp(-h_0 s_i)\, (h_1 \exp(h_2 s_i))^{1-\delta_i} \cdot \right. \\
&\left. \cdot \exp\left(-\int_0^{s_i} h_1 \exp(h_2 u)\, du\right)\right)
\end{aligned} \tag{4.16}$$

mit $\theta = (h_0, h_1, h_2)$.
Im allgemeinen verwendet man die Gomperz–Makeham–Familie als Modell für Ausfalldaten, auf die die oben genannte Beschreibung zutrifft. Man weiß aber nicht, aufgrund welcher Ursachen der Ausfall auftrat, d.h. die statistischen Daten sind lediglich in der Form $x = (S_1, ..., S_n)$ gegeben.
In diesem Fall ist die Dichte einer Beobachtung

$$p(s_i) = h_0 e^{-h_0 s_i} e^{-\int_0^{s_i} h_1 e^{h_2 u}\, du} + e^{-h_0 s_i} h_1 e^{h_1 s_i} e^{-\int_0^{s_i} h_1 e^{h_2 u}\, du}$$

und die entsprechende Likelihoodfunktion lautet

$$L(\theta, x) = \prod_{i=1}^n (h_0 e^{-h_0 s_i} e^{-\int_0^{s_i} h_1 e^{h_2 u}\, du} + e^{-h_0 s_i} h_1 e^{h_1 s_1} e^{-\int_0^{s_i} h_1 e^{h_2 u}\, du}). \tag{4.17}$$

Für die logarithmierten Likelihoodfunktionen erhält man aus (4.16) $l_0(\theta, x_0) = \sum_{i=1}^n l_0(\theta, s_i, \delta_i)$ mit

$$l_0(\theta, s_i, \delta_i) = \delta_i \ln h_0 - s_i h_0 + (1 - \delta_i)(\ln h_1 + h_2 s_i) - \int_0^{s_i} h_1 e^{h_2 u}\, du \tag{4.18}$$

und aus (4.17) $l(\theta, x) = \sum_{i=1}^{n} l(\theta, s_i)$ mit

$$l(\theta, s_i) = -h_0 s_i + \ln(h_0 + h_1 e^{h_1 s_i}) - \int_0^{s_i} h_1 e^{h_2 u}\, du\, . \qquad (4.19)$$

Will man die Maximum–Likelihood–Schätzungen der 3 unbekannten Parameter h_0, h_1 und h_2 auf direktem Wege bestimmen, so muß man ein System aus 3 nichtlineraren Gleichungen

$$\frac{\partial l(\theta, x)}{\partial h_i} = 0\, , \quad i = 0, 1, 2$$

lösen. Man kann sich leicht davon überzeugen, daß dieses nicht einfach ist. Wir wenden nun den EM–Algorithmus auf dieses Problem an.

Aus (4.18) erhält man mit $\theta' = (h_0', h_1', h_2')$

$$\mathrm{E}_\theta(l_0(\theta', S_i, \delta_i)|S_i = s_i) =$$

$$= E(\delta_i|S_i = s_i)\ln h_0' - h_0' s_i + E(1 - \delta_i|S_i = s_i)(\ln h_1' + h_2' s_i) - \int_0^{s_i} h_1' e^{h_2' u}\, du =$$

$$= \frac{h_0}{h_0 + h_1 e^{h_2 s_i}}\ln h_0' - h_0' s_i + \frac{h_1 e^{h_2 s_i}}{h_0 + h_1 e^{h_2 s_i}}(\ln h_1' + h_2' s_i) - \int_0^{s_i} h_1' e^{h_2' u}\, du\, .$$

Damit erhalten wir für die Funktion $G(\theta', \theta)$

$$
\begin{aligned}
G(\theta', \theta) &= \mathrm{E}_\theta(l_0(\theta', x_0)|S_i = s_i, i = 1, ..., n) = \\
&= \left(\sum_{i=1}^{n} \frac{h_0}{h_0 + h_1 e^{h_2 s_i}}\right)\ln h_0' - h_0' \sum_{i=1}^{n} s_i + \\
&\quad + \ln h_1' \sum_{i=1}^{n} \frac{h_1 e^{h_2 s_i}}{h_0 + h_1 e^{h_2 s_i}} + h_2' \sum_{i=1}^{n} \frac{s_i h_1 e^{h_2 s_i}}{h_0 + h_1 e^{h_2 s_i}} - \\
&\quad - \sum_{i=1}^{n} \int_0^{s_i} h_1' e^{h_2' u}\, du = \\
&= A\ln h_0' - B h_0' + C\ln h_1' + D h_2' - E(h_1', h_2'),
\end{aligned}
$$

wobei

$$A = \sum_{i=1}^{n} \frac{h_0}{h_0 + h_1 e^{h_2 s_i}} \qquad B = \sum_{i=1}^{n} s_i\, , \qquad C = \sum_{i=1}^{n} \frac{h_1 e^{h_2 s_i}}{h_0 + h_1 e^{h_2 s_i}}\, ,$$

$$D = \sum_{i=1}^{n} \frac{s_i h_1 e^{h_2 s_i}}{h_0 + h_1 e^{h_2 s_i}}\, , \qquad E(h_1', h_2') = \sum_{i=1}^{n} (e^{h_2' s_i} - 1)\frac{h_1'}{h_2'}$$

sind.

Man sieht nun, daß sich $G(\theta', \theta)$ in der Form

$$G(\theta', \theta) = G_1(h_0'; h_0, h_1, h_2) + G_2(h_1', h_2'; h_0, h_1, h_2)$$

mit

$$G_1(h_0'; h_0, h_1, h_2) = A \ln h_0' - B h_0' \,,$$
$$G_2(h_1', h_2'; h_0, h_1, h_2) = C \ln h_1' + D h_2' - E(h_1', h_2')$$

darstellen läßt. Dadurch wird die Maximierung von $G(\theta', \theta)$ einfacher: G_1 wird bezüglich h_0' und G_2 bezüglich (h_1', h_2') maximiert.

Hieraus erhält man

$$\frac{\partial G(\theta', \theta)}{\partial h_0'} = \frac{A}{h_0'} - B = 0 \,,$$

$$\frac{\partial G(\theta', \theta)}{\partial h_1'} = \frac{C}{h_1'} - \sum_{i=1}^{n} \frac{e^{h_2' s_i} - 1}{h_2'} = 0 \,,$$

$$\frac{\partial G(\theta', \theta)}{\partial h_2'} = D - h_1' \sum_{i=1}^{n} \left(\frac{s_i e^{h_2' s_i}}{h_2'} - \frac{e^{h_2' s_i} - 1}{h_2'^2} \right) = 0 \,.$$

Seien nun $h_0 = h_0(k)$, $h_1 = h_1(k)$, $h_2 = h_2(k)$ die Näherungen im k–ten Schritt, so erhält man aus den folgenden Gleichungen die nächsten Näherungen $h_0 = h_0(k+1)$, $h_1 = h_1(k+1)$, $h_2 = h_2(k+1)$:

$$h_0(k+1) = \frac{B(k)}{A(k)} \,,$$

$$h_1(k+1) = \frac{C h_2(k+1)}{\sum_{i=1}^{n} (e^{h_2(k) s_i} - 1)} \,,$$

$$\frac{1}{h_2(k+1)} + \frac{D(k)}{C(k)} = \frac{\sum_{i=1}^{n} s_i e^{h_2(k+1) s_i}}{\sum_{i=1}^{n} (e^{h_2(k+1) s_i} - 1)} \tag{4.20}$$

gegeben. Die ersten beiden Gleichungen dienen zur Bestimmung von $h_0(k+1)$ und $h_1(k+1)$. Die letzte Gleichung muß numerisch gelöst werden, um das optimale $h_2(k+1)$ zu bestimmen. Man kann nachweisen (siehe Übung 4.6), daß die Gleichung (4.20) immer eine Lösung besitzt. $\diamond$

Eine ausführlichere Erläuterung des EM–Algorithmus sowie Bedingungen der Konvergenz der EM–Folge gegen die Maximum-Likelihood-Schätzung findet man in WU[67]. Andere Beispiele sind in COX, OAKES[22] angeführt. An diesem Beispiel wurde gezeigt, daß es Aufgaben gibt, die mit dem EM–Algorithmus wesentlich leichter gelöst werden können als mit der direkten Lösung der Likelihoodgleichungen. Allerdings besteht der Nachteil diese Algorithmusses darin, daß die EM–Folge im allgemeinen sehr langsam gegen die Maximum-Likelihood-Schätzung konvergiert.

4.3 Nichtparametrische Schätzungen von Lebensdauerverteilungen. Das verallgemeinerte Maximum–Likelihood–Prinzip

In diesem Abschnitt wenden wir uns nichtparametrischen statistischen Methoden zu. Wir werden verallgemeinerte Maximum–Likelihood–Schätzungen zuerst für den Fall vollständiger Beobachtungen herleiten und dann dieses Prinzip auf Daten der Art „Dosis–Effekt", wie im Abschnitt 4.1 beschrieben, anwenden. Betrachten wir das allgemeine statistische Modell

$$(\mathfrak{X} = (x),\ \mathfrak{B}(\mathfrak{X}),\ \mathfrak{P} = (\mathrm{P}_\theta,\ \theta \in \Theta))\,.$$

Das verallgemeinerte Likelihoodprinzip ist auch dann anwendbar, wenn $\mathfrak{P} = (\mathrm{P}_\theta,\ \theta \in \Theta)$ eine nichtdominierte Verteilungsfamilie ist. Wir betrachten für jedes Paar P_{θ_1}, $\mathrm{P}_{\theta_2} \in \mathfrak{P}$ das Maß $\mu = \mathrm{P}_{\theta_1} + \mathrm{P}_{\theta_2}$. Dann sind P_{θ_1} und P_{θ_2} absolutstetig bezüglich μ, d.h. aus $\mu(B) = \mathrm{P}_{\theta_1}(B) + \mathrm{P}_{\theta_2}(B) = 0$ folgt, daß $\mathrm{P}_{\theta_1}(B) = 0$ bzw. $\mathrm{P}_{\theta_2}(B) = 0$ sind. Nach dem Satz von Radon–Nikodym existiert eine Dichte $p(x,\theta_1,\theta_2)$ für das Maß P_{θ_1} bezüglich $\mu = \mathrm{P}_{\theta_1} + \mathrm{P}_{\theta_2}$, d.h. $\forall B \in \mathfrak{B}(\mathfrak{X})$ gilt

$$\int_B p(x,\theta_1,\theta_2)\,\mu(dx) = \mathrm{P}_{\theta_1}(B).$$

Die Dichte $p(x,\theta_1,\theta_2)$ hängt nicht nur von θ_1, sondern auch von θ_2 ab. Analog findet man eine Dichte $p(x,\theta_2,\theta_1)$ für P_{θ_2} mit

$$\int_B p(x,\theta_2,\theta_1)\,\mu(dx) = \mathrm{P}_{\theta_2}(B)\,, \quad \forall B \in \mathfrak{B}(\mathfrak{X})\,.$$

Die beiden Dichten $p(\cdot,\theta_1,\theta_2)$ und $p(\cdot,\theta_2,\theta_1)$ unterscheiden sich voneinander, d.h. es ist nicht möglich, für alle x gleiche Werte zu erhalten:

$$p(x,\theta_1,\theta_2) \not\equiv p(x,\theta_2,\theta_1)\,.$$

Analog zur Likelihoodfunktion im vorigen Abschnitt kann man wieder eine Funktion $p(\cdot,\cdot,\cdot)$ über $\mathfrak{X} \times \Theta \times \Theta = ((x,\theta_1,\theta_2))$, $\quad p : \mathfrak{X} \times \Theta \times \Theta \to [0,\infty)$ von 3 Veränderlichen betrachten. Wenn man θ_1, θ_2 fixiert, so erhält man als Schnitt eine Funktion von x. Wenn man dagegen x fixiert, erhält man eine Funktion $L = L(\cdot,\cdot,x)$. Dabei gilt wieder für jeden Punkt: (x,θ_1,θ_2) $L(\theta_1,\theta_2,x) = p(x,\theta_1,\theta_2)$ (siehe auch Abbildung 4.5). $L(\cdot,\cdot,x)$ ist eine Funktion auf $\Theta \times \Theta$. Diese Funktion kann man wieder als Statistik betrachten, da sie jeder Beobachtung x aus dem Stichprobenraum $\mathfrak{X}$ einen Wert (in diesem Falle eine Funktion der beiden Parameter θ_1 und θ_2) zuordnet.

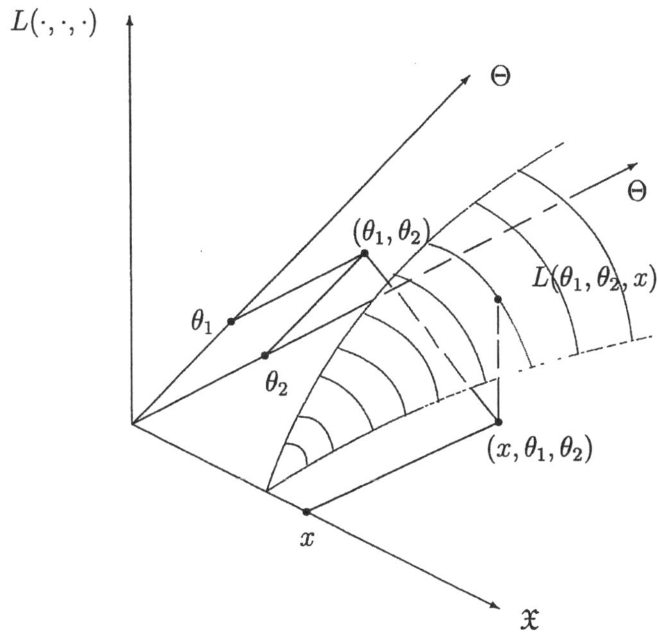

Abbildung 4.5: Die verallgemeinerte Likelihoodfunktion

Definition 4.5 *Die Funktion $L(\cdot,\cdot,x)$ heißt* verallgemeinerte Likelihoodfunktion. *$L(\theta_1,\theta_2,x)$ heißt Likelihood für θ_1 bezüglich θ_2.*

Beispiel 4.18 Sei $x = (s_1,...,s_n)$ die vollständige Beobachtung von unabhängigen und identisch verteilten Zufallsgrößen mit der Verteilungsfunktion $F_\theta(\cdot)$ aus der Familie $\mathfrak{F}_{ac} = (F_\theta,\ \theta \in \Theta)$ der absolut stetigen Verteilungen. Dann existieren für beliebige $F_1,\ F_2 \in \mathfrak{F}_{ac}$ die entsprechenden Dichten $f(s,\theta_i) = dF_\theta(s)/ds,\ i = 1,2$ und für die Dichte der beobachten Stichprobe erhält man

$$p(x,\theta_i) = f(s_1,\theta_i)\ \cdots\ f(s_n,\theta_i),\quad i = 1,2\ .$$

Da für jedes $B \in \mathbb{R}^n$

$$\int_B \left(\prod_{i=1}^{n} f(s_i,\theta_1) + \prod_{i=1}^{n} f(s_i,\theta_2)\right) ds_1 \cdots ds_n = \mathrm{P}_{\theta_1}(B) + \mathrm{P}_{\theta_2}(B) = \mu(B)$$

gilt, besitzt das Maß $\mathrm{P}_{\theta_1} + \mathrm{P}_{\theta_2}$ die Dichte

$$\prod_{i=1}^{n} f(s_i,\theta_1) + \prod_{i=1}^{n} f(s_i,\theta_2)\ .$$

Hieraus erhält man für P_{θ_1} die Dichte

$$p(x, \theta_1, \theta_2) = \frac{\prod\limits_{i=1}^{n} f(s_i, \theta_1)}{\prod\limits_{i=1}^{n} f(s_i, \theta_1) + \prod\limits_{i=1}^{n} f(s_i, \theta_2)} \,. \qquad (4.21)$$

Wahrscheinlichkeiten einer Menge $B \in \mathbb{R}^n$ können mit dieser Dichte folgendermaßen berechnet werden:

$$\int_B p(x, \theta_1, \theta_2) \, \mu(ds_1, \dots, ds_n) =$$

$$= \int_B \frac{\prod\limits_{i=1}^{n} f(s_i, \theta_1)}{\prod\limits_{i=1}^{n} f(s_i, \theta_1) + \prod\limits_{i=1}^{n} f(s_i, \theta_2)} \left(\prod_{i=1}^{n} f(s_i, \theta_1) + \prod_{i=1}^{n} f(s_i, \theta_2) \right) ds_1 \cdots ds_n =$$

$$= \int_B \prod_{i=1}^{n} f(s_i, \theta_1) \, ds_1 \cdots ds_n = P_{\theta_1}(B) \,.$$

$$\Diamond$$

Beispiel 4.19 Wir betrachten wieder eine vollständige Beobachtung, nehmen jedoch an, daß die beiden möglichen Verteilungsgesetze F_{θ_1} und F_{θ_2} zur Familie der reinen Sprungfunktionen gehören,

$$F_{\theta_i}(s) = \sum_{u_i \leq s} \Delta F(u_i), \quad F_{\theta_i}(\infty) = 1 \,.$$

In diesem Falle können natürlich nur solche s_i beobachtet werden, in denen die Verteilungsfunktion einen Sprung besitzt. Bezeichnen wir die Menge aller Sprünge mit $U(\theta_1, \theta_2) = (u : \Delta F_{\theta_1}(u) + \Delta F_{\theta_2}(u) > 0)$, so gilt $s_i \in U(\theta_1, \theta_2)$, $i = 1, \dots, n$.

Für die Wahrscheinlichkeit der Beobachtung erhält man

$$P_{\theta_i}(X = x) = \prod_{i=1}^{n} \Delta F_{\theta_i}(s_i), \quad x \in \mathfrak{X} \,.$$

Die Menge $\mathfrak{X}$ enthält alle solche $\tilde{x} = (u_{i_1}, \dots u_{i_n})$, für die $u_{i_k} \in U(\theta_1, \theta_2)$. $\mathfrak{X}$ ist abzählbar. Auf $\mathfrak{X}$ betrachten wir nun das Maß μ:

$$\mu(\{\tilde{x}\}) = \prod_{k=1}^{n} \Delta F_{\theta_1}(u_{i_k}) + \prod_{k=1}^{n} \Delta F_{\theta_2}(u_{i_k}).$$

Dann hat der Punkt $\tilde{x} \in \mathfrak{X}$ die Dichte

$$p(\tilde{x}, \theta_1, \theta_2) = \frac{\prod\limits_{k=1}^{n} \Delta F_{\theta_1}(u_{i_k})}{\prod\limits_{k=1}^{n} \Delta F_{\theta_1}(u_{i_k}) + \prod\limits_{k=1}^{n} \Delta F_{\theta_2}(u_{i_k})} \; .$$

Hiervon kann man sich leicht überzeugen, da einerseits $\mathrm{P}_{\theta_1}(\tilde{x}) = \prod\limits_{k=1}^{n} \Delta F_{\theta_1}(u_{i_k})$ und andererseits

$$\begin{aligned}
\mathrm{P}_{\theta_1}(\tilde{x}) &= \int_{\tilde{x}} p(\tilde{x}', \theta_1, \theta_2)\, \mu(d\tilde{x}') = p(\tilde{x}', \theta_1, \theta_2)\mu(\{\tilde{x}\}) = \\
&= \frac{\prod\limits_{k=1}^{n} \Delta F_{\theta_1}(u_{i_k})}{\prod\limits_{k=1}^{n} \Delta F_{\theta_1}(u_{i_k}) + \prod\limits_{k=1}^{n} \Delta F_{\theta_2}(u_{i_k})} \cdot \\
&\quad \cdot \left(\prod\limits_{k=1}^{n} \Delta F_{\theta_1}(u_{i_k}) + \prod\limits_{k=1}^{n} \Delta F_{\theta_2}(u_{i_k}) \right) = \prod\limits_{k=1}^{n} \Delta F_{\theta_1}(u_{i_k})
\end{aligned}$$

gilt. Ebenso wie im vorigen Beispiel folgt hieraus für beliebige Teilmengen $B \in \mathfrak{X}$

$$\begin{aligned}
\mathrm{P}_{\theta_1}(B) = \sum_{\substack{\tilde{x} \in B \\ \tilde{x} \in U(\theta_1, \theta_2)}} \mathrm{P}(\tilde{x}) &= \sum_{\substack{\tilde{x} \in B \\ \tilde{x} \in U(\theta_1, \theta_2)}} \int_{\{\tilde{x}\}} p(\tilde{x}', \theta_1, \theta_2)\, d\mu(\tilde{x}') \\
&= \int_{\tilde{x} \in B} p(\tilde{x}', \theta_1, \theta_2)\, d\mu(\tilde{x}') \; .
\end{aligned}$$

Damit erhält man im diskreten Fall

$$L(\theta_1, \theta_2, x) = \frac{\prod\limits_{i=1}^{n} \Delta F_{\theta_1}(s_i)}{\prod\limits_{i=1}^{n} \Delta F_{\theta_1}(s_i) + \prod\limits_{i=1}^{n} \Delta F_{\theta_2}(s_i)} \; .$$

$\Diamond$

Wir kommen nun zur Formulierung des allgemeinen Likelihood–Prinzips. Dabei werden alle statistischen Schlußfolgerungen mit Hilfe der verallgemeinerten Likelihoodfunktion $L(\cdot, \cdot, x)$ gezogen.

Definition 4.6 *Eine Punktschätzung* $\check{\theta} : \mathfrak{X} \to \Theta$ *heißt* verallgemeinerte Maximum–Likelihood–Schätzung, *wenn für jedes* $\theta \in \Theta$

$$L(\check{\theta}(x), \theta, x) \geq L(\theta, \check{\theta}(x), x) \; .$$

Im folgenden werden wir die Bezeichnung $\breve{\theta}_1(x)(\geq)\breve{\theta}_2(x)$ benutzen, wenn

$$L(\breve{\theta}_1(x), \breve{\theta}_2(x), x) \geq L(\breve{\theta}_2(x), \breve{\theta}_1(x), x) \ .$$

Damit ist $\breve{\theta}(x)$ eine verallgemeinerte Maximum–Likelihood-Schätzung, wenn $\breve{\theta}(x)\,(\geq)\,\theta$ für beliebige $\theta \in \Theta$.

Beispiel 4.20 Wir betrachten wieder den Fall vollständiger Beobachtungen $x = (s_1, \ldots s_n)$, wobei die s_i, $i = 1, \ldots, n$ Realisierungen unabhängiger und identisch verteilter Zufallsgrößen S_i mit einer Verteilungsfunktion $F(\cdot) \in \mathfrak{F}$ sind. $\mathfrak{F}$ sei die Familie aller Verteilungsfunktionen, d.h. wir treffen keine Voraussetzungen über die Stetigkeit des Verteilungsgesetzes. Sei $F_{\theta_1}(\cdot)$ eine Verteilungsfunktion, die Sprünge in den Punkten s_i besitzt. Dann gilt

$$\mathrm{P}_{\theta_1}(x) = \prod_{i=1}^{n} \Delta F(s_i) \ .$$

Sei nun $F_{\theta_2}(\cdot)$ eine beliebige andere Verteilungsfunktion. Die verallgemeinerte Likelihoodfunktion hat dann die Form

$$L(\theta_1, \theta_2, x) = \frac{\displaystyle\prod_{i=1}^{n} \Delta F_{\theta_1}(s_i)}{\displaystyle\prod_{i=1}^{n} \Delta F_{\theta_1}(s_i) + \prod_{i=1}^{n} \Delta F_{\theta_2}(s_i)} \ .$$

Ist $\Delta F_{\theta_2}(s_i) = 0$ für einen der Beobachtungswerte s_i, so gilt $\prod_{i=1}^{n} \Delta F_{\theta_2}(s_i) = 0$ und damit $L(\theta_1, \theta_2, x) = 1$. Andererseits ist in diesem Fall $L(\theta_2, \theta_1, x) = 0$. Damit erhält man $1 = L(\theta_1, \theta_2, x) > L(\theta_2, \theta_1, x)$ und nach dem verallgemeinerten Likelihood-Prinzip ist $F_{\theta_1}(\cdot)$ der Verteilungsfunktion $F_{\theta_2}(\cdot)$ vorzuziehen. Damit ist die Schätzung eines beliebigen Verteilungsgesetzes unter den Funktionen zu suchen, die Sprünge in den Punkten s_i, $i = 1, \ldots, n$ besitzen. Um nun die verallgemeinerte Likelihood–Schätzung zu bestimmen, muß man $\breve{F}_n(x)$ so finden, daß

$$\prod_{i=1}^{n} \Delta \breve{F}_n(s_i) = \max_{\forall F(\cdot) \in \mathfrak{F}} \prod_{i=1}^{n} \Delta F(s_i) \ , \tag{4.22}$$

da dann auch

$$\frac{\displaystyle\prod_{i=1}^{n} \Delta \breve{F}_n(s_i)}{\displaystyle\prod_{i=1}^{n} \Delta \breve{F}_n(s_i) + \prod_{i=1}^{n} \Delta F_{\theta_2}(s_i)} \geq \frac{\displaystyle\prod_{i=1}^{n} \Delta F_{\theta_2}(s_i)}{\displaystyle\prod_{i=1}^{n} \Delta \breve{F}_n(s_i) + \prod_{i=1}^{n} \Delta F_{\theta_2}(s_i)} \ .$$

Wie schon bemerkt, suchen wir $\check{F}_n(x)$ unter den Verteilungsfunktionen, die Sprünge in den Punkten s_i besitzen. Wir gehen zur geordneten Stichprobe $z_{(1)} < z_{(2)} < ... < z_{(k)}$ über, wobei $z_1 = \min(s_i : i = 1.,...,n) < z_2 = \min(s_i : s_i > z_{(1)}, i = 1,...,n)$ ist. Seien d_j die Anzahl der Beobachtungen $s_{(i)}$: $d_j = \sum_{i=1}^{n} I(s_i = z_{(j)})$, $d_1 + ... + d_k = n$ und p_j die Sprunghöhen $p_j = \Delta F_\theta(z_{(j)})$, $j = 1, ..., k$. Dann folgt $\prod_{i=1}^{n} \Delta F_\theta(s_i) = \prod_{j=1}^{k} p_j^{d_j}$ mit $\sum_{j=1}^{k} p_j = 1$. Somit erfordert die Lösung der Gleichung (4.22) solche $\check{p}_j$ zu finden, daß

$$\prod_{j=1}^{k} \check{p}_j^{d_j} = \max\left(\prod_{j=1}^{k} p_j^{d_j} : \sum_{j=1}^{k} p_j = 1, \quad 0 \le p_j \le 1\right).$$

Wendet man die Lagrange–Methode an, erhält man

$$H = \prod_{j=1}^{k} p_j^{d_j} - \lambda\left(\sum_{j=1}^{k} p_j - 1\right) \to \max$$

und hieraus

$$\frac{\partial H}{\partial p_l} = \frac{d_l}{p_l} \prod_{j=1}^{k} p_j^{d_j} - \lambda = 0, \quad l = 1, ..., k, \quad \sum_{j=1}^{k} p_j = 1 .$$

Löst man dieses Gleichungssystem, so erhält man

$$\lambda = n \prod_{j=1}^{k} p_j^{d_j}, \quad p_l = \frac{d_l}{n}, \quad l = 1, ..., k$$

und damit als verallgemeinerte Maximum–Likelihood–Schätzung eine Funktion mit Sprüngen $\Delta \check{F}_n(z_{(j)}) = d_j/n$:

$$\check{F}_n(s) = \sum_{j : z_{(j)} \le s} \Delta \check{F}_n(z_{(j)}) = \frac{1}{n} \sum_{i=1}^{n} I(s_i \le s) .$$

$\Diamond$

Das Ergebnis des Beispiels 4.20 kann in folgendem Satz zusammengefaßt werden:

Satz 4.1 *Für vollständige Beobachtungen ist die empirische Verteilungsfunktion*

$$\check{F}_n(s) = \frac{1}{n} \sum_{i=1}^{n} \mathrm{I}(s_i \le s)$$

eine verallgemeinerte Maximum–Likelihood–Schätzung der unbekannten Verteilungsfunktion $F(s)$.

Bemerkung: Setzt man diese Schätzung in Formel (1.1) ein, so erhält man eine Maximum–Likelihood–Schätzung für die Hazardfunktion

$$\check{H}_n(s) = \sum_{i=1}^{n} \frac{\mathrm{I}(s_i \le s)}{Y(n, s_i)} \quad \text{mit} \quad Y(n, s_i) = \sum_{j=1}^{n} \mathrm{I}(s_j \ge s_i) \,.$$

Es ist gut bekannt, daß die empirische Verteilungsfunktion viele interessante Eigenschaften besitzt. Einige dieser Eigenschaften folgen auch daraus, daß sie die eindeutig bestimmte Maximum–Likelihood–Schätzung ist. Wir beschränken uns hier auf die Betrachtung von Erwarungswert und Varianz dieser Schätzung. Für den Erwartungswert erhält man

$$\mathrm{E}\check{F}_n(s) = \mathrm{E}\left(\frac{1}{n} \sum_{i=1}^{n} \mathrm{I}(S_i \le s)\right) = \frac{1}{n} \sum_{i=1}^{n} \mathrm{E}(\mathrm{I}(S_i \le s)) = \frac{1}{n} \sum_{i=1}^{n} F(s) = F(s) \,.$$

Damit ist die Schätzung erwartungstreu. Für die Varianz der Schätzung erhält man

$$\mathrm{Var}(\check{F}_n(S)) = \frac{1}{n} F(s)\overline{F}(s) \,,$$

vergleiche auch Übung 4.7.

Beispiel 4.21 Wir wenden nun das verallgemeinerte Likelihood–Prinzip auf Dosis–Effekt–Daten an. Daten dieser Art werden auf folgende Weise gewonnen: Man untersucht die Elemente e_1, ..., e_n. Auf das i–te Element wird jeweils ein Schock der Stärke t_i (Dosis) ausgeübt. Danach kann festgestellt werden, ob das Element ausgefallen ($\delta_i = 1$) oder noch intakt ist ($\delta_i = 0$) (Effekt). Wir nehmen an, daß die δ_i unabhängig voneinander sind. Sie unterliegen jedoch keiner identischen Verteilung, da der Ausfall davon abhängt, welche Kraft t_i auf das Element ausgeübt wurde. Die Funktion

$$F(t_i) = \mathrm{P}\{\delta_i = 1\}$$

heißt Dosis–Effekt–Funktion. Sie ist in Abbildung 4.6 dargestellt. Man kann sich vorstellen, daß jedes Element eine kritische Grenze S_i besitzt. Wenn $S_i \le t_i$,

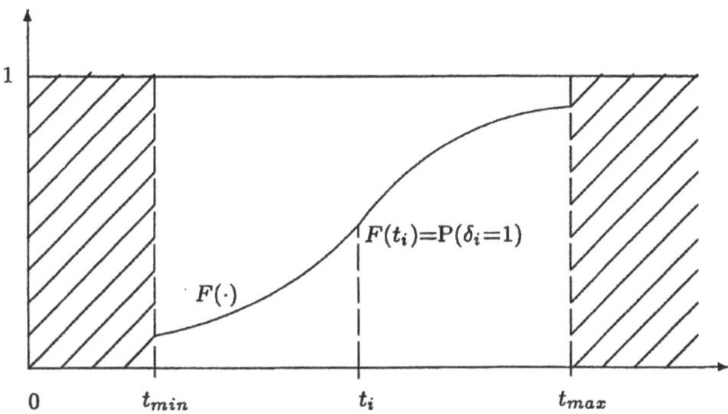

Abbildung 4.6: Die Dosis–Effekt–Funktion

dann fällt das Element aus, d.h. $\delta_i = 1$ bzw. bei $S_i > t_i$ ist $\delta_i = 0$. Damit erhält man $\delta_i = \mathrm{I}(S_i \leq t_i)$. Die Beobachtungsdaten haben die Form

$$x = \begin{pmatrix} t_1 & \dots & t_n \\ \delta_1 & \dots & \delta_n \end{pmatrix}$$

und die Verteilung dieser Beobachtung ist durch

$$\mathrm{P}_F(x) = \prod_{i=1}^{n} F(t_i)^{\delta_i}\,\overline{F}(t_i)^{1-\delta_i}$$

gegeben. Es soll nun eine Punktschätzung $\check{F}_n(s)$ ermittelt werden. Dazu verwenden wir wieder die verallgemeinerte Likelihoodfunktion

$$L(F_1(\cdot), F_2(\cdot), x) = \frac{\displaystyle\prod_{i=1}^{n} F_1(t_i)^{\delta_i}\overline{F}_1(t_i)^{1-\delta_i}}{\displaystyle\prod_{i=1}^{n} F_1(t_i)^{\delta_i}\overline{F}_1(t_i)^{1-\delta_i} + \prod_{i=1}^{n} F_2(t_i)^{\delta_i}\overline{F}_2(t_i)^{1-\delta_i}} \, .$$

Wie bereits früher in diesem Abschnitt muß eine Schätzung $\check{F}_n(\cdot)$ so ermittelt werden, daß

$$\prod_{i=1}^{n} \check{F}_n(t_i)^{\delta_i}(1 - \check{F}_n(t_i))^{1-\delta_i} = \max_{F(\cdot)\in\mathfrak{F}} \prod_{i=1}^{n} F(t_i)^{\delta_i}(1 - F(t_i))^{1-\delta_i} \, ,$$

wobei $\check{F}_n(\cdot)$ eine nichtfallende Funktion ist. Logarithmiert man diesen Ausdruck, so erhält man

$$\ln \prod_{i=1}^{n} F(t_i)^{\delta_i}(1 - F(t_i))^{1-\delta_i} = \sum_{i=1}^{n}(\delta_i \ln F(t_i) + (1 - \delta_i)\ln(1 - F(t_i))) =$$

$$= -\sum_{i=1}^{n} \left(\delta_i \ln \frac{1}{F(t_i)} + (1 - \delta_i) \ln \frac{1}{1 - F(t_i)} \right) .$$

Bezeichnen wir mit $F_i = F(t_i)$ und

$$R(F_1, \ldots, F_n) = \sum_{i=1}^{n} \left(\delta_i \ln \frac{1}{F_i} + (1 - \delta_i) \ln \frac{1}{1 - F_i} \right) ,$$

so ist eine Folge $0 \leq \check{F}_1 \leq \ldots \leq \check{F}_n \leq 1$ so zu bestimmen, daß

$$\sum_{i=1}^{n} \left(\delta_i \ln \frac{1}{\check{F}_i} + (1 - \delta_i) \ln \frac{1}{1 - \check{F}_i} \right) = \min_{\forall 0 \leq \check{F}_1 \leq \ldots \leq \check{F}_n \leq 1} R(F_1, \ldots, F_n) .$$

Für die Funktion $R(\cdot)$ läßt sich mit Hilfe der Theorie isotonischer Schätzungen (vergleiche BELYAEV, CHEPURIN [17], ROBERTSON, WRIGHT [59], BARLOW, BARTHOLOMEW, BREMNER, BRUNK [6]) eine sogenannte Cauchy–Funktion finden. Diese Funktion ist auf Teilmengen $Q = (t_{i_1}, \ldots, t_{i_k}) \subseteq (t_1, \ldots, t_n)$ aller Punkte $(t_1, \ldots, t_n)$ definiert. Eine Funktion $K(Q)$ auf diesen Teilmengen heißt Cauchy-Funktion, wenn für zwei disjunkte Teilmengen $Q_1, Q_2 : Q_1 \cap Q_2 = \varnothing$

$$\min(K(Q_1), K(Q_2)) \leq K(Q_1 \cup Q_2) \leq \max(K(Q_1), K(Q_2))$$

gilt. Betrachten wir nun die Funktion

$$K(Q) = \sum_{i=1}^{n} \delta_i \mathrm{I}(t_i \in Q) / \sum_{i=1}^{n} \mathrm{I}(t_i \in Q) . \qquad (4.23)$$

Diese Funktion ist eine Cauchy-Funktion (vergleiche Übung 4.8). Mit dieser Cauchy–Funktion $K(Q)$ läßt sich nun das Minimum von $R(F_1, \ldots, F_n)$ auf folgende Weise ermitteln:
Wir nehmen Einpunktmengen $\{t_1\}, \ldots, \{t_n\}$ und berechnen die entsprechenden Cauchy–Funktionen

$$K(\{t_1\}) = \delta_1, \ldots, K(\{t_n\}) = \delta_n .$$

Nun überprüfen wir die Ungleichung $K(\{t_1\}) \leq K(\{t_2\})$. Ist diese Ungleichung nicht erfüllt, so vereinigt man $\{t_1\}$ und $\{t_2\}$ zur Menge $\{t_1, t_2\}$ und definiert auf dieser Menge $K(\{t_1, t_2\}) = \frac{\delta_1 + \delta_2}{2}$.
Diese Funktion vergleicht man nun mit $K(\{t_3\})$ usw. Das Ziel des Algoritmus besteht darin, eine nichtfallende Funktion zu bestimmen. Dabei wird in jedem Schritt bei einer verletzten Ungleichung das Überprüfen abgebrochen, die entsprechenden Mengen werden vereinigt und man beginnt im nächsten Schritt die

Überprüfung der Ungleichungen von vorn. Hat man solche Mengen $\{t_1, ..., t_{\nu_1}\}$, $\{t_{\nu_1+1}, ..., t_{\nu_2}\}$, ..., $\{t_{\nu_l+1}, ..., t_{\nu_n}\}$ gefunden, daß

$$K(\{t_1, ..., t_{\nu_1}\}) \leq K(\{t_{\nu_1+1}, ..., t_{\nu_2}\}) \leq ..., \leq K(\{t_{\nu_l+1}, ..., t_{\nu_n}\}),$$

so ist die gesuchte Schätzung der Verteilungensfunktion

$$\check{F}_n(s) = \begin{cases} K(\{t_1, ..., t_{\nu_1}\}), & 0 \leq s < t_{\nu_1} \\ K(\{t_{\nu_1+1}, ..., t_{\nu_2}\}), & t_{\nu_1} \leq s < t_{\nu_2} \\ ... & ... \\ K(\{t_{\nu_m}, ..., t_{\nu_n}\}), & t_{\nu_m} \leq s. \end{cases}$$

Betrachten wir dazu ein Zahlenbeispiel:

Es wurden 8 Versuche durchgeführt und dabei die Daten

$$x = \begin{pmatrix} 11 & 25 & 34 & 39 & 41 & 53 & 71 & 80 \\ 0 & 1 & 0 & 1 & 1 & 0 & 1 & 1 \end{pmatrix}$$

gewonnen.

In den folgenden Schritten werden jeweils in der ersten Zeile die Teilmengen der Nummern des Versuches und in der zweiten Zeile der entsprechende Wert der Cauchy–Funktion dargestellt.

1. Schritt $\{1\}$ $\{2\}$ $\{3\}$ $\{4\}$ $\{5\}$ $\{6\}$ $\{7\}$ $\{8)$
         0   1   0

2. Schritt $\{1\}$ $\{2,3\}$ $\{4\}$ $\{5\}$ $\{6\}$ $\{7\}$ $\{8\}$
         0   1/2   1   1   0

3. Schritt $\{1\}$ $\{2,3\}$ $\{4\}$ $\{5,6\}$ $\{7\}$ $\{8\}$
         0   1/2   1   1/2

4. Schritt $\{1\}$ $\{2,3\}$ $\{4,5,6\}$ $\{7\}$ $\{8\}$
         0   1/2   2/3   1   1

Damit ist der Algorithmus beendet und man hat die Schätzung

$$\check{F}_8(s) = \begin{cases} 0, & 0 \leq s < 25 \\ 1/2, & 25 \leq s < 39 \\ 2/3, & 39 \leq s < 71 \\ 1, & 71 \leq s \end{cases}$$

erhalten. $\diamond$

Durch das verallgemeinerte Maximum–Likelihood–Prinzip ist es möglich, nicht-parametrische Schätzungen zu bestimmen.

In den nächsten Abschnitten wenden wir uns Eigenschaften von Schätzungen zu.

4.4 Konsistenzeigenschaften von Parameter-schätzungen

Eine ausführliche Darstellung der Eigenschaften von Punktschätzungen findet man in LEHMANN [50]. In diesem Abschnitt sollen Eigenschaften von Punktschätzungen für Datenstrukturen, wie sie aus der Zuverlässigsarbeit entstehen, betrachtet werden. Die wichtigste dieser Eigenschaften ist die Konsistenz der Schätzung. Sie beinhaltet, daß mit wachsendem Stichprobenumfang die Schätzung stochastisch gegen den „wahren" Parameter konvergiert. Wir betrachten die Schätzung des unbekannten Parameters einer Lebensdauerverteilung. Die beobachteten Daten liegen in der Form x_1, ..., x_n vor, wobei x_i aus dem i−ten Experiment resultiert. Wegen der Einfachheit der Darstellung nehmen wir an, daß alle Experimente nach dem gleichen Beobachtungsplan durchgeführt werden. Dann kann man voraussetzen, daß die Beobachtungen x_1, ..., x_n Realisierungen von n unabhängigen und identisch verteilten Zufallsgrößen X_1, ..., X_n sind. Die Größen X_i besitzen Realisierungen im Stichprobenraum $\mathfrak{X} = (x)$ und ihre Verteilung $P_{\theta*}$ gehört zur Familie $\mathfrak{P} = \{P_\theta, \theta \in \Theta\}$. θ^* ist hier wieder der „wahre" unbekannte Parameter. Wir stellen hier relativ schwache Forderungen an die Beobachtung, z.B. können die Beobachtungsdaten aus Erneuerungsprozessen (mit gleichen Abbruchszeiten in den einzelnen Realisierungen) resultieren. Es ist eine natürliche Forderung an die Schätzung $\hat{\theta}_n = \hat{\theta}_n(x_1, ..., x_n)$, daß sie sich mit wachsendem Stichprobenumfang dem wahren Parameter θ^* für $n \to \infty$ annähert.

Punktschätzungen $\hat{\theta}_n = \hat{\theta}_n(X_1, ..., X_n)$ sind als Funktionen der Stichprobe Zufallsgrößen, d.h. sie können als (meßbare) Abbildung des Raumes $\mathfrak{X}^n = \mathfrak{X} \times ... \times \mathfrak{X}$ aller Beobachtungsergebnisse in den Raum Θ oder $\overline{\Theta}$ aller möglichen Werte von θ^* aufgefaßt werden:

$$\hat{\theta}_n : \mathfrak{X}^n \to \Theta .$$

Die Konvergenz von $\hat{\theta}_n$ gegen θ^* kann in Abhängigkeit von Θ verschieden aufgefaßt werden. Wenn $\Theta \subseteq R^r$, d.h. die Komponenten θ_i von $\underline{\theta} = (\theta_1, ..., \theta_r)$ reelle Zahlen sind, so sind $\underline{\hat{\theta}}_n$ und $\underline{\hat{\theta}}^*$ Punkte im r−dimensionalen Euklidischen Raum. Wir werden die Bezeichnungen $\underline{\theta}, \underline{x}$ verwenden, wenn wir unterstreichen wollen, daß es sich bei diesen Größen um Vektoren im entsprechenden Euklidischen Raum handelt. Die Größe

$$d(\underline{\theta}', \underline{\theta}'') = ((\theta_1' - \theta_1'')^2 + \dots + (\theta_r' - \theta_r'')^2)^{1/2}$$

definiert den euklidischen Abstand der Punkte $\underline{\theta}'$ und $\underline{\theta}''$. Dieser Abstand kann zur korrekten Definition der Konvergenz von $\hat{\underline{\theta}}$ gegen $\underline{\theta}^*$ verwendet werden.

Definition 4.7 *Eine Folge von Punktschätzungen* $(\hat{\underline{\theta}}_n)_{n \geq 1} = \{\hat{\underline{\theta}}_1, \dots, \hat{\underline{\theta}}_n, \dots\}$ *zur Schätzung des wahren Parameters* $\underline{\theta}^*$ *heißt* konsistent, *wenn für beliebige* $\underline{\theta}^*$ *und beliebige* $\varepsilon > 0$

$$\mathrm{P}_{\theta^*}(d(\hat{\underline{\theta}}_n, \underline{\theta}^*) > \varepsilon) \to 0 \quad \text{für} \quad n \to \infty . \tag{4.24}$$

Die Konsistenz ist im allgemeinen eine Minimalforderung an eine Schätzung. Es gibt nur sehr wenige Aufgabenstellungen, bei denen auf die Konsistenz der Schätzung verzichtet wird. Das kann z.B. der Fall sein, wenn man nur untere Schranken für bestimmte Kenngrößen ermitteln will. Konsistente Schätzungen untereinander können mittels der Konvergenzgeschwindigkeit von $\hat{\theta}_n$ gegen θ^* verglichen werden. Manchmal ist es auch erforderlich, daß außer dem Parameter θ^* auch eine Funktion $g(\theta^*)$ des Parameters geschätzt werden soll. Will man z.B. die Wahrscheinlichkeit $R(t_0)$ der ausfallfreien Arbeit eines Elementes während der Zeit t_0 ermitteln, so hängt diese Zeit vom Parameter θ^* der Verteilung ab, d.h. $R(t_0)$ kann als Funktion von θ^* betrachtet werden. Im folgenden wenden wir uns dem Nachweis der Konsistenz von Schätzungen und Methoden zur Ermittlung konsistenter Schätzungen zu.

Die Ermittlung konsistenter Schätzungen kann z.B nach der Momentenmethode erfolgen. Hierbei betrachtet man solche Funktionen $h_j(x_i)$, $j \in (1, \dots, r)$ der Stichprobe, deren Erwartungswerte einfache analytische Ausdrücke sind und die endliche zweite Momente besitzen. Seien $h_j(\cdot)$ solche Funktionen mit $\mathrm{E}_\theta h_j(X_i) = C_j(\theta)$. Wir nehmen an, daß $C_j(\theta)$ in analytischer Form gegeben ist und stetig vom Parameter θ abhängt. Da die Varianzen von h_j beschränkt sind:

$$\mathrm{E}_\theta(h_j - C_j(\theta))^2 \leq v(\theta)^2 < \infty ,$$

folgt für die Statistik

$$\hat{C}_j(x_1, \dots, x_n) = \frac{1}{n} \sum_{i=1}^{n} h_j(x_i) \xrightarrow{\mathrm{P}} C_j(\theta) \tag{4.25}$$

für $n \to \infty$. Wir verstehen hier die Konvergenz im Sinne der Konvergenz in Wahrscheinlichkeit und bezeichnen sie mit $\xrightarrow{\mathrm{P}}$. Die Beziehung (4.25) erhält man, wenn man für beliebige $\varepsilon > 0$ die Tschebyschev'sche Ungleichung anwendet:

$$P_{\theta^*}(|\,\hat{C}_j - C_j(\theta^*)\,| > \varepsilon) \;\leq\; \frac{E_{\theta^*}(\hat{C}_j - C_j(\theta))^2}{\varepsilon^2} =$$

$$= \; \frac{1}{\varepsilon^2} E_{\theta^*}\left(\frac{1}{n}\sum_{i=1}^{n}(h_j(X_i) - C_j(\theta^*))^2\right) =$$

$$= \; \frac{1}{\varepsilon^2 n^2}\sum_{i=1}^{n} E_{\theta^*}(h_j(X_i) - C_j(\theta^*))^2 \leq$$

$$\leq \; \frac{n v(\theta^*)^2}{\varepsilon n^2} = \frac{1}{n}\frac{v(\theta^*)^2}{\varepsilon^2} \to 0, \quad n \to \infty\,.$$

Nehmen wir nun an, daß die Funktionen

$$C_1(\cdot), \;\ldots, \; C_r(\cdot)$$

eineindeutige und auf Θ stetige Abbildungen in den $\mathbb{R}^r$ sind. Das bedeutet, daß jedem $\underline{\theta} = (\theta_1, \;\ldots, \; \theta_r) \in \Theta$ nur ein Wert $\underline{C} = (C_1, \;\ldots, \; C_r) \in \mathbb{R}$, $C_j = C_j(\underline{\theta})$ entspricht. Wenn $\underline{\theta}' \neq \underline{\theta}$ ist, dann gilt $\underline{C}' = (C_1', \;\ldots, \; C_r') \neq \underline{C}$ mit $C_j' = C_j(\underline{\theta}')$. Wenn $\underline{\theta}' \to \underline{\theta}$, dann gilt $\underline{C}' \to \underline{C}$.

Aufgrund dieser Eigenschaften erhält man, daß aus der Konvergenz in Wahrscheinlichkeit $\underline{\hat{C}}_n \overset{P}{\to} \underline{C}(\theta^*)$ für $n \to \infty$ gemäß (4.25) auch die Konvergenz in Wahrscheinlichkeit $\underline{\hat{\theta}}_n \overset{P}{\to} \underline{\theta}^*$ für $n \to \infty$ der Lösungen des Gleichungssystems

$$\hat{C}_j = C_j(\hat{\theta}_n), \quad j = 1, \;\ldots, \; r \tag{4.26}$$

folgt. Damit stellt die Lösung des Gleichungssystems (4.26) eine konsistente Folge von Schätzungen $\hat{\theta}_n$ dar.

Definition 4.8 *Die oben beschriebene Methode zur Ermittlung konsistenter Punktschätzungen heißt* Momentenmethode.

Wir wollen diese Methode an einem Beispiel erläutern.

Beispiel 4.22 Während einer Zeit t wurden n gleiche Systeme beobachtet. Alle Ausfallszeitpunkte wurden registriert. Die Ausfalldaten des i–ten Systems können als Treppenfunktion $N_i(S) = \{$Anzahl der Ausfälle des i-ten Systems bis zum Zeitpunkt $s\}$, $s \leq t$ dargestellt werden. Nehmen wir an, daß die Ausfallszeitpunkte jedes Systems einen inhomogenen Poissonschen Punktprozeß bilden, für den $EN_i(s) = as^b$, $a > 0$, $b > 0$, $0 \leq s \leq t$, $\theta = (a,b)$, $EN_i(s)^2 = as^b + (as^b)^2 < \infty$ gilt. Neben $N_i(t)$ betrachten wir die zufällige Größe

$$S_i(t) = \int\limits_0^t N_i(s)\,ds\,.$$

Für diese Größe erhält man

$$\mathrm{E}S_i(t) = \int\limits_0^t \mathrm{E}_\theta N_i(s)\,ds = \int\limits_0^t as^b\,ds = \frac{as^{b+1}}{b+1}\,.$$

Die zufälligen Größen $S_i(t)$ sind ebenfalls identisch verteilt und ihre Momente (speziell auch das Moment zweiter Ordnung) sind beschränkt. Daher können als Statistiken $\hat{C}_1$, $\hat{C}_2$ für die Momentenmethode die Größen

$$\hat{C}_1 = \frac{N_1(t) + \dots + N_n(t)}{n}, \quad \hat{C}_2 = \frac{S_1(t) + \dots + S_n(t)}{n}$$

verwendet werden. Wir bemerken, daß wir hier für die Momentenmethode nicht die ersten beiden Momente einer Größe, sondern die jeweils ersten Momente zweier Größen verwenden. Dann erhält man

$$\hat{C}_1 \xrightarrow{\mathrm{P}} at^b, \quad \hat{C}_2 \xrightarrow{\mathrm{P}} \frac{at^{b+1}}{b+1}, \quad n \to \infty$$

und die Momentenschätzungen werden aus

$$\hat{C}_1 = \hat{a}t^{\hat{b}}, \quad \hat{C}_2 = \frac{\hat{a}t^{\hat{b}+1}}{\hat{b}+1}$$

ermittelt. Natürlich muß man sich noch von der Stetigkeit und Eineindeutigkeit der Abbildung

$$C_1 = at^b, \quad C_2 = \frac{at^{b+1}}{b+1}, \tag{4.27}$$

überzeugen. Das ist jedoch in diesem Falle nicht schwierig, da sich das Gleichungssystem explizit lösen läßt:

$$b = \frac{C_1}{C_2}t - 1, \quad a = \frac{C_1}{t^b}\,. \tag{4.28}$$

Die Abbildung (4.27) hängt für $0 < a < \infty$ und $0 < b < \infty$ stetig von a, b ab, sie ist eineindeutig, und die inverse Abbildung (4.28) hängt ebenfalls stetig von C_1, C_2, $0 < C_1 < \infty$, $0 < C_2 < \infty$ ab. Somit erhalten wir die konsistenten Schätzungen

$$\hat{a}_n = \frac{\hat{C}_1}{t^{\hat{b}_n}}, \quad \hat{b}_n = \frac{\hat{C}_1}{\hat{C}_2}t - 1\,.$$

$\Diamond$

Bemerkung: Wenn man für die Beobachtungsdaten im Beispiel 4.22 Punktschätzungen mit der Maximum–Likelihood–Methode ermittelt, erhält man wiederum konsistente, jedoch in gewissem Sinne für große n „bessere" Schätzungen.

Der Begriff der Konsistenz kann auch auf allgemeinere Parametermengen Θ erweitert werden. Das ist bei nichtparametrischen Aufgabenstellungen wichtig, wenn Θ eine unendliche Dimension besitzt. In diesem Fall muß man auf Θ eine Metrik d so einführen, daß Θ ein metrischer Raum ist. Für beliebige zwei Werte $\theta', \theta'' \in \Theta$ wird der Abstand $d(\theta', \theta'')$ so definiert, daß die drei bekannten Eigenschaften $d(\theta', \theta'') = d(\theta'', \theta')$; $d(\theta', \theta') = 0$ und aus $d(\theta', \theta'') = 0$ folgt $\theta' = \theta''$ sowie die Dreiecksungleichung

$$d(\theta', \theta''') \leq d(\theta', \theta'') + d(\theta'', \theta''')$$

für drei beliebige θ', θ'', θ''' gelten. Für gewöhnlich betrachtet man einen vollständigen metrischen Raum. Damit existiert für jede Folge $(\theta_n)_{n \geq 1}$ so, daß $d(\theta_{n_1}, \theta_{n_2}) < \varepsilon$ für beliebige $\varepsilon > 0$ und hinreichend große n_1, $n_2 \geq n(\varepsilon)$, ein $\theta \in \Theta$ mit $d(\theta_n, \theta) \to 0$ $n \to \infty$.

Definition 4.9 *Sei Θ ein vollständiger metrischer Raum mit dem Abstand $d(\cdot, \cdot)$. Die Folge von Zufallsgrößen $\hat{\theta}_n$ mit Realisierungen in Θ (d.h. die Folge von Punktschätzungen für den Parameter $\theta^* \in \Theta$) heißt d–konsistent, wenn für beliebige $\theta^* \in \Theta$ und beliebige $\varepsilon > 0$*

$$\mathrm{P}_{\theta^*}(d(\hat{\theta}_n, \theta^*) > \varepsilon) \to 0 \quad \textit{für} \quad n \to \infty \quad \textit{gilt.}$$

Bemerkung: Es ist wichtig zu bemerken, daß der Begriff der Konsistenz der Folge $\hat{\theta}_n$ wesentlich von der gewählten Metrik abhängt. Es ist möglich, daß in einer Metrik d die Folge $\hat{\theta}_n$ d–konsistent ist, während in einer anderen „stärkeren" Metrik $\tilde{d}$ dieselbe Folge $\hat{\theta}_n$ nicht $\tilde{d}$–konsistent ist.

Beispiel 4.23 Die Ausfalldaten von n gleichen Elementen seien durch die Stichprobe $x(n) = (s_1, \ldots, s_n)$ gegeben, wobei s_i die Zeit bis zum Ausfall des i–ten Elementes ist. Die Beobachtung erfolgt also nach dem Stichprobenplan $[n, O, n]$. Sei weiterhin $F(s) = \mathrm{P}\{S_i \leq s\}$ die Verteilungsfunktion der ausfallfreien Arbeitszeit. Wenn man keinerlei Voraussetzungen über den Verteilungstyp getroffen hat, so ist Θ die Menge aller stetigen Verteilungsfunktionen, $\Theta = \mathfrak{F}$. Die Rolle des Parameters, der in der Menge $\mathfrak{X}(n) = (x(n))$ die Verteilungsfunktion definiert, spielt in diesem Falle die Verteilungsfunktion selbst, d.h. $\theta = F(\cdot)$. Als Folge von Punktschätzungen $\hat{\theta}$ betrachten wir die Folge der empirischen Verteilungsfunktionen

$$\hat{F}_n(s) = \frac{1}{n} \sum_{i=1}^{n} \mathrm{I}(S_i \leq s), \quad s \geq 0 .$$

Aus Übung 4.7 ist bekannt, daß $\hat{F}_n(s)$ eine erwartungstreue Schätzung für $F(s)$ mit der Varianz $\mathrm{E}_{\theta^*}(\hat{F}_n(s) - F(s))^2 = \frac{F(s)\overline{F}(s)}{n} \leq \frac{1}{4n}$, $\theta^* = F^*(\cdot)$ ist. Daher erhält man unter Verwendung der Ungleichung von Tschebyschev für beliebige s

$$\mathrm{P}_{\theta^*}(\mid \hat{F}_n(s) - F^*(s) \mid > \varepsilon) \leq \frac{1}{4n\varepsilon^2} \to 0, \quad n \to \infty . \tag{4.29}$$

Da $\hat{F}_n(\cdot)$ und $F^*(\cdot)$ wachsende Funktionen in s sind, folgt aus Gleichung (4.29) (siehe auch Übung 4.8

$$\mathrm{P}_{\theta^*}(\sup_{s \geq 0} \mid \hat{F}_n(s) - F^*(s) \mid > \varepsilon) \to 0, \quad n \to \infty . \tag{4.30}$$

Wir definieren nun den Abstand $d_u(\cdot, \cdot)$ zwischen zwei Verteilungsfunktionen:

$$d_u(F_1(\cdot), F_2(\cdot)) = \sup_{s \geq 0} \mid F_1(s) - F_2(s) \mid$$

und bemerken, daß $\mathfrak{F}$ ein vollständiger metrischer Raum ist. Dann folgt aus Beziehung (4.30), daß $\hat{F}_n(\cdot)$ eine d_u–konsistente Schätzung für die wahre Verteilungsfunktion $F^*(\cdot)$ der ausfallfreien Arbeitszeit ist.
Wenn man nun anstelle der gleichmäßigen Metrik mit dem Abstand $d_u(\cdot, \cdot)$ eine Metrik mit dem Variationsabstand

$$d_v(F_1(\cdot), F_2(\cdot)) = 2 \sup_{A} \mid \int_A dF_1(u) - \int_A dF_2(u) \mid$$

betrachtet, so erhält man im Falle stetiger Verteilungsfunktionen $F^*(\cdot)$ mit $\lim_{h \downarrow 0} F(s + h) - F(s) = 0$ für beliebige $s \geq 0$, daß

$$d_v(\hat{F}_n(\cdot), F^*(\cdot)) = 2 \tag{4.31}$$

für beliebige n gilt (vergleiche auch Übung 4.10). Das bedeutet, daß die empirische Verteilungsfunktion nicht d_v–konsistent für stetige Verteilungsfunktionen ist. $\diamond$

Maximum–Likelihood–Punktschätzungen sind eine weitverbreitete Methode bei der Auswertung statistischer Daten. Diese Schätzungen besitzen nur unter bestimmten Voraussetzungen eine Reihe sehr guter Eigenschaften. Es sind auch Beispiele statistischer Modelle bekannt, in denen die Maximum–Likelihood–Punktschätzungen nicht einmal konsistent sind. Wenn jedoch die Maximum–Likelihood–Punktschätzungen des wahren Parameters θ^* konsistent sind, so sind sie unter einigen zusätzlichen Voraussetzungen auch „beste" Schätzungen in einer breiten Klasse von regulären Punktschätzungen. Mit diesen zusätzlichen Regularitätsvoraussetzungen und der Frage „bester" Schätzungen befassen wir uns im nächsten Abschnitt. Jetzt betrachten wir einen Zugang zum Nachweis der Konsistenz von Maximum–Likelihood–Schätzungen unter relativ schwachen Voraussetzungen.

Wir betrachten ein statistisches Modell, in dem $\mathfrak{X} = (x)$ die Menge aller möglichen Realisierungen der Stichprobe und $\mathfrak{P} = \{P_\theta, \ \theta \in \Theta\}$ eine auf der σ–Algebra $\mathfrak{B}(\mathfrak{X})$ von Untermengen der Menge $\mathfrak{X}$ definierte Familie von Wahrscheinlichkeitsverteilungen sind. Sei weiterhin $\mathfrak{B}_d(\Theta)$ eine Borelsche σ–Algebra, die durch alle Kugeln $B_r(\theta) = \{\theta' : \ d(\theta, \theta') < r, \ \theta \in \Theta, \ r \in \mathrm{R}^1_+\}$ erzeugt wird. Wir nehmen an, daß eine Dichte $p(x, \theta) = \frac{d P_\theta}{d\mu}(x)$ bezüglich eines diese Familie dominierenden Maßes μ existiert. In diesem Falle kann die Likelihoodfunktion $L(\cdot, \ x)$ durch

$$L(\theta, \ x) = p(x, \ \theta), \quad x \in \mathfrak{X}, \quad \theta \in \Theta$$

definiert werden. Wir betrachten eine Stichprobe $X(n) = (X_1, \ ..., \ X_n)$ und führen folgende zufällige Größen ein:

$$\begin{cases} Q_j(\theta) := \frac{L(\theta, X_j)}{L(\theta^*, X_j)}, \quad R_j(\theta) := \ln \frac{L(\theta^*, X_j)}{L(\theta, X_j)}, \\ R(n, \ \theta) := \ln \frac{\prod\limits_{j=1}^{n} L(\theta^*, X_j)}{\prod\limits_{j=1}^{n} L(\theta, X_j)} = \sum\limits_{j=1}^{n} R_j(\theta), \\ R_j(A) := \inf\limits_{\theta \in A} R_j(\theta), \quad R(n, A) := \inf\limits_{\theta \in A} R(n, \theta) \end{cases} \qquad (4.32)$$

wobei $A \in \mathfrak{B}_d(\Theta)$ ist. Im weiteren benötigen wir folgende Bedingung (R0):

(R0) Für beliebige θ^*, $\theta \in \Theta$ und ein $r = r(\theta^*, \ \theta) > 0$ gelten

   (i) $\mathrm{E}_{\theta^*} |R_j(\theta)| < \infty$,

   (ii) $\mathrm{E}_{\theta^*} |R_j(B_r(\theta))| < \infty$.

Nun definieren wir auf Θ mit Hilfe der Likelihoodfunktion eine Halbordnung.

Definition 4.10 *Sei $L(\theta, \ X(n)) = \prod_{i=1}^{n} L(\theta, \ X_i)$ die Likelihoodfunktion der Stichprobe $X(n) = (X_1, \ ..., \ X_n)$. Von einem beliebigen Paar $\theta_1, \ \theta_2 \in \Theta$ sagt* *man bei gegebener Stichprobe $X(n)$ „θ_2 ist θ_1 vorzuziehen": $\theta_1(\leq)_n\theta_2$, wenn $L(\theta_1,\, X(n)) \leq L(\theta_2,\, X(n))$. Wenn $L(\theta_1,\, X(n)) < L(\theta_2,\, X(n))$, so benutzen wir die Bezeichnung $\theta_1(<)_n\theta_2$.*

Natürlich folgt aus $\theta_1(\leq)_n\theta_2$ und $\theta_2(\leq)_n\theta_3$, daß $\theta_1(\leq)_n\theta_3$ ist und ebenso folgt aus $\theta_1(<)_n\theta_2$ und $\theta_2(<)_n\theta_3$, daß $\theta_1(<)_n\theta_3$. Für ein und denselben Wert θ gilt $\theta(\leq)_n\theta$. Wenn $L(\theta_1,\, X(n)) = L(\theta_2,\, X(n))$, so folgen hieraus die beiden Ungleichungen $\theta_1(\leq)_n\theta_2$ und $\theta_2(\leq)_n\theta_1$, jedoch nicht, daß $\theta_1 = \theta_2$. Diese Eigenschaften bedeuten, daß es sich bei der Beziehung $(\leq)_n$ um eine Halbordnung handelt. Desweiteren verwenden wir die Bezeichnung $\theta_1(\leq)_nA$, $A \subset \Theta$, wenn für beliebige $\theta \in A$ die Ungleichung $\theta_1(\leq)_n\theta$ gilt. Aus der Ungleichung $\theta_1(<)_nA$ folgt $\theta_1 \notin A$. Da die Ungleichungen $\theta_1(<)_n\theta_2$ über die Likelihoodfunktion und damit über $X(n)$ definiert werden, sind sie zufällige Ereignisse. Man kann also die Wahrscheinlichkeit so einer Ungleichung, z.B. $P_{\theta^*}(\hat\theta(<)_nA)$ betrachten.

Nehmen wir an, es existiert eine Maximum–Likelihood–Schätzung $\breve\theta_n : \mathfrak{X}^n \to \Theta$, für die $L(\breve\theta_n,\, X(n)) = \max_{\theta\in\Theta} L(\theta,\, X(n))$. Dann gilt für jedes $\theta \in \Theta$, daß $L(\breve\theta_n,\, X(n)) \geq L(\theta,\, X(n))$ und damit $\breve\theta_n(\geq)_n\Theta$.
Wir beweisen nun zwei nützliche Hilfssätze.

Lemma 4.2 *Wenn R0(i) erfüllt ist so gilt für $\theta^* \neq \theta$*

$$\mathrm{E}_{\theta^*} R_j(\theta) > 0\,.$$

Beweis: Wir betrachten die Funktion $w(z) = \ln z - (z-1)$. Da für jedes $z > 0$ $z \leq e^{z-1}$ gilt, folgt $w(z) \leq 0$. Außerdem gilt $w(1) = 0$ und $w(z) < 0$, wenn $z \neq 1$. Aus $\theta^* \neq \theta$ folgt $P_{\theta^*}(Q_j(\theta) \neq 1) > 0$ und weiterhin

$$\mathrm{E}_{\theta^*} w(Q_j(\theta)) = \mathrm{E}_{\theta^*} w(Q_j(\theta)) \cdot \mathrm{I}(Q_j(\theta) \neq 1) < 0\,. \tag{4.33}$$

Sei $\operatorname{supp} P_{\theta^*} = (x :\ p(x,\theta) > 0)$ der Trägerbereich (support) der Verteilung. Dann gilt

$$
\begin{aligned}
\mathrm{E}_{\theta^*} Q_j(\theta) &= \int_{\mathfrak{X}} \frac{p(x,\,\theta)}{p(x,\,\theta^*)} p(x,\,\theta^*)\, \mu(dx) = \\[2mm]
&= \int_{\mathfrak{X}} \frac{p(x,\,\theta)}{p(x,\,\theta^*)} p(x,\,\theta^*) \cdot \mathrm{I}(p(x,\,\theta^*) > 0)\, \mu(dx) = \\[2mm]
&= \int_{\mathfrak{X} \cap \operatorname{supp} P_{\theta^*}} p(x,\,\theta)\, \mu(dx) = P_\theta(\mathfrak{X} \cap \operatorname{supp} P_{\theta^*}) \leq 1\,.
\end{aligned}
\tag{4.34}
$$

Nun folgt aus (4.33) und (4.34)

$$0 > \mathrm{E}_{\theta^*} w(Q_j(\theta)) = -\mathrm{E}_{\theta^*} R_j(\theta) - (\mathrm{E}_{\theta^*} Q_j(\theta) - 1) \geq -\mathrm{E}_{\theta^*} R_j(\theta)$$

und damit $\mathrm{E}_{\theta^*} R_j(\theta) > 0$. ∎

Lemma 4.3 *Sei $(Z_j)_{j\geq 1}$ eine Folge unabhängiger und identisch verteilter Zufallsgrößen mit positivem Erwartungswert $\mu = \mathrm{E}Z_j > 0$. Dann findet man für beliebige Elementarereignisse ω ein $n_0(\omega)$ so, daß $\sum_{j=1}^{n} Z_j > 0 \quad \forall n > n_0(\omega)$ fast sicher gilt.*

Beweis: Aus dem starken Gesetz der großen Zahlen folgt, daß $\frac{1}{n}\sum_{j=1}^{n} Z_j \overset{f.s.}{\to} \mu > 0$ für $n \to \infty$. Damit erhält man, daß für genügend große n die Ereignisse $\{\frac{1}{n}\sum_{j=1}^{n} Z_j > 0\}$ bzw. $\{\sum_{j=1}^{n} Z_j > 0\}$ gelten. ∎

Der folgende Satz kann zum Nachweis der Konsistenz von Maximum–Likelihood–Schätzungen verwendet werden. Wir erinnern daran, daß die Ungleichung $\theta^*(>)_n A$ mit $A \subset \Theta$ bedeutet, daß für beliebige $\theta \in A$ $L(\theta^*, X(n)) > L(\theta, X(n))$ ist. Damit bedeutet das Ereignis $\{\theta^*(>)_n A\}$, daß der wahre Parameter θ^* außerhalb der Menge A liegt.

Satz 4.2 *Sei A eine Teilmenge aus Θ, die den wahren Parameter θ^* nicht enthält, und für die die Ungleichungen*

$$\mathrm{E}_{\theta^*}|R_j(A)| < \infty, \quad und \quad \mathrm{E}_{\theta^*}R_j(A) > 0$$

erfüllt sind. Dann findet man mit Wahrscheinlichkeit 1 so eine ganze Zahl $n(\omega)$, daß für alle $n \geq n(\omega)$ die Ungleichung $\{\theta^*(>)_n A\}$ gilt.

Beweis: Wir verwenden Lemma 4.3 mit $Z_j = R_j(A)$. Aus der Voraussetzung des Satzes folgt $\mathrm{E}_{\theta^*}Z_j > 0$ und damit erhält man aus Lemma 4.3, daß für genügend große n

$$\sum_{j=1}^{n} R_j(A) > 0\,.$$

Außerdem gilt für beliebige n

$$R(n, A) = \inf_{\theta \in A} R(n, \theta) = \inf_{\theta \in A} \sum_{j=1}^{n} R_j(\theta) \geq \sum_{j=1}^{n} \inf_{\theta \in A} R_j(\theta) = \sum_{j=1}^{n} R_j(A)\,.$$

Folglich ist für hinreichend große n die Ungleichung $R(n, A) > 0$ oder

$$R(n, A) = \inf_{\theta \in A} \ln \frac{L(\theta^*, \underline{X}(n))}{L(\theta, \underline{X}(n))} = \ln \frac{L(\theta^*, \underline{X}(n))}{\sup\limits_{\theta \in A} L(\theta, \underline{X}(n))} > 0$$

mit $\underline{X}(n) = (X_1, ..., X_n)$ erfüllt. Damit erhält man für hinreichend große n

$$L(\theta^*, \underline{X}(n)) > \sup_{\theta \in A} L(\theta, \underline{X}(n))\,,$$

was dem Eintreten des Ereignisses $\{\theta^*(>)_n A\}$ entspricht. ∎

Folgerung 4.2 *Die Bedingungen von Satz 4.2 seien erfüllt. Weierhin existiere für alle hinreichend großen n beginnend mit möglicherweise zufälligem n_0 eine Maximum–Likelihood–Schätzung $\breve{\theta}_n$ für den wahren Parameter θ^*. Dann treten für alle hinreichend großen n die Ereignisse $\{\breve{\theta}_n(>)_n A\}$ bzw. $\{\breve{\theta}_n \notin A\}$ ein.*

Beweis: Aus der Definition der Maximum–Likelihood–Schätzung folgt, daß $\breve{\theta}(\geq)_n \Theta$ und damit auch $\breve{\theta}_n(\geq)_n \theta^*$ gilt. Da weiterhin $\{\theta_n^*(>)_n A\}$ ist, folgt aus der Dreiecksungleichung $\{\breve{\theta}_n(>)_n A\}$. Das Ereignis $\{\breve{\theta}_n(>)_n A\}$ ist im Ereignis $\{\breve{\theta}_n \notin A\}$ enthalten. Daher folgt, daß bei Eintreten des Ereignisses $\{\breve{\theta}_n(>)_n A\}$ auch das Ereignis $\{\breve{\theta}_n \notin A\}$ eintritt. ∎

Somit erhält man, daß für $\{\theta^* \notin A\}$ und $\mathrm{E}_{\theta^*} R_j(A) > 0$ bei allen hinreichend großen n auch $\breve{\theta}_n$ nicht in A liegt.

Wir benötigen noch einen weiteren Hilfssatz. Sei θ ein beliebiger Punkt aus Θ. Betrachten wir eine Folge offener Kugeln mit dem Zentrum in θ: $B_{r_n}(\theta)$, wobei $r_n > r_{n+1} > ...$, $r_n \to 0$, $n \to \infty$. Die untere Schranke einer beliebigen stetigen reellen Funktion $f(\cdot)$ auf $B_{r_n}(\theta)$ konvergiert für $n \to \infty$ monoton gegen $f(\theta)$, d.h.

$$\inf_{\theta' \in B_{r_n}(\theta)} f(\theta') \uparrow f(\theta), \quad n \to \infty.$$

Betrachten wir nun als Funktion $f(\theta)$ den logarithmierten Likelihoodquotienten $R_j(\theta) = \ln \frac{L(\theta^*, X_j)}{L(\theta, X_j)}$.

Lemma 4.4 *Wenn die Likelihoodfunktion stetig in θ ist und Bedingung R0 erfüllt ist, dann findet man für beliebige $\theta \neq \theta^*$ so ein hinreichend großes $n = n(\theta, \theta^*)$ und entsprechend so ein hinreichend kleines $r_n > 0$, daß*

$$\mathrm{E}_{\theta^*} R_j(B_{r_n}(\theta)) > 0 . \tag{4.35}$$

Beweis: Aus der Stetigkeit der Likelihoodfunktion $L(\cdot, x)$ in θ folgt die Stetigkeit von $R_j(\theta)$. Daher gilt für beliebige Werte von X_j

$$R_j(B_{r_n}(\theta)) \uparrow R_j(\theta), \quad n \to \infty.$$

Nach dem Satz von Lebesgue über die Vertauschung von Grenzwertbildung und Erwartungswertbildung erhält man dann

$$\mathrm{E}_{\theta^*} R_j(B_{r_n}(\theta) \uparrow \mathrm{E}_{\theta^*} R_j(\theta) > 0, \quad n \to \infty.$$

Folglich findet man so ein hinreichend großes n und ein ihm entsprechendes $r_n > 0$, für welche die Beziehung (4.35) gilt. ∎

Wir unterstreichen an dieser Stelle noch einmal, das wir nur zur Vereinfachung des Beweises der Konsistenz voraussetzen, daß $\Theta \subset \mathrm{R}^r$, d.h. $\underline{\theta} = (\theta_1, ..., \theta_r)$ und daß es sich bei $d(\underline{\theta}', \underline{\theta}'')$ um den gewöhnlichen Euklidischen Abstand handelt.

Satz 4.3 *Wenn die Likelihoodfunktion eines Experimentes $L(\cdot, x)$ stetig für alle x ist, die Bedingung R0 gilt und die Likelihoodfunktion für n Experimente $L(\cdot, x(n))$ für alle hinreichend großen n nur ein lokales Maximum besitzt, dann bildet für alle hinreichend großen n der Wert $\hat{\theta}_n$ des lokalen Maximums eine Folge konsistenter Schätzungen für θ^*. Wenn das lokale Maximum ein globales Maximum ist, so ist $\hat{\theta}_n$ eine konsistente Maximum–Likelihood–Schätzung.*

Beweis: Für beliebig kleine fixierte $w > 0$ betrachten wir die Menge $\partial B_w(\underline{\theta}^*) = \{\underline{\theta} : d(\underline{\theta}^*, \underline{\theta}) = w\}$, die der Rand einer Kugel vom Radius w ist (vergleiche auch Abbildung 4.7). Die Menge $\partial B_w(\underline{\theta}^*)$ ist beschränkt und abgeschlos-

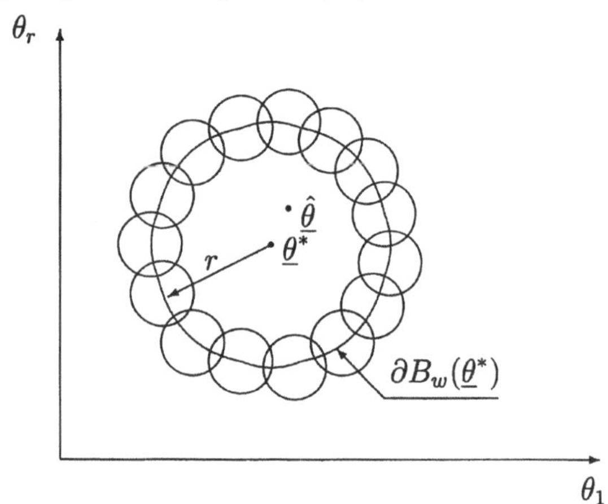

Abbildung 4.7: Überdeckung der kompakten Menge

sen und folglich auch kompakt. Aufgrund von Lemma 4.4 kann man für jeden Punkt $\tilde{\underline{\theta}} \in \partial B_w(\underline{\theta}^*)$ so eine hinreichend kleine Umgebung $B_{r_{n(\tilde{\underline{\theta}})}}(\tilde{\underline{\theta}})$ finden, daß $E_{\underline{\theta}^*} R_j(B_{r_{n(\tilde{\underline{\theta}})}})(\tilde{\underline{\theta}}) < 0$ ist. Die Umgebungen $\{B_{r_{n(\tilde{\underline{\theta}})}}(\tilde{\underline{\theta}}), \tilde{\underline{\theta}} \in \partial B_w(\underline{\theta})\}$ bilden eine Überdeckung der kompakten Menge $\partial B_{(\underline{\theta})}$, d.h.

$\partial B_w(\underline{\theta}) \subset \bigcup\limits_{\tilde{\underline{\theta}} \in B_w(\underline{\theta}^*)} B_{r_{n(\tilde{\underline{\theta}})}}(\tilde{\underline{\theta}})$. Wie bekannt ist, kann man aus einer beliebigen aus

offenen Mengen gebildeten Überdeckung einer kompakten Menge eine endliche Überdeckung auswählen. Daher findet man eine endliche Anzahl von Punkten $\tilde{\underline{\theta}}_k \in \partial B_w(\underline{\theta}^*)$, $k = 1, ..., K$ so, daß

$$\partial B_w(\underline{\theta}^*) \subset \bigcup_{k=1}^{K} B_{r_{n(\tilde{\underline{\theta}}_k)}}(\tilde{\underline{\theta}}_k)$$

(vergleiche auch Abbildung 4.8). Für jeden Teil der Kugeloberfläche $D(\tilde{\underline{\theta}}_k) =$

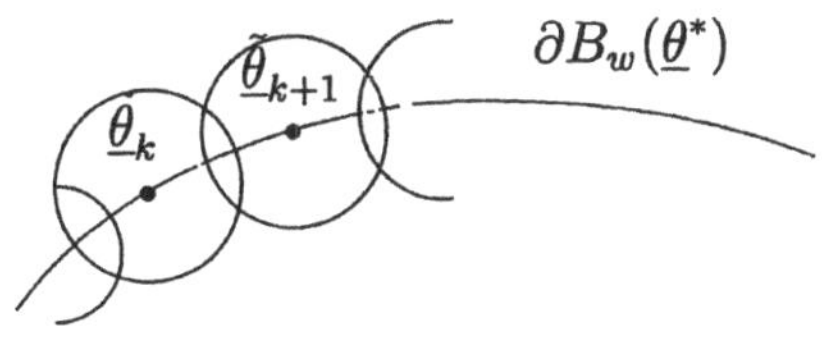

Abbildung 4.8: Endliche Überdeckung

$\partial B_w(\underline{\theta}^*) \cap B_{r_{n(\tilde{\underline{\theta}}_k)}}(\tilde{\underline{\theta}}_k)$ gilt $\mathrm{E}_{\underline{\theta}^*} R_j(D(\tilde{\underline{\theta}}_k)) \geq \mathrm{E}_{\underline{\theta}^*} R_j(B_{r_{n(\tilde{\underline{\theta}}_k)}})(\tilde{\underline{\theta}}_k) > 0$. Daher findet man aufgrund von Lemma 4.4 mit Wahrscheinlichkeit 1 für beliebige $k = 1, 2, \ldots, K$ ein hinreichend großes n_k, so daß für $n \geq n_k$ $R(n, D(\tilde{\underline{\theta}}_k)) > 0$. Somit erhält man für $n > \max\limits_{k=1,\ldots,K} n_k$, daß $R(n, \partial B_w(\underline{\theta}^*)) > 0$ und damit

$$L(\underline{\theta}^*, X(n)) > \sup_{\tilde{\underline{\theta}} \in \partial B_{r_n}(\underline{\theta}^*)} L(\tilde{\underline{\theta}}, X(n)) \, .$$

Damit sind die Werte der Likelihoodfunktion $L(\tilde{\underline{\theta}}, X(n))$ auf dem Kreis $\partial B_w(\underline{\theta}^*)$ kleiner als der Wert von $L(\underline{\theta}^*, X(n))$ im Punkt $\underline{\theta}^*$, der sich im Inneren dieses Kreises befindet. Somit folgt, daß sich innerhalb der Kugel mindestens ein lokales Maximum befindet. Da nach den Voraussetzungen des Satzes nur ein lokales Maximum existiert, liegt für eine hinreichend große Anzahl von Beobachtungen n dieses Maximum innerhalb der Kugel mit dem Radius w und dem Mittelpunkt $\underline{\theta}^*$. Sei $\hat{\underline{\theta}}_n$ der Punkt, in dem $L(\cdot, X(n))$ das lokale Maximum besitzt. Da man w beliebig klein wählen kann, bedeutet die Lage von $\hat{\underline{\theta}}_n$ innerhalb $\partial B_w(\underline{\theta}^*)$, daß $\hat{\underline{\theta}}_n \to \underline{\theta}^*$, $n \to \infty$. Dabei erfoglt die Konvergenz mit Wahrscheinlichkeit 1. Wenn das lokale Maximum ein globales ist, d.h. wenn

$$\sup_{\underline{\theta} \in \Theta} L(\underline{\theta}, X(n)) = L(\hat{\underline{\theta}}_n, X(n)) \, ,$$

so ist $\hat{\underline{\theta}}_n = \check{\underline{\theta}}_n$ eine Maximum–Likelihood–Schätzung. $\blacksquare$
Wir betrachten nun ein Beispiel für die Anwendung dieses Satzes.

Beispiel 4.24 Es werden nacheinander Gruppen gleicher Elemente hinsichtlich ihrer Lebensdauer geprüft. Jede Gruppe enthält m Elemente. Die Prüfung erfolgt nach dem Stichprobenplan $[m, O, r]$. Bei der Lebensdauerprüfung werden alle Ausfallszeiten registriert. Die Daten der Lebensdauerprüfung der Elemente der i–ten Gruppe liegen in der Form $\underline{x}_i = (t_{i1}, \ldots, t_{ir})$ vor, wobei t_{ik} der k–te registrierte Ausfallzeitpunkt, $t_{i1} \leq t_{i2} \leq \ldots \leq t_{ir}$ ist. Wird in einer Gruppe der

r-te Ausfall registriert, so wird die Beobachtung dieser Gruppe abgebrochen und die verbleibenden $m - r$ Elemente werden nicht weiter geprüft. Nach der Prüfung von n Gruppen liegen damit die statistischen Daten $x(n) = (\underline{x}_1, \ldots, \underline{x}_n)$ vor. Wir nehmen an, daß die Lebensdauer jedes Elementes einer Weibullverteilung unterliegt, d.h. die Wahrscheinlichkeit der ausfallfreien Arbeit während einer Zeit t ist $\overline{F}(t) = \exp(-at^b)$. Mit der Maximum–Likelihood–Methode sollen Punktschätzungen der Parameter $\underline{\theta} = (a, b)$ ermittelt werden.
Die Verteilungsdichte ist in diesem Falle $f(t) = dF(t)/dt = abt^{b-1}\exp(-at^b)$. Damit ist die der Beobachtung $\underline{x}_i = (t_{i1}, \ldots, t_{ir})$ entsprechende Likelihoodfunktion

$$
\begin{aligned}
L(a, b; \underline{x}_i) &= m^{[r]} f(t_{i1}) \ldots f(t_{ir})(\overline{F}(t_{ir}))^{m-r} = \\
&= m^{[r]} a^r b^r \prod_{j=1}^{r} t_{ij}^{b-1} \exp(-at_{ij}^b)\exp(-(m-r)at_{ir}^b)
\end{aligned}
$$

mit $m^{[r]} = m(m-1)\ldots(m-r+1)$. Entsprechend erhält man für die Likelihoodfunktion der gesamten Beobachtung $\underline{x}(n) = (\underline{x}_1, \ldots, \underline{x}_n)$

$$
L(a, b; x(n)) = \prod_{i=1}^{n} L(\underline{x}_i; a, b) \ .
$$

Anstelle der Likelihoodfunktion $L(a, b; x(n))$ betrachten wir ihren Logarithmus

$$
\begin{aligned}
l(a, b; \underline{x}(n)) &= \ln L(a, b; x(n)) = \\
&= n\ln(m^{[r]}) + nr\ln a + nr\ln b + (b-1)\sum_{i=1}^{n}\sum_{j=1}^{r}\ln t_{ij} - \\
&\quad - a\sum_{i=1}^{n}\left(\sum_{j=1}^{r} t_{ij}^b + (m-r)t_{ir}^b\right) \ .
\end{aligned}
\tag{4.36}
$$

Die Funktion $l(\cdot, \cdot; x(n))$ ist stetig differenzierbar bezüglich a und b. Daher findet man die Maximum–Likelihood–Schätzung durch Lösen der Likelihoodgleichungen $\frac{\partial l}{\partial a} = 0$ und $\frac{\partial l}{\partial b} = 0$. Aus (4.36) erhalten wir die beiden Gleichungen

$$
\frac{\partial l(\hat{a}, \hat{b}, \underline{x}(n))}{\partial a} = \frac{nr}{\hat{a}} - \sum_{i=1}^{n}\left(\sum_{j=1}^{r} t_{ij}^{\hat{b}} + (m-r)t_{ir}^{\hat{b}}\right) = 0 \ ,
\tag{4.37}
$$

$$
\begin{aligned}
\frac{\partial l(\hat{a}, \hat{b}, \underline{x}(n))}{\partial b} &= \frac{nr}{\hat{b}} - \sum_{i=1}^{n}\sum_{j=1}^{r}\ln t_{ij} - \\
&\quad - \hat{a}\sum_{i=1}^{n}\left(\sum_{j=1}^{r} t_{ij}^{\hat{b}}\ln t_{ij} + (m-r)t_{ir}^{\hat{b}}\ln t_{ir}\right) = 0 \ .
\end{aligned}
\tag{4.38}
$$

Die Gleichung (4.37) läßt sich nach a umstellen. Daher ist es möglich, $\hat{a}$ für jedes $\hat{b}$ eindeutig zu bestimmen:

$$\hat{a} = \frac{nr}{\displaystyle\sum_{i=1}^{n}\left(\sum_{j=1}^{r} t_{ij}^{\hat{b}} + (m-r)t_{ir}^{\hat{b}}\right)} \,. \tag{4.39}$$

Setzt man diesen Ausdruck in (4.38) ein, so erhält man eine Gleichung für $\hat{b}$:

$$\frac{nr}{\hat{b}} + \sum_{i=1}^{n}\sum_{j=1}^{r} \ln t_{ij} - nr\frac{\displaystyle\sum_{i=1}^{n}\left(\sum_{j=1}^{r} t_{ij}^{\hat{b}} \ln t_{ij} + (m-r)t_{ir}^{\hat{b}} \ln t_{ir}\right)}{\displaystyle\sum_{i=1}^{n}\left(\sum_{j=1}^{r} t_{ij}^{\hat{b}} + (m-r)t_{ir}^{\hat{b}}\right)} = 0 \,. \tag{4.40}$$

Man muß nun noch zeigen, daß die Gleichung (4.40) eine eindeutige Lösung besitzt. Dazu untersuchen wir die Funktion

$$g(b) = \frac{u(b)}{v(b)} \,,$$

wobei

$$u(b) = \sum_{i=1}^{n}\left(\sum_{j=1}^{r} t_{ij}^{b} \ln t_{ij} + (m-r)t_{ir}^{b} \ln t_{ir}\right) \,,$$

$$v(b) = \sum_{i=1}^{n}\left(\sum_{j=1}^{r} t_{ij}^{b} + (m-r)t_{ir}^{b}\right) \,.$$

Die Ableitung dieser Funktion ist $g'(b) = \frac{dg(b)}{db} = \frac{u'(b)v(b)-u(b)v'(b)}{v(b)^2}$. Um zu zeigen, daß $g'(b) \geq 0$ ist, ordnen wir alle Ausfallszeiten t_{ij} der Größe nach:

$$t_{(1)} = \min(t_{ij} : i=1, ..., n, \quad j=1, ..., r) \,,$$
$$t_{(h)} = \min(t_{ij} : t_{ij} > t_{(h-1)}, i=1, ..., r, j=1, ..., r) \quad \text{für} \quad h=2, ..., nr \,.$$

Dann erhält man für $u(b)$

$$u(b) = \sum_{h=1}^{nr} t_{(h)}^{b} (\ln t_{(h)}) C(h) \,, \tag{4.41}$$

wobei

$$C(h) = \begin{cases} 1 \,, & \text{falls} \quad t_{(h)} = t_{ij} \,, \ j < r, \\ m-r+1 \,, & \text{falls} \quad t_{(h)} = t_{ir} \,. \end{cases}$$

Wir verwenden nun die bekannte Ungleichung von Cauchy–Schwarz

$$\left(\sum_{i=1}^{k} a_i b_i\right)^2 \le \left(\sum_{i=1}^{k} a_i^2\right)\left(\sum_{i=1}^{k} b_i^2\right) . \tag{4.42}$$

Bezeichnen wir mit $k = nr$, $i = h$,

$$a_h = t_{(h)}^{b/2} C(h)^{1/2}, \quad b_h = t_{(h)}^{b/2} (\ln t_{(h)}) C(h)^{1/2} ,$$

so kann Gleichung (4.41) in der Form

$$u(b) = \sum_{h=1}^{nr} a_h b_h$$

geschrieben werden. Aus der Cauchy–Schwarz'schen Ungleichung erhält man
dann

$$u(b)^2 \le \left(\sum_{i=1}^{nr} t_{(h)} C(h)\right)\left(\sum_{i=1}^{nr} t_{(h)}^b (\ln t_{(h)})^2 C(h)\right) . \tag{4.43}$$

Da außerdem

$$u'(b) = \sum_{i=1}^{nr} t_{(h)}^b (\ln t_{(h)})^2 C(h) , \quad v(b) = \sum_{i=1}^{nr} t_{(h)}^b C(h) , \quad v'(b) = u(b)$$

erhält man mit diesen Bezeichnungen aus Ungleichung (4.43)

$$u(b)v'(b) \le u'(b)v(b) .$$

Es existiert eine gemeinsame Dichte der Ausfallszeiten t_{ij}, $i = 1, \ldots, n$, $j = 1, \ldots, r$ und daraus folgt, das höchstens auf einer Menge vom Lebesgue–Maß 0 die Funktion $g'(b)$ Null ist. Folglich ist $g(b)$ wachsend und die Gleichung (4.40) besitzt nur eine Lösung. Es bleibt zu bemerken, daß die Funktion $g(b)$ für $b \downarrow 0$ den Grenzwert

$$g(0+) = \frac{1}{n(m-r+1)}\left(\sum_{i=1}^{n}\sum_{j=1}^{r} \ln t_{ij} + \sum_{i=1}^{n} (m-r)\ln t_{ir}\right) < \infty$$

sowie für $b \uparrow \infty$ den Grenzwert

$$g(b) = \ln\left(\max_{1 \le i \le n} t_{ir}\right)$$

besitzt. Da außerdem $\sum_{i=1}^{n}\sum_{j=1}^{r} \ln t_{ij} < nr \ln(\max_{1 \le i \le n} t_{ir})$ gilt, erhalten wir, daß bei wachsendem b die Werte der Funktion $nrg(b)$ die Werte der Funktion

$\frac{nr}{b} + \sum_{i=1}^{n} \sum_{j=1}^{r} \ln t_{ij}$ überschreiten. Damit haben wir die Eindeutigkeit der Lösung der Gleichung (4.40) nachgewiesen.

Wenn wenigstens einer der Parameter a, b gegen 0 oder ∞ geht, so gilt $l(a, b; x(n)) \to -\infty$. Da ein eindeutiger stationärer Punkt $\hat{a}, \hat{b}$ mit $\frac{\partial l}{\partial a}\big|_{\hat{a},\hat{b}} = 0$, $\frac{\partial l}{\partial b}\big|_{\hat{a},\hat{b}} = 0$ existiert, so ist $(\hat{a}, \hat{b})$ gleichzeitig der Punkt eines globalen Maximums, d.h.

$$L(\hat{a}, \hat{b}; \underline{x}(n)) = \max_{a>0, b>0} L(a, b; x(n)) \;.$$

Damit ist $\hat{\theta}_n = (\hat{a}, \hat{b}) = \breve{\theta}_n = (\breve{a}, \breve{b})$ eine Maximum–Likelihood–Schätzung. Alle Bedingungen des Satzes 4.3 sind erfüllt und die Maximum–Likelihood–Schätzung $(\breve{a}, \breve{b})$ existiert und ist konsistent. $\Diamond$

Die Eigenschaft der Konsistenz hängt nicht von der Parameterwahl ab. Man könnte auch die Weibullverteilung in der Form $\overline{F}(t) = \exp(-\left(\frac{t}{c}\right)^b)$ betrachten. Hierbei bleibt der Parameter b erhalten und $c = a^{-1/b}$. In diesem Falle ist $\hat{c} = \hat{a}^{-1/\hat{b}}$ eine Maximum–Likelihood–Schätzung des Parameters c.

Die oben eingeführte Einschränkung $\Theta \subseteq \mathbb{R}^r$ ist nicht wesentlich. Die im Satz 4.3 verwendete Beweismethode für die Konsistenz kann man auf den Fall nichtparametrischer Verteilungsfamilien übertragen. In diesem Fall nehmen wir an, daß Θ ein vollständiger metrischer Raum mit der Metrik $d(\cdot, \cdot)$ und einer Borel'schen σ–Algebra meßbarer Mengen (d.h. die von den offenen Kugeln $B_r(\theta_0) = \{\theta : d(\theta, \theta_0) < r\}$ erzeugte σ-Algebra) ist. Weiter unten führen wir die Formulierung einer Variante eines verallgemeinerten Satzes über die Konsistenz an, die für den Fall $\Theta \subset \mathbb{R}^r$ im Buch von PITMAN [57] enthalten ist.
Sei $g(\cdot) : \Theta \to \mathbb{R}^1$ eine reelle Funktion auf Θ. Die Funktion $g(\cdot)$ heißt stetig von oben im Punkte $\theta_0 \in \Theta$, wenn für beliebige Folgen $\{A_n\}$ offener Mengen mit $A_n \supset A_{n+1}$

$$g^+(A_n) = \sup_{\theta \in A_n} g(\theta) \downarrow g(\theta_0), \quad n \to \infty \;.$$

Die Funktion $g(\cdot)$ heißt stetig von oben, wenn sie in beliebigen Punkten $\theta \in \Theta$ stetig von oben ist. Natürlich ist eine stetige Funktion auch von oben stetig. Wir unterstreichen jedoch, daß dieser Begriff eng mit der Metrik d zusammenhängt.
Die Menge $K \subset \Theta$ heißt d-kompakt, wenn man aus einer beliebigen Überdeckung mit Kugeln $\{B_\gamma(\theta_\gamma, r_\gamma),\ \gamma \in \Gamma\}$, d.h. $K \subset \bigcup_{\gamma \in \Gamma} B_\gamma(\theta_\gamma, r_\gamma)$, eine endliche Überdeckung $\{B_{\gamma_i}(\theta_{\gamma_i}, r_{\gamma_i}),\ i = 1, ..., n\}$, d.h. $K \subset \bigcup_{i=1}^{n} B_{\gamma_i}(\theta_{\gamma_i}, r_{\gamma_i})$, auswählen kann.
Wir betrachten nun die Stichprobe $X(n) = (X_1, ..., X_n)$, wobei die X_i unabhängige und identisch verteilte Zufallsgrößen $X_i : \Omega \to \mathfrak{X}$ sind. Die Verteilungsfamilie $\mathfrak{P} = \{P_\theta,\ \theta \in \Theta\}$ auf $\mathfrak{X}, \mathfrak{B}(\mathfrak{X})$ ist durch den vollständigen metrischen Raum Θ mit der Metrik $d(\cdot, \cdot)$ gegeben. Desweiteren nehmen wir an, daß die Verteilungsfamilie dominiert ist, d.h. es existiert eine Dichte $p(x, \theta) = \frac{dP_\theta}{d\mu}(x)$ bezüglich eines Maßes μ auf $\mathfrak{X}, \mathfrak{B}(\mathfrak{X})$. Die Likelihoodfunktion $L(\cdot, x)$ ist durch $L(\theta, x) = p(x, \theta)$ definiert. Dann kann man folgenden Satz formulieren.

Satz 4.4   *(i) Sei die Likelihoodfunktion $L(\cdot, \theta)$ für jedes $x \in \mathfrak{X}$ d-stetig von oben.*

(ii) Es existiere eine d-kompakte Menge $K \subset \Theta$, die θ^* enthält, so daß

$$\mathrm{E}_{\theta^*} R_j(K) > -\infty \, .$$

(iii) Für $K^c = \Theta \setminus K$ gilt

$$\mathrm{E}_{\theta^*} R_j(K^c) > 0 \, .$$

Dann existiert für alle hinreichend großen n mindestens eine Maximum–Likelihood–Schätzung $\breve{\theta}_n$: $L(\breve{\theta}_n, X(n)) = \max\limits_{\theta \in \Theta} L(\theta, X(n))$. Eine beliebige Maximum–Likelihood–Schätzung ist d-konsistent für $n \to \infty$, d.h. für beliebige $\varepsilon > 0$ gilt

$$\mathrm{P}_{\theta^*}(d(\breve{\theta}_n, \theta^*) > \varepsilon) \to 0, \quad n \to \infty \, .$$

Der Beweis dieses Satzes erfolgt fast völlig analog zum Beweis des Satzes 4.3. Auf diesem Weg ist es auch möglich, den Konsistenzbeweis auf den Fall einer nichtdominierten Verteilungsfamilie $\mathfrak{P} = \{ \mathrm{P}_\theta, \ \theta \in \Theta \}$ zu verallgemeinern.

Der in diesen Abschnitt verwendete Zugang zum Nachweis der Konsistenz stellt eine Verallgemeinerung des Zuganges von PITMAN [57] dar.

Wie schon erwähnt, ist die Konsistenz die wichtigste Eigenschaft, die man von Punktschätzungen fordert. Ist eine Maximum–Likelihood–Schätzung konsistent, so kann man unter relativ schwachen zusätzlichen Voraussetzungen die Effektivität der Schätzungen zeigen. Dieser Frage wenden wir uns im nächsten Abschnitt zu.

4.5   Asymptotische Eigenschaften von Parameterschätzungen

Im vorigen Abschnitt wurde gezeigt, daß Maximum–Likelihood–Schätzungen unter relativ schwachen Voraussetzungen konsistent sind. Der wesentliche Grund für ihre große Bedeutung besteht jedoch darin, das sie mit wachsendem Stichprobenumfang in bestimmten Sinne schneller als andere Schätzungen gegen den wahren Parameter konvergieren. Die Ergebnisse dieses Abschnittes sind recht allgemein und nicht nur für Zuverlässigkeitsdaten von Interesse. Um die Ergebnisse formulieren zu können, führen wir zuerst einige Bezeichnungen ein.

Wir betrachten eine Folge von auf dem Wahrscheinlichkeitsraum $(\Omega, \mathfrak{B}(\Omega), \mathrm{P})$ definierten reellen Zufallsgrößen $(U_n)_{n \geq 1}$; U_n : $\Omega \to \mathrm{R}^1$. Die Bezeichnung $U_n = O_{\mathrm{P}}(1)$, $n \to \infty$ soll bedeuten, daß man für beliebig kleine $\varepsilon > 0$ so eine Zahl $K_\varepsilon > 0$ findet, daß für alle $n \geq n(\varepsilon, K_\varepsilon)$

$$\mathrm{P}(|\, U_n \,| > K_\varepsilon) < \varepsilon \, .$$

Gilt dagegen für alle $n \geq n(\varepsilon, \delta)$ und beliebig kleine $\varepsilon > 0$, $\delta > 0$

$$P(|\, U_n \,| > \delta) < \varepsilon$$

gilt, so verwenden wir die Bezeichnung $U_n = o_P(1)$, $n \to \infty$.
Diese Bezeichnungen können auf Folgen zufälliger Vektoren $\underline{U}_n = (U_{n1}, \ldots, U_{nr})^T$ und zufälliger Matrizen $\mathbb{U}_n = (U_{n,k,l})$, $k, l = 1, \ldots, r$, $n = 1, 2 \ldots$ verallgemeinert werden. T bezeichnet hier den transponierten Vektor, d.h. die Vektoren $\underline{U}_n$ sind Spaltenvektoren. Weiter bezeichnen wir mit $\underline{1}_r = (1, \ldots, 1)^T$ einen Spaltenvektor der Länge r und mit $\mathbb{E}_{rr}$ eine Matrix der Größe $r \times r$, bei der alle Komponenten 1 sind. Dann bedeuten die Bezeichnungen $\underline{U}_n = O_P(\underline{1}_r)$, $\mathbb{U}_n = O_P(\mathbb{E}_{rr})$, $n \to \infty$, daß alle Komponenten $U_{ni} = O_P(1)$, bzw. $U_{n,kl} = O_P(1)$ sind. Entsprechend bedeutet $\underline{U}_n = o_P(\underline{1}_r)$, $\mathbb{U}_n = o_P(\mathbb{E}_{rr})$, $n \to \infty$, daß $U_{ni} = o_P(1)$, $U_{n,k,l} = o_P(1)$, $n \to \infty$, $i, k, l = 1, \ldots, r$ gilt.
Wie auch im vorigen Abschnitt betrachten wir den Fall, daß die statistischen Daten das Resultat einer Folge unabhängiger Experimente mit gleicher Verteilung sind, d.h. $\mathfrak{X}_j = \mathfrak{X}$, $\mathfrak{P}_j = \mathfrak{P} = (P_\theta,\ \theta \in \Theta)$. Damit wird im $j-$ten Experiment die Realisierung x_j der Zufallsgröße $X_j \in \mathfrak{X}$ beobachtet. Die Wahrscheinlichkeit $P_{\theta^*}(X_j \in B)$, $B \in \mathfrak{B}(\mathfrak{X})$ ist abhängig vom Wert des unbekannten wahren Parameters $\theta^* \in \Theta$. Als Ergebnis von n Experimenten erhält man die Daten $\underline{X}(n) = (X_1, \ldots, X_n) \in \mathfrak{X}(n) = \mathfrak{X} \times \ldots \times \mathfrak{X}$. Wir führen keinerlei Beschränkungen bezüglich des Raumes $\mathfrak{X}$ ein, nehmen jedoch an, daß $\Theta \subseteq R^m$, d.h. $\underline{\theta} = (\theta_1, \ldots, \theta_m)^T$, wobei $\theta_i \in R^1$. Wir verwenden die Euklidische Norm
$$\|\,\underline{\theta}\,\|^2 = \sum_{i=1}^m \theta_i^2 .$$

Wenn für die Schätzungen $\underline{\hat{\theta}}_n \xrightarrow{P} \underline{\theta}^*$ gilt, wobei $\underline{\theta}^*$ der wahre Parameter ist, so ist es sinnvoll, die Abweichung $\underline{\hat{\theta}}_n - \underline{\theta}^*$ multipliziert mit einer Funktion $C(n) \uparrow \infty$, $n \to \infty$ zu untersuchen. Wenn sich zeigt, daß $C(n)(\underline{\hat{\theta}}_n - \underline{\theta}^*) = O_P(\underline{1}_r)$, $n \to \infty$, jedoch $C(n)(\underline{\hat{\theta}}_n - \underline{\theta}^*) \neq o_P(\underline{1}_r)$, so heißt die Funktion $C(n)$ stabilisierend. Häufig ist die Funktion $C(n) = \sqrt{n}$ stabilisierend.

Definition 4.11 *Eine konsistente Punktschätzung $\underline{\hat{\theta}}_n$ des wahren Parameters $\underline{\theta}^*$ heißt $\sqrt{n}-$konsistent, wenn*

$$\sqrt{n}(\underline{\hat{\theta}}_n - \underline{\theta}^*) = O_P(\underline{1}_r), \ n \to \infty .$$

Wir betrachten die normierte Abweichung der Schätzung in Form von zwei Summanden

$$\sqrt{n}(\underline{\hat{\theta}}_n - \underline{\theta}^*) = \underline{b}_n(\theta^*) + \underline{e}_n(\theta^*) ,$$

wobei $\underline{b}_n(\underline{\theta}^*)$ ein deterministischer Vektor und $\underline{e}_n(\underline{\theta}^*)$ ein zufälliger Vektor mit dem Erwartungswert $E_{\underline{\theta}^*}\underline{e}_n(\underline{\theta}^*) = \underline{0}_r$ sind. Hier ist $\underline{0}_r$ ein Vektor der Länge r, dessen Komponenten alle 0 sind.

Definition 4.12 *Eine $\sqrt{n}-$konsistente Schätzung heißt* asymptotisch $\sqrt{n}-$erwartungstreu, *wenn für $n \to \infty$ die deterministische Komponente der normierten Abweichung gegen 0 geht:* $\underline{b}_n(\underline{\theta}^*) \to 0$.

In diesem Abschnitt wollen wir nachweisen, daß unter bestimmten Regularitätsvoraussetzungen Maximum–Likelihood–Schätzungen asymptotisch $\sqrt{n}-$erwartungstreu und asymptotisch $\sqrt{n}-$normalverteilt sind.

Definition 4.13 *Eine Punktschätzung $\hat{\theta}_n$ heißt $\sqrt{n}$-asymptotisch normalverteilt, wenn sie $\sqrt{n}$-konsistent ist und die Verteilung des normierten Vektors der Abweichungen $\sqrt{n}(\hat{\underline{\theta}}_n - \underline{\theta}^*)$ gegen eine Normalverteilung konvergiert, d.h. wenn eine Vektor $\underline{\mu} = (\mu_1, \ldots, \mu_m)^T$ und eine Kovarianzmatrix Σ so existieren, daß für beliebige $(z_1, \ldots, z_m)$*

$$\lim_{n \to \infty} P_{\underline{\theta}^*}\{\sqrt{n}(\hat{\underline{\theta}}_{n1} - \underline{\theta}_1^*) \leq z_1, \ldots, \sqrt{n}(\hat{\underline{\theta}}_{nm} - \underline{\theta}_m^*) \leq z_m\} = \Phi_{\underline{\mu},\Sigma}(z_1, \ldots, z_m) \ .$$

Wir weisen darauf hin, daß nur solche Schätzungen $\sqrt{n}-$konsistent sind, für die $\underline{\mu} = \underline{0}_m$.

Wir führen nun folgende Regularitätsvoraussetzungen R1 und RI ein:

R1:   (i) Θ ist eine offene Teilmenge des R^m mit der gewöhnlichen Euklidischen Metrik und die Menge aller $x \in \mathfrak{X}$, für die die Likelihoodfunktion definiert ist, hägt nicht vom unbekannten Parameter $\theta \in \Theta$ ab.

      (ii)   Es existieren die partiellen Ableitungen $\frac{\partial l_1(\theta,x)}{\partial \theta_i}$, $i = 1, \ldots, m$ für die logarithmierte Likelihoodfunktion einer Beobachtung $l_1(\underline{\theta}, x) = \ln L_1(\underline{\theta}, x)$, $x \in \mathfrak{X}$.

     (iii) $E_{\underline{\theta}} \left(\frac{\partial l_1(\theta, X_j)}{\partial \theta_i} \right)^2 < \infty$ $\forall \underline{\theta} \in \Theta$, $i = 1, \ldots, m$.

     (iv)   Für eine beliebige Statistik $T_n = T_n(\underline{X}(n))$, $T_n : \mathfrak{X}(n) \to R^1$, für die $E_{\underline{\theta}} \mid T_n(\underline{X}(n)) \mid^2 < \infty$ und $E_{\underline{\theta}} T_n(\underline{X}(n)) = g(\underline{\theta})$ gilt, ist

$$E_{\underline{\theta}} \left(T_n(\underline{X}(n)) \frac{\partial l(n, \underline{\theta}, \underline{X}(n))}{\partial \theta_i} \right) = \frac{\partial g(\theta)}{\partial \theta_i}, \quad i = 1, \ldots, m \ ,$$

wobei

$$l(n, \underline{\theta}, \underline{X}(n)) = \sum_{j=1}^{n} l_1(\underline{\theta}, X_j) \tag{4.44}$$

die logarithmierte Likelihoodfunktion für die Beobachtung aus n statistischen Experimenten ist.

RI: Die Fishersche Informationsmatrix für eine Beobachtung

$$\mathbb{I}_1(\underline{\theta}) = \left(E_{\underline{\theta}} \frac{\partial l_1(\underline{\theta}, X_j)}{\partial \theta_i} \frac{\partial l_1(\underline{\theta}, X_j)}{\partial \theta_k} \right), \quad i, k = 1, \ldots, m$$

besitzt den vollen Rang, d.h. es gilt $\det \mathbb{I}_1(\underline{\theta}) > 0$.

Bemerkung: Die Regularitätsvoraussetzung R1(iv) ersetzt die übliche Voraussetzung, beim Erwartungswert Differentiation und Integration vertauschen zu können.

Neben den Regularitätsvoraussetzungen R1, die Bedingungen an die ersten Ableitungen der Likelihoodfunktion stellen und der Voraussetzung RI, die gewährleistet, daß die Fishersche Informationsmatrix nicht entartet, führen wir nun noch Regularitätsvoraussetzungen R2 an die zweiten partiellen Ableitungen der Likelihoodfunktion ein.

R2: (i) Es existieren alle partiellen Ableitungen zweiter Ordnung

$$\frac{\partial^2 l_1(\underline{\theta}, x)}{\partial \theta_i \partial \theta_k}, \quad i, k = 1, \ldots, m .$$

(ii)

$$E_{\underline{\theta}} \left| \frac{\partial^2 l_1(\underline{\theta}, X_j)}{\partial \theta_i \partial \theta_k} \right| < \infty, \quad i, k = 1, \ldots, m .$$

(iii)

$$E_{\underline{\theta}} \frac{\partial l_1(\underline{\theta}, X_j)}{\partial \theta_i} \frac{\partial l_1(\underline{\theta}, X_j)}{\partial \theta_k} = -E_{\underline{\theta}} \frac{\partial^2 l_1(\underline{\theta}, X_j)}{\partial \theta_i \partial \theta_k}, \quad i, k = 1, \ldots, m \; \forall \theta \in \Theta .$$

(iv) Die zweiten partiellen Ableitungen sind stetig und für den lokalen Stetigkeitsmodul

$$w_{i,k,\varepsilon}(\underline{\theta}, x) = \sup_{\underline{\theta}' \in B_\varepsilon(\underline{\theta})} \left(\frac{\partial^2 l_1(\underline{\theta}, x)}{\partial \theta_i \partial \theta_k} - \frac{\partial^2 l_1(\underline{\theta}, x)}{\partial \theta_i \partial \theta_k} \right)$$

mit $x \in \mathfrak{X}$, $\underline{\theta} \in \Theta$) und $B_\varepsilon(\underline{\theta}) = (\underline{\theta}'' : \| \underline{\theta}'' - \underline{\theta} \| < \varepsilon, \underline{\theta}'' \in \Theta)$ gilt:
Für beliebige $\underline{\theta} \in \Theta$ und beliebige $\delta > 0$ findet man so ein $\varepsilon = \varepsilon(\delta, \underline{\theta})$, daß

$$E_{\underline{\theta}} w_{i,k,\varepsilon}(\underline{\theta}, X_j) \leq \delta^2 .$$

Aus den zweiten Ableitungen der Likelihoodfunktion für eine bzw. n Beobachtungen bilden wir die folgenden Matrizen des Formates $m \times m$:

$$\mathbb{J}_1(\underline{\theta}, X_j) = \left[\frac{\partial^2 l_1(\underline{\theta}, X_j)}{\partial \theta_i \partial \theta_k}\right], \quad \mathbb{J}(n, \underline{\theta}, \underline{X}(n)) = \left[\frac{\partial^2 l(n, \underline{\theta}, \underline{X}(n))}{\partial \theta_i \partial \theta_k}\right].$$

Differenziert man beide Seiten der Gleichung (4.44) nach $\partial \theta_i$ und $\partial \theta_k$, so erhält man die Gleichung

$$\frac{\partial^2 l(n, \underline{\theta}, \underline{X}(n))}{\partial \theta_i \partial \theta_k} = \sum_{j=1}^n \frac{\partial^2 l_1(\underline{\theta}, X_j)}{\partial \theta_i \partial \theta_k}, \quad i, k = 1, \ldots, m.$$

Hieraus erhält man folgende Beziehung für die Matrizen

$$\mathbb{J}(n, \underline{\theta}, \underline{X}(n)) = \sum_{j=1}^n \mathbb{J}_1(\underline{\theta}, X_j). \tag{4.45}$$

Satz 4.5 *Sei $(\tilde{\underline{\theta}}_n)_{n\geq 1}$ eine Folge von Zufallsgrößen $\tilde{\underline{\theta}}_n = \underline{\theta}^* + o_P(1)$, die für $n \to \infty$ gegen den wahren Wert des Parameters $\underline{\theta}^*$ konvergiert. Die Regularitätsvoraussetzungen R1, R2 und RI seien erfüllt. Dann gilt*

$$\frac{1}{n}\mathbb{J}(n, \tilde{\underline{\theta}}_n, \underline{X}(n)) = -\mathbb{I}_1(\underline{\theta}^*) + o_P(\mathbb{E}_{mm}). \tag{4.46}$$

Beweis: Aus der Gleichung (4.45) erhält man

$$\frac{1}{n}\mathbb{J}(n, \tilde{\underline{\theta}}_n, \underline{X}(n)) = \frac{1}{n}\sum_{j=1}^n \mathbb{J}_1(\tilde{\underline{\theta}}_n, X_j) =$$

$$= \frac{1}{n}\sum_{j=1}^n \mathbb{J}_1(\underline{\theta}^*, X_j) + \frac{1}{n}\sum_{j=1}^n \left(\mathbb{J}_1(\tilde{\underline{\theta}}_n, X_j) - \mathbb{J}_1(\underline{\theta}^*, X_j)\right). \tag{4.47}$$

Da die X_j identisch verteilt sind und einen endlichen Erwartungswert besitzen, erhält man aus den Regularitätsvoraussetzungen R2(i) und R2(ii) unter Verwendung des Gesetzes der großen Zahlen

$$\frac{1}{n}\sum_{j=1}^n \frac{\partial^2 l_1(\underline{\theta}^*, X_j)}{\partial \theta_i \partial \theta_k} = \mathrm{E}_{\underline{\theta}^*}\frac{\partial^2 l_1(\underline{\theta}^*, X_1)}{\partial \theta_i \partial \theta_k} + o_P(1) =$$

$$= -\mathrm{E}_{\underline{\theta}^*}\frac{\partial l_1(\underline{\theta}^*, X_1)}{\partial \theta_i} \frac{\partial l_1(\underline{\theta}^*, X_1)}{\partial \theta_k} + o_P(1)$$

für $i, k = 1, \ldots, m$ und $n \to \infty$. In Matrixform lautet dieses Ergebnis

$$\frac{1}{n}\sum_{j=1}^n \mathbb{J}_1(\underline{\theta}^*, X_j) = -\mathbb{I}_1(\underline{\theta}^*) + o_P(\mathbb{E}_{mm}), \quad n \to \infty. \tag{4.48}$$

Die Summen

$$S_{ik}(n) = \frac{1}{n} \sum_{j=1}^{n} \left(\frac{\partial^2 l_1(\tilde{\underline{\theta}}, X_j)}{\partial \theta_i \partial \theta_k} - \frac{\partial^2 l_1(\underline{\theta}^*, X_j)}{\partial \theta_i \partial \theta_k} \right)$$

sind Elemente der Matrix

$$(S_{ik}(n)) = \frac{1}{n} \sum_{j=1}^{n} \left(\mathbb{J}_1(\tilde{\underline{\theta}}_n, X_j) - \mathbb{J}_1(\underline{\theta}^*, X_j) \right) \ .$$

Wenn $\tilde{\underline{\theta}}_n \in B_\varepsilon(\underline{\theta}^*) = (\underline{\theta}' : \| \underline{\theta}' - \underline{\theta}^* \| < \varepsilon)$ ist, so gilt

$$\mid S_{ik}(n) \mid \leq \frac{1}{n} \sum_{j=1}^{n} w_{i,k,\varepsilon}(\underline{\theta}^*, X_j) \ .$$

Für hinreichend kleine $\varepsilon = \varepsilon(\delta, \underline{\theta})$ erhält man aus der Bedingung R2(iv)

$$\mathrm{E}_{\underline{\theta}^*} \mathrm{I}(\tilde{\underline{\theta}}_n \in B_\varepsilon(\underline{\theta}^*)) \mid S_{ik}(n) \mid \leq \frac{1}{n} \sum_{j=1}^{n} \mathrm{E}_{\underline{\theta}^*} w_{i,k,\varepsilon}(\underline{\theta}^*, X_j) \leq \delta^2 \ .$$

Benutzt man die Ungleichung von Markov, so erhält man

$$\mathrm{P}_{\underline{\theta}^*}(\mathrm{I}(\tilde{\underline{\theta}}_n \in B_\varepsilon(\underline{\theta}^*)) \mid S_{ik}(n) \mid > \delta) \leq \mathrm{E}_{\underline{\theta}^*} \mathrm{I}(\tilde{\underline{\theta}}_n \in B_\varepsilon(\underline{\theta}^*)) \mid S_{ik}(n) \mid)/\delta \leq \delta \ .$$
$$(4.49)$$

Da die Folge der Zufallsgrößen $(\tilde{\underline{\theta}}_n)_{n \geq 1}$ in Wahrscheinlichkeit gegen den wahren Wert $\underline{\theta}^*$ konvergiert, gilt für hinreichend große $n \geq n(\varepsilon, \delta)$

$$\mathrm{P}_{\underline{\theta}^*}(\tilde{\underline{\theta}}_n \notin B_\varepsilon(\underline{\theta}^*)) \leq \delta \ . \tag{4.50}$$

Aus den Ungleichungen (4.49) und (4.50) erhält man nun

$$\mathrm{P}_{\underline{\theta}^*}(\mid S_{ik}(n) \mid > \delta) = \mathrm{E}_{\underline{\theta}^*}((\mathrm{I}(\tilde{\underline{\theta}}_n \in B_\varepsilon(\underline{\theta}^*)) + \mathrm{I}(\tilde{\underline{\theta}}_n \notin B_\varepsilon(\underline{\theta}^*))) \mid S_{ik}(n) \mid > \delta)$$
$$\leq \delta + \mathrm{P}_{\underline{\theta}^*}(\tilde{\underline{\theta}}_n \notin B_\varepsilon(\underline{\theta}^*)) \leq 2\delta \ .$$

Da δ beliebig klein gewählt werden kann, gilt für alle Größen $S_{ik}(n) = o_\mathrm{P}(1)$ für $n \to \infty$, d.h.

$$\frac{1}{n} \sum_{j=1}^{n} (\mathbb{J}_1(\tilde{\underline{\theta}}_n, X_j) - \mathbb{J}_1(\underline{\theta}^*, X_j)) = o_\mathrm{P}(\mathbb{E}_{mm}), \quad n \to \infty \ . \tag{4.51}$$

Die Behauptung des Satzes folgt nun aus (4.47), (4.48) und (4.51). $\qquad\blacksquare$
Bezeichnen wir mit $\mathcal{L}(Y)$ das Verteilungsgesetz $F(\cdot)$ der Zufallsgröße Y, d.h. $\mathcal{L}(Y) = F(\cdot)$. Wenn Y einer m−dimensionalen Normalverteilung mit dem Erwartungswertvektor $\underline{\mu}$ und der Kovarianzmatrix Σ unterliegt, so schreiben wir $\mathcal{L}(Y) = \Phi_{\underline{\mu}, \Sigma}(\cdot)$.

Lemma 4.5 *Wenn die Regularitätsvoraussetzungen R1 und R2 erfüllt sind, so gilt*

$$\lim_{n \to \infty} \mathcal{L}\left(\frac{1}{\sqrt{n}}\underline{\nabla} l(n, \underline{\theta}^*, \underline{X}(n))\right) = \Phi_{\underline{0}_m, \mathbb{I}_1(\underline{\theta}^*)}(\cdot) \, .$$

Beweis: Wir betrachten, den Vektor der ersten Ableitungen $\underline{\nabla} l(n, \underline{\theta}^*, \underline{X}(n))$ als Spaltenvektor

$$\underline{\nabla} l(n, \underline{\theta}^*, \underline{X}(n)) = \left(\frac{\partial l(n, \theta^*, \underline{X}(n))}{\partial \theta_1}, \dots, \frac{\partial l(n, \theta^*, \underline{X}(n))}{\partial \theta_m}\right)^T \, .$$

Aus der Gleichung (4.44) erhält man

$$\frac{1}{\sqrt{n}}\underline{\nabla} l(n, \underline{\theta}^*, \underline{X}(n)) = \frac{1}{\sqrt{n}} \sum_{j=1}^{n} \underline{\nabla} l_1(\underline{\theta}^*, X_j) \, . \tag{4.52}$$

Die Summanden im rechten Teil von Gleichung (4.52) sind unabhängige und identisch verteilte zufällige Vektoren, die gemäß der Bedingung R1(iv) mit $T_n = 1$ den Erwartungswert $\underline{0}_m$ besitzen. Weiterhin hat gemäß der Bedingung R1(iii) die Kovariazmatrix der Komponenten dieser Vektoren die Form

$$\mathrm{Cov}(\underline{\nabla} l_1(\theta^*, X_j), \underline{\nabla} l_1(\theta^*, X_j)) = \mathrm{E}_{\underline{\theta}^*} \underline{\nabla} l(\theta^*, X_j)\underline{\nabla} l(\theta^*, X_j)^T = \mathbb{I}_1(\theta^*) \, .$$

Aus dem zentralen Grenzwertsatz für Summen unabhängiger und identisch verteilter Vektoren erhält man, daß für $n \to \infty$ die normierte Summe (4.52) gegen eine m−dimensionale Normalverteilung mit dem Erwartungswertvektor $\underline{\mu} = \underline{0}_m$ und der Kovarianzmatrix $\mathbb{I}_1(\theta^*)$ konvergiert. Damit ist die Aussage des Lemmas bewiesen. ∎

Der nächste Satz zeigt die asymptotischen Optimalitätseigenschaften von Maximum–Likelihood–Schätzungen. Zu den Voraussetzungen des Satzes gehört auch die Konsistenz der Maximum–Likelihood–Schätzungen. Hinreichende Bedingungen hierfür wurden im vorigen Abschnitt im Satz 4.3 angegeben.

Satz 4.6 *Sei $(\breve{\underline{\theta}}_n)_{n \geq 1}$ eine Folge konsistenter Maximum–Likelihood–Schätzungen für den wahren Parameter $\underline{\theta}^*$. Die Regularitätsvoraussetzungen R1, R2 und RI seien erfüllt. Dann ist die Folge $(\breve{\underline{\theta}}_n)_{n \geq 1}$ auch $\sqrt{n}$-konsistent, $\sqrt{n}$-asymptotisch normalverteilt und für den Abstand vom wahren Parameter $\underline{\theta}^*$ gilt für $n \to \infty$*

$$\lim_{n \to \infty} \mathcal{L}\left(\sqrt{n}(\breve{\underline{\theta}}_n(\underline{X}(n)) - \underline{\theta}^*)\right) =$$

$$= \lim_{n \to \infty} \mathcal{L}\left(\mathbb{I}_1^{-1}(\underline{\theta}^*)\frac{\nabla l(n, \theta^*, \underline{X}(n))}{\sqrt{n}}\right) = \Phi_{\underline{0}_m, \mathbb{I}_1^{-1}(\theta^*)}(\cdot) \, . \tag{4.53}$$

Beweis: Da für beliebige n der Wert $\breve{\underline{\theta}}_n \in \Theta$ der Maximum–Likelihood–Schätzung einerseits ein globales Maximum, andererseits laut Bedingung R1(i) ein innerer Punkt des Parameterraumes ist, so gilt für den Vektor der ersten Ableitungen $\underline{\nabla} l(n, \breve{\underline{\theta}}_n, X(n)) = \underline{0}_m$. Entwickelt man die Funktion $\frac{\partial l(n, \breve{\underline{\theta}}, X(n))}{\partial \theta_i}$ bezüglich $\breve{\underline{\theta}}_n$ in eine Taylorreihe im Punkte $\underline{\theta}^*$, so erhält man

$$
\begin{aligned}
0 &= \frac{1}{\sqrt{n}} \frac{\partial l(n, \breve{\underline{\theta}}_n, \underline{X}(n))}{\partial \theta_i} = \frac{1}{\sqrt{n}} \frac{\partial l(n, \underline{\theta}^*, \underline{X}(n))}{\partial \theta_i} + \\
&\quad + \sum_{k=1}^{m} \frac{1}{n} \frac{\partial^2 l(n, \tilde{\underline{\theta}}_n, \underline{X}(n))}{\partial \theta_i \partial \theta_k} \sqrt{n}(\breve{\theta}_{nk}(\underline{X}(n)) - \theta_k^*) ,
\end{aligned}
\tag{4.54}
$$

wobei θ_k^*, $\breve{\theta}_{nk}(\underline{X}(n))$ die k–ten Komponenten der Vektoren $\underline{\theta}^*$ und $\breve{\underline{\theta}}_n$, $[\underline{\theta}^*, \breve{\underline{\theta}}_n]$ die die Punkte $\underline{\theta}^*$ und $\breve{\underline{\theta}}_n$ verbindende Strecke im R^m und $\tilde{\underline{\theta}}_n \in [\underline{\theta}^*, \breve{\underline{\theta}}_n]$ sind. Da $(\breve{\underline{\theta}}_n)_{n \geq 1}$ eine konsistente Folge von Punktschätzungen ist und $\tilde{\underline{\theta}}_n \in [\underline{\theta}^*, \breve{\underline{\theta}}_n]$ gilt, konvergiert die Folge der Zufallsgrößen $(\tilde{\underline{\theta}}_n)_{n \geq 1}$ in Wahrscheinlichkeit gegen $\underline{\theta}^*$. Dann erhält man aufgrund von Satz 4.5 aus (4.54) und R2(iii)

$$
0 = \frac{1}{\sqrt{n}} \frac{\partial l(n, \underline{\theta}^*, X(n))}{\partial \theta_i} + \sum_{k=1}^{m} (-I_{ik}(\underline{\theta}^*) + o_{\mathrm{P}}(1)) \sqrt{n}(\breve{\theta}_{nk} - \underline{\theta}_k^*) ,
\tag{4.55}
$$

wobei $I_{ik}(\underline{\theta}^*)$ die Elemente der Matrix $\mathbb{I}_1(\underline{\theta}^*)$, $i, k = 1, \ldots, m$ sind. Wir gehen nun wieder zur Matrixschreibweise über. Dann erhält man aus (4.55)

$$
\underline{0}_m = \frac{1}{\sqrt{n}} \underline{\nabla} l(n, \underline{\theta}^*, \underline{X}(n)) + (-\mathbb{I}_1(\underline{\theta}^*) + o_{\mathrm{P}}(\mathbb{E}_{mm})) \sqrt{n}(\breve{\underline{\theta}}_n - \underline{\theta}^*) .
\tag{4.56}
$$

Aufgrund von Lemma 4.5 gilt $\frac{1}{\sqrt{n}} \underline{\nabla} l(n, \underline{\theta}^*, \underline{X}(n)) = O_{\mathrm{P}}(\underline{1}_m)$. Benutzt man diese Beziehung, so erhält man aus (4.56)

$$
\sqrt{n}(\breve{\underline{\theta}}_n - \underline{\theta}^*) = O_{\mathrm{P}}(\underline{1}_m) .
$$

Damit ist die Folge der Maximum–Likelihood–Schätzungen $\sqrt{n}$-konsistent. Hieraus folgt, daß $o_{\mathrm{P}}(\mathbb{E}_{mm})) \sqrt{n}(\breve{\underline{\theta}}_n - \underline{\theta}^*) = o_{\mathrm{P}}(\underline{1}_m)$ ist. Wenn man diese Beziehung benutzt und beide Teile der Gleichung (4.56) von links mit $\mathbb{I}_1^{-1}(\underline{\theta}^*)$ multipliziert, erhält man

$$
\sqrt{n}(\breve{\underline{\theta}}_n - \underline{\theta}^*) = \mathbb{I}_1^{-1}(\underline{\theta}^*) \frac{1}{\sqrt{n}} \underline{\nabla} l(n, \underline{\theta}^*, \underline{X}(n)) + o_{\mathrm{P}}(\underline{1}_m) .
\tag{4.57}
$$

Wenn $\underline{Y}$ eine m–dimensionale normalverteilte Zufallsgröße mit dem verteilungsgesetz $\mathcal{L}(\underline{Y}) = \Phi_{\underline{0}_m, \mathbb{I}(\underline{\theta}^*)}(\cdot)$ ist, dann gilt $\mathcal{L}(\mathbb{I}_1^{-1}(\underline{\theta}^*)\underline{Y}) = \Phi_{\underline{0}_m, \mathbb{I}^{-1}(\underline{\theta}^*)}(\cdot)$. Benutzt man diese Beziehung und das Lemma 4.5, so erhält man aus (4.57) die zu beweisende Gleichung (4.53). ∎

Dieses Ergebnis zeigt uns die „guten" Eigenschaften der Maximum–Likelihood-schätzungen $(\check{\theta})_{n\geq 1}$.

Bei Erfüllung der Regularitätsvoraussetzunen R1 und RI gilt für beliebige Folgen $(\hat{\theta})_{n\geq 1}$ von erwartungstreuen Schätzungen mit endlichen zweiten Momenten die Ungleichung von Rao–Cramér

$$\mathrm{Cov}\,(\hat{\underline{\theta}}_n, \hat{\underline{\theta}}_n) = \mathrm{E}_{\underline{\varrho}^*}(\hat{\underline{\theta}}_n - \hat{\underline{\theta}}^*)(\hat{\underline{\theta}}_n - \underline{\theta}^*)^T \succeq \frac{1}{n}\mathbb{I}^{-1}(\underline{\theta}^*)\,.$$

Die Bezeichnung $A \succeq B$ bedeutet, daß die Matrix $A - B$ nichtnegativ definit ist.

Aus Satz 4.6 ist ersichtlich, daß die Kovarianzmatrix der asymptotischen Verteilung von $\sqrt{n}(\check{\underline{\theta}}_n - \underline{\theta}^*)$ mit der unteren Grenze $\mathbb{I}_1^{-1}(\underline{\theta}^*)$ übereinstimmt. Damit ist die Folge von Maximum–Likelihood–Schätzungen $(\check{\underline{\theta}}_n)_{n\geq 1}$ asymptotisch effektiv im Sinne von Rao–Cramér.

Wir bemerken noch, daß es nützlicher wäre, die asymptotische Effektivität von Maximum–Likelihood–Schätzungen im Sinne von Hajek zu beweisen. Hierbei versteht man unter asymptotischer Effektivität das folgende: Sei die normierte Abweichung der Maximum–Likelihood–Schätzung $\check{\theta}_n$ eine Zufallsgröße γ_n. Dann ist die normierte Abweichung einer sogenannten regulären Schätzung $\hat{\theta}_n$ asymptotisch als Summe $\gamma_n + \kappa_n$ darstellbar, wobei κ_n asymptotisch unabhängig von γ_n ist. Beim Nachweis der asymptotische Effektivität von Maximum–Likelihood–Schätzungen im Sinne von Hajek werden nun solche mathematischen Begriffe wie die lokale asymptotische Normalität (LAN) und andere eingeführt. Der interesierte Leser sei hier auf das Buch von IBRAGIMOV, HASMINSKI [38] verwiesen.

Wir beenden diesen Abschnitt mit einem Beispiel, welches die dargestellte Theorie illustriert.

Beispiel 4.25 Zur Ermittlung der Zuverlässigkeit eines Elementes untersuchen wir n Elemente gleichen Typs nach dem Stichprobenplan $[n, O, t]$. Nach Ablauf der Zeit t sind d Elemente ausgefallen und $n-d$ Elemente haben während dieser Zeit ausfallfrei gearbeitet. Die Verteilungsfunktion der ausfallfreien Arbeitszeit sei $F(t) = 1 - \exp(-at^b)$. Die statistischen Daten dieser Untersuchung sind durch die d Ausfallzeitpunkte $t_1, \ldots, t_d$ gegeben. Die Likelihoodfunktion hat dann folgendes Aussehen:

$$L(a, b; t_1, \ldots, t_d) = \binom{n}{d} \prod_{k=1}^{d} abt_k^{b-1} \exp(-at_k^b) \exp(-(n-d)at^b), \quad a > 0, b > 0\,.$$

Sei T_i die zufällige Zeit bis zum Ausfall des i-ten Elementes, $\overline{F}(s) = \mathrm{P}(T_i > s) = \exp(-as^b)$. Betrachtet man die Likelihoodfunktion dieser i-ten Beobachtung und faßt sie als zufällige Funktion auf, so erhält man

$$L_i = f(T_i)^{\mathrm{I}(T_i \leq t)} \overline{F}(t)^{\mathrm{I}(T_i > t)} = (abT_i^{b-1} \exp(-aT_i^b))^{\mathrm{I}(T_i \leq t)} \exp(-at^b)^{\mathrm{I}(T_i > t)} \ .$$

Der Logarithmus dieser Funktion, die wir nun als Funktion in a, b betrachten, entspricht in der obigen Theorie der Funktion $l_1(\underline{\theta}, X_i)$, $X_i = T_i$, d.h.

$$l_1(a, b, T_i) = (\ln a + \ln b + (b-1) \ln T_i - aT_i^b)\mathrm{I}(T_i \leq t) - at^b \mathrm{I}(T_i > t) \ .$$

Von dieser Funktion existieren alle Ableitungen erster und zweiter Ordnung nach a und b; sie haben das folgende Aussehen:

$$\frac{\partial l_1}{\partial a} = (\frac{1}{a} - T_i^b)\mathrm{I}(T_i \leq t) - t^b \mathrm{I}(T_i > t) \ ,$$

$$\frac{\partial l_1}{\partial b} = (\frac{1}{b} + \ln T_i - aT_i^b \ln T_i)\mathrm{I}(T_i \leq t) - at^b \ln t \mathrm{I}(T_i > t) \ ,$$

$$\frac{\partial^2 l_1}{\partial a^2} = -\frac{1}{a^2}\mathrm{I}(T_i \leq t) \ ,$$

$$\frac{\partial^2 l_1}{\partial a \partial b} = -T_i^b \ln T_i \mathrm{I}(T_i \leq t) - t^b \ln t \mathrm{I}(T_i > t) \ ,$$

$$\frac{\partial^2 l_1}{\partial b^2} = (-\frac{1}{b^2} - aT_i^b(\ln T_i)^2)\mathrm{I}(T_i \leq t) - at^b(\ln t)^2 \mathrm{I}(T_i > t) \ .$$

Da für die Beobachtungswerte $T_i \leq t$ gilt, sind alle diese partiellen Ableitungen beschränkt und damit sind die Bedingungen R1(i)-(iii) und R2(i)-(ii) erfüllt. Um die Bedingung R1(iv) zu überprüfen, betrachten wir

$$\mathrm{E}T_n(\underline{X}(n)) = \sum_{d=0}^{n} \int_0^T \overset{d.}{\cdots} \int_0^T T(t_1, ..., t_d) L(a, b, t_1, ..., t_d) \, dt_1 \cdots dt_d = g(a, b) \ .$$

Da die Grenzen des Integrals nicht vom unbekannten Parameter abhängen, kann man unter dem Integralzeichen differenzieren. Dieses ist erlaubt, wenn das Integral nach dem Differenzieren $\frac{\partial}{\partial a}$ oder $\frac{\partial}{\partial b}$ endlich ist. Da nach der Ungleichung von Cauchy-Schwarz $(\mathrm{E} \mid T\frac{\partial l}{\partial a} \mid)^2 < \mathrm{E}T^2 \mathrm{E}\left(\frac{\partial l}{\partial a}\right)^2$ und daher $\mathrm{E} \mid T\frac{\partial l}{\partial a} \mid < \infty$ gilt, und aus der Existenz von endlichen zweiten Momenten von $\frac{\partial l_1(\theta, X_i)}{\partial a}$ und $\frac{\partial l_1(\theta, X_i)}{\partial b}$ folgt die Existenz der Integrale nach der partiellen Differentiation und Bedingung R1(iv) ist erfüllt.
Die Bedingung R2(iii) kann auch durch zweimalige partielle Differentiation des Integrales

$$\int_0^t p(x_j, a, b) \, dx_j = 1$$

unter dem Integralzeichen gezeigt werden:

$$0 = \int_0^t \frac{\partial p}{\partial a}\,dx_j = \int_0^t \frac{\partial p}{\partial a}\frac{1}{p}p\,dx_i = \int_0^t \frac{\partial \ln p}{\partial a}p\,dx_j,$$

$$0 = \int_0^t \frac{\partial^2 \ln p}{\partial a^2}p\,dx_j + \int_0^t \frac{\partial \ln p}{\partial a}\left(\frac{\partial p}{\partial a}\frac{1}{p}\right)p\,dx_j =$$

$$= \int_0^t \frac{\partial^2 l}{\partial a^2}p\,dx_j + \int_0^t \frac{\partial l}{\partial a}\frac{\partial l}{\partial a}p\,dx_j$$

und Bedingung R2(iii) ist erfüllt.

Es bleiben die beiden Bedingungen RI (die Fishersche Informationsmatrix $\mathbb{I}_1(\theta)$ ist nicht entartet) und die Bedingung R2(iv) zu zeigen. Die Bedingung RI ist leicht zu überprüfen, indem diese Matrix berechnet wird (siehe Übung 4.11). Wir zeigen hier noch, daß die Bedingung R2(iv) erfüllt ist.

Betrachten wir folgendes Gebiet $K_\varepsilon(a,b) = \{|\,a' - a\,| \leq \varepsilon,\ |\,b' - b\,| \leq \varepsilon\} \supseteq B_\varepsilon(a,b)$, das die zweidimensionale Kugel $B_\varepsilon(a,b)$ enthält. Dann gilt für beliebig kleine $\delta > 0$

$$w_{a,a,\varepsilon}(a,b,X_i) \leq \sup_{a',b'\in K_\varepsilon(a,b)} \left| \frac{\partial^2 l_1}{\partial a^2}\Big|_{a'} - \frac{\partial^2 l_1}{\partial a^2}\Big|_a \right| =$$

$$= \sup_{a':\,|a'-a|\leq\varepsilon} \left| -\frac{1}{a'^2}\mathrm{I}(T_i \leq t) + \frac{1}{a^2}\mathrm{I}(T_i \leq t) \right| \leq$$

$$\leq \sup_{a':\,|a'-a|\leq\varepsilon} \left| \frac{1}{a'^2} - \frac{1}{a^2} \right| \mathrm{I}(T_i \leq t) =$$

$$= \sup_{a':\,|a'-a|\leq\varepsilon} \frac{|\,a'^2 - a^2\,|}{a'^2 a^2} \leq \frac{(a'-a)(a'+a)}{a^2(a-\varepsilon)^2} \leq \frac{\varepsilon(2a+\varepsilon)}{a^2(a-\varepsilon)^2} \leq \delta^2$$

für hinreichend kleine $\varepsilon = \varepsilon(\delta,t,a)$. Weiterhin erhält man

$$w_{a,b,\varepsilon}(a,b,X_i) \leq$$

$$\leq \sup_{(a'b')\in K_\varepsilon(a,b)} |\,(T_i^{b'}\ln T_i - T_i^b \ln T_i)\mathrm{I}(T_i \leq t) + (t^{b'}\ln t - t^b \ln t)\mathrm{I}(T_i > t)\,| \leq$$

$$\leq \sup_{b':\,|b'-b|\leq\varepsilon} |\,T_i^{b'} - T_i^b\,||\ln T_i\,|\,\mathrm{I}(T_i \leq t) + \sup_{b':\,|b'-b|\leq\varepsilon} |\,t^{b'} - t^b\,|\ln t \leq$$

$$\leq 2 \sup_{b':\,|b'-b|\leq\varepsilon} \sup_{T_i\leq t} |\,T_i^{b'} - T_i^b\,||\ln t\,|\,.$$

Wir schätzen nun die Größe $\max_{0\leq s\leq t} |\,s^b - s^{b'}\,|$ für fixierte b und $b' : |\,b' - b\,| \leq \varepsilon < \frac{b}{2}$ ab. Unter Verwendung der Ungleichung $|\,e^x - 1\,| \leq |\,x\,|\,e^{|x|}$ erhalten wir

$$|\,s^{b'} - s^b\,| = s^b\,|\,s^{b'-b} - 1\,| =$$

$$\begin{aligned}
&= s^b \mid e^{(b'-b)\ln s} - 1 \mid \le s^b \mid b' - b \mid\mid \ln s \mid e^{\mid b'-b \mid \mid \ln s \mid} = \\
&= \mid b' - b \mid\mid \ln s \mid s^b s^{\mid b'-b\mid \mathrm{I}(s>1) - \mid b'-b \mid \mathrm{I}(s<1)} \le \\
&\le \mid b' - b \mid\mid \ln s \mid (s^{b+\mid b'-b \mid} + s^{b-\mid b'-b \mid}) \, .
\end{aligned}$$

Die Funktion $\mid \ln s \mid s^c$ besitzt im Intervall $[0,1]$ das Maximum $(ce)^{-1}$ und ist für $s > 1$ monoton wachsend. Daher kann auf dem Intervall $[0,t]$ folgende Abschätzung durchgeführt werden:

$$\mid \ln s \mid s^c \le (se)^{-1} + \mid \ln t \mid t^c \, .$$

Somit erhält man

$$\max_{0 \le s \le t} \mid s^b - s^{b'} \mid \le \mid b' - b \mid \left(\frac{1}{b+ \mid b'-b \mid} \frac{1}{e} + \frac{1}{b- \mid b'-b \mid} \frac{1}{e} + 2 \mid \ln t \mid t^{b+\mid b'-b \mid} \right) ,$$

$$w_{a,b,\varepsilon}(a,b,X_i) \le 2\varepsilon \left(\frac{4}{be} + 2\ln \mid t \mid (t^{3/2b} + t^b) \right) .$$

Die letzte Abschätzung wurde unter Verwendung von $t^{b+\mid b'-b \mid} = t^{3/2b\mathrm{I}(t \ge 1) + b\mathrm{I}(t<1)}$ $\le (t^{3/2b} + t^b)$, $\mid b' - b \mid < b/2$ durchgeführt.
Jetzt kann für beliebige $\delta > 0$ ein ε so gewählt werden, daß

$$w_{a,b,\varepsilon}(a,b,X_i) \le \delta^2 \, .$$

Die verbleibende Ungleichung

$$w_{b,b,\varepsilon}(a,b,X_i) \le \delta^2$$

kann analog gezeigt werden. $\Diamond$

4.6 Übungen

Übung 4.1 Bestimmen Sie die Dichte der geordneten Sichtprobe $(S_{(1)} < \ldots < S_{(r)})$ für das Modell aus Beispiel 4.2.

Übung 4.2 Zeigen Sie, daß für die im Beispiel 4.8 betrachtete Gesamtprüfzeit

$$\mathrm{P}_\lambda(T_r > t) = \sum_{d=0}^{r-1} \frac{(\lambda t)^d}{d!} e^{-\lambda t}$$

gilt.

Übung 4.3 Man führt Lebensdaueruntersuchungen nach dem Stichprobenplan $[n, O, r]$ durch und erhält die Daten

$$X_r = (S_{(1)}, \ldots, S_{(r)}) \,.$$

Zeigen Sie, daß bei Annahme der Exponentialverteilung die Punktschätzung

$$\hat{\lambda} = \frac{r - 1}{S_{(1)} + \cdots + S_{(r-1)} + (n - r + 1)S_{(r)}}$$

den Erwartungswert λ (wahrer Parameter) besitzt.

Übung 4.4 Beweisen Sie die eineindeutige Zuordnung zwischen der Stichprobe x und der Likelihoodfunktion $L(\cdot, x)$ im Beispiel 4.10, d.h. man beweise $L(\cdot, x') = L(\cdot, x'')$ genau dann, wenn $x' = x''$.

Übung 4.5 Man berechne Erwartungswert und Varianz der Punktschätzung $\check{\lambda}$ aus Beispiel 4.13 und korrigiere die Punktschätzung auf Erwartungstreue!

Übung 4.6 Zeigen Sie, daß die Gleichung (4.20) immer eine Lösung besitzt!

Übung 4.7 Bestimmen Sie die Kovarianz $\mathrm{Cov}(\check{F}_n(s_1), \check{F}_n(s_2))$ sowie die Varianz $\mathrm{Var}(\check{F}_n(s)) = \mathrm{Cov}(\check{F}_n(s), \check{F}_n(s))$, für die empirische Verteilungsfunktion $\check{F}_n(\cdot)$.

Übung 4.8 Zeigen Sie, daß die Funktion (4.23) in Abschnitt 4.3 eine Cauchy-Funktion ist.

Übung 4.9 Zeigen Sie die Gültigkeit von (4.30) unter der Voraussetzung, daß (4.29) für alle s gilt und $\hat{F}_n(\cdot)$ und $F^*(\cdot)$ Verteilungsfunktionen sind.

Übung 4.10 Zeigen Sie die Beziehung (4.31) in Abschnitt 4.4.

Übung 4.11 Man beweise die Voraussetzung RI für das Beispiel 4.25.

5 Tests und Konfidenz–schätzungen auf der Grundlage von Zuverlässigkeitsdaten

5.1 Graphische Methoden in der Zuverlässigkeitstheorie

Graphische Methoden haben in den letzten Jahren nicht an Bedeutung verloren. Solange die Ausstattung mit Computern mangelhaft war, boten verschiedene Spezialpapiere die Möglichkeit, eine Verteilungsannahme sehr rasch auf graphischem Wege zu überprüfen.

Man könnte annehmen, daß diese Hilfsmittel mit der Entwicklung von Arbeitsplatzcomputern und entsprechender Statistiksoftware überflüssig geworden wären. Gerade die Anwendung komfortabler Software birgt jedoch die Gefahr in sich, daß formal statistische Methoden auf Daten angewandt werden, für die sie nicht anwendbar sind. Graphische Methoden bieten die Möglichkeit, gewisse Eigenschaften der Stichprobe zu erkennen und eine Auswahl geeigneter Methoden zu treffen.

Natürlich wird man heute nicht mehr mit Spezialpapieren arbeiten, sondern diese „Papiere" programmieren. Daher sollen in diesem Abschnitt einige wichtige und interessante graphische Methoden dargestellt werden.

Eine statistische Hypothese besteht im allgemeinen in der Behauptung: „Der wahre Parameter θ^* liegt in einer Teilmenge Θ_i des Parameterraumes Θ". Wie schon im Abschnitt 4.3 erläutert, lassen sich auf diese Weise sowohl parametrische als auch nichtparametrische Aufgabenstellungen formulieren.

Wir betrachten also ein statistisches Modell

$$\left(\mathfrak{X} = (x), \mathfrak{B}(\mathfrak{X}), \mathfrak{P} = (P_\theta, \theta \in \Theta) \right)$$

und wollen auf Grundlage einer Beobachtung x entscheiden, ob die Hypothese $\theta^* \in \Theta_i$ abzulehnen ist oder nicht.

Die geometrische Idee graphischer Verfahren besteht darin, die Daten x so umzuformen, daß verschiedene Hypothesen leicht voneinander unterschieden werden können. Betrachten wir als Beispiel die 3 Annahmen

$$\Theta_1 \;=\; \mathfrak{F}_{\mathrm{E},1} = (F(\cdot) : \overline{F}(s) = e^{-\lambda s}) ,$$

$$\Theta_2 = \mathfrak{F}_{\mathrm{IFR}} = \left(F(\cdot) : h(s) = \frac{f(s)}{\overline{F}(s)} \uparrow (s \uparrow)\right),$$

$$\Theta_3 = \mathfrak{F}_{\mathrm{DFR}} = \left(F(\cdot) : h(s) = \frac{f(s)}{\overline{F}(s)} \downarrow (s \uparrow)\right),$$

d.h. wir wollen entscheiden, ob die Stichprobe zu einer Verteilung mit konstanter Ausfallrate, mit wachsender Ausfallrate oder mit fallender Ausfallrate gehört. Dazu versuchen wir eine solche Abbildung zu wählen, daß die transformierte Verteilungsfunktion eine lineare, konvexe oder eine konkave Funktion bildet, die dann optisch gut voneinander unterschieden werden können.

Der Einfachheit halber nehmen wir an, daß $F(\cdot)$ eine monotone Verteilungsfunktion mit der Dichte $f(s) = dF(s)/ds > 0$ und dem Erwartungswert $m_{F,1} < \infty$ ist. Dann läßt sich für jedes $p \in [0, 1]$ das Quantil s_p der Ordnung p bestimmen:

$$F(s_p) = p, \quad s_p = F^{-1}(p)$$

Das Quantil erhält man aus der Umkehrfunktion der Verteilungsfunktion, und natürlich gelten

$$F(F^{-1}(p)) = p, \quad F^{-1}(F(s)) = s .$$

Bezeichnen wir mit $p_s = F(s)$, so gilt weiterhin

$$\frac{ds_p}{dp} = \frac{dF^{-1}(p)}{dp} = \frac{1}{\dfrac{dF(s)}{ds}\Big|_{s=s_p}} = \frac{1}{f(s_p)} > 0 .$$

Wir betrachten nun die Abbildung $T_F : [0, 1] \to [0, 1]$

$$T_F(p) = \frac{1}{m_{F,1}} \int_0^{F^{-1}(p)} \overline{F}(u)\, du . \tag{5.1}$$

Da sich der Erwartungswert aus $m_{F,1} = \int_0^{\infty} \overline{F}(u)\, du$ (vergleiche Abschnitt 1.3) berechnen läßt, folgt aus Formel (5.1), daß $T_F(\cdot)$ nichtfallend ist und daß $T_F(0) = 0$ und $T_F(1) = 1$ gelten. Ein mögliches Aussehen dieser Funktion ist in Abbildung 5.1 dargestellt.

Nun betrachten wir die Ableitung $\frac{dT_F(p)}{dp}$:

$$\frac{dT_F(p)}{dp} = \frac{1}{m_{F,1}} \frac{d}{dp}\left(\int_0^{F^{-1}(p)} \overline{F}(u)\, du \right) = \frac{1}{m_{F,1}} \overline{F}(F^{-1}(p)) \frac{dF^{-1}(p)}{dp} =$$

$$= \frac{1-p}{m_{F,1}} \frac{1}{f(s_p)} = \frac{1}{m_{F,1}} \frac{1}{\dfrac{f(s_p)}{1-F(s_p)}} = \frac{1}{m_{F,1}} \frac{1}{h(s_p)} , \tag{5.2}$$

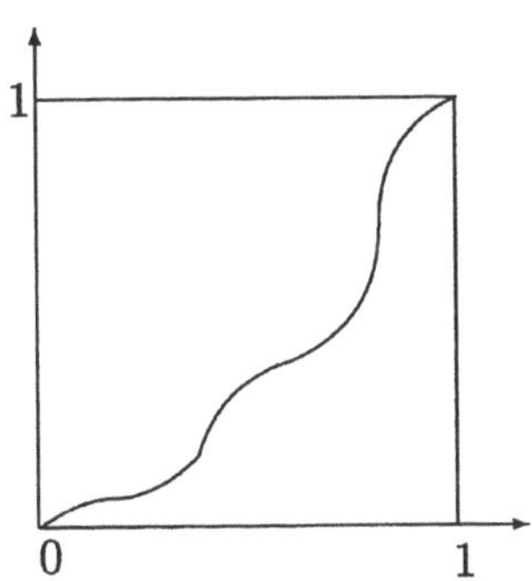

Abbildung 5.1: Die Funktion $T_F(p)$

wobei $h(s) = \frac{f(s)}{1-F(s)}$ die Ausfallrate ist.

Aus dieser Herleitung lassen sich bezüglich der 3 aufgeführten Annahmen Θ_1, Θ_2 und Θ_3 drei Folgerungen ableiten.

Folgerung 5.1 *Wenn* $F \in \mathfrak{F}_{E,1}$*, so gilt* $T_F(p) \equiv p$*.*

In diesem Fall ist $h(s_p) = \lambda, m_{F,1} = \frac{1}{\lambda}$ und damit erhält man $\frac{dT_F(p)}{dp} = \frac{1}{\frac{1}{\lambda}}\frac{1}{\lambda} \equiv 1$.

Damit gilt $T_F(p) = \int_0^p \frac{dT_F(p')}{dp'}\, dp' = p$ und die Abbildung $T_F(\cdot)$ ist eine Gerade vom Punkt $(0,0)$ in den Punkt $(1,1)$. ∎

Folgerung 5.2 *Wenn* $F \in \mathfrak{F}_{IFR}\backslash\mathfrak{F}_{E,1}$*, so ist* $T_F(\cdot)$ *eine streng konkave Funktion, deshalb liegt sie oberhalb der Diagonalen* $T_F(p) \equiv p$ *aus Folgerung 5.1.*

Diese Folgerung ist offensichtlich, da $h(s_p) \uparrow (s_p \uparrow)$ bedeutet, daß die Ableitung $\frac{dT_F(p)}{dp}$ eine fallende Funktion ist und damit $T_F(p)$ konkav ist. ∎

Ebenso offensichtlich ist die dritte Folgerung für Verteilungen mit fallender Ausfallrate:

Folgerung 5.3 *Wenn* $F \in \mathfrak{F}_{DFR}\backslash\mathfrak{F}_{E,1}$*, so ist* $T_F(\cdot)$ *eine streng konvexe Funktion, deshalb liegt sie unterhalb der Diagonalen* $T_F(p) \equiv p$ *aus Folgerung 5.1.*

Damit haben wir Verteilungsgesetze mit konstanter, wachsender bzw. fallender Ausfallrate voneinander unterschieden. Wir betrachten nun eine Punktschätzung $\hat{F}_n(s)$ und eine Schätzung des Mittelwertes $\hat{m}_{F,1}$, die aus der Stichprobe ermittelt werden. Die Abbildung T wird auf diese Schätzungen angewandt:

$$T_{\hat{F}_n}(p) = \frac{1}{\hat{m}_{F,1}} \int_0^{\hat{F}_n^{-1}(p)} \hat{\overline{F}}_n(u)\, du \, .$$

Ein graphischer Test besteht nun darin, die Funktion $T_{\hat{F}_n}(p)$ graphisch darzustellen und anhand des Verlaufes zu entscheiden, welche der 3 Annahmen zutrifft.

In Abbildung 5.2 sind drei Funktionen $T_{\hat{F}_n}(p)$ dargestellt. Dazu wurden jeweils

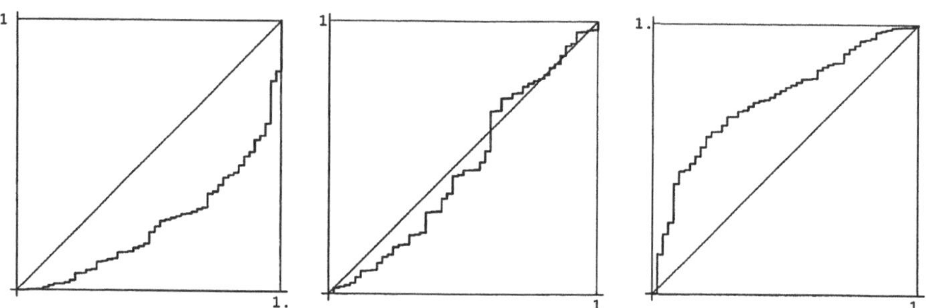

Abbildung 5.2: Drei TTT–Plots für simulierte Ausfalldaten

50 Ausfalldaten mittels der Weibullverteilung simuliert, und zwar für das linke Bild mit einem Formparameter $b = 0.5$ (DFR–Verteilung), für das mittlere Bild mit einem Formparameter $b = 1.0$ (Exponentialverteilung) und für das rechte Bild mit einem Formparameter $b = 2.0$ (IFR–Verteilung). Die Abbildung $F(\cdot) \to T_F(\cdot)$ nennt man auch total-time-on-test-Abbildung oder TTT–Plot. Diese Bezeichnung kommt daher, daß im Falle vollständiger Beobachtung

$$\hat{\overline{F}}_n(s) = \frac{1}{n} \sum_{i=1}^{n} \mathrm{I}(s_i > s)$$

und daher

$$t(s) := n \int_0^s \hat{\overline{F}}(u)\, du = s_{(1)}\mathrm{I}(s_{(1)} < s) + \ldots + s_{d(s)}\mathrm{I}(s_{d(s)} < s) + (n - d(s))s \ ,$$

d.h. $n \int_0^s \hat{\overline{F}}(s)\, ds$ ist die Gesamtprüfzeit bis zum Zeitpunkt s. Bei vollständiger Beobachtung erhält man als Schätzung des Erwartungswertes

$$m_{\mathrm{F},1} = \frac{1}{n} \sum_{i=1}^{n} s_i$$

und damit

$$T_{\hat{F}_n}(p) = \frac{1}{\sum_{i=1}^{n} s_i} \int_0^{\hat{s}_p} n\hat{\overline{F}}_n(u)\, du = \frac{t(\hat{s}_p)}{t(\hat{s}_1)} \ ,$$

wobei $\hat{s}_p = \hat{F}^{-1}(p)$ und $t(\hat{s}_p)$ bzw. $t(\hat{s}_1)$ die Gesamtprüfzeiten bis zur Zeit $\hat{s}_p$ bzw. $\hat{s}_1 = s_{(n)}$ sind.

Bei graphischen Tests wird also anhand eines Bildes optisch entschieden, welche der Annahmen getroffen werden kann. Natürlich ist diese Entscheidung keineswegs eindeutig und sehr subjektiv. Es gibt verschiedene Möglichkeiten, diese Entscheidung zu objektivieren. Wenn die Datenmenge genügend groß ist, kann man z.B. die Daten x zufällig in zwei gleiche Teilmengen x' und x'' teilen. Dann berechnet man jeweils mit diesen Teilmengen die Punktschätzungen $\hat{F}'_n$ und $\hat{F}''_n$ und vergleicht die beiden dazugehörigen Graphiken $T_{\hat{F}'_n}(.)$ und $T_{\hat{F}''_n}(.)$. Wenn man für beide Teilmengen zu der gleichen Entscheidung kommt wie für die ungeteilten Daten $x = x' \cup x''$, so kann man relativ sicher sein, daß die Datenmenge genügend groß und die Entscheidung richtig ist.

Nicht nur im Zusammenhang mit graphischen Methoden, sondern bei jedem Test stellt sich die Frage, wie sicher die getroffene Entscheidung ist. Um diese Frage zu beantworten, müssen die Entscheidungsregeln, wann welche Hypothese abzulehnen ist, exakt formuliert werden und außerdem muß der zufällige Prozeß $T_{\hat{F}'_n}(.)$ bezüglich seiner Variabilität genauer untersucht werden. Wenn die Entscheidungsregeln exakt formuliert sind, so ist es möglich, die Untersuchung des Prozesses $T_{\hat{F}'_n}(.)$ mit Simulation durchzuführen. Auf diese Fragestellungen kommen wir im Kapitel 7 im Zusammenhang mit Simulationsmethoden und Bootstrap–Methoden noch einmal zurück.

Wir wollen hier noch eine andere Möglichkeit der Verwendung graphischer Methoden vorstellen. Diese Möglichkeit basiert auf den sogenannten Wahrscheinlichkeitspapieren.

Beispiel 5.1 Wir nehmen wieder an, daß eine vollständige Beobachtung vorliegt. Seien $X_{(n)} = (S_1, ..., S_n)$ die Stichprobe und $S_{(1,n)}, ..., S_{(n,n)}$ die zugehörige Variationsreihe. Die S_i, $i = 1, ..., n$ seien unabhängig und identisch verteilt mit der Verteilungsfunktion $F(s) = \Phi(\frac{s-\mu}{\sigma})$, d.h. wir untersuchen die Hypothese, daß die Grundgesamtheit einer Normalverteilung mit den Parametern $\theta = (\mu, \sigma), \sigma > 0$ unterliegt. Wir betrachten nun solche Abbildungen, in denen jedem Punkt (s, p), $0 < p < 1$ ein Punkt (s, u_p) zugeordnet wird, wobei u_p durch die Gleichung $\Phi(u_p) = p$ definiert ist. Damit bilden wir die Verteilungsfunktion $F(s) = \Phi(\frac{s-\mu}{\sigma})$ in eine Funktion auf der Ebene R^2 ab. Wenn $F(s) = \Phi(\frac{s-\mu}{\sigma}) = p$ ist, dann wird der Punkt (s, p) in den Punkt $(s, u_{p(s)})$ abgebildet. Daher wird die Funktion $F(s) = \Phi(\frac{s-\mu}{\sigma})$ oder $\frac{s-\mu}{\sigma} = u_{F(s)}$ in die Gerade

$$u_{F(s)} = \frac{s}{\sigma} - \frac{\mu}{\sigma} \tag{5.3}$$

abgebildet, d.h. jede Verteilungsfunktion der Normalverteilung bildet bei so einer Abbildung eine Gerade. Die Gerade (5.3) geht durch den Punkt $(\mu, 0)$ und besitzt den Anstiegswinkel $\tan(\varphi) = 1/\sigma$. Je kleiner die Varianz σ ist, umso steiler ist die Gerade.

Wenn wir nun die empirische Verteilungsfunktion $\hat{F}_n(s)$ in dieser Abbildung darstellen, dann werden die Punkte $(s_{(i,n)}, \hat{F}_n(s_{(i,n)}))$ der Variationsreihe in die Punkte $(s_{(i,n)}, u_{\frac{i}{n}})$ abgebildet. Ist die Annahme einer Normalverteilung richtig, dann liegen diese Punkte in der Nähe der entsprechenden Punkte $(s, \frac{s}{\sigma} - \frac{\mu}{\sigma})$, d.h. sie bilden annähernd eine Gerade. Die beschriebene Abbildung ist als Spezialpapier (das sogenannte Wahrscheinlichkeitsnetz) erhältlich.

Natürlich läßt sich diese Idee auf alle Verteilungsfamilien der Form $\mathfrak{F}_{F_0(\cdot)} = \{F_0(\frac{s-\mu}{\sigma}),\ \theta = (\mu, \sigma) \in \Theta \subseteq \mathrm{R}^2\}$ oder auch der Form $\mathfrak{F}_{F_0(\cdot),g(\cdot)} = \{F_0(\frac{g(s)-\mu}{\sigma}),$ $\theta = (\mu, \sigma) \in \Theta \subseteq \mathrm{R}^2\}$, wobei $g(s)$ eine monoton wachsende stetige Funktion ist, anwenden. $\qquad\qquad\qquad\qquad\qquad\qquad\qquad\qquad\qquad\qquad\qquad\qquad\qquad\quad\Diamond$

Als letztes wollen wir noch ein „Wahrscheinlichkeitspapier", und zwar das für Extremwertverteilungen betrachten.

Beispiel 5.2 Sei $\mathfrak{F}_{\mathrm{w},2} = (F(\cdot):\ \overline{F}(s) = \exp(-(\frac{s}{\alpha})^\beta), s > 0, \alpha > 0, \beta > 0)$. Die Überlebensfunktion kann in der Form

$$\overline{F}(s) = \exp(-\exp(\beta(\ln s - \ln \alpha)))$$

geschrieben werden. Ist nun $\overline{F}_0(s)$ die Funktion $\overline{F}_0(s) = \exp(-\exp(s))$, $s \in \mathrm{R}^1$ und betrachten wir die beiden Parameter $\mu = \ln \alpha$ und $\sigma = 1/\beta$, so erhalten wir die Familie

$$\mathfrak{F}_{F_0(\cdot),\ln(\cdot)} = \left(F(\cdot):\ \overline{F}_0(\frac{\ln s - \mu}{\sigma}), s > 0,\ \alpha > 0, \beta > 0\right).$$

Sei w_p ein Quantil, das durch $\overline{F}_0(w_p) = p$ definiert ist, d.h. $\exp(-\exp(w_p)) = p$. Dann erhält man $w_p = \ln\ln\frac{1}{p}$. Die Abbildung $(s,p) \to (\ln s,\ \ln\ln\frac{1}{p})$ liefert dann wieder das gewünschte Ergebnis: die Kurve $(s, \overline{F}_0(\frac{\ln s - \mu}{\sigma}))$ wird in die Gerade $(t, \frac{t-\mu}{\sigma})$ abgebildet. Diese Abbildung ist wieder lokal stetig und die Punkte der empirischen Verteilungsfunktion $(\ln s_{(i,n)}, \ln\ln(1/(i/n)))$ weichen nur wenig von der Geraden ab, wenn die Hypothese einer Weibullverteilung wahr ist. Damit hat man auch hier wieder eine Entscheidungsregel, bei der man allerdings wieder auf Intuition angewiesen ist. $\qquad\qquad\qquad\qquad\qquad\qquad\qquad\qquad\qquad\qquad\quad\Diamond$

In vielen Statistik–Programmpaketen findet man graphische Methoden in Form sogenannter QQ–plots, wobei QQ für „Quantil-Quantil" steht. Die Idee dieser QQ–plots besteht in folgendem. Wir führen eine Folge von statistischen Versuchen durch und erhalten die Folge statistischer Daten $\underline{x}_1, \underline{x}_2, ..., \underline{x}_n, ...$. Jeder dieser Vektoren kann z.B. das Resultat einer Lebensdauerprüfung nach dem Stichprobenplan $[m, O, r]$ sein. Für jede der Stichproben wird der Wert einer Statistik $T(\cdot)$ berechnet, die bei Richtigkeit einer uns interessierenden Hypothese asymptotisch für $n \to \infty$ einer bekannten Verteilung unterliegt, z.B. der Standardnormalverteilung oder einer Exponentialverteilung mit bekanntem Parameter λ_0. Die Werte der Statistik $T_i = T(x_i)$, $i = 1, ..., n$ werden geordnet und die Punkte $(u_{k/(n+1)}, T_{(k)})$ werden im QQ–plot dargestellt, wobei $u_{k/(n+1)}$ das Quantil zur Ordnung $k/(n+1)$ der bekannten Grenzverteilung (im Falle der Exponentialverteilung z.B. $u_{k/(n+1)} = -\frac{1}{\lambda_0} \ln(1 - \frac{k}{n+1}))$ ist. Zwei typische QQ–plots aus BELYAEV, LINDKVIST [18] sind für den Fall einer asymptotischen Standardnormalverteilung in Abbildung 5.3 dargestellt.

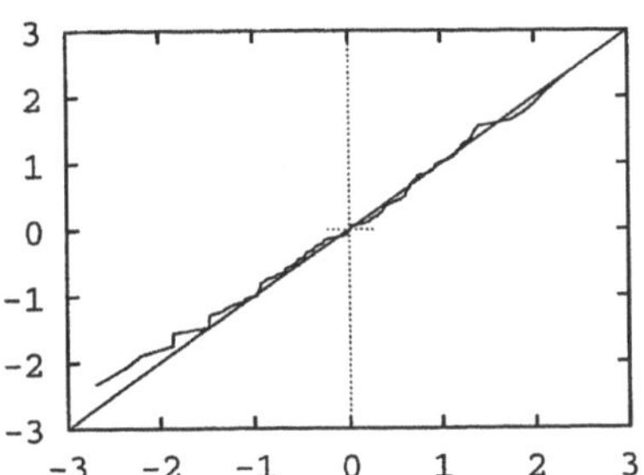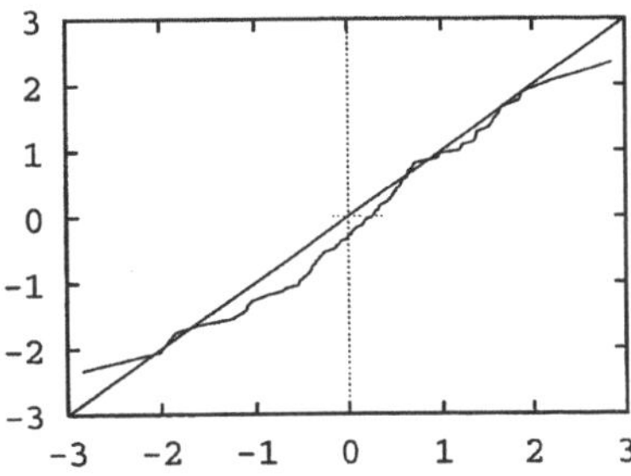

Abbildung 5.3: Zwei QQ–plots

Wir bemerken noch, daß diese Herangehensweise auch auf zensierte Daten anwendbar ist, wenn man für diese Daten eine konsistente Punktschätzung $\hat{F}_n(\cdot)$ findet.

5.2 Parametrische und nichtparametrische Signifikanztests

Im letzten Abschnitt wurden graphische Verfahren betrachtet, mit denen Hypothesen über den Typ der Lebensdauerverteilung geprüft werden konnten. Diese Verfahren, mit denen man sich schnell einen Überblick über den Typ der Verteilung verschaffen konnte, hatten jedoch den wesentlichen Nachteil, daß man dabei auf Erfahrung und Intuition angewiesen war. Es fehlte vor allem an einer klar formulierten Entscheidungsregel, mit der man sich für oder gegen eine Hypothese entscheidet. Daher wenden wir uns in diesem Abschnitt den Signifikanztests zu, für die unter bestimmten Bedingungen klare Entscheidungsregeln existieren. Der Nachteil dieser Signifikanztests wird etwas später diskutiert.

Nehmen wir an, daß die Hypothese mathematisch exakt formuliert werden kann. Z.B. könnte die Hypothese lauten $H_0 : \theta^* \in \Theta_0$, d.h. der unbekannte wahre Parameter liegt im Bereich Θ_0.

Wir haben bereits erwähnt, daß mit dieser Formulierung auch nichtparametrische Probleme erfaßt werden können. Nach Durchführung des statistischen Experimentes erhält man die Daten x und man möchte aufgrund dieser Daten mit großer Wahrscheinlichkeit zu einer richtigen Entscheidung kommen. Diese große Wahrscheinlichkeit bezeichnen wir mit $(1 - \alpha)$, wobei für α – die sogenannte Irrtumswahrscheinlichkeit – häufig $\alpha = 0.1$; $\alpha = 0.05$ oder $\alpha = 0.01$ verwendet wird.

Desweiteren sei T eine Statistik $T : \mathfrak{X} \to \mathfrak{T}$, deren Verteilung für $\theta^* \in \Theta_0$ (also bei Gültigkeit der zu prüfenden Hypothese) unabhängig von θ^* ist. Sei P_0 diese Verteilung der Zufallsgröße T. Nun definieren wir eine Teilmenge $B_0 = B_0(\alpha)$ so, daß

$$P_0(T \in B_0) \leq \alpha \; .$$

Ist die Hypothese richtig, so ist also die Wahrscheinlichkeit, daß T Werte aus B_0 annimmt, klein. Das führt dazu, daß bei $T \in B_0$ die Hypothese abgelehnt wird, da die Daten der Hypothese signifikant widersprechen. Diese Tests nennt man Signifikanztests.

Dabei ist α die Wahrscheinlichkeit, eine Hypothese abzulehnen, obwohl sie richtig ist. Dieser mögliche Fehler heißt *Fehler erster Art*. Somit ist α die Wahrscheinlichkeit, einen Fehler erster Art zu begehen. Die Statistik T heißt *Testgröße* oder *Prüfgröße* und B_0 heißt *kritischer Bereich*.

Beispiel 5.3 Wir betrachten nun die Durchführung eines Tests am Beispiel des Parameters λ der Exponentialverteilung.
Die Zufallsgröße X sei exponentialverteilt mit dem Parameter λ. Es liegen Beobachtungen $T_{(1)}, ..., T_{(r)}$ nach dem Stichprobenplan $[n, O, r]$ vor. Die Likelihoodfunktion ist für diesen Fall :

$$L(\lambda, T_{(1)}, ..., T_{(r)}) = \binom{n}{r} \prod_{i=1}^{r} \lambda e^{-\lambda T_i} \left(e^{-\lambda T_{(r)}} \right)^{N-r}$$

und als Punktschätzung nach der Likelihood-Methode erhält man

$$\check{\lambda} = \frac{r}{\sum_{i=1}^{r} T_i + (N - r)T_{(r)}} \; .$$

Da $S_r = \sum_{i=1}^{r} T_i + (N - r)T_{(r)}$ einer Erlangverteilung unterliegt, kann diese Größe als Teststatistik verwendet werden.
Ein Test wird nach folgenden Punkten durchgeführt (siehe z.B. BEYER u.a [20]):

1. Aufstellen der Nullhypothese $H_0 : \lambda = \lambda_0$.

2. Vorgabe einer Irrtumswahrscheinlichkeit α (z.B. $\alpha = 0.01,\ 0.05,\ 0.1$).

3. Wahl einer geeigneten Prüfgröße T.
   Diese Prüfgröße ist eine Funktion der Stichprobe und ihre Verteilung ist vollständig bekannt. In unserem Fall kann gezeigt werden, daß die Größe

$$2r\frac{\lambda_0}{\tilde{\lambda}} = 2\lambda_0\,\big(\underbrace{\sum_{i=1}^{r} T_i + (N-r)T_{(r)}}_{total\ \ time\ \ of\ \ test}\big)$$

einer χ^2-Verteilung mit $2r$ Freiheitsgraden unterliegt (siehe z.B. BARLOW, PROSHAN [7]).

4. Ermittlung des kritischen Bereiches B_0 aus der Beziehung
   $P_{\lambda_0}(T \in B_0 | H_0) = \alpha$.
   Je nach ein– oder zweiseitiger Fragestellung kann ein Test aus

$$P_{\lambda_0}(2\lambda_0 S_r \in B_0) = \alpha$$

als $B_0 = (\chi^2_{1-\alpha}(2r), \infty)$ oder $B_0 = ([0, \chi^2_{\frac{\alpha}{2}}(2r)] \cup [\chi^2_{1-\frac{\alpha}{2}}(2r), \infty])$ bestimmt werden, wobei $\chi^2_\alpha(2r)$ das Quantil der χ^2–Verteilung mit $2r$ Freiheitsgraden zur Ordnung α ist.

5. Als letztes wird eine Realisierung von $2\lambda_0 S_r$ berechnet und die Hypothese abgelehnt, wenn diese Realisierung in B_0 liegt.

$$\Diamond$$

Diese Art Test ist ein Signifikanztest. Seine Durchführung ist nur möglich, wenn man eine geeignete Prüfgröße findet, deren Verteilung vollständig bekannt ist. Bisher haben wir nur über die zu prüfende Nullhypothese gesprochen. Es ist jedoch natürlich, neben dieser Nullhypothese eine Alternativhypothese H_1 zu betrachten, $H_1 : \quad \theta^* \in \Theta_1,\ \Theta_1 \cap \Theta_0 = \emptyset$. Nehmen wir an, daß H_1 richtig ist. Dann ist es möglich, daß die Realisierung der Prüfgröße nicht im kritischen Bereich B_0 liegt, die Nullhypothese also nicht abgelehnt wird, obwohl H_1 richtig ist. Diesen Fehler nennt man *Fehler zweiter Art*. Die Wahrscheinlichkeit eines Fehlers zweiter Art bezeichnet man gewöhnlich mit β. Im allgemeinen hängt β von $\theta^* \in \Theta_1$ ab.
Bei den oben angeführten Punkten der Konstruktion eines Signifikanztests hatten wir keine Möglichkeit, Einfluß auf den Fehler zweiter Art zu nehmen. Im allgemeinen ist β umso größer, je kleiner α ist.

Wenn es mehrere Möglichkeiten für die Konstruktion eines Tests gibt, so wird man natürlich den verwenden, der bei gegebenem α ein kleineres β besitzt. Unter den Signifikanztests gibt es *beste (mächtigste) Tests* , d.h. Tests, deren Wahrscheinlichkeit eines Fehlers zweiter Art minimal wird. Nach dem Lemma von Neyman und Pearson (siehe z.B. RAO [58] oder LEHMANN [49]) besteht ein solcher bester Test für einfache Hypothesen $H_0 : \theta^* = \theta_0$ und $H_1 : \theta^* = \theta_1$ in folgendem :

Als Prüfgröße wird der Likelihoodquotient

$$L(\theta_1, X)/L(\theta_0, X)$$

gewählt. Der kritische Bereich wird aus der Beziehung

$$\mathrm{P}_{\theta_0} \left(X : \frac{L(\theta_1, X)}{L(\theta_0, X)} \geq \delta,\ x \in \mathfrak{X} \right) = \alpha$$

bestimmt. Das bedeutet, man muß δ so bestimmen, daß die Wahrscheinlichkeit des Ereignisses $\{L(\theta_1, X)/L(\theta_0, X) \geq \delta\}$ gleich der vorgegebenen Irrtumswahrscheinlichkeit α ist.

Beispiel 5.4 Wir betrachten wieder die Exponentialverteilung und den Stichprobenplan $[n, O, r]$. Für den Likelihoodquotienten erhält man

$$\frac{L(\theta_1, T_{(1)}, ..., T_{(r)})}{L(\theta_0, T_{(1)}, ..., T_{(r)})} = \frac{\prod_{i=1}^{r} \lambda_1 e^{-\lambda_1 T_i} \left[e^{-\lambda_1 T_{(r)}} \right]^{N-r}}{\prod_{i=1}^{r} \lambda_0 e^{-\lambda_0 T_i} \left[e^{-\lambda_0 T_{(r)}} \right]^{N-r}}$$

$$= \left(\frac{\lambda_1}{\lambda_0} \right) e^{-(\lambda_1 - \lambda_0)(\sum_{i=1}^{r} T_i + T_{(r)}(N-r))} .$$

Hier sieht man, daß der Likelihoodquotient die gleiche Teststatistik liefert, wie im Beispiel 5.3. Hieraus folgt, daß der dort vorgeschlagene Test ein bester Test ist. Der Likelihoodquotiententest hat noch einen anderen Vorteil: Wenn die Verteilung einer geeigneten Prüfgröße nicht mehr bestimmt werden kann, so wird der Likelihoodquotient selbst als Prüfgröße verwendet und seine asymptotische Verteilung benutzt. Hier gilt für unabhängige und identisch verteilte Beobachtungen $X(n) = (X_1, ..., X_n)$ unter den Regularitätsvoraussetzungen aus Abschnitt 4.5

$$\lim_{n \to \infty} \mathcal{L}(2(\ln L(\breve{\theta}_n, X(n)) - \ln L(\theta^*, X(n)))) = \chi^2(k)$$

wobei k die Dimension des interessierenden Parameters θ^* und $\breve{\theta}_n$ seine Maximum–Likelihood–Schätzung sind.

Dieses Ergebnis läßt sich folgendermaßen verallgemeinern. Wenn der Parameter $\underline{\theta} = (\theta_1, ..., \theta_k, \theta_{k+1}, ..., \theta_m) \in \Theta$ aus den k interessierenden Komponenten $\theta_1, ..., \theta_k$ und den $(m - k)$ störenden (nuisance) Komponenten $\theta_{k+1}, ..., \theta_m$ besteht, so entspricht der Nullhypothese H_0 eine Untermenge $\Theta_0 = ((\theta_1^0, ..., \theta_k^0, \theta_{k+1}, ..., \theta_m))$, in der die störenden Komponenten $\theta_{k+1}, ..., \theta_m$ beliebige Werte so annehmen können, daß $(\theta_1^0, ..., \theta_k^0, \theta_{k+1}, ..., \theta_n) \in \Theta$ ist. In diesem Fall unterliegt der logarithmierte Likelihoodquotient

$$2(\ln L(\hat{\underline{\theta}}_n, X(n)) - \ln L(\hat{\underline{\theta}}_n^0, X(n)))$$

asymptotisch für $n \to \infty$ einer χ^2–Verteilung mit k Freiheitsgraden, wobei $\hat{\underline{\theta}}_n$ die Maximum–Likelihood–Schätzung aller Komponenten und $\hat{\underline{\theta}}_n^0$ die Maximum–Likelihood–Schätzung der störenden Komponenten für $\theta^* \in \Theta_0$ sind. $\quad\quad\Diamond$

Beispiel 5.5 Wir betrachten eine Weibull–Verteilung mit dem Parameter $\theta = (a, b)$ bei vollständiger Beobachtung aller Ausfallszeiten x_i, $i = 1, ..., n$ (dieser Weg läßt sich bei zensierten Daten völlig analog durchführen). Es soll bei hinreichend großem Stichprobenumfang n die Hypothese $b = 1$ gegen $b > 1$ getestet werden. Der Parameter a ist im Modell vorhanden, jedoch für die Fragestellung nicht von Interesse.

Dann erhält man für $x(n) = (x_1, ..., x_n)$:

$$2(\ln L(\check{\underline{\theta}}, x(n)) - \ln L(\underline{\theta}_0, x(n))) =$$
$$= 2(\ln L(\check{a}_n, \check{b}_n, x(n)) - \ln L(\check{a}_n^0, b_0, x(n))) =$$
$$= 2(n \ln \check{b}_n + (\check{b}_n - 1) \sum_{i=1}^{n} \ln x_i - n\check{b}_n \ln \check{a}_n - \sum_{i=1}^{n} (\frac{x_i}{\check{a}_n})^{\check{b}_n} -$$
$$-n \ln b_0 - (b_0 - 1) \sum_{i=1}^{n} \ln x_i + n b_0 \ln \check{a}_n^0 + \sum_{i=1}^{n} (\frac{x_i}{\check{a}_n^0})^{b_0} ,$$

wobei $\check{a}_n^0 = \left(\frac{1}{n} \sum_{i=1}^{n} x_i^{b_0}\right)^{\frac{1}{b_0}}$ ist.

Ist diese Größe größer als das Quantil der χ^2–Verteilung mit 1 Freiheitsgrad, so besteht Grund, die Hypothese $\beta = 1$ abzulehnen. $\quad\quad\Diamond$

An diesen Beispielen sieht man, daß die Durchführung eines Signifikanztestes vor allem zwei Schwierigkeiten bereitet : Man muß eine Prüfgröße T finden, deren Verteilung bei richtiger Nullhypothese vollständig bekannt ist und man muß einen kritischen Bereich B_0 so wählen, daß die Irrtumswahrscheinlichkeit eingehalten wird. Wir haben gesehen, daß der Likelihoodquotient als Teststatistik (Prüfgröße) und seine asymptotische χ^2–Verteilung zumindest für große Stichprobenumfänge und beim Testen eines Parameters einen Ausweg bieten.

Wir wollen diese Frage nun theoretisch etwas mehr durchleuchten.

Sei $H_1 : \theta^* \in \Theta_1$ eine Alternativhypothese. Wenn nun aus der Beobachtung die Daten $X_n = (X_1, ..., X_n)$ vorliegen und $n \to \infty$, so wollen wir natürlich fordern, daß eine richtige Entscheidung getroffen wird. Das heißt, wenn $\Theta_1 \cap \Theta_0 = \emptyset$ und $\theta^* \in \Theta_1$, so soll die Wahrscheinlichkeit H_0 abzulehnen für $n \to \infty$ gegen 1 konvergieren.

Definition 5.1 *Ein Test* (T, B_0) *heißt* (Θ_0, Θ_1) *- konsistent, wenn für* $\theta^* \in \Theta_1$

$$\lim_{n \to \infty} P_\theta(T(x_n) \in B_0) = 1 \qquad \forall \theta \in \Theta_1 \, .$$

Ein (Θ_0, Θ_1) *- konsistenter Test* (T, B_0) *heißt* Signifikanztest zum Signifikanzniveau $(1 - \alpha)$, *wenn*

$$P_\theta(T(x_n) \in B_0) \leq \alpha, \quad \theta \in \Theta_0 \, .$$

Wir betrachten nun konsistente Tests an einer Reihe von nichtparametrischen Aufgabenstellungen.

Beispiel 5.6 *Der Kolmogorov - Smirnov - Test.*

Bei diesem Test sind zwei Stichproben $Y(n_1) = (Y_1, ..., Y_{n_1})$ und $Z(n_2) = (Z_1, ..., Z_{n_2})$ gegeben. Es kann sich hierbei z.B. um 2 Temperaturmessungen handeln und man möchte die Frage entscheiden, ob zwischen den beiden Stichproben ein Unterschied besteht oder ob sich die unterschiedlichen Meßwerte aus Zufallsabweichungen erklären lassen.

Sei $X(n)$ die Stichprobe $(Y_1, ..., Y_{n_1}, Z_1, ..., Z_{n_2}), n = n_1 + n_2$. Wir bezeichnen mit $F_1(s) = P(Y_i \leq s)$ und $F_2(s) = P(Z_i \leq s)$ die Verteilungen der beiden Stichproben und nehmen an, daß es sich um stetige Verteilungen handelt. Der zu testende Parameter besteht aus diesen beiden Verteilungsgesetzen $\theta = (F_1(\cdot), F_2(\cdot))$. Wenn die Nullhypothese darin besteht, daß die beiden Stichproben der gleichen Verteilung unterliegen, so erhalten wir $\Theta_0 = \{(F_1(\cdot), F_2(\cdot)) : F_1(\cdot) = F_2(\cdot)\}$ und $\Theta_1 = \{(F_1(\cdot), F_2(\cdot)) : F_1(\cdot) \neq F_2(\cdot)\}$. Mit $\hat{F}_{1,n_1}(\cdot)$ und $\hat{F}_{2,n_2}(\cdot)$ bezeichnen wir die entsprechenden empirischen Verteilungsfunktionen

$$\hat{F}_{1,n_1}(s) \;=\; \frac{1}{n_1} \sum_{i=1}^{n_1} I(Y_i \leq s) \quad \text{und}$$

$$\hat{F}_{2,n_2}(s) \;=\; \frac{1}{n_2} \sum_{i=1}^{n_2} I(Z_i \leq s) \, .$$

Wir betrachten nun die Teststatistik

$$T(x(n)) = \sqrt{\frac{n_1 n_2}{n_1 + n_2}} \sup_s |\hat{F}_{1,n_1}(s) - \hat{F}_{2,n_2}(s)| \, .$$

Wenn die Nullhypothese gültig ist, so ist die Verteilung dieser Größe unabhängig von $F(\cdot) = F_1(\cdot) = F_2(\cdot)$. Daher können wir den kritischen Bereich $B_0 = ((-\infty, -t_{n,\alpha}) \cup (t_{n,\alpha}, \infty))$ aus

$$\mathrm{P}_{(F_1(\cdot),F_2(\cdot))}(|T(x(n))| > t_{n,\alpha}) = \alpha$$

bestimmen.

Da $|T(X(n))| \to \infty$ für $n \to \infty$ gilt, erhalten wir außerdem

$$\lim_{\min(n_1,n_2)\to\infty} \mathrm{P}_{(F_1(\cdot),F_2(\cdot))}(|T(x(n))| > c) = 1 \; .$$

Damit erhalten wir einen konsistenten Test bei beliebiger Alternativhypothese.

$\diamond$

Der Test aus Beispiel 5.6 kann auch auf den Stichprobenplan $[n, O, T]$ verallgemeinert werden, wenn T für beide Stichproben gleich ist.

Beispiel 5.7 In diesem Beispiel betrachten wir den Fall, daß die Nullhypothese nur eine einzige Verteilungsfunktion $H_0 : F(\cdot) = F_0(\cdot)$ enthält (einfache Nullhypothese). Wir nehmen wieder an, daß $F_0(\cdot)$ stetig ist. Damit ist $\Theta_0 = \{\theta_0\}, \theta_0 = F_0(\cdot)$. Als Alternative sollen alle anderen Verteilungsfunktionen in Betracht kommen:

$$\Theta_1 = \{F(\cdot) : F(\cdot) \neq F_0(\cdot)\} \; .$$

Die Untersuchungen werden nach dem Stichprobenplan $[n, O, n]$ durchgeführt. Damit erhält man die statistischen Daten $X(n) = (X_1, ..., X_n), \quad X_i \in \mathrm{R}^1$.
Die Statistik $T_n(X(n)) = \sqrt{n}\sup_s |\hat{F}_n(s) - F_0(s)|$ mit $\hat{F}_n(s) = \frac{1}{n}\sum_{i=1}^{n} \mathrm{I}(X_i \leq s)$
– empirische Verteilungsfunktion – ist unabhängig von F_0, wenn die Hypothese richtig ist: $F^*(\cdot) = F_0(\cdot)$. Sie kann daher als Teststatistik verwendet werden.
Die Verteilung von $T_n(X(n))$:

$$K_n(y) = \mathrm{P}_{F_0(\cdot)}(\sqrt{n}\sup_s |\hat{F}_n(s) - F_0(s)| \leq y)$$

heißt Kolmogorov–Verteilung. Für diese Verteilung existieren Tabellen der Quantile $k(n, p)$ (z.B. in SMIRNOV, DUNIN–BARKOVSKI [63]):

$$K_n(k(n, p)) = p \; .$$

Damit kann das kritische Niveau aus

$$\mathrm{P}_{F_0(\cdot)}(\sqrt{n}\sup_s |\hat{F}_n(s) - F_0(s)| > k(n, 1 - \alpha)) = \alpha$$

bestimmt werden.

Wenn $n \to \infty$ und $F^*(\cdot) \neq F_0(\cdot)$, so gilt

$$P_{F^*(\cdot)}(\sqrt{n}\sup_s |\hat{F}_n(s) - F_0(s)| > k(n, 1-\alpha)) \to 1$$

und wir haben auch hier wieder einen (Θ_1, Θ_2) - konsistenten Signifikanztest zum Signifikanzniveau $(1 - \alpha)$. $\Diamond$

Der in diesem Beispiel betrachtete Fall einer einfachen Nullhypothese ist gerade der einfachste Fall. Wesentlich interessanter (und praktisch relevanter) ist es, wenn die Nullhypothese eine Familie von Verteilungen enthält, wenn man z.B. entscheiden will, ob eine Verteilung zur Familie der Weibullverteilungen gehört. Diese Fragestellung betrachten wir im nächsten Beispiel.

Beispiel 5.8 Sei $\Theta_0 = \mathfrak{F}_{w,2}$, d.h. die Nullhypothese besteht darin, daß die betrachtete Grundgesamtheit einer zweiparametrischen Weibullverteilung unterliegt: $\bar{F}(s, a, b) = e^{-(s/a)^b}$. Die Parameter sind hier nicht weiter spezifiziert. Die Beobachtung wird wieder nach dem Stichprobenplan $[n, O, n]$ durchgeführt, d.h. wir erhalten die Daten $X(n) = (S_1, ..., S_n)$.

Mit $\hat{a}_n$ und $\hat{b}_n$ bezeichnen wir die Maximum–Likelihood–Punktschätzungen der beiden unbekannten Parameter.

Betrachten wir nun wieder die Statistik

$$T_n(X(n)) = \sqrt{n}\sup_s |\hat{F}_n(s) - F(s, \hat{a}_n, \hat{b}_n)| \, .$$

Man kann beweisen, daß für $n \to \infty$ die Verteilung von $T_n(X(n))$ unabhängig von den wahren Parametern a^* und b^* ist, wenn die wahre Verteilung $F^*(s) = F(s, a^*, b^*) \in \mathfrak{F}_{w,2}$. Damit ist es auch hier möglich, asymptotisch das kritische Niveau $k(n, 1-\alpha)$ zu bestimmen:

$$\lim_{n\to\infty} P_{F(\cdot, a^*, b^*)}(\sqrt{n}\sup_s |\hat{F}_n(s) - F(s, \breve{a}_n, \breve{b}_n)| > k(n, 1-\alpha)) = \alpha \, .$$

Weiterhin kann man beweisen, daß für $F^*(\cdot) \notin \mathfrak{F}_{w,2}$

$$\lim_{n\to\infty} P_{F^*(\cdot)}(\sqrt{n}\sup_s |\hat{F}_n(s) - F(\breve{a}_n, \breve{b}_n)| > k(n, 1-\alpha)) = 1 \, .$$

Somit erhält man auch in diesem Fall einen $(\Theta_0 = \mathfrak{F}_{w,2}, \Theta_1 = \mathfrak{F}\backslash\mathfrak{F}_{w,2})$- konsistenten Test. Wir bemerken jedoch, daß man hier einen kritischen Bereich nur asymptotisch bestimmen kann. In diesem Fall existieren auch keine Tabellen und man ist für die Bestimmung des kritischen Bereiches auf Simulationsuntersuchungen angewiesen. $\Diamond$

Auf die oben gezeigte Art und Weise können verschiedene Signifikanztests für
die unterschiedlichen Aufgabenstellungen konstruiert werden.
Wir kommen nun zu der Frage zurück, welcher Test besser ist, wenn wir für
eine Aufgabenstellung verschiedene Tests finden können.
Erinnnern wir uns, daß die Konstruktion eines Tests darin besteht, eine Testgröße T und einen kritischen Bereich zu bestimmen. Der Fehler, die Hypothese
H_0 abzulehnen, obwohl sie richtig ist, tritt mit der Wahrscheinlichkeit α auf.
Bei einem Test kann man jedoch noch einen anderen Fehler machen: man lehnt
eine Nullhypothese H_0 nicht ab, obwohl sie falsch ist. Bei der Frage nach einem
„besten" Test wollen wir den kritischen Bereich so bestimmen, daß bei gegebener Irrtumswahrscheinlichkeit α dieser zweite Fehler zweiter Art minimal wird.
Dieses Problem ist lösbar, wenn sowohl Null- als auch Alternativhypothese einfache Hypothesen sind, d.h. sie bestehen jeweils nur aus einer einzigen Verteilung: $\Theta_0 = \{\theta_0\}$, $\Theta_1 = \{\theta_1\}$. Dann besagt das Lemma von Neyman und
Pearson, daß der Likelihoodquotient einen besten Test liefert. Ein Beispiel dazu
wurde am Anfang dieses Abschnittes betrachtet.
Im folgenden stellen wir die allgemeine Herangehensweise bei der Ermittlung
von Konfidenzschätzungen vor.
Wir betrachten das statistische Modell

$$(\mathfrak{X}, \mathfrak{B}(\mathfrak{X}), \mathfrak{P} = (P_\theta, \theta \in \Theta)) \,.$$

Die Daten, die man im Resultat eines statistischen Experimentes erhält, sind
Werte der Zufallsgröße X. Die Wahrscheinlichkeit des Ereignisses $X \in B$ bezeichnen wir in Abhängigkeit vom Wert des Parameters θ mit $P_\theta(B)$ oder mit
$P_\theta(X \in B)$, wobei $P_\theta \in \mathfrak{P}$. Der Zufallsgröße X wird ein System $\mathfrak{C}(\Theta)$ von
zufälligen Untermengen des Parameterraumes Θ zugeordnet. Dafür geben wir
eine Zahl $\gamma, 0 < \gamma < 1$ vor und ordnen jedem θ eine Untermenge $B(\theta) \in \mathfrak{B}(\mathfrak{X})$
so zu, daß

$$P_\theta(X \in B(\theta)) \geq \gamma \,.$$

Damit erhält man das Mengensystem $\mathfrak{B}_\gamma(\mathfrak{X}) = \{B(\theta) : B(\theta) \subset \mathfrak{X}, \ \theta \in \Theta\}$
aller solcher Untermengen. Mittels $\mathfrak{B}_\gamma(\mathfrak{X})$ wird jedem $x \in X$ eine Untermenge
$C(x) \subset \Theta$ zugeordnet, die alle diejenigen Parameterwerte θ' enthält, für die x
in $B(\theta')$ enthalten ist, also

$$C(x) := \{\theta' : x \in B(\theta')\} \,.$$

Sei nun $\mathfrak{C}(\Theta) = \{C(x) : x \in \mathfrak{X}\}$ das System aller solcher Untermengen. Das
Ereignis $\{X \in B(\theta)\}$ tritt genau dann ein, wenn $\{\theta \in C(X)\}$. Damit ist $\{\theta \in$
$C(X)\}$ nur eine äquivalente Schreibweise für $\{X \in B(\theta)\}$. Es gilt

$$P_\theta(\theta \in C(X)) = P_\theta(X \in B(\theta)) \geq \gamma \,. \tag{5.4}$$

Dieses bedeutet, daß die „zufällige" Menge $C(X)$ den wahren Parameter θ mit einer Wahrscheinlichkeit $\geq \gamma$ enthält (siehe auch Abbildung 5.4).

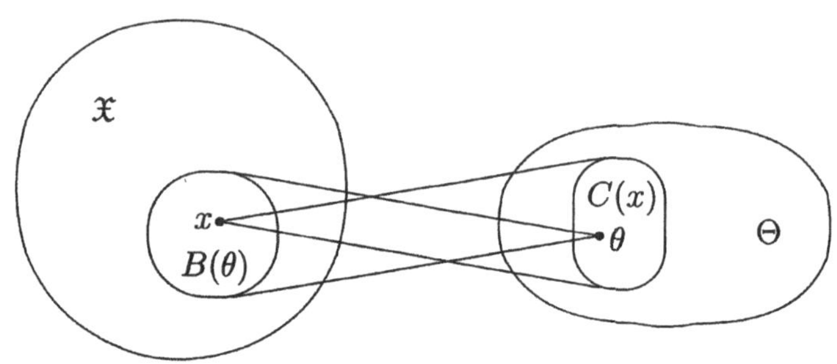

Abbildung 5.4:

Definition 5.2 *Ein Mengensystem* $\mathfrak{C} = (C(x) : x \in \mathfrak{X})$, *für das für beliebige* θ *die Beziehung (5.4) gilt, heißt* System von Konfidenzmengen *zum Konfidenzniveau* γ *oder System von* γ-Konfidenzmengen. *Die Zahl* $\gamma_0 = \inf_{\theta \in \Theta} \mathrm{P}_\theta(\theta \in C(X))$ *heißt* Konfidenzniveau *des Systems von* γ-Konfidenzmengen, $\gamma_0 \leq \gamma$.

In Anwendungen ist es häufig erforderlich, Konfidenzschätzungen für eine reelle Funktion $g(\theta^*)$ des unbekannten wahren Parameters θ^* zu bestimmen. Für die Konfidenzgrenzen einer Funktion führen wir die folgenden Bezeichnungen ein:

Definition 5.3 *Eine Zufallsgröße* $g_-(X)$ *bzw.* $g_+(X)$ *heißt untere bzw. obere* γ-Konfidenzgrenze *für den Wert der Funktion* $g(\cdot) : \Theta \to \mathrm{R}^1$, *wenn für beliebige* $\theta \in \Theta$

$$\mathrm{P}_\theta(g_-(X) \leq g(\theta)) \geq \gamma \quad bzw. \quad \mathrm{P}_\theta(g(\theta) \leq g_+(X)) \geq \gamma \,.$$

Das zufällige Intervall $I(X) = [g_-(X), g_+(X)]$ *heißt* γ-Konfidenzintervall *für den Wert der Funktion* $g(\cdot)$, *wenn für beliebige* $\theta \in \Theta$

$$\mathrm{P}_\theta(g_-(X) \leq g_+(X)) = 1 \quad und \quad \mathrm{P}_\theta(g_-(X) \leq g(\theta) \leq g_+(X)) \geq \gamma \,.$$

Bei Verwendung eines geeigneten Systems von γ-Konfidenzmengen lassen sich γ-Konfidenzgrenzen und γ-Konfidenzintervalle bestimmen.

Satz 5.1 *Sei* $\mathfrak{C}(\mathfrak{X}) = (C(x) : x \in \mathfrak{X})$ *ein System von* γ-Konfidenzmengen *der Menge* Θ. *Wenn* $g_-(\cdot)$ *und* $g_+(\cdot)$ $\mathfrak{B}(\mathfrak{X})$-*meßbar sind, dann sind untere und obere* γ-Konfidenzgrenzen *bzw. ein* γ-Konfidenzintervall *für den Wert der Funktion* $g(\theta^*)$ *durch* $g_-(X) = \inf_{\theta \in C(x)} g(\theta)$, $g_+(X) = \sup_{\theta \in C(x)} g(\theta)$ *bzw.* $I(X) = [g_-(X), g_+(X)]$ *gegeben.*

Beweis: Die Behauptung folgt unmittelbar aus den Beziehungen

$$\begin{aligned}
(x : g_-(x) &\leq g(\theta)) \supseteq (x : \theta \in C(x)) = (x : x \in B(\theta)) , \\
(x : g(\theta) &\leq g_+(x)) \supseteq (x : \theta \in C(x)) = (x : x \in B(\theta)) , \\
(x : g_-(x) &\leq g(\theta) \leq g_+(x)) = (x : g_-(x) \leq g(\theta)) \cap (x : g(\theta) \leq g_+(x))
\end{aligned}$$

und den sich daraus ergebenden Ungleichungen für die Wahrscheinlichkeiten:

$$\begin{aligned}
P_\theta(g_-(X) \leq g(\theta)) &\geq P_\theta(X \in B(\theta)) \geq \gamma , \\
P_\theta(g(\theta) \leq g_+(X)) &\geq P_\theta(X \in B(\theta)) \geq \gamma , \\
P(g_-(X) \leq g(\theta) \leq g_+(X)) &\geq P_\theta(X \in B(\theta)) \geq \gamma .
\end{aligned}$$
∎

Beispiel 5.9 Wir betrachten Konfidenzschätzungen für die Wahrscheinlichkeit der ausfallfreien Arbeit eines Elementes innerhalt eines gegebenen Zeitintervals. Die Daten sollen das Ergebnis einer sogenannten Binomialprüfung sein, d.h. die Ausfallzeiten selbst werden nicht registiert. Wir nehmen an, daß n Elemente einer Prüfung unterzogen wurden und k Ausfälle registiert wurden. Die zufällige Anzahl der ausgefallenen Elemente unterliegt einer Binomialverteilung: Sei desweitern

$$B_k^l(n,p) = P(k \leq X \leq l) = \sum_{d=k}^{l} \binom{n}{d} p^d (1-p)^{n-d}. \tag{5.5}$$

Zur Bestimmung von Konfidenzgrenzen geben wir $\varepsilon_1 > 0$ und $\varepsilon_2 > 0$ vor und bezeichnen mit $\gamma = 1 - (\varepsilon_1 + \varepsilon_2) > 0$ das Konfidenzniveau. Seien $d_\gamma^+ = d_\gamma^+(n,p)$ und $d_\gamma^- = d_\gamma^-(n,p)$ natürliche Zahlen, die durch die Beziehungen

$$B_0^{d_\gamma^+}(n,p) \geq 1 - \varepsilon_2 > B_0^{d_\gamma^+ - 1}(n,p) , \tag{5.6}$$

und

$$B_0^{d_\gamma^- - 1}(n,p) < \varepsilon_1 \leq B_0^{d_\gamma^-}(n,p) . \tag{5.7}$$

eindeutig bestimmt sind. Da

$$P(d_\gamma^- \leq X \leq d_\gamma^+) = B_0^{d_\gamma^+}(n,p) - B_0^{d_\gamma^-}(n,p) \geq \gamma = 1 - (\varepsilon_1 + \varepsilon_2) , \tag{5.8}$$

bilden die Intervalle

$$B(p) = [d_\gamma^-(n,p), d_\gamma^+(n,p)] \quad 0 < p < 1 , \tag{5.9}$$

wobei die ganzzahligen Werte $d_\gamma^- = d_\gamma^-(n,p)$ und $d_\gamma^+ = d_\gamma^+(n,p)$ den Gleichungen (5.6) und (5.7) genügen, ein System von $\mathcal{B}_\gamma(\mathfrak{X})$−Mengen. Somit ist jede

Menge $C_\gamma(d)$, $d = 1, ..., n$, von Werten von p, die bei fixiertem d in mindestens eines der Intervalle aus $\mathcal{B}_\gamma(\mathfrak{X})$ fällt, ein γ-Konfidenzintervall. Da $d_\gamma^+(n, p)$ und $d_\gamma^-(n, p)$ nicht fallende Treppenfunktion in p sind, erhält man für $C_\gamma(d)$ Intervalle $C_\gamma(d) = [p_\gamma^-(n, d), p_\gamma^+(n, d)]$, deren Ränder aus

$$B_0^d(n, p_\gamma^+(n, d)) = 1 - \varepsilon_2, \quad B_0^{d+1}(n, p_\gamma^-(n, d)) = \varepsilon_1. \quad (5.10)$$

bestimmt werden. Die Gleichungen (5.7) heißen Clopper - Pearson - Gleihungen. $\quad\Diamond$

Bemerkung: Wenn eine Binomialprüfung von n Elementen im Intervall $[0, T]$ durchgeführt wird und die Lebensdauer jedes Elementes als exponentialverteilt vorausgesetzt wird: $p = 1 - e^{-\lambda T}$, $\lambda = \ln \frac{1}{1-p}$, so erhält man aus dem Konfidenzintervall für p

$$p_\gamma^-(n, d) \leq p \leq p_\gamma^+(n, d)$$

ein äquivalentes Intervall für λ :

$$\frac{1}{T} \ln \frac{1}{1 - p_\gamma^-(n, d)} \leq \lambda \leq \frac{1}{T} \ln \frac{1}{p_\gamma^+(n, d)}.$$

Beispiel 5.10 Wir führen eine Prüfung von n Elementen gemäß dem Stichprobenplan $[n, 0, r]$ durch, d.h. bei Eintritt des r-ten Ausfalls wird die Beobachtung abgebrochen. Seien die Lebensdauern der Elemente exponentialverteilt mit der Verteilungsfunktion $F(t) = 1 - e^{-\lambda t}$, $t \geq 0$. Desweiteren bezeichnen wir mit $S_1 < S_2 < ... S_r$ die zufälligen Ausfallszeiten. Wie im vorigen Kapitel im Beispiel 4.8 gezeigt wurde, unterliegt die Gesamtprüfzeit

$$S(r) = nS_{(1)} + (n - 1)(S_{(2)} - S_{(1)}) + ... + (n - r + 1)S_{(r)} - S_{(r-1)}$$

einer Gammaverteilung mit der Dichte

$$p_\lambda(s) = \frac{\lambda^r s^{r-1}}{(r - 1)!} e^{-\lambda s}, \quad s \geq 0.$$

Die Zufallsgröße $2\lambda S(r)$ unterliegt einer χ^2-Verteilung mit $2r$ Freiheitsgraden und der Dichte $\frac{1}{2^r} \frac{s^{r-1}}{(r-1)!} e^{-\frac{1}{2}s}$. Wir bezeichnen mit $\chi_u^2(2r)$ das Quantil dieser χ^2-Verteilung zur Ordnung u. Im Fall $r = 1$ ist dieses Quantil explizit bestimmbar

$$\chi_u^2(2) = 2\ln \frac{1}{1 - \gamma}, \quad (5.11)$$

da die χ^2-Verteilung mit zwei Freiheitgraden gerade eine Exponentialverteilung ist. Wenn $\varepsilon_1 > 0$, $\varepsilon > 0$ und $\gamma = 1 - (\varepsilon_1 + \varepsilon_2) > 0$ gegeben sind, dann gilt für beliebige $\lambda > 0$:

$$P\left(\frac{1}{2\lambda}\chi^2_{\varepsilon_1}(2r) \leq S(r) \leq \frac{1}{2\lambda}\chi^2_{1-\varepsilon_2}(2r)\right)$$

$$= P\left(\chi^2_{\varepsilon_1}(2r) \leq 2\lambda S(r \leq \chi^2_{1-\varepsilon_2}(2r)\right) = \gamma. \tag{5.12}$$

Führen wir nun in Übereinstimmung mit oben die Bezeichnungen $X = S(r)$, $\mathfrak{X} = (0, \infty)$, $\Theta = (0, \infty)$, $\theta = \lambda$ ein, dann folgt aus 5.12, daß

$$B_\gamma(\lambda) = \left[\frac{1}{2\lambda}\chi^2_{\varepsilon_1}(2r), \frac{1}{2\lambda}\chi^2_{1-\varepsilon_2}(2r)\right], \quad \lambda > 0$$

ein System von $B_\gamma(\mathfrak{X})$-Mengen bildet. Zur Bestimmung der γ-Konfidenzmengen müssen die Ungleichungen $\frac{1}{2\lambda}\chi^2_{\varepsilon_1}(2r) \leq S(r) \leq \frac{1}{2\lambda}\chi^2_{1-\varepsilon_2}(2r)$ nach λ aufgelöst werden. In diesem Beispiel erhalten wir aus 5.12

$$P\left(\frac{\chi^2_{\varepsilon_1}(2r)}{2S(r)} \leq \lambda \leq \frac{\chi^2_{1-\varepsilon_2}(2r)}{2S(r)}\right) = \gamma.$$

Damit stellt das Intervall mit den zufälligen Grenzen

$$\left[\frac{\chi^2_{\varepsilon_1}(2r)}{2S(r)}, \frac{\chi^2_{1-\varepsilon_2}(2r)}{2S(r)}\right]$$

ein γ-Konfidenzintervall für den Parameter λ bei Daten nach dem Stichprobenplan $[n, O, r]$ dar. $\Diamond$

Die beschriebene Herangehensweise zur Bestimmung von γ-Konfidenzmengen kann auch dann verwendet werden, wenn die Lebensdauerverteilung der Elemente mehrere unbekannte Parameter $\underline{\theta} = (\theta_1, \ldots, \theta_k)$ enthält und wenn es gelingt, eine Funktion $g(\underline{\theta}, X)$ zu finden, deren Verteilung nicht vom unbekannten Parameter $\underline{\theta}$ abhängt. In diesem Falle kann man wieder für beliebige Konfidenzniveaus γ solche Mengen G_γ bestimmen, daß

$$P_\theta(g(X, \underline{\theta}) \in G_\gamma) \geq \gamma. \tag{5.13}$$

Je nach Fragestellung kann G_γ durch $G_\gamma = (X : g(X, \theta) \leq g_\gamma)$ oder $G_\gamma = (X : g(X, \theta) \geq g_\gamma)$ oder, bei zweiseitige Fragestellung durch $G_\gamma = (X : g_\varepsilon \leq g(X, \underline{\theta}) \leq g_{1-\varepsilon})$ bestimmt werden, wobei g_γ, g_ε $g_{1-\varepsilon}$ nicht vom unbekannten Parameter $\underline{\theta}$ abhängen. Wir illustrieren diese Herangehensweise am Beispiel einer Lebensdauerverteilung mit zwei unbekannten Parametern.

Beispiel 5.11 n Elemente werden einer Lebensdauerprüfung gemäß dem Stichprobenplan $[n, O, n]$ unterzogen. Mit $S_1, ..., S_n$ bezeichnen wir wieder die Ausfallzeitpunkte. Die Lebensdauern der Elemente seien unabhängig voneinander und identisch logarithmisch normalverteilt mit der Verteilungsfunktion $F(s) = \Phi\left(\frac{\ln s - \mu}{\sigma}\right)$. Die logarithmische Normalverteilung besitzt die Dichte

$$p(s, \underline{\theta}) = \frac{1}{\sqrt{2\pi}\sigma s} e^{-\frac{1}{2}\frac{(\ln s - \mu)^2}{\sigma^2}}, \quad s > 0, \ \underline{\theta} = (\mu, \sigma^2)$$

und damit erhalten wir die Likelihoodfunktion

$$L(\underline{\theta}, s_1, ..., s_n) = \frac{1}{(2\pi)^{n/2}\sigma^n} \prod_{i=1}^{n} \frac{1}{s_i} e^{-\frac{1}{2}\left(\frac{\ln s_i - \mu}{\sigma}\right)}. \tag{5.14}$$

Da die Zufallsgrößen $X_i = \ln S_i$ einer Normalverteilung $N_1(\mu, \sigma^2)$ unterliegen, erhalten wir als Maximum-Likelihood-Schätzungen für μ und σ^2

$$\hat{\mu}_n = \overline{x}_n = \frac{1}{n}\sum_{i=1}^{n} x_i, \quad \hat{\sigma}_n^2 = \frac{1}{n}\sum_{i=1}^{n}(x_i - \overline{x})^2. \tag{5.15}$$

Mit den Bezeichnungen $\underline{x}_n = (x_1, ..., x_n)$, $x_i = \ln s_i$, $i = 1, ..., n$, $\underline{\hat{\theta}} = (\hat{\mu}_n, \hat{\sigma}_n^2)$ erhalten wir für die Likelihoodfunktion

$$\ln L(\underline{\theta}, \underline{x}_n) = -\frac{n}{2}\ln(2\pi) - \frac{n}{2}\ln\sigma^2 - \frac{1}{2}\sum_{i=1}^{n}\left(\frac{x_i - \mu}{\sigma}\right)^2, \tag{5.16}$$

für die Likelihoodfunktion an der Stelle $\underline{\theta}$

$$\begin{aligned}
\ln L(\underline{\hat{\theta}}_n, \underline{x}_n) &= -\frac{n}{2}\ln(2\pi) - \frac{n}{2}\ln\hat{\sigma}_n^2 - \frac{1}{2}\sum_{i=1}^{n}\frac{(x_i - \overline{\mu})^2}{\hat{\sigma}_n^2} \\
&= -\frac{n}{2}\ln(2\pi) - \frac{n}{2}\ln\frac{1}{n}\sum_{i=1}^{n}(x_i - \overline{x})^2 - \frac{n}{2}.
\end{aligned} \tag{5.17}$$

und für den Likelihoodquotienten

$$2\ln\frac{L(\underline{\hat{\theta}}_n, \underline{x}_n)}{L(\theta, \underline{x}_n)} = -n\ln\frac{1}{n}\sum_{i=1}^{n}\left(\frac{x_i - \overline{x}}{\sigma}\right)^2 - n - \sum_{i=1}^{n}\left(\frac{x_i - \overline{\mu}}{\sigma}\right)^2. \tag{5.18}$$

Wir betrachten nun die Zufallsgröße

$$g(\underline{\theta}, X) = 2\ln\frac{L(\underline{\hat{\theta}}_n, \underline{X}_n)}{L(\theta, \underline{X}_n)}, \tag{5.19}$$

die durch Gleichung 5.18 definiert ist, wobei die Beobachtungen x_i durch die entsprechenden Zufallsgrößen X_i und die Punktschätzungen durch $\hat{\mu}_n = \overline{X}_n = \frac{1}{n}\sum_{i=1}^n X_i$, $\hat{\sigma}_n^2 = \frac{1}{n}\sum_{i=1}^n (X_i - \overline{X})^2$ ersetzt wurden. Die Verteilung der Zufallsgröße $g(\underline{\theta}, X)$ hängt nicht von den unbekannten Parametern ab, daher können wir den Fall $\mu = 0$, $\sigma^2 = 1$ betrachten. Hierfür erhalten wir

$$g((0,1), \underline{X}_n) = -n\ln\left(\frac{1}{n}\sum_{i=1}^n (x_i - \overline{x})^2\right) + \sum_{i=1}^n x_i^2 - n\,. \tag{5.20}$$

Wenn g_γ ein Wert ist, für den

$$P(g((0,1), \underline{X}_n) \le g_\gamma) = \gamma\,,$$

dann gilt für die wahren Parameter μ und σ^2

$$P_{(\mu,\sigma^2)}(g(\mu,\sigma^2), \underline{X}_n) \le g_\gamma) = \gamma\,.$$

Somit können γ-Konfidenzmengen $C_\gamma(x)$ für (μ, σ^2) aus dem Mengensystem $B_\gamma = (\underline{x}_n : g(\mu,\sigma^2, \underline{X}_n) \le g_\gamma)$ ermittelt werden:

$$C_\gamma(x_n) = ((\mu,\sigma^2) : g(\mu,\sigma^2, X_n) \le g_\gamma) \tag{5.21}$$

Zur Bestimmung von g_γ bestimmen wir die Verteilung von (5.19) für den Fall $\mu = 0$, $\sigma^2 = 1$. Dazu definieren wir die beiden Zufallsgrößen $Z_1(n) = \frac{1}{n}\sum_{i=1}^n X_i$ und $Z_2(n) = \frac{1}{\sqrt{2n}}\sum_{i=1}^n (X_i^2 - 1)$. Ihre ersten und zweiten Momente sind $\mathrm{E}Z_1(n) = \mathrm{E}Z_2(n) = 0$, $\mathrm{E}Z_1^2(n) = \mathrm{E}Z_2^2(n) = 1$, $\mathrm{E}Z_1(n)Z_2(n) = 0$. Für das Verteilungsgesetz von $Z_1(n)$ gilt $\mathcal{L}(Z_1(n)) = N_1(0,1)$ und die Verteilung von $Z_2(n)$ läßt sich leicht aus einer χ^2-Verteilung bestimmen. Aus dem Zentralen Grenzwertsatz erhält man für $n \to \infty$ $\mathcal{L}(Z_2(n)) \to N_1(0,1)$. Da außerdem $Z_1(n)$ und $Z_2(n)$ unkorrelliert sind, sind sie asymptotisch unabhängig und $Z_1^2(n) + Z_2^2(n)$ unterliegt asymptotisch einer χ^2-Verteilung mit zwei Freiheitgraden. Somit erhält man aus (5.19)

$$g((0,1), \underline{X}_n) = -n\ln\left(1 - \frac{1}{n}Z_1^2(n) + \sqrt{\frac{2}{n}}Z_2(n)\right) + \sqrt{2n}Z_2(n)\,, \tag{5.22}$$

und unter Verwendung der Markov-Ungleichung

$$P_{(0,1)}\left(\frac{1}{n}Z_1^2(n) + \sqrt{\frac{2}{n}} \mid Z_2(n) \mid \ge \varepsilon\right)$$

$$\le \frac{1}{\varepsilon}\left(\frac{1}{n}\mathrm{E}Z_1^2(n) + \sqrt{\frac{2}{n}}\mathrm{E}\mid Z_2(n)\mid\right) \le \frac{1}{\varepsilon}\left(\frac{1}{n} + \sqrt{\frac{2}{n}}(\mathrm{E}Z_2^2(n))^{1/2}\right)$$

$$= \frac{1}{\varepsilon}\left(\frac{1}{n} + \sqrt{\frac{2}{n}}\right) \to 0\,, \quad n \to \infty\,.$$

Somit folgt

$$U(n) := -\frac{1}{n}Z_1^2(n) + \sqrt{\frac{2}{n}}Z_2(n) = o_p(1), \quad n \to \infty. \qquad (5.23)$$

Wiederum unter Verwendung der Makov-Ungleichung erhalten wir

$$\frac{1}{2n}Z_1^2(n) = o_p(1), \quad \sqrt{\frac{2}{n}}Z_1^2(n)Z_2(n) = o_p(1), \quad n \to \infty. \qquad (5.24)$$

Es gilt fast sicher, daß $1 + U(n) = \frac{1}{n}\sum_{i=1}^n (X_i - \overline{X})^2 > 0$. Daher können wir die Beziehung

$$\ln(1 + y) = 1 - \frac{y^2}{2} + w(y), \qquad (5.25)$$

benutzen, wobei $\mid w(y) \mid \leq \mid y \mid^3$ wenn $\mid y \mid < 1/2$. Nun folgt aus (5.23) für $n \to \infty$

$$V(n) := g((0,1), X_n)\mathrm{I}(\mid U(n) \mid \geq 1/2) = o_p(1) \qquad (5.26)$$

und

$$n(U(n) - \frac{1}{2}U^2(n) + w(U(n)))\mathrm{I}(\mid U(n) \mid \geq 1/2) = o_p(1), \qquad (5.27)$$

da $\mathrm{I}(\mid V(n) \mid > 0) \leq \mathrm{I}(\mid U(n) \mid \geq 1/2)$. Völlig analog folgt aus

$$\mathrm{I}(n \mid U(n) \mid \mathrm{I}(\mid U(n) \mid \geq 1/2) > 0) \leq \mathrm{I}(\mid U(n) \mid \geq 1/2),$$
$$\mathrm{I}(n \mid U^2(n) \mid \mathrm{I}(\mid U(n) \mid \geq 1/2) > 0) \leq \mathrm{I}(\mid U(n) \mid \geq 1/2),$$
$$\mathrm{I}(n \mid w(U(n)) \mid \mathrm{I}(\mid U(n) \mid \geq 1/2) > 0) \leq \mathrm{I}(\mid U(n) \mid \geq 1/2),$$

daß

$$n\max(\mid U(n) \mid, \mid U^2(n) \mid, \mid w(U(n)) \mid)\mathrm{I}(\mid U(n) \mid \geq 1/2) = o_p(1). \qquad (5.28)$$

Nun erhalten wir aus (5.23) bis (5.28)

$$g((0,1), \underline{X_n}) = g((0,1), \underline{X_n})\mathrm{I}(\mid U(n) \mid < 1/2) + o_p(1)$$

$$= \left[-n\left(U(n) - \frac{1}{2}U^2(n) + w(U(n))\right) + \sqrt{2n}Z_2(n) \right]$$

$$\cdot \; (1 - \mathrm{I}(\mid U(n) \mid \geq 1/2) + o_p(1)$$

$$= -n\left(-\frac{1}{n}Z_1^2(n) + \sqrt{\frac{2}{n}}Z_2(n) - \frac{1}{2}\left(-\frac{1}{n}Z_1^2(n) + \sqrt{\frac{2}{n}}Z_2(n)\right)^2\right) + o_p(1)$$

$$= Z_1^2(n) - \sqrt{2n}Z_2(n) - \frac{1}{2n}Z_1^2(n) + \sqrt{\frac{2}{n}}Z_1^2(n)Z_2(n) + Z_2^2(n) + \sqrt{2n}Z_2(n)$$

$$= Z_1^2(n) + Z_2^2(n) + o_p(1), \quad n \to \infty.$$

Somit konvergiert die Verteilung von $g((0,1),\underline{X}_n)$ (und damit auch von $g(\mu,\sigma^2),X_n)$ gegen eine χ^2-Verteilung mit zwei Freiheitgraden. Das Quantil zur Ordnung γ ist, wie schon erwähnt, $2\ln\frac{1}{1-\gamma}$. Damit erhält man eine asymptotische γ-Konfidenzmenge aus

$$-n\ln\left(\frac{1}{n}\sum_{i=1}^{n}\left(\frac{x_i-\overline{x}}{\sigma}\right)^2\right)+\sum_{i=1}^{n}\left(\frac{x_i-\mu}{\sigma}\right)^2-n\leq 2\ln\frac{1}{1-\gamma} \qquad (5.29)$$

Die Umrandung dieses Konfidenzbereiches ist eine Linie, die mittels Niveaulinenprogrammen oder durch Modellierung ermittelt werden kann. $\diamondsuit$

Der in diesen Beispielen angewendete Weg ist für viele andere statistische Modelle anwendbar. Hierfür müssen lediglich die Regularitätsvoraussetzungen des letzten Kapitels erfüllt sein. Unter diesen Voraussetzungen unterliegt der logarithmierte Likelihoodquotient $2\ln\frac{\hat{L}}{L}$ mit $\hat{L}=L(\hat{\theta}_n,\underline{x}_n)$, $L=L(\theta,\underline{x}_n)$ und der Maximum-Likelihood-Schätzung $\hat{\theta}_n$ asymptotisch für $n\to\infty$ einer χ^2-Verteilung mit k Freiheitgraden. Die Konvergenzgeschwindigkeit gegen die Grenzverteilung ist hierbei $O\left(\frac{1}{n}\right)$. Somit können asymptotische γ-Konfidenzintervalle aus

$$2\ln\frac{L(\hat{\theta},x_n)}{L(\theta,x_n)}\leq\chi_\gamma(k)$$

ermittelt werden. Dieser Weg wird später im Abschnitt 7.2 beschritten, um Konfidenzbereiche für Beobachtungen in Erneuerungsprozessen zu bestimmen.

5.3 Einige allgemeine Fragen der Testtheorie. Asymptotische Eigenschaften von Tests

In diesem Abschnitt sollen einige Eigenschaften von Tests näher untersucht werden. Wir betrachten den Fall unabhängiger und identisch verteilter Beobachtungen. Die Beschränkung auf diese Datenstrukturen ist nötig, um die Darstellung zu vereinfachen. Zu dem hier betrachteten Fall gehören jedoch auch viele in der Zuverlässigkeitstheorie vorkommende Daten, z.B. Daten nach dem Stichprobenplan $[n,O,T]$. Wir untersuchen das Verhalten von Tests für große Stichprobenumfänge, d.h. für $n\to\infty$.

Seien $x(n)=(x_1,\ldots,x_n)\in\mathfrak{X}(n)$ die Beobachtungsdaten, die den unabhängigen und identisch verteilten Zufallsgrößen $X(n)=(X_1,\ldots,X_n)$ mit der Dichte $f(x,\underline{\theta})$, $\underline{\theta}\in\Theta$ bezüglich eines dominierenden Maßes $\nu(\cdot)$ entsprechen. Ein beliebiger Test zum Prüfen der Hypothese $H_0:\underline{\theta}\in\Theta_0$ gegen die Alternative $H_1:\underline{\theta}\in\Theta_1$, $\Theta_0\cap\Theta_1=\emptyset$ ist durch seine kritische Funktion $\varphi_n:\mathfrak{X}(n)\to[0,1]$

gegeben. Wenn die Beobachtung $X(n) = x(n)$ gegeben ist, so erfolgt eine Testentscheidung mittels der kritischen Funktion folgendermaßen: Es wird eine Zufallsgröße Δ mit $\mathrm{P}(\Delta = 1|x(n)) = \varphi_n(x(n))$ und $\mathrm{P}(\Delta = 0|x(n)) = 1 - \varphi_n(x(n))$ generiert. Die Hypothese H_0 wird abgelehnt, wenn $\Delta = 1$ realisiert wurde, anderenfalls erfolgt keine Ablehnung der Nullhypothese.

Definition 5.4 *Die bedingte Wahrscheinlichkeit für die Ablehnung der Hypothese H_0 bei Beobachtung von $X(n)$ heißt* kritische Funktion $\varphi_n = \varphi_n(X(n))$: $\mathfrak{X}(n) \to [0,1]$. *Wenn φ_n bei gegebenem $x(n)$ nur einen der Werte 0 oder 1 annimmt, so nennen wir den entsprechenden Test* nichtrandomisiert.

Unter einem φ_n–Test wollen wir im folgenden einen Test mit der kritischen Funktion φ_n verstehen.

Definition 5.5 *Unter der* Gütefunktion *eines φ_n–Testes verstehen wir*

$$\beta(\varphi_n, \underline{\theta}) = \mathrm{E}_{\underline{\theta}}\, \varphi_n(X(n)) \, .$$

Wir übertragen nun die Begriffe der klassischen Testtheorie auf eine Folge von Tests $(\varphi_n)_{n \geq 1}$.

Definition 5.6 *Die Größe*

$$\sup_{\underline{\theta} \in \Theta_0} \overline{\lim_{n \to \infty}} \beta(\varphi_n, \underline{\theta}) = \alpha$$

heißt asymptotisches Signifikanzniveau *des φ_n–Testes.*

Definition 5.7 *Wenn*

$$\sup_{\underline{\theta} \in \Theta_0} \overline{\lim_{n \to \infty}} \beta(\varphi_n, \underline{\theta}) \leq \inf_{\underline{\theta} \in \Theta_1} \underline{\lim_{n \to \infty}} \beta(\varphi_n, \underline{\theta}) \, ,$$

so heißt der φ_n–Test asymptotisch unverfälscht.

Die asymptotische Unverfälschtheit bedeutet, das keine Alternative $\underline{\theta} \in \Theta_1$ existiert, die mit asymptotisch größerer Wahrscheinlichkeit als der wahre Parameter nicht abgelehnt werden würde.

Definition 5.8 *Wenn für beliebige $\underline{\theta} \in \Theta_0$*

$$\lim_{n \to \infty} \beta(\varphi_n, \underline{\theta}) = \alpha$$

gilt, so heißt der φ_n–Test asymptotisch α-ähnlich *(α-similar) auf Θ_0.*

Dieser Begriff drückt aus, daß für beliebige Parameterwerte die Ablehnungswahrscheinlichkeit (unabhängig vom Parameterwert) α beträgt.
Wir wenden uns nun Eigenschaften von φ_n–Tests zu, die kein Analogon für endliche Stichprobenumfänge besitzen. Seien Θ ein metrischer Raum, $\overline{\Theta}_0$ die Vervollständigung der Menge Θ_0 und $\partial\Theta_0 = \overline{\Theta}_0\backslash\Theta_0$ die Grenze des Bereiches.

Definition 5.9 *Wenn*

$$\sup_{\underline{\theta}\in\Theta_0} \overline{\lim_{n\to\infty}}\,\beta(\varphi_n,\underline{\theta}) \leq \alpha$$

ist und für beliebige $\underline{\theta}_1 \in \Theta_1\backslash\partial\Theta_0$

$$\underline{\lim_{n\to\infty}}\,\beta(\varphi_n,\underline{\theta}_1) = 1$$

gilt, so heißt der φ_n–Test konsistent *zum asymptotischen Signifikanzniveau α.*

Wir betrachten zuerst den einfachsten Fall der Prüfung einer einfachen Nullhypothese $H_0 : \underline{\theta} = \underline{\theta}_0$ gegen eine einfache Alternativhypothese $H_1 : \underline{\theta} = \underline{\theta}_1$, $\underline{\theta}_0 \neq \underline{\theta}_1$. Dann folgt aus dem Lemma von Neyman und Pearson, daß der mächtigste Test auf dem Likelihoodquotienten beruht. Für einen Parameter $\underline{\theta} \in \Theta$ ist die Likelihoodfunktion durch

$$L(\underline{\theta}, X(n)) = \prod_{j=1}^{n} L_1(\underline{\theta}, X_j) \tag{5.30}$$

gegeben, wobei $L_1(\underline{\theta}, X_j)$ die Likelihoodfunktion für eine Beobachtung X_j ist. Betrachten wir nun den logarithmierten Likelihoodquotienten

$$Z(n) = \ln \frac{L(\underline{\theta}_1, X(n))}{L(\underline{\theta}_0, X(n))}\,.$$

Dann folgt aus (5.30), daß sich $Z(n)$ in der Form

$$Z(n) = \sum_{j=1}^{n} Z_j$$

darstellen läßt, wobei $Z_j = \ln \frac{L_1(\underline{\theta}_1, X_j)}{L_1(\underline{\theta}_0, X_j)}$, $\quad j = 1,\ldots,n$ ist. Aus dem Lemma von Neyman und Pearson erhält man, daß die kritische Funktion $\varphi_n^0 : \mathfrak{X} \to [0,1]$ des mächtigsten Testes im Fall einfacher Null- und Alternativhypothese die Form

$$\varphi_n^0(X(n)) = \begin{cases} 1, & Z(n) > d_\alpha(n) \\ \gamma_\alpha(n), & Z(n) = d_\alpha(n) \\ 0, & Z(n) < d_\alpha(n) \end{cases} \tag{5.31}$$

besitzt, wobei die Zahlen $d_\alpha(n)$ und $\gamma_\alpha(n)$ eindeutig durch α bestimmt sind. Aus Lemma 4.2, Abschnitt 4.4 folgt, daß unter der Bedingung der Existenz der entsprechenden Erwartungswerte die Beziehungen

$$a_0 = \mathrm{E}_{\underline{\theta}_0} Z_j < 0, \quad a_1 = \mathrm{E}_{\underline{\theta}_1} Z_j > 0$$

gelten. Weiterhin folgt aus dem starken Gesetz der großen Zahlen, daß bei richtiger Nullhypothese, d.h. wenn der wahre Parameter $\underline{\theta}^* = \underline{\theta}_0$ ist,

$$\frac{1}{n} \sum_{j=1}^n Z_j \to a_0 < 0, \quad n \to \infty$$

mit $\mathrm{P}_{\underline{\theta}_0}$-Wahrscheinlichkeit 1. Ist dagegen die Alternativhypothese $\underline{\theta}^* = \underline{\theta}_1$ richtig, so erhalten wir

$$\frac{1}{n} \sum_{j=1}^n Z_j \to a_1 > 0, \quad n \to \infty \tag{5.32}$$

mit $\mathrm{P}_{\underline{\theta}_1}$-Wahrscheinlichkeit 1. Folglich kann bei wachsendem Stichprobenumfang $n \to \infty$ die Wahrscheinlichkeit der Entscheidung für eine falsche Hypothese beliebig klein gemacht werden. Um den asymptotischen Wert für d_α in der Gleichung (5.31) zu bestimmen, benutzen wir die Größe

$$S(n) = \frac{1}{\sqrt{n}} \sum_{j=1}^n (Z_j - a_0) \,.$$

Wenn H_0 richtig ist und das zweite Moment existiert:

$$b_0^2 = \mathrm{E}_{\underline{\theta}_0} Z_j^2 = \int_{\mathfrak{x}} \left(\ln \frac{f(x,\underline{\theta}_1)}{f(x,\underline{\theta}_0)} \right)^2 f(x,\underline{\theta}_0)\, \nu(dx) < \infty \,,$$

so unterliegt nach dem zentralen Grenzwertsatz $S(n)$ einer asymptotischen Normalverteilung. Sei u_p das Quantil zur Ordnung p der Standard–Normalverteilung und sei ferner

$$d_\alpha(n) = n a_0 + u_{1-\alpha} \sqrt{n(b_0^2 - a_0^2)} \,. \tag{5.33}$$

Die Zufallsgrößen $Z_{0j} = \dfrac{Z_j - a_0}{\sqrt{(b_0^2 - a_0^2)}}, \quad j = 1, 2, \ldots$ besitzen den Erwartungswert 0 und die Varianz 1. Daher folgt aus dem zentralen Grenzwertsatz

$$\lim_{n \to \infty} \mathrm{P}_{\underline{\theta}_0} \left(\frac{1}{\sqrt{n}} \sum_{j=1}^n Z_{0j} \leq x \right) = \Phi(x) \,. \tag{5.34}$$

Unter Verwendung von Gleichung (5.33) erhalten wir

$$
\mathrm{P}_{\underline{\theta}_0}\left(\sum_{j=1}^{n} Z_j > d_\alpha(n)\right) \;=\; \mathrm{P}_{\underline{\theta}_0}\left(\frac{1}{\sqrt{n}}\sum_{j=1}^{n}(Z_j - a_0) > \frac{d_\alpha(n) - na_0}{\sqrt{n}}\right) =
$$

$$
=\; \mathrm{P}_{\underline{\theta}_0}\left(\frac{1}{\sqrt{n}}\sum_{j=1}^{n} Z_{0j} > u_{1-\alpha}\right).
$$

Ferner folgt aus Gleichung (5.34)

$$
\lim_{n\to\infty} \mathrm{P}_{\underline{\theta}_0}\left(Z(n) = \sum_{j=1}^{n} Z_j > d_\alpha(n)\right) \;=\; \lim_{n\to\infty} \mathrm{P}_{\underline{\theta}_0}\left(\frac{1}{\sqrt{n}}\sum_{j=1}^{n} Z_{0j} > u_{1-\alpha}\right)
$$

$$
=\; 1 - \Phi(u_{1-\alpha}) = \alpha. \tag{5.35}
$$

Unter Berücksichtigung der Stetigkeit von $\Phi(x)$ erhält man nun $\mathrm{P}_{\underline{\theta}_0}(Z(n) = d_\alpha(n)) \to 0$, $\quad n \to \infty$. Somit besitzt die Größe $\gamma_\alpha(n)$ keinen Einfluß auf den asymptotischen Wert der Funktion

$$
\beta(\varphi_n, \underline{\theta}_0) = \mathrm{E}_{\underline{\theta}_0}\varphi_n^0(X(n))
$$

und wird in der Gleichung (5.31) Null gesetzt. Mit $d_\alpha(n)$ aus Formel (5.33) erhalten wir dann

$$
\lim_{n\to\infty} \beta(\varphi_n^0, \underline{\theta}_0) = \alpha.
$$

Bei dieser Wahl von $d_\alpha(n)$ ist aufgrund des Gesetzes der großen Zahlen (5.32) erfüllt und als Folgerung hieraus erhält man

$$
\lim_{n\to\infty} \beta(\varphi_n^0, \underline{\theta}_1) \;=\; \lim_{n\to\infty} \mathrm{P}_{\underline{\theta}_1}(Z(n) > d_\alpha(n)) =
$$

$$
=\; \lim_{n\to\infty} \mathrm{P}_{\underline{\theta}_1}\left(\frac{1}{n}\sum_{j=1}^{n} Z_j > a_0 + u_{1-\alpha}\sqrt{\frac{b_0^2 - a_0^2}{n}}\right) = 1.
$$

Die erhaltenen Ergebnisse sind im folgenden Satz zusammengefaßt:

Satz 5.2 *Es seien* $\mathrm{E}_{\underline{\theta}_i} Z_j^2 = b_i^2 < \infty$, $\mathrm{E}_{\underline{\theta}_i} Z_j = a_i$, $a_0 \neq a_1$ *und*

$$
d_\alpha(n) = na_0 + u_{1-\alpha}\sqrt{n(b_0^2 - a_0^2)}.
$$

Wenn Θ *nur die beiden Werte* $\underline{\theta}_0$ *und* $\underline{\theta}_1$ *besitzt, so ist der* φ_n*-Test mit der kritischen Funktion*

$$
\varphi_n(X(n)) = \begin{cases} 1, & Z(n) > d_\alpha(n), \\ 0, & Z(n) \leq d_\alpha(n), \end{cases}
$$

konsistent und besitzt das asymptotische Signifikanzniveau α.

Für Stichprobenumfänge, die beliebig groß werden können, erweist es sich als
günstig, Tests für sich annähernde Hypothesen zu konstruieren. Betrachten wir
wiederum die Aufgabe der Prüfung zweier einfacher Hypothesen. Da sich für
$n \to \infty$ die Hypothesen $H_0 : \underline{\theta} = \underline{\theta}_0$ und $H_1 : \underline{\theta} = \underline{\theta}_1$ bei fixierten Werten $\underline{\theta}_0$, $\underline{\theta}_1$ mit beliebig kleiner Irrtumswahrscheinlichkeit trennen lassen, ist es
sinnvoll, Tests mit $\underline{\theta}_1 \to \underline{\theta}_0$ für $n \to \infty$ zu betrachten. Wir nehmen an, daß
$\underline{\theta}_1 = \underline{\theta}_0 + \underline{\lambda}/\sqrt{n}$ ist, wobei $\underline{\lambda} = (\lambda_1, \ldots, \lambda_m)^T$ ein Vektor ist, der die Annäherung
beschreibt.

Satz 5.3 *Es seien die Regularitätsvoraussetzungen R1, R2 und RI aus Abschnitt 4.5 erfüllt.*

*(i) Wenn $\underline{\theta}_0$ der wahre Parameter ist, so gilt für die Verteilung des logarith-
mierten Likelihoodquotienten*

$$\lim_{n\to\infty} \mathcal{L}(Z(n)) = \lim_{n\to\infty} \mathcal{L}\left(\ln \frac{L(n, \underline{\theta}_0 + \underline{\lambda}/\sqrt{n}, X(n))}{L(n, \underline{\theta}_0, X(n))} \right) = \Phi_{\mu,\sigma^2}(\cdot) \quad (5.36)$$

mit $\mu = -\frac{1}{2}\underline{\lambda}^T \mathbb{I}_1(\underline{\theta}_0)\underline{\lambda}, \quad \sigma^2 = \underline{\lambda}^T \mathbb{I}_1(\underline{\theta}_0)\underline{\lambda}.$

(ii) Wir setzen ferner voraus, daß sich ein $\varepsilon > 0$ und ein $\delta > 0$ so finden, daß

$$\left\{ \begin{array}{l} \displaystyle \max_{1\leq i\leq m} \ \sup_{\underline{\theta}\in B_\varepsilon(\underline{\theta}_0)} \ E_{\underline{\theta}} \mid \frac{\partial l_1(\underline{\theta},X_j)}{\partial \theta_i} \mid^{2+\delta} < \infty , \\[2ex] \displaystyle \sup_{\underline{\theta}\in B_2(\underline{\theta}_0)} \ \max_{i,k=1,\ldots,m} \ E_{\underline{\theta}} \mid \frac{\partial^2 l_1(\underline{\theta},X_j)}{\partial \theta_k \partial \theta_i} \mid^{1+\delta} < \infty , \end{array} \right. \quad (5.37)$$

*mit $B_\varepsilon(\underline{\theta}_0) = (\underline{\theta} : \parallel \underline{\theta} - \underline{\theta}_0 \parallel < \varepsilon) \subset \Theta$. Dann gilt für die asymptotische
Verteilung des logarithmierten Likelihoodquotienten bei wahrem Parame-
ter $\underline{\theta}_1 = \underline{\theta}_0 + \underline{\lambda}/\sqrt{n}$*

$$\lim_{n\to\infty} \mathcal{L}(Z(n)) = \Phi_{\mu',\sigma^2}(\cdot) \quad (5.38)$$

mit $\mu' = \frac{1}{2}\underline{\lambda}^T \mathbb{I}_1(\underline{\theta}_0)\underline{\lambda}, \quad \sigma^2 = \underline{\lambda}^T \mathbb{I}_1(\underline{\theta}_0)\underline{\lambda}.$

Beweis: Wir nehmen an, daß die Nullhypothese $H_0 : \underline{\theta} = \underline{\theta}_0$ richtig ist. Ent-
wickelt man nun $l_1(\underline{\theta}_0 + \underline{\lambda}/\sqrt{n}, x) = \ln L_1(\underline{\theta}_0 + \underline{\lambda}/\sqrt{n}; x)$ in eine Taylorreihe in
der Umgebung des Punktes $\underline{\theta}_0$, so erhält man

$$Z_j \;=\; \ln \frac{L_1(\underline{\theta}_0 + \underline{\lambda}/\sqrt{n}, X_j)}{L_1(\underline{\theta}_0, X_j)} = l_1(\underline{\theta}_0 + \underline{\lambda}/\sqrt{n}, X_j) - l_1(\underline{\theta}_0, X_j) =$$

$$=\; \frac{1}{\sqrt{n}}\underline{\lambda}^T \nabla l_1(\underline{\theta}_0, X_j) + \frac{1}{2n}\underline{\lambda}^T \mathbb{J}_1(\underline{\theta}_0, X_j)\underline{\lambda} + \frac{1}{n}V_j , \quad (5.39)$$

wobei $\mathbb{J}_1(\underline{\theta}_0, X_j) = \left(\frac{\partial^2 l_1(\underline{\theta}_0, X_j)}{\partial \theta_i \partial \theta_k} \right)$ eine $(m \times m)$-Matrix,

$$V_j = \frac{1}{2} \sum_{i,k=1}^{m} \left(\frac{\partial^2 l_1(\tilde{\underline{\theta}}_{ik}(n), X_j)}{\partial \theta_i \partial \theta_k} - \frac{\partial^2 l_1(\underline{\theta}_0, X_j)}{\partial \theta_i \partial \theta_k} \right) \lambda_i \lambda_k \qquad (5.40)$$

und $\tilde{\underline{\theta}}_{ik}(n)$ Punkte auf dem Intervall sind, das die Punkte $\underline{\theta}_0$, $\underline{\theta}_0 + \underline{\lambda}/\sqrt{n}$ verbindet. Aus Gleichung (5.40) folgt unter Berücksichtigung der Regularitätsvoraussetzung R2(iv) für beliebige $\delta > 0$ und hinreichend große n

$$\mathrm{E}_{\underline{\theta}_0} \mid V_j \mid \leq \frac{1}{2} \mathrm{E}_{\underline{\theta}_0} \sum_{i,k=1}^{m} \omega_{i,k,\varepsilon}(\underline{\theta}_0, X_j) \lambda_i \lambda_k \leq \frac{1}{2} \delta^2 \left(\sum_{i=1}^{m} \mid \lambda_i \mid \right)^2 , \qquad (5.41)$$

wobei $\varepsilon = \varepsilon(\delta)$ eine hinreichend kleine Zahl ist. Sei $\alpha < 0$ eine beliebig kleine Zahl. Setzt man $\delta = \alpha \left(\sum_{i=1}^{m} \mid \lambda_i \mid \right)^{-1}$, so erhält man aus R2(iv) und der Gleichung (5.41) $\mathrm{E}_{\underline{\theta}_0} \mid V_j \mid \leq \frac{1}{2}\alpha^2$. Wendet man nun die Markov–Ungleichung für die ersten Momente an, so erhält man für hinreichend große n

$$\mathrm{P}_{\underline{\theta}_0} \left(\mid \frac{1}{n} \sum_{i=1}^{n} V_j \mid > \alpha \right) \leq \sum_{i=1}^{n} \frac{\mathrm{E}_{\underline{\theta}_0} \mid V_j \mid}{n\alpha} \leq \frac{1}{2} \frac{n\alpha^2}{n\alpha} = \frac{\alpha}{2} .$$

Folglich gilt für das Grenzverhalten des letzten Gliedes in Gleichung (5.39)

$$\frac{1}{n} \sum_{i=1}^{n} V_j = o_{\mathrm{p}}(1) . \qquad (5.42)$$

Wendet man nun auf die ersten beiden Glieder der Gleichung (5.39) Lemma 4.5 und Satz 4.5 an, so erhält man schließlich

$$\lim_{n \to \infty} \mathcal{L} \left(\frac{1}{\sqrt{n}} \sum_{j=1}^{n} \underline{\lambda}^T \underline{\nabla} l_1(\underline{\theta}_0, X_j) \right) = \Phi_{\underline{0}, \Sigma}(\cdot) \quad \text{und}$$

$$\frac{1}{2n} \underline{\lambda}^T \left(\sum_{j=1}^{n} \mathbb{J}_1(\underline{\theta}_0, X_j) \right) \underline{\lambda} \xrightarrow{f.s.} -\underline{\lambda}^T \mathbb{I}_1 \underline{\lambda} \quad n \to \infty$$

und damit ist die Aussage (i) des Satzes bewiesen.

Beim Beweis von (ii) können wir davon ausgehen, daß faktisch ein Serienschema beobachtet wird, wobei jedoch $\underline{\theta}_1 = \underline{\theta}_0 + \underline{\lambda}/\sqrt{n}$ der wahre Parameter ist. Entwickelt man wieder $l_1(\underline{\theta}_0, X_j)$ mit dem Argument $\underline{\theta}_0 = \underline{\theta}_1 - \underline{\lambda}/\sqrt{n}$ im Punkte $\underline{\theta}_1$ in eine Taylorreihe, so erhält man

$$\begin{aligned} Z_j &= l_1(\underline{\theta}_0 + \underline{\lambda}/\sqrt{n}, X_j) - l_1(\underline{\theta}_0, X_j) = \\ &= -(\underline{\lambda}^T/\sqrt{n}) \underline{\nabla} l_1(\underline{\theta}_0 + \underline{\lambda}/\sqrt{n}, X_j) - \frac{1}{2n} \underline{\lambda}^T \mathbb{J}_1(\underline{\theta}_0 + \underline{\lambda}/\sqrt{n}, X_j) \underline{\lambda} + \frac{1}{n} V_{0j} , \end{aligned}$$

wobei V_{0j} sich von V_j in (5.40) nur dadurch unterscheidet, daß $\underline{\theta}_0$ durch $\underline{\theta}_0 + \underline{\lambda}/\sqrt{n}$ ersetzt wird. Es folgt

$$Z(n) \;=\; \sum_{j=1}^{n}\left(-\frac{\underline{\lambda}^T}{\sqrt{n}}\underline{\nabla}l_1(\underline{\theta}_0 + \underline{\lambda}/\sqrt{n}, X_j)\right) -$$

$$-\frac{1}{2n}\underline{\lambda}^T\mathbb{J}(n, \underline{\theta}_0 + \underline{\lambda}/\sqrt{n}, X(n))\underline{\lambda} + \frac{1}{n}\sum_{j=1}^{n}V_{0j}\;. \qquad (5.43)$$

Wir betrachten nun die Zufallsgrößen

$$\xi_{n,j} = \frac{\underline{\lambda}^T}{\sqrt{n}}\underline{\nabla}l_1(\underline{\theta}_0 + \underline{\lambda}/\sqrt{n}, X_j), \quad j = 1,\dots,n,\; n = 1, 2, \dots\;.$$

Diese Zufallsgrößen sind bei fixiertem n identisch verteilt und besitzen den Erwartungswert $\mathrm{E}_{\underline{\theta}_0+\underline{\lambda}/\sqrt{n}}\xi_{n,j} = 0$. Für die Varianz dieser Größen erhält man

$$\mathrm{E}_{\underline{\theta}_0+\underline{\lambda}/\sqrt{n}}\xi_{n,j}^2 =$$

$$= \sum_{i,k=1}^{m}\frac{1}{n}\int_{\mathfrak{X}}\frac{\partial l_1(\underline{\theta}_0 + \underline{\lambda}/\sqrt{n}, x)}{\partial\theta_i}\frac{\partial l_1(\underline{\theta}_0 + \underline{\lambda}/\sqrt{n}, x)}{\partial\theta_k}f(x, \underline{\theta}_0 + \underline{\lambda}/\sqrt{n})\,\nu(dx)\,\lambda_i\lambda_k$$

$$= \frac{1}{n}\underline{\lambda}^T\mathbb{I}(\underline{\theta}_0 + \underline{\lambda}/\sqrt{n})\underline{\lambda}\;.$$

Damit gilt

$$\mathrm{E}_{\underline{\theta}_0+\underline{\lambda}/\sqrt{n}}\sum_{j=1}^{n}\xi_{n,j}^2 = \underline{\lambda}^T\mathbb{I}_1(\underline{\theta}_0 + \underline{\lambda}/\sqrt{n})\underline{\lambda} = \underline{\lambda}^T\mathbb{I}_1(\underline{\theta}_0)\underline{\lambda} + o(1),\; n \to \infty\;.$$

Berücksichtigt man desweiteren (5.37), so sind alle Bedingungen des zentralen Grenzwertsatzes für ein Serienschema (siehe z.B. LOEVE [53]) erfüllt. Aus diesem zentralen Grenzwertsatz folgt, daß

$$\lim_{n\to\infty}\mathcal{L}\left(\sum_{j=1}^{n}-\frac{\underline{\lambda}^T}{\sqrt{n}}\underline{\nabla}l_1(\underline{\theta}_0 + \underline{\lambda}/\sqrt{n}, X_j)\right) = \Phi_{(\underline{0}_m,\,\underline{\lambda}^T\mathbb{I}_1(\theta_0)\underline{\lambda})}(\cdot)\;. \qquad (5.44)$$

Das zweite Glied in der Formel (5.43) ist ebenfalls als Summe von Zufallsgrößen

$$\eta_{n,j} = \frac{1}{2n}\underline{\lambda}^T\mathbb{J}_1(\underline{\theta}_0 + \underline{\lambda}/\sqrt{n}, X_j)\underline{\lambda}$$

darstellbar. In jeder Serie mit fixiertem n sind die Zufallsgrößen $\eta_{n,j}, j = 1, \ldots, n$ unabhängig und identisch verteilt. Wir erhalten

$$
\begin{aligned}
\mathrm{E}_{\underline{\theta}_0 + \underline{\lambda}/\sqrt{n}}\, \eta_{n,j} &= \\
&= \frac{1}{2n} \sum_{i,k=1}^{m} \int_{\mathfrak{x}} \frac{\partial^2 l_1(\underline{\theta}_0 + \underline{\lambda}/\sqrt{n}, x)}{\partial \theta_i \partial \theta_k} f(\underline{\theta}_0 + \underline{\lambda}/\sqrt{n}, x)\, \nu(dx)\, \lambda_i \lambda_k = \\
&= -\frac{1}{2n} \underline{\lambda}^T \mathbb{I}_1(\underline{\theta}_0 + \underline{\lambda}/\sqrt{n}) \underline{\lambda}\,.
\end{aligned}
$$

Hieraus folgt wiederum

$$
\begin{aligned}
\mathrm{E}_{\underline{\theta}_0 + \underline{\lambda}/\sqrt{n}} \left(\sum_{j=1}^{n} \eta_{n,j} \right) &= \mathrm{E}_{\underline{\theta}_0 + \underline{\lambda}/\sqrt{n}} \frac{1}{2n} \underline{\lambda}^T \mathbb{J}(n, \underline{\theta}_0 + \underline{\lambda}/\sqrt{n}, X(n)) \underline{\lambda} = \\
&= -\frac{1}{2} \underline{\lambda}^T \mathbb{I}_1(\underline{\theta}_0 + \underline{\lambda}/\sqrt{n}) \underline{\lambda} = -\frac{1}{2} \underline{\lambda}^T \mathbb{I}_1(\underline{\theta}_0) \underline{\lambda} + o(1)\,, \quad n \to \infty\,.
\end{aligned}
\tag{5.45}
$$

Wir betrachten die zentrierten Zufallsgrößen

$$
\eta_{n,j}^0 = \eta_{n,j} + \frac{1}{2n} \underline{\lambda}^T \mathbb{I}_1(\underline{\theta}_0 + \underline{\lambda}/\sqrt{n}) \underline{\lambda}\,.
$$

Eine Abschätzung für das Moment der Ordnung $1 + \alpha$, $0 < \alpha \le 1$ kann mittels der Ungleichung von Bahr–Esseen (siehe PETROV [55]) erfolgen:

$$
\begin{aligned}
\mathrm{E}_{\underline{\theta}_0 + \underline{\lambda}/\sqrt{n}} \,\Big| \sum_{j=1}^{n} \eta_{n,j}^0 \,\Big|^{1+\alpha} &\le 2 \sum_{j=1}^{n} \mathrm{E}_{\underline{\theta}_0 + \underline{\lambda}/\sqrt{n}} \,\big| \eta_{n,j}^0 \,\big|^{1+\alpha} \le \\
&\le 2^{1+\alpha} n \left(\mathrm{E}_{\underline{\theta}_0 + \underline{\lambda}/\sqrt{n}} \,\big| \eta_{n,1} \,\big|^{1+\alpha} + \frac{1}{(2n)^{1+\alpha}} \,\big| \underline{\lambda}^T \mathbb{I}_1(\underline{\theta}_0 + \underline{\lambda}/\sqrt{n}) \underline{\lambda} \,\big|^{1+\alpha} \right) \le \\
&\le 2^{1+\alpha} n \Big(\frac{1}{(2n)^{1+\alpha}} \mathrm{E}_{\underline{\theta}_0 + \underline{\lambda}/\sqrt{n}} \,\big| \underline{\lambda}^T \mathbb{J}_1(\underline{\theta}_0 + \underline{\lambda}/\sqrt{n}, X_1) \underline{\lambda} \,\big|^{1+\alpha} + \\
&\quad + \frac{1}{(2n)^{1+\alpha}} (\underline{\lambda}^T \mathbb{I}_1(\underline{\theta}_0 + \underline{\lambda}/\sqrt{n}) \underline{\lambda})^{1+\alpha} \Big) = O\Big(\frac{1}{n^\alpha}\Big)\,.
\end{aligned}
$$

Damit gilt $\sum_{j=1}^{n} \eta_{n,j}^0 = o_{\mathrm{p}}(1)$, folglich ist

$$
\sum_{j=1}^{n} \eta_{n,j} = -\frac{1}{2} \underline{\lambda}^T \mathbb{I}_1(\underline{\theta}_0 + \underline{\lambda}/\sqrt{n}) \underline{\lambda} + o_{\mathrm{p}}(1)
$$

oder

$$
\frac{1}{2n} \underline{\lambda}^T \mathbb{J}(n, \underline{\theta}_0 + \underline{\lambda}/\sqrt{n}, X(n)) \underline{\lambda} = -\frac{1}{2} \underline{\lambda}^T \mathbb{I}_1(\underline{\theta}_0) \underline{\lambda} + o_{\mathrm{p}}(1)\,.
\tag{5.46}
$$

Analog zum Beweis des ersten Teils des Satzes erhalten wir

$$\frac{1}{n}\sum_{j=1}^{n} V_{0j} = o_{\mathrm{p}}(1) \ . \tag{5.47}$$

Mit den Abschätzungen (5.44) - (5.47) erhält man aus (5.43) die Behauptung (ii). Damit ist der Satz bewiesen. ∎

Satz 5.2 kann benutzt werden, um einen mächtigsten φ_n^0-Test zum Niveau α für zwei einfache sich nähernde Hypothesen $H_0 : \underline{\theta} = \underline{\theta}_0$ und $H_1 : \underline{\theta} = \underline{\theta}_0 + \underline{\lambda}/\sqrt{n}$, $\underline{\lambda} \in \mathrm{R}^m$ zu konstruieren. Nach dem Lemma von Neyman und Pearson basiert so ein Test auf dem Likelihoodquotienten. Daher setzen wir

$$\varphi_n^0(X(n)) = \begin{cases} 1, & Z(n) > C_\alpha(\underline{\lambda}) \ , \\ 0, & Z(n) \leq C_\alpha(\underline{\lambda}) \ , \end{cases} \tag{5.48}$$

wobei wir keine Randomisierung vorsehen, die bei $n \to \infty$ keinen Einfluß auf die Wahl von $d_\alpha(n)$ besitzt. Aus Gleichung (5.36) erhalten wir bei einem wahren Parameter $\underline{\theta}^* = \underline{\theta}_0$ für die zufällige Größe

$$W(n) = \frac{Z(n) + \frac{1}{2}\underline{\lambda}^T\mathbb{I}_1(\underline{\theta}_0)\underline{\lambda}}{(\underline{\lambda}^T\mathbb{I}_1(\underline{\theta}_0)\underline{\lambda})^{1/2}} \ .$$

$$\lim_{n\to\infty} \mathcal{L}(W(n)) = \Phi_{(0,1)}(\cdot) \ .$$

Wählt man nun

$$C_\alpha(\underline{\lambda}) = -\frac{1}{2}\underline{\lambda}^T\mathbb{I}_1(\underline{\theta}_0)\underline{\lambda} + u_{1-\alpha}(\underline{\lambda}^T\mathbb{I}_1(\underline{\theta}_0)\underline{\lambda})^{\frac{1}{2}} \ , \tag{5.49}$$

so erhält man

$$\lim_{n\to\infty} \mathrm{P}_{\underline{\theta}_0}(Z(n) > C_\alpha(\underline{\lambda})) = \lim_{n\to\infty} \mathrm{P}_{\underline{\theta}_0}(W(n) > u_{1-\alpha}) = \mathrm{P}(N_1(0,1) > u_{1-\alpha}) = \alpha \ .$$

Damit ist das asymptotische Niveau des mächtigsten φ_n^0-Tests mit der kritischen Funktion (5.48) gleich α. Aus der Formel (5.49) folgt, daß im allgemeine Fall, wenn $\underline{\theta} \in \mathrm{R}^m$, $m > 1$, der Test der Hypothese $H_0 : \underline{\theta} = \underline{\theta}_0$ gegen $H_1 : \underline{\theta} = \underline{\theta}_0 + \underline{\lambda}/\sqrt{n}$ wesentlich von der Wahl des Näherungvektors $\underline{\lambda} \in \mathrm{R}^m$ abhängt. Im Spezialfall $m = 1$ jedoch existiert keine Abhängigkeit von der Wahl der Zahl $\lambda \in \mathrm{R}^1$.

Wir betrachten nun für den Fall eines eindimensionalen Parameters die Konstruktion eines Testes zum Vergleich zweier zusammengesetzter Hypothesen. In diesem Fall ist $\theta \in \mathrm{R}^1$ und die beiden Hypothesen seien $H_0(-) : \Theta_0 =$

$\{\theta_0 + \lambda/\sqrt{n},\ \lambda_- < \lambda < 0\}$ bzw. $H_1(+) : \Theta_0 = \{\theta_0 + \lambda/\sqrt{n},\ 0 < \lambda < \lambda_+\}$, wobei λ_-, λ_+ beliebige Zahlen mit $\lambda_- < 0 < \lambda_+$ sind. Wir fixieren einen Wert λ, der die Annäherung der Hypothesen bestimmt und nehmen an, daß bei jedem n $\theta = \theta_0 + \lambda/\sqrt{n}$ der wahre Parameter ist. Betrachten wir die Zufallsgrößen

$$Y(n) = \frac{1}{\sqrt{n}} \sum_{j=1}^{n} \frac{\partial l_1(\theta_0, X_j)}{\partial \theta} \ . \tag{5.50}$$

Diese Größen stellen Statistiken dar, da θ_0 durch die Hypothese vorgegeben ist.

Satz 5.4 *Wir nehmen an, daß $\theta = \theta_0 + \lambda/\sqrt{n}$ bei jedem n der wahre Parameter ist und die Regularitätsvoraussetzungen R1, R2 und RI aus Abschnitt 4.5 sowie Bedingung (5.37) erfüllt sind. Dann gilt für $n \to \infty$*

$$Z(n) - \lambda Y(n) = -\frac{1}{2} I_1(\theta_0) \lambda^2 + V(n) \ , \tag{5.51}$$

wobei $V(n) = o_p(1)$ bezüglich der Verteilung $P_{\theta_0 + \lambda/\sqrt{n}}$ ist und

$$\lim_{n \to \infty} \mathcal{L}(Y(n)) = \Phi_{(I_1(\theta_0)\lambda, I_1(\theta_0))}(\cdot) \ . \tag{5.52}$$

Beweis: Wir benutzen die Gleichung (5.39), die für $m = 1$ die Form

$$Z_j = \frac{\lambda}{\sqrt{n}} \frac{\partial l_1(\theta_0, X_j)}{\partial \theta} + \frac{\lambda^2}{2n} \frac{\partial^2 l_1(\theta_0, X_j)}{\partial \theta^2} + \frac{1}{n} V_{1j}(n)$$

$$\text{mit} \quad V_{1j} = \frac{\lambda^2}{2} \left(\frac{\partial^2 l_1(\tilde{\theta}_j(n), X_j)}{\partial \theta^2} - \frac{\partial^2 l_1(\theta_0, X_j)}{\partial \theta^2} \right)$$

besitzt, wobei $\tilde{\theta}_j(n)$ eine Zufallsgröße ist, die Werte zwischen θ_0 und $\theta_0 + \lambda/\sqrt{n}$ annimmt. Addiert man die Größen Z_j, erhält man

$$\begin{aligned} Z(n) &= \lambda Y(n) + \frac{\lambda^2}{2n} \sum_{j=1}^{n} \frac{\partial^2 l_1(\theta_0, X_j)}{\partial \theta^2} + \frac{1}{n} \sum_{j=1}^{n} V_{1j}(n) = \\ &= \lambda Y(n) + \frac{\lambda^2}{2n} \sum_{j=1}^{n} \frac{\partial^2 l_1(\theta_0 + \lambda/\sqrt{n}, X_j)}{\partial \theta^2} + \\ &\quad + \frac{1}{n} \sum_{j=1}^{n} V_{2j}(n) + \frac{1}{n} \sum_{j=1}^{n} V_{1j}(n) \end{aligned} \tag{5.53}$$

mit

$$V_{2j}(n) = \frac{\lambda^2}{2} \left(\frac{\partial^2 l_1(\theta_0, X_j)}{\partial \theta^2} - \frac{\partial^2 l_1(\theta_0 + \lambda/\sqrt{n}, X_j)}{\partial \theta^2} \right) \ .$$

Aus (5.46) erhält man dann für $n \to \infty$

$$\frac{\lambda^2}{2n} \sum_{j=1}^{n} \frac{\partial^2 l_1(\theta_0 + \lambda/\sqrt{n}, X_j)}{\partial \theta^2} = -\frac{1}{2} I_1(\theta_0)\lambda^2 + o_p(1) \, . \tag{5.54}$$

Die beiden letzten Summen im rechten Teil der Gleichung (5.53) verhalten sich für $n \to \infty$ ebenfalls wie $o_p(1)$, was man völlig analog zur Herleitung von (5.42) zeigen kann. Hieraus und aus den Gleichungen (5.53) und (5.54) erhalten wir

$$\lim_{n\to\infty} \mathcal{L}(\lambda Y(n) - \frac{1}{2} I_1(\theta_0)\lambda^2) = \lim_{n\to\infty} \mathcal{L}(Z(n)) \, . \tag{5.55}$$

Gleichung (5.38) nimmt für $m = 1$ folgende Form an:

$$\lim_{n\to\infty} \mathcal{L}(Z(n)) = \Phi_{(\frac{1}{2}I_1(\theta_0)\lambda^2, I_1(\theta_0)\lambda^2)}(\cdot) \, . \tag{5.56}$$

Nun folgt aus (5.55) und (5.56)

$$\lim_{n\to\infty} \mathcal{L}(\lambda Y(n)) = \Phi_{(I_1(\theta_0)\lambda^2, I_1(\theta_0)\lambda^2)}(\cdot) \, ,$$

woraus wiederum folgt, daß bei $\lambda \neq 0$ die Beziehung (5.52) gilt. Für $\lambda = 0$ erhalten wir die Gültigkeit der Beziehung (5.52) aus Lemma 4.5 aus Abschnitt 4.5. Damit ist der Satz bewiesen. ∎

Kehren wir noch einmal zu einfachen Hypothesen zurück. Einen mächtigsten Test zum Prüfen der einfachen Nullhypothese $\theta = \theta_0$ gegen die Alternative $\theta = \theta_0 + \lambda/\sqrt{n}$ bestimmen wir auf Grund des Lemmas von Neyman und Pearson aus dem Likelihoodquotienten, d.h. wir verwenden die kritische Funktion

$$\varphi_n^0(X(n)) = \begin{cases} 1, & Z(n) > C, \\ 0, & Z(n) \leq C, \end{cases}$$

wobei wie früher keine Randomisierung betrachtet zu werden braucht. Als kritisches Niveau verwenden wir

$$C = C_\alpha(\lambda) = -\frac{1}{2} I_1(\theta_0)\lambda^2 + u_{1-\alpha} I_1(\theta_0)^{1/2} \, | \, \lambda \, | \, . \tag{5.57}$$

In Übereinstimmung mit (5.53) schreiben wir die Ungleichung $Z(n) > C_\alpha(\lambda)$ in der Form

$$\lambda Y(n) - \frac{1}{2} I_1(\theta_0)\lambda^2 + \overline{V}(n) > C_\alpha(\lambda) \, , \tag{5.58}$$

wobei

$$\overline{V}(n) = \frac{1}{n} \sum_{j=1}^{n} V_{1j}(n) + \frac{1}{n} \sum_{j=1}^{n} V_{2j}(n) \, .$$

Mittels (5.57) erhält man aus (5.58) die äquivalente Beziehung

$$\lambda Y(n) > u_{1-\alpha} I_1(\theta_0)^{1/2} \mid \lambda \mid -\overline{V}(n) . \tag{5.59}$$

Nehmen wir nun an, daß die Altenativhypothese richtig ist. Dann ist der wahre Parameter $\theta = \theta_0 + \lambda/\sqrt{n}$, wobei $\lambda > 0$. Teilen wir nun beide Seiten der Ungleichung (5.59) durch $\lambda > 0$, so erhalten wir die Ungleichung

$$Y(n) > u_{1-\alpha} I_1(\theta_0) - \lambda^{-1}\overline{V}(n) . \tag{5.60}$$

Wenn die Ungleichung (5.60) erfüllt ist (und das ist genau dann der Fall, wenn $Z(n) > C_\alpha(\lambda)$), so wird die Hypothese $\theta = \theta_0$ abgelehnt. Das letzte Glied $\lambda^{-1}\overline{V}(n)$ in dieser Ungleichung konvergiert für $n \to \infty$ in Wahrscheinlichkeit gegen 0. Folglich ist der Test mit der kritischen Funktion

$$\varphi_n^* = \left\{ \begin{array}{ll} 1, & Y(n) > u_{1-\alpha} I_1(\theta_0)^{1/2} , \\ 0, & Y(n) \leq u_{1-\alpha} I_1(\theta_0)^{1/2} \end{array} \right. \tag{5.61}$$

asymptotisch äquivalent und besitzt asymptotisch die größte Wahrscheinlichkeit, $\theta = \theta_0$ abzulehnen, wenn $\theta = \theta_0 + \lambda/\sqrt{n}$, $\lambda > 0$ richtig ist. Aus (5.61) ist weiterhin ersichtlich, daß der φ_n^*-Test nicht von der Wahl von $\lambda > 0$ abhängt. Daher kann dieser Test auch verwendet werden, um die oben eingeführten zusammengesetzten Hypothesen $H_0(-)$ und $H_1(+)$ zu prüfen. Bei dieser Verwendung des φ_n^*-Testes erweist es sich als nützlich, die asymptotische Güte

$$\beta_\infty(\lambda) = \lim_{n \to \infty} \mathrm{E}_{\theta_0 + \lambda/\sqrt{n}} \, \varphi_n^*(X(n))$$

zu berechnen. Aus Satz 5.4 erhält man für jedes $\lambda > 0$

$$\begin{aligned} \beta_\infty(\lambda) &= \lim_{n \to \infty} \mathrm{P}_{\theta_0 + \lambda/\sqrt{n}}(Y(n) > u_{1-\alpha} I_1(\theta_0)^{1/2}) = \\ &= \mathrm{P}(N_1(I_1(\theta_0)\lambda, I_1(\theta_0)) > u_{1-\alpha} I_1(\theta_0)^{1/2}) = \\ &= \mathrm{P}(N_1(0, I_1(\theta_0)) > u_{1-\alpha} I_1(\theta_0)^{1/2} - I_1(\theta_0)\lambda) = \\ &= \mathrm{P}(N_1(0, 1) > u_{1-\alpha} - I_1(\theta_0)^{1/2}\lambda) = \\ &= 1 - \Phi(u_{1-\alpha} - I_1(\theta_0)^{1/2}\lambda). \end{aligned} \tag{5.62}$$

Für $\lambda < 0$ gilt die Beziehung (5.62) ebenfalls. In diesem Fall kann $\beta_\infty(\lambda)$ als asymptotische Wahrscheinlichkeit einer fälschlichen Ablehnung der Hypothese $H_0(-)$ aufgefaßt werden, während für $\lambda < 0$ $\beta_\infty(\lambda)$ die asymptotische Wahrscheinlichkeit einer richtigen Ablehnung der Hypothese $H_0(-)$ ist. Weiterhin folgt aus Lemma 4.5, Abschnitt 4.5, daß (5.62) auch für $\lambda = 0$ gilt, d.h. $\beta_\infty(0) = \alpha$. Außerdem ist aus (5.62) ersichtlich, daß $\beta_\infty(\lambda)$ eine wachsende Funktion von λ ist. Somit ist $\beta_\infty(\lambda) \leq \alpha$ für $\lambda < 0$ und $\beta_\infty(\lambda) > \alpha$ für $\lambda > 0$. Die erhaltenen Ergebnisse sind in folgendem Satz zusammengefaßt:

Satz 5.5 *Wir nehmen an, daß die Regularitätsvoraussetzungen R1, R2 und RI aus Abschnitt 4.5 sowie die Bedingung (5.37) erfüllt sind. Dann ist zur Prüfung der Hypothesen $H_0(-)$ und $H_1(+)$ der φ_n^*-Test mit der kritischen Funktion (5.61) für $n \to \infty$ asymptotisch unverfälscht. Er besitzt das asymptotische Niveau α und ist in der Klasse aller Tests mit diesem Niveau der asymptotisch mächtigste.*

Die in diesem Abschnitt angeführten Resultate sind nur ein kleiner Teil einer umfangreichen asymptotischen Theorie. Interessierte Leser seien auf die Bücher von LeCam, Yang [48] sowie von Andersen, Borgan, Gill, Keiding [3] verwiesen. Desweiteren findet man in den Arbeiten von Lindkvist, Belyaev [51] sowie von Yip, Lam [68] nichtparametrische Tests für Aufgabenstellungen aus der Zuverlässigkeitstheorie unter Verwendung des Begriffes sich nähernder Hypothesen und Methoden der Martingaltheorie.

5.4 Übungen

Übung 5.1 Berechnen Sie $T_F(p)$ (Gleichung (5.1)) für die Weibullverteilung $\overline{F}(s) = e^{-(\frac{s}{\alpha})^\beta}$ in den Fällen $\beta = 2$ und $\beta = 0.5$.

Übung 5.2 Bestimmen Sie eine Abbildung, die die Verteilungsfunktion der Exponentialverteilung in eine Gerade transformiert.

Übung 5.3 Was erhält man, wenn die Verteilungsfunktion einer 3-parametrischen Weibullverteilung in ein Wahrscheinlichkeitspapier für die Weibullverteilung eingezeichnet wird?

Übung 5.4 Im Zeitintervall $[0, t]$ wurden d Ausfälle eines technischen Systems beobachtet. Man kann annehmen, daß die Ausfälle nach einem homogenen Poissonschen Punktprozeß mit der unbekannten Intensität λ erfolgen. Man konstruiere einen Test für die Hypothese $H_0 : \lambda = \lambda_0$ gegen die Alternative $\lambda > \lambda_0$.

Übung 5.5 Die Lebensdauerprüfung zweier technischer Systeme während des Intervalls $[0, t]$ ergab d_1 bzw. d_2 Ausfälle. Die Ausfälle der Systeme erfolgen nach einem poissonschen Punktprozeß mit den Intensitäten λ_1 bzw. λ_2. Testen Sie die Hypothese $H_0 : \lambda_1 = \lambda_2$ gegen eine Alternative $H_1 : \lambda_1 \neq \lambda_2$. Benutzen Sie dabei das asymptotische Verhalten des Likelihoodquotienten für $t \to \infty$.

Übung 5.6 Bei der Prüfung zweier Systeme 1 und 2 werden die Ausfallzeitpunkte registriert. Die Reparaturzeit ist vernachlässigbar klein. Das System i wird während der Zeit t_i geprüft und dabei werden d_i Ausfälle registriert

($i = 1, 2$). Wir nehmen an, daß die Ausfallzeitpunkte der Systeme Realisierungen Poissonscher Punktprozesse mit den Intensitäten λ_1 und λ_2 sind. Testen Sie die Hypothese $H_0 : \lambda_1 = \lambda_2$ gegen die Alternative $H_1 : \lambda_1 \neq \lambda_2$ unter der Voraussetzung, daß beide Systeme hinreichend lange beobachtet wurden und d_1 und d_2 groß sind!

Übung 5.7 Sei $X(n) = (S_1, ..., S_n)$ eine Stichprobe aus einer weibullverteilten Grundgesamtheit mit bekanntem Parameter $a = a_0$. Überprüfen Sie die Regularitätsvoraussetzungen $R1, R2$ und RI und konstruieren Sie einen asymptotisch mächtigsten Test zum Prüfen der sich nähernden Hypothesen $H_0 : b = b_0 + \lambda/\sqrt{n}$, $\lambda_- < \lambda \leq 0$ und $H_1 : b = b_0 + \lambda/\sqrt{n}$, $0 < \lambda < \lambda_+$, $\lambda_- < \lambda < \lambda_+$.

6 Analyse der Zuverlässigkeit von Systemen ohne und mit Erneuerung

6.1 Strukturfunktionen von Systemen

In den bisherigen Kapiteln wurden alle betrachteten Bauteile in ihrer Gesamtheit untersucht. Dabei spielte es für die Lebensdaueranalyse keine Rolle, ob es sich um einfache Bauteile oder um komplexe Systeme handelte. In diesem Kapitel sollen Systeme daraufhin untersucht werden, wie die Zuverlässigkeit der Elemente und die Struktur des Systems sich auf die Zuverlässigkeit des Systems auswirken. Untersuchungen der Systemzuverlässigkeit sind ein wichtiger Bestandteil der Zuverlässigkeitstheorie. Berechnungsmethoden, die sich auf die Strukturfunktion stützen, sind in den Büchern von BARLOW, PROSCHAN [7] und BEICHELT, FRANKEN [13] ausführlich dargestellt. Wir behandeln hier nur die wichtigsten Grundbegriffe.

Wir betrachten ein System aus n Elementen mit den Zuständen x_i, $i = 1, ..., n$. Jedes Element besitzt nur zwei Zustände : $x_i = 1$, wenn das i–te Element intakt ist und $x_i = 0$, wenn das i–te Element ausgefallen ist. Den Zustand des Systems bezeichnen wir mit Ψ_{sys}. Auch für das System wollen wir nur zwei Zustände unterscheiden : $\Psi_{sys} = 0$ – das System ist ausgefallen und $\Psi_{sys} = 1$ – das System ist intakt.

Weiterhin nehmen wir an, daß der Zustand des Systems ausschließlich durch die Zustände der Elemente bestimmt wird. Diese Annahme bedeutet, daß der Zustand des Systems eine Funktion $\Psi : B^n \to \{0, 1\}$ ist, die auf der Menge $B^n = ((x_1, ..., x_n) : x_i \in \{0, 1\}, i = 1, ..., n)$ aus 2^n Punkten definiert ist. Funktionen dieser Art nennt man *Boolesche Funktionen*.

Definition 6.1 *Die Funktion*

$$\Psi : B_n \to \{0, 1\}$$

heißt Strukturfunktion des Systems.

Es gibt mehrere Möglichkeiten, die Struktur eines Systems mittels der Strukturfunktion darzustellen. Wir betrachten nun einige Beispiele.

Beispiel 6.1 Wir betrachten eine Reihenschaltung, die in Abbildung 6.1 dar-

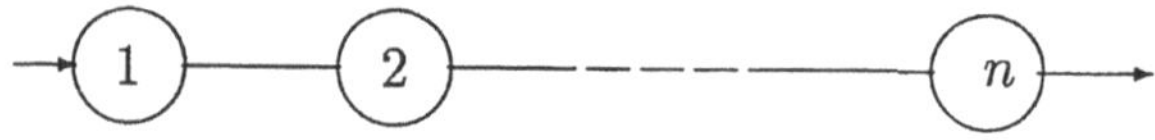

Abbildung 6.1: Reihenschaltung

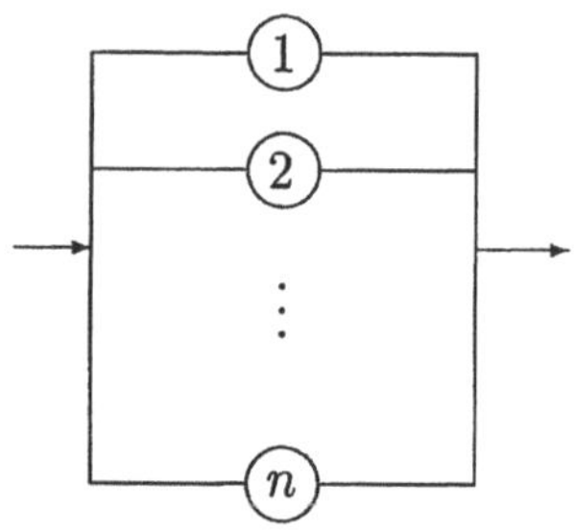

Abbildung 6.2: Parallelschaltung

gestellt ist. Das Modell der Reihenschaltung kann verwendet werden, wenn jedes Element des Systems so wichtig ist, daß das System ausfällt, wenn eines der Elemente ausgefallen ist.

Dann gelten $\Psi(x_1, ..., x_n) = 0$ für $\min(x_1, x_2, \ldots, x_n) = x_1 \wedge x_2 \wedge \ldots \wedge x_n = 0$ und $\Psi(1, ..., 1) = 1$.

Damit erhält man für die Strukturfunktion $\Psi(\underline{x}) = x_1 \wedge x_2 \wedge \ldots \wedge x_n$. $\Diamond$

Die Strukturfunktion kann auch in der Form

$$\Psi(\underline{x}) = x_1 \cdot x_2 \cdot \ldots \cdot x_n = \prod_{i=1}^{n} x_i \tag{6.1}$$

geschrieben werden.

Beispiel 6.2 Wir betrachten eine Parallelschaltung, die in Abbildung 6.2 dargestellt ist. In diesem Fall fällt das System nur dann aus, wenn alle seine Elemente ausgefallen sind.

Die Strukturfunktion dieses Systems läßt sich als $\Psi(\underline{x}) = \max(x_1, ..., x_n) = x_1 \vee x_2 \vee \ldots \vee x_n$ mit $x_i \vee x_j = \max(x_i, x_j)$ oder

$$\Psi(\underline{x}) = 1 - \prod_{i=1}^{n} (1 - x_i) \tag{6.2}$$

darstellen. $\Diamond$

Die algebraische Darstellung (6.1) oder (6.2) ist in vielen Fällen günstiger, da sich mit dieser Darstellung mathematische Operationen wie Multiplikation usw. ohne weiteres ausführen lassen. Die beiden Beispiele stellen in gewisser Weise die beiden Grenzfälle realer Systeme dar. Es sollen nun zwei Beispiele für komplizierte Systeme folgen.

Beispiel 6.3 Die drei Städte A, B und C sollen wie in Abbildung 6.3 dargestellt mit Telefonleitungen verbunden sein. Die drei Leitungen zwischen jeweils

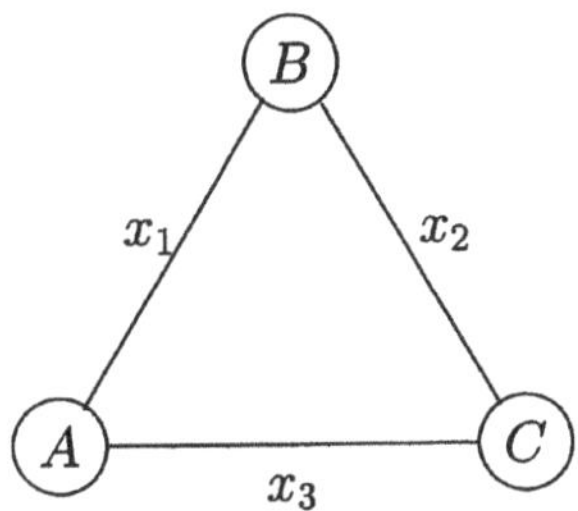

Abbildung 6.3: Ein Telefonnetz zwischen 3 Städten

2 Städten werden als Elemente des Systems betrachtet : x_1, x_2 und x_3 sind die Verbindungen der Städte AB, BC und CA. Wenn die Leitung zwischen 2 Städten intakt ist, gilt $x_i = 1$, ansonsten $x_1 = 0$, $i = 1, 2, 3$.
Wir nehmen an, daß das Telefonnetz ausgefallen ist, wenn eine Stadt ohne Verbindung ist ; z.B. ist die Stadt A ohne Verbindung, wenn sowohl die Leitung AB als auch die Leitung AC ausgefallen sind. Damit ist das Telefonnetz funktionstüchtig, wenn entweder $x_1 = x_2 = x_3 = 1$ gilt, oder wenn $x_i = x_j = 1, x_k = 0$ für $i, j, k \in \{1, 2, 3\}$ gilt. Damit erhalten wir für die Strukturfunktion

$$\begin{aligned}
\Psi(x_1, x_2, x_3) &= x_1 x_2 x_3 \vee x_1 x_2 \vee x_2 x_3 \vee x_1 x_3 = \\
&= x_1 x_2 \vee x_2 x_3 \vee x_1 x_3 = \\
&= 1 - (1 - x_1 x_2)(1 - x_2 x_3)(1 - x_1 x_3) = \\
&= x_1 x_2 + x_2 x_3 + x_1 x_3 - 2 x_1 x_2 x_3
\end{aligned} \tag{6.3}$$

$\Diamond$

Beispiel 6.4 Wir erweitern das Beispiel 6.3 durch Hinzufügen einer weiteren Stadt D, die nur mit der Stadt A verbunden ist (siehe Abbildung 6.4). Das Telefonsystem ist wiederum funktionstüchtig, wenn keine Stadt ohne Verbindung ist. In diesem Fall erhält man für die Strukturfunktion

$$\begin{aligned}
\Psi(x_1, x_2, x_3, x_4) &= x_4 \cdot (x_1 x_2 + x_2 x_3 + x_1 x_3 - 2 x_1 x_2 x_3) = \\
&= x_1 x_2 x_4 + x_2 x_3 x_4 + x_1 x_3 x_4 - 2 x_1 x_2 x_3 x_4 \, .
\end{aligned} \tag{6.4}$$

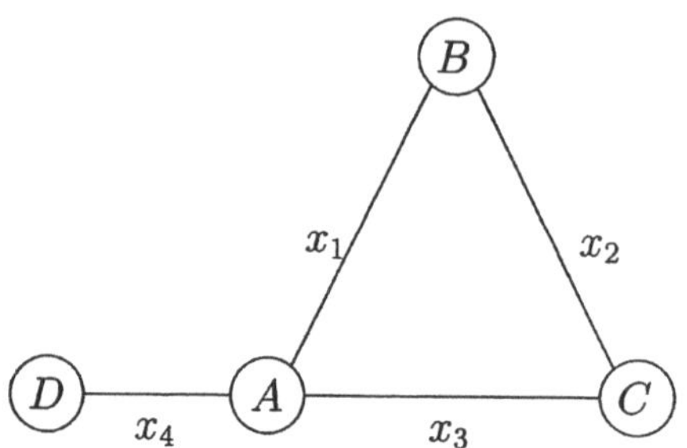

Abbildung 6.4: Ein Telefonnetz zwischen 4 Städten

$\Diamond$

An diesen Beispielen sieht man, daß alle Strukturfunktionen von Systemen Polynome der Variablen $x_1, ..., x_n$ sind

$$\Psi(x_1, ..., x_2) = \sum_{(i_1,...,i_k)} c_{i_1,...,i_k} x_{i_1} \cdots x_{i_k} \ . \tag{6.5}$$

Je komplexer das System ist, um so schwieriger ist es, die Strukturfunktion des Systems zu bestimmen.

Andererseits ist nicht jede Boolesche Funktion auch Strukturfunktion eines Systems. Wir werden uns jetzt mit Begriffen beschäftigen, die für die Strukturfunktion eines technischen Systems wesentlich sind.

Sei $\underline{x} = (x_1, ..., x_n)$ der Zustandsvektor der Elemente eines Systems. Mit $\underline{x}(1_i)$ bezeichnen wir den Vektor $(x_1, ..., x_{i-1}, 1, x_{i+1}, ..., x_n)$, d.h. den Zustandvektor der Elemente des Systems, in dem die i–te Komponente intakt ist, und analog ist $\underline{x}(0_i)$ der Zustadsvektor der Elemente des Systems, in dem die i–te Komponente ausgefallen ist : $\underline{x}(0_i) = (x_1, ..., x_{i-1}, 0, x_{i+1}, ..., x_n)$.

Dann gilt für jede Strukturfunktion

$$\Psi(\underline{x}) = x_i \cdot \Psi(x(1_i)) + (1 - x_i)\Psi(x(0_i)) \ .$$

Definition 6.2 *Ein Element mit der Nummer i heißt* relevant *für das System, wenn ein Vektor $\underline{x}$ existiert, für den*

$$0 = \Psi(\underline{x}(0_i)) < \Psi(\underline{x}(1_i)) = 1$$

gilt.

Man kann sich leicht davon überzeugen, daß in den Beispielen 6.1 – 6.4 jedes Element für das System relevant ist (siehe Übung 6.3).
Betrachten wir nun die Menge

$$B^n = ((x_1, ..., x_n) : x_i \in \{0, 1\}),$$

so ist es möglich, auf dieser Menge eine natürliche Halbordnung zu definieren.

Definition 6.3 *Man sagt* $\underline{x}' = (x_1', ..., x_n') < \underline{x}'' = (x_1'', ..., x_n'')$, *wenn* $x_i' \leq x_i''$ $\forall i = 1, 2, ..., n$ *und* $\sum_{i=1}^{n} (x_i'' - x_i') > 0$, *d.h. es existiert mindestens ein* $i \in \{1, ..., n\}$, *für das* $x_i' < x_i''$ *gilt.*

Definition 6.4 *Ein System heißt* monoton, *wenn jedes seiner Elemente relevant ist, und wenn aus* $\underline{x}' < \underline{x}''$ *folgt, daß* $\Psi(\underline{x}') \leq \Psi(\underline{x}'')$ *ist.*

Seien $\underline{0}_n = (0, ..., 0)$ und $\underline{1}_n = (1, ..., 1)$. Dann gilt für monotone Systeme $\Psi(\underline{0}_n) = 0$ und $\Psi(\underline{1}_n) = 1$. Davon kann man sich leicht überzeugen. Wäre z.B. $\Psi(\underline{0}_n) = 1$, dann würde für jedes $\underline{x} \in B^n$ mit $\underline{0}_n \leq \underline{x}$ ebenfalls $\Psi(\underline{x}) = 1$ gelten. Dann sind jedoch die Elemente des Systems nicht relevant, da für jedes Element i der Wert der Strukturfunktion unabhängig davon ist, ob $x_i = 0$ oder $x_i = 1$ gilt.
Die Bestimmung der Strukturfunktion eines Systems ist für realistische Systeme sehr kompliziert. Manchmal ist es möglich, durch Zerlegung des Systems in Teilsysteme und anschließende Superpositionsdarstellung diese Aufgabe zu erleichtern.
Sei $A = \{i_1, ..., i_k\} \subset \{1, ..., n\}$ eine Indexmenge aus $\{1, ..., n\}$. Mit $\underline{x}^A$ bezeichnen wir den Vektor $(x_{i_1}, ..., x_{i_k})$. Nun ist es möglich, die Indizes $\{1, ..., n\}$ in r disjunkte Mengen zu zerlegen: $A_i \cap A_j = \emptyset$ $i \neq j$, $i, j = 1, ..., r$, $\bigcup_{i=1}^{r} A_i = \{1, ..., n\}$. Dann kann man den Vektor $\underline{x}$ darstellen als

$$\underline{x} = (\underline{x}^{A_i}, ..., \underline{x}^{A_r}).$$

A^C sei das Komplement von $A : A^C = \{j_1, ..., j_{n-k}\} = \{1, ..., n\} \setminus A$.
Nun können neben dem System S_n aus n Elementen mit der Strukturfunktion Ψ Teilsysteme aus k Elementen mit den Nummern $(i_1, ..., i_k) = A \subset \{1, ..., n\}$ und die entsprechenden Strukturfunktionen $\Psi_A(\underline{x}^A)$ betrachtet werden.

Definition 6.5 *Wenn für die Strukturfunktion* Ψ *für beliebige* $\underline{x} \in B^n$ *und eine Indexmenge A die Darstellung*

$$\Psi(\underline{x}) = \tilde{\Psi}(\Psi_A(\underline{x}^A), x^{A^C})$$

gilt, wobei $\tilde{\Psi}(y, x^{A^C})$ *eine Strukturfunktion für* $(y, x_{j_1}, ..., x_{j_{n-k}})$ *ist, so nennt man das Teilsystem* S_k *aus k Elementen mit der Strukturfunktion* Ψ_A *ein Modul.*

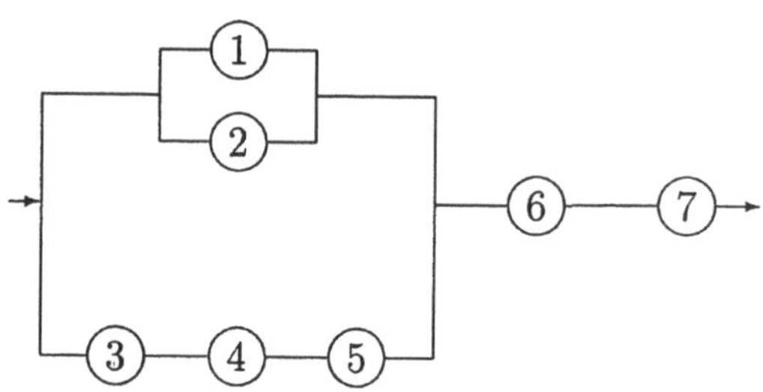

Abbildung 6.5: Superposition von Reihen- und Parallelschaltung

Wenn man r Module mit den disjunkten Indexmengen $A_1, ..., A_r$ und den Strukturfunktionen $\Psi_{A_1}, ..., \Psi_{A_r}$ finden kann, so daß

$$\Psi(x_1, ..., x_n) = \tilde{\Psi}(\Psi_{A_1}(x^{A_1}), ..., \Psi_{A_r}(x^{A_r})) \tag{6.6}$$

gilt, so erhält man eine modulare Zerlegung der Struktur des Systems.
Die Strukturfunktion des Systems wird nun in 3 Schritten gefunden : zuerst werden die Strukturfunktionen $\Psi_{A_1}, ..., \Psi_{A_r}$ der einzelnen Module bestimmt, danach bestimmt man $\tilde{\Psi}$ – die Strukturfunktion des Systems, indem jedes Modul als Element betrachtet wird, und zum Schluß erhält man durch Einsetzen der Strukturfunktionen der Module die Strukturfunktion des Systems.

Beispiel 6.5 Wir betrachten das in Abbildung 6.5 dargestellte System. In diesem System können die disjunkten Teilmengen $A_1 = \{1, 2\}$, $A_2 = \{3, 4, 5\}$, $A_3 = \{6, 7\}$ betrachtet werden. Die entsprechenden Module besitzen die Strukturfunktionen $\Psi_{A_1}(x_1, x_2) = 1 - (1 - x_1)(1 - x_2)$, $\Psi_{A_2}(x_3, x_4, x_5) = x_3 x_4 x_5$ und $\Psi_{A_3}(x_6, x_7) = x_6 x_7$. Für das verbleibende System erhält man die Strukturfunktion $\tilde{\Psi}(y_1, y_2, y_3) = (1 - (1 - y_1)(1 - y_2)) y_3$. Damit erhält man für das vollständige System $\Psi(\underline{x}) = (1 - (1 - x_1)(1 - x_2)(1 - x_3 x_4 x_5)) x_6 x_7$. $\Diamond$

Häufig sind auch Ungleichungen für die Strukturfunktion von Interesse. Dabei spielen die folgenden beiden Begriffe – Pfadmengen und Schnittmengen – eine zentrale Rolle.
Sei $\mathcal{P}(\underline{x}) = \{i : x_i = 1\}$, d.h. die Menge aller Indizes der Elemente, die intakt sind und $\mathcal{S}(\underline{x}) = \{i : x_i = 0\}$ die Menge aller Indizes der nichtintakten Elemente.

Definition 6.6 *Ein Vektor $\underline{x}$ von Zuständen des Elements heißt* Pfadvektor, *wenn die Strukturfunktion $\Psi(\underline{x}) = 1$ ist. Die entsprechende Menge $\mathcal{P}(\underline{x})$ heißt* Pfadmenge. $\underline{x}$ *heißt* minimaler Pfadvektor *und $\mathcal{P}(\underline{x})$* minimale Pfadmenge, *wenn $\Psi(\underline{x}') = 0$ für jedes $\underline{x}' < \underline{x}$.*
$\underline{x}$ *heißt* Schnittvektor, *wenn $\Psi(\underline{x}) = 0$. Wenn $\Psi(\underline{x}') = 1$ für jedes $\underline{x}' > \underline{x}$, dann*

heißt $\underline{x}$ *minimaler Schnittvektor und die entsprechende Menge* $S(\underline{x})$ *minimale Schnittmenge*.

Beispiel 6.6 Betrachten wir das Netz aus Übung 6.1.
Dann erhält man die minimalen Pfadmengen $\mathcal{P}_1 = \{1,4\}$, $\mathcal{P}_2 = \{2,5\}$, $\mathcal{P}_3 = \{1,3,5\}$, $\mathcal{P}_4 = \{2,3,4\}$ und die minimalen Schnittmengen $\mathcal{S}_1 = \{1,2\}$, $\mathcal{S}_2 = \{4,5\}$, $\mathcal{S}_3 = \{1,3,5\}$, $\mathcal{S}_4 = \{2,3,4\}$ (siehe auch Übung 6.4). $\qquad\Diamond$

Sei $\mathcal{P}_j = \mathcal{P}(\underline{x}^{(j)}), j = 1, ..., r$, die Menge aller minimalen Pfadmengen. Wenn für den Vektor der Elemente $\underline{x}$ ein j so existiert, daß $\prod_{i\in\mathcal{P}_j} x_i = 1$ ist, dann gilt für $\underline{x} \geq \underline{x}^{(j)}$ $\mathcal{P}(\underline{x}) \supseteq \mathcal{P}_j$ und $\Psi(\underline{x}) = 1$.
Im allgemeinen ist ein System nur dann intakt, wenn mindestens eine minimale Pfadmenge die Indizes aller Elemente enthält. Daher erhält man die Identität

$$\Psi(x) = 1 - \prod_{j=1}^{r}\left(1 - \prod_{i\in\mathcal{P}_j} x_i\right). \tag{6.7}$$

Analog erhält man für die Menge aller minimalen Schnittmengen $\mathcal{S}_1, ..., \mathcal{S}_q$

$$\Psi(x) = \prod_{j=1}^{q}\left(1 - \prod_{i\in\mathcal{S}_j}(1 - x_i)\right). \tag{6.8}$$

Bisher haben wir den Zustand des Systems und seiner Elemente unabhängig von der Zeit betrachtet. Man muß jedoch davon ausgehen, daß der Zustand des i–ten Elements $x_i = x_i(t)$ eine Funktion von t ist.
Wenn der Ausfall des i–ten Elements zur Zeit s_i erfolgt, dann gilt $x_i(t) = \mathrm{I}(s_i > t)$, d.h. $x_i(t) = 1$ für $t < s_i$ und $x_i(t) = 0$ für $t \geq s_i$.
Wir betrachten zunächst Systeme ohne Reparatur.
Wenn s_0 die Ausfallzeit des Systems ist, so ist $\Psi(t) = \mathrm{I}(s_0 > t)$. Sind die Ausfallzeiten $s_1, ..., s_n$ aller Elemente des Systems gegeben, so läßt sich mittels der Strukturfunktion die Ausfallzeit s_0 des Systems bestimmen. So erhält man z.B. für die Reihenschaltung $s_0 = \min(s_1, ..., s_n)$ und für die Parallelschaltung $s_0 = \max(s_1, ..., s_n)$.
Für komplexere Systeme läßt sich der Ausfallzeitpunkt des Systems nicht so einfach aus den Ausfallzeiten der Elemente bestimmen. Mittels der Strukturfunktion ist dieses jedoch zumindest näherungsweise möglich.
Für eine beliebige Zeit t werden die $x_i(t) = \mathrm{I}(s_i > t)$, $\quad i = 1, ..., n$ bestimmt. Danach berechnet man $\Psi(\underline{x}(t))$. Ist $\Psi(\underline{x}(t)) = 0$, dann liegt s_0 in $(0, t)$. Nun wird die Zeit $\frac{t}{2}$ betrachtet und die Berechnung wiederholt. Ist $\Psi(\underline{x}(t)) = 1$, dann betrachtet man als nächsten Zeitpunkt $2t$. Diese Prozedur wird wiederholt, bis s_0 mit der gewünschten Genauigkeit bestimmt ist.

6.2 Zuverlässigkeit von Systemen ohne Reparatur

Im vorigen Abschnitt wurden die Systeme deterministisch aufgefaßt, d.h. wir
haben den Zustand des Elementes unabhängig von der Zeit betrachtet bzw. den
Ausfallzeitpunkt des i–ten Elementes s_i als fest und bekannt angesehen.
In diesem Abschnitt betrachten wir die Zuverlässigkeit von Systemen mit Hilfe
der Strukturfunktion, wenn wir voraussetzen, daß jedes Element eine zufällige
Ausfallzeit besitzt. Sei $X_i(t)$ der zufällige Zustand des i–ten Elementes zur Zeit
t. Mit p_i bezeichnen wir die Wahrscheinlichkeit, daß das Element intakt ist:
$P(X_i(t) = 1) = p_i$ und $P(X_i(t) = 0) = 1 - p_i$.
Wir nehmen an, daß die X_i voneinander unabhängige zufällige Größen sind.
Wenn die Strukturfunktion des Systems (die jetzt als Funktion von Zufalls-
größen auch eine Zufallsgröße ist) gemäß (6.5) als Polynom

$$\Psi = \Psi(X_1, ..., X_n) = \sum_{(i_1,...,i_k)} c_{i_1,...,i_k} X_{i_1} \cdot ... \cdot X_{i_k} \tag{6.9}$$

dargestellt wird, erhält man aufgrund der Unabhängigkeit der Elemente für die
Wahrscheinlichkeit R, daß das System intakt ist

$$R = P(\Psi = 1) = E\Psi = \sum_{(i_1, ..,i_k)} c_{i_1, ..,i_k} p_{i_1} \cdot ... \cdot p_{i_k} . \tag{6.10}$$

Im weiteren schreiben wir für R

$$R = R(\underline{p}) = R(p_1, ..., p_n) .$$

Gemäß Formel (6.9) ist R ein Polynom in $p_1, ..., p_n$.

Beispiel 6.7 Für eine Reihenschaltung aus n Elementen erhält man

$$\Psi(\underline{x}) = \prod_{i=1}^{n} x_i \quad \text{und} \quad R(\underline{p}) = \prod_{i=1}^{n} p_i .$$

Für eine Parallelschaltung aus n Elementen ist

$$\Psi(\underline{x}) = 1 - \prod_{i=1}^{n}(1 - x_i) \quad \text{und damit} \quad R(\underline{p}) = 1 - \prod_{i=1}^{n}(1 - p_i) .$$

◊

Beispiel 6.8 Betrachten wir das Telefonnetz aus Beispiel 6.3.
Aus Gleichung (6.3) erhält man

$$\Psi(X_1, X_2, X_3) = 1 - (1 - X_1 X_2)(1 - X_2 X_3)(1 - X_1 X_3) =$$
$$= X_1 X_2 + X_2 X_3 + X_1 X_3 - 2 X_1 X_2 X_3,$$

und gemäß (6.9) ist die Zuverlässigkeit des Netzes

$$R(p_1, p_2, p_3) = p_1 p_2 + p_2 p_3 + p_1 p_3 - 2 p_1 p_2 p_3 \, .$$

Wir stellen fest, daß

$$R(p_1, p_2, p_3) \neq 1 - (1 - p_1 p_2)(1 - p_2 p_3)(1 - p_1 p_3)$$

ist, da zwar die Elemente unabhängig, die 3 Faktoren jedoch abhängig sind. $\Diamond$

Definition 6.7 *Man nennt die in (6.10) definierte Funktion $R(\cdot)$ Zuverlässigkeitsfunktion des Systems.*

Die Bestimmung der Zuverlässigkeitsfunktion für komplizierte Systeme ist wiederum recht kompliziert, da es schwierig ist, die Strukturfunktion (6.9) zu bestimmen. Häufig hilft dabei die modulare Zerlegung der Systeme. Es ist auch möglich, mit Hilfe der Pfad- und Schnittmengen obere und untere Grenzen für die Zuverlässigkeitsfunktion zu bestimmen.
Seien $\mathcal{P}_j$, $j = 1, ..., r$ alle minimalen Pfadmengen und $\mathcal{S}_l$, $l = 1, ..., q$ alle minimalen Schnittmengen. Dann gilt folgender Satz:

Satz 6.1 (BEICHELT, FRANKEN [13], BARLOW, PROSHAN [7]):) *Für die Zuverlässigkeitsfunktion eines Systems mit den Pfadmengen $(\mathcal{P}_j, j = 1, ..., r)$ und den Schnittmengen $(\mathcal{S}_l, l = 1, ..., q)$ gelten die Ungleichungen*

$$\prod_{l=1}^{q}\left(1 - \prod_{i \in \mathcal{S}_l}(1 - p_i)\right) \leq R(\underline{p}) \leq 1 - \prod_{j=1}^{r}\left(1 - \prod_{i \in \mathcal{P}_j} p_i\right) . \qquad (6.11)$$

Im weiteren wollen wir den Zustand des Systems zeitabhängig von den zufälligen Zuständen der Elemente betrachten. Dabei spielt der folgende Satz eine wesentliche Rolle:

Satz 6.2 *Die Zuverlässigkeitsfunktion $R(\underline{p})$, $\underline{p} = (p_1, ..., p_n)$ eines monotonen Systems aus n unabhängigen Elementen ist eine monotone Funktion in $\underline{p}$, $0 < p_i < 1$, $i = 1, ..., n$.*

Beweis : Seien $\underline{p}' = (p_1', ..., p_n')$ und $\underline{p}'' = (p_1'', ..., p_n'')$. Wir definieren auf folgende Weise eine Halbordnung: Es ist $\underline{p}' < \underline{p}''$, wenn

$$p_i' \le p_i'', \quad i = 1, ..., n \quad \text{und} \quad \sum_{i=1}^{n} (p_i'' - p_i) > 0 \,.$$

Aus der Darstellung

$$\Psi(\underline{X}) = X_i \cdot \Psi(\underline{X}(1_i)) + (1 - X_i)\Psi(\underline{X}(0_i))$$

und der Unabhängigkeit der X_i von $\Psi(\underline{X}(1_i))$ und von $\Psi(\underline{X}(0_i))$ erhält man für jeden beliebigen Vektor $\underline{p}$ und für jedes i

$$\begin{aligned} R(\underline{p}) &= \mathrm{E}\Psi(\underline{X}) = \mathrm{E}X_i \cdot \mathrm{E}\Psi(\underline{X}(1_i)) + \mathrm{E}(1 - X_i)E\Psi(\underline{X}(0_i)) = \\ &= p_i\mathrm{E}\Psi(\underline{X}(1_i)) + (1 - p_i)\mathrm{E}\Psi(\underline{X}(0_i)) = \\ &= p_i\mathrm{E}(\Psi(\underline{X}(1_i)) - \Psi(\underline{X}(0_i))) + \mathrm{E}\Psi(\underline{X}(0_i)) \,. \end{aligned} \qquad (6.12)$$

Da das System monoton ist, gilt

$$\Psi(\underline{X}(1_i)) - \Psi(\underline{X}(0_i)) \ge 0 \,.$$

Jedes Element des Systems ist relevant, daher existiert ein Vektor $\underline{x}' = (x_1', ..., x_n')$ derart, daß

$$\Psi(\underline{x}'(1_i)) - \Psi(\underline{x}'(0_i)) > 0 \,.$$

Die Wahrscheinlichkeit für dieses $\underline{x}'$ ist größer als Null :

$$\mathrm{P}(\underline{X} = \underline{x}') = p_1^{x_1'}(1 - p_1)^{1-x_1'} \cdot ... \cdot p_n^{x_n'}(1 - p_n)^{1-x_n'} > 0 \,,$$

da $p_i^{x_i'}(1 - p_i)^{1-x_i'} \ge p_i \wedge (1 - p_i) > 0$ für $p_i \in (0, 1)$.
Deshalb erhält man

$$\mathrm{E}(\Psi(\underline{X}(1_i)) - \Psi(\underline{X}(0_i))) > 0 \,. \qquad (6.13)$$

Damit ist $R(\underline{p})$ in Gleichung (6.12) eine lineare Funktion in p_i mit positivem Anstieg und streng monoton wachsend in jeder Komponente. ∎

Jetzt wenden wir uns der zeitlichen Abhängigkeit der Zuverlässigkeitsfunktion zu. Wie schon erwähnt, ist $X_i = X_i(t)$ eine Sprungfunktion $X_i(t) = \mathrm{I}(S_i > t)$ mit einem Sprung im zufälligen Ausfallzeitpunkt S_i, $i = 1, ..., n$.
Es gilt für den zufälligen Zustand des Elements

$$p_i = \mathrm{E}X_i(t) = \mathrm{EI}(S_i > t) = \mathrm{P}(S_i > t) = \overline{F_i}(t),$$

wobei $F_i(\cdot)$ die Verteilungsfunktion der Lebensdauer des Elements i ist.
Mit $R(t, \underline{F}(\cdot)) = R(t, F_1(\cdot), ..., F_n(\cdot))$ bezeichnen wir die zeitabhängige Zuverlässigkeitsfunktion des Systems. Sei S_0 wieder der zufällige Ausfallzeitpunkt des Systems und $\underline{X}(t) = (X_1(t), ..., X_n(t))$ der Zustand der Elemente.
Dann gilt für $R(t, \underline{F}(\cdot)) = \mathrm{P}(S_0 > t)$.

Satz 6.3 *Die zeitabhängige Zuverlässigkeitsfunktion für monotone Systeme ohne Reparatur hat die Darstellung*

$$R(t, \underline{F}(\cdot)) = R(p_1, \ldots, p_n) \quad mit \quad p_i = \overline{F}_i(t) \ i = 1, \ldots, n \ .$$

Beweis: Da

$$\Psi(\underline{X}(t)) = \mathrm{I}(S_0 > t) = \sum_{(i_1,\ldots,i_k)} c_{i_1,\ldots,i_k} X_{i_1}(t)\ldots X_{i_k}(t)$$

gilt, erhält man nach Berechnung des Erwartungswertes

$$
\begin{aligned}
R(t) &= \mathrm{E}\Psi(\underline{X}(t)) = \sum_{(i_1,\ldots,i_k)} c_{i_1,\ldots,i_k} \mathrm{E}X_{i_1}(t)\ldots \mathrm{E}X_{i_k}(t) = \\
&= \sum_{(i_1,\ldots,i_k)} c_{i_1,\ldots,i_k} \overline{F}_{i_1}(t)\ldots \overline{F}_{i_k}(t) = R(\overline{F}_1(t), \ldots, \overline{F}_n(t)) \ .
\end{aligned}
$$

∎

Folgerung 6.1 *Für monotone Systeme ist die zeitabhängige Zuverlässigkeitsfunktion $R(t, \underline{F}(\cdot))$ eine monoton fallende Funktion.*

Diese Folgerung folgt unmittelbar aus den Sätzen 6.2 und 6.3. ∎

Bemerkung: Häufig ist die bedingte zeitabhängige Zuverlässigkeitsfunktion von Interesse, wenn man weiß, daß das System z.Z. t intakt war.
Für diese Größe erhält man

$$
\begin{aligned}
R(t+s, \underline{F}(\cdot)|t) &= \mathrm{P}(\Psi(t+s) = 1 | \Psi(t) = 1) = \\
&= \frac{\mathrm{P}(\Psi(t+s) = 1, \Psi(t) = 1)}{\mathrm{P}(\Psi(t) = 1)} = \frac{\mathrm{P}(\Psi(t+s) = 1)}{\mathrm{P}(\Psi(t) = 1)} = \frac{R(t+s, \underline{F}(\cdot))}{R(t, \underline{F}(\cdot))} \ .
\end{aligned}
$$

$R(t+s, \underline{F}(\cdot)|t)$ ist die Wahrscheinlichkeit, daß ein System, welches bis zur Zeit t intakt war, im Intervall $(t, t+s]$ intakt bleibt.
Im folgenden wollen wir einen Zusammenhang zwischen monotonen Systemen und den im Kapitel 2 betrachteten Familien von Lebensdauerverteilungen herstellen.
Zuerst werden wir beweisen, daß ein monotones System, dessen Elemente zur Familie $\mathfrak{F}_{\mathrm{IFRA}}$ gehören, ebenfalls zur Familie $\mathfrak{F}_{\mathrm{IFRA}}$ gehört. Dazu benötigen wir folgendes Lemma:

Lemma 6.1 *Für die Funktion $g(x) = x^\alpha$, $x \in [0,1]$, $0 < \alpha \le 1$ und beliebige Größen $0 < z_1 \le z_2 < 1$, $0 < p_1 < 1$ gilt*

$$((1-p)z_1 + pz_2)^\alpha \le (1-p^\alpha)z_1^\alpha + p^\alpha z_2^\alpha \ .$$

Beweis: Die Funktion $g(x) = x^\alpha$ ist konkav für $0 < \alpha \leq 1$. Deshalb stellen die Zuwächse $h(t) = g(b+t) - g(a+t)$ für $0 < a < b$ eine nichtwachsende Funktion von t dar, siehe Abbildung 6.6.

Wählt man nun $a = pz_1, b = pz_2$ und $t = (1-p)z_1$, so erhält man

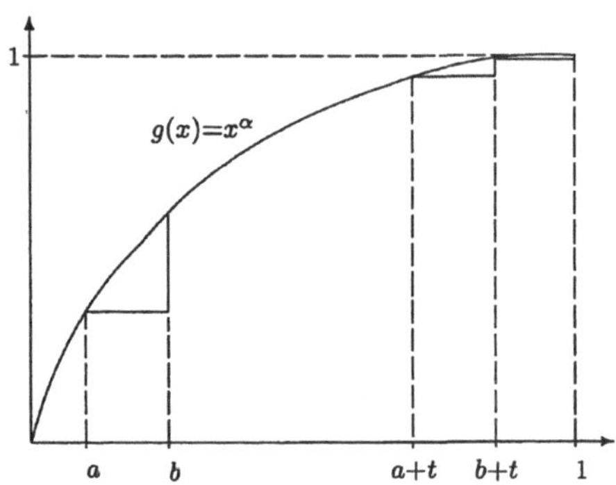

Abbildung 6.6: Die Zuwächse einer konkaven Funktion

$$g(b) - g(a) \geq g(b+t) - g(a+t,)$$

$$(pz_2)^\alpha - (pz_1)^\alpha \geq (pz_2 + (1-p)z_1)^\alpha - (pz_1 + (1-p)z_1)^\alpha =$$
$$= (pz_2 + (1-p)z_1)^\alpha - z_1^\alpha .$$

Stellt man diese Ungleichung um, folgt

$$(pz_2 + (1-p)z_1)^\alpha \leq p^\alpha z_2^\alpha - p^\alpha z_1^\alpha + z_1^\alpha = p^\alpha z_2^\alpha + (1 - p^\alpha)z_1^\alpha . \qquad \blacksquare$$

Sei nun $F(\cdot)$ eine Verteilungsfunktion und $H(\cdot) = -\ln \overline{F}(\cdot)$. Aus Kapitel 2 ist bekannt, daß $F(\cdot) \in \mathfrak{F}_{\text{IFRA}}$, wenn $\frac{H(t)}{t}$ eine nichtfallende Funktion in t ist. Die Ungleichung

$$\frac{H(t_1)}{t_1} \leq \frac{H(t_2)}{t_2}, \quad t_1 \leq t_2$$

ist äquivalent zur Ungleichung

$$\frac{H(\alpha t)}{\alpha t} \leq \frac{H(t)}{t} \quad \forall t > 0, \quad 0 < \alpha \leq 1,$$

da man $t = t_2$ und $\alpha = \frac{t_1}{t_2}$ wählen kann, wenn $t_1 \leq t_2$. Diese Ungleichung wiederum ist äquivalent zu

$$\ln\left((\frac{1}{\overline{F}(\alpha t)})^{\frac{1}{\alpha t}}\right) \leq \ln\left((\frac{1}{\overline{F}(t)})^{\frac{1}{t}}\right) \quad \text{oder} \quad \overline{F}(\alpha t) \geq \overline{F}(t)^\alpha . \qquad (6.14)$$

Satz 6.4 *Wenn alle n Elemente eines monotonen Systems ohne Reparatur eine Verteilungsfunktion aus der Familie $\mathfrak{F}_{\mathrm{IFRA}}$ besitzen, dann gehört auch die Verteilungsfunktion des Systems zur Familie $\mathfrak{F}_{\mathrm{IFRA}}$.*

Beweis: Der Fall $n = 1$ ist trivial, da aus der Monotonieeigenschaft des Systems für die Strukturfunktion $\Psi(x_1) = x_1$ folgt und daher

$$R(\alpha t, F_1(\cdot)) = \overline{F}_1(\alpha t) \geq \overline{F}_1(t)^\alpha = R(t)^\alpha \tag{6.15}$$

folgt.

Seien $F_1(\cdot), ..., F_n(\cdot)$ die Verteilungsfunktionen der n Elemente des monotonen Systems aus der Familie $\mathfrak{F}_{\mathrm{IFRA}}$. Dann folgt für beliebige $t \geq 0$ aus (6.14)

$$\overline{F}_i(\alpha t) \geq \overline{F}_i(t)^\alpha, \quad i = 1, ..., n$$

und aus Satz 6.2 folgt für die Überlebensfunktion

$$R(\alpha t, F_1(\cdot), ..., F_n(\cdot)) = R(\overline{F}_1(\alpha t), ..., \overline{F}_n(\alpha t)) \geq R(\overline{F}_1(t)^\alpha, ..., \overline{F}_n(t)^\alpha). \tag{6.16}$$

Wir werden nun beweisen, daß für alle $F_i \in \mathfrak{F}_{\mathrm{IFRA}}$ und beliebige $\alpha \in (0, 1), t > 0$

$$R(\overline{F}_1(t)^\alpha, ..., \overline{F}_n(t)^\alpha) \geq R(\overline{F}_1(t), ..., \overline{F}_n(t))^\alpha. \tag{6.17}$$

Dabei folgen wir dem Prinzip der vollständigen Induktion. Die Gültigkeit der Ungleichung für $n = 1$ folgt aus (6.15). Wir nehmen nun an, daß die Ungleichung (6.17) für ein monotones System aus $(n - 1)$ Elementen gültig ist und zeigen die Gültigkeit für ein System aus n Elementen. Für die Strukturfunktion des Systems erhält man beim Hinzufügen eines Elementes die Entwicklung

$$\Psi(X_1, ..., X_n) = X_n \Psi(X_1, ..., X_{n-1}, 1) + (1 - X_n)\Psi(X_1, ..., X_{n-1}, 0). \tag{6.18}$$

Hierbei sind die X_i zufällige Größen mit den Erwartungswerten $p_i = \mathrm{E}X_i = F_i(t)^\alpha$, $i = 1, ..., n$. Dann erhält man aus (6.18) durch Erwartungswertbildung

$$R(p_1, ..., p_n) = p_n R(p_1, ..., p_{n-1}, 1) + (1 - p_n)R(p_1, ..., p_{n-1}, 0). \tag{6.19}$$

Wählen wir nun $p_i = F_i(t)^\alpha$, so erhalten wir

$$R(\overline{F}_1(t)^\alpha, ..., \overline{F}_n(t)^\alpha) = \overline{F}_n(t)^\alpha R(\overline{F}_1(t)^\alpha, ..., \overline{F}_{n-1}(t)^\alpha, 1) +$$
$$+ (1 - \overline{F}_n(t)^\alpha)R(\overline{F}_1(t)^\alpha, ..., \overline{F}_{n-1}(t)^\alpha, 0). \tag{6.20}$$

Da die beiden zeitabhängigen Zuverlässigkeitsfunktionen für ein System aus $n - 1$ Elementen die Ungleichung (6.17) laut Induktionsvoraussetzung erfüllen, folgt weiter

$$R(\overline{F}_1(t)^\alpha, ..., \overline{F}_n(t)^\alpha) \geq \overline{F}_n(t)^\alpha R(\overline{F}_1(t), ..., \overline{F}_{n-1}(t), 1)^\alpha +$$
$$+ (1 - \overline{F}_n(t)^\alpha)R(\overline{F}_1(t), ..., \overline{F}_{n-1}(t), 0)^\alpha. \tag{6.21}$$

Nun wenden wir Lemma 6.1 mit $p = p_n = \overline{F}_n(t)$, $z_1 = R(\overline{F}_1(t), ..., \overline{F}_{n-1}(t), 0)$ und $z_2 = R(\overline{F}_1(t), ..., \overline{F}_{n-1}(t), 1)$ an. Die Voraussetzungen des Lemmas sind erfüllt, da aus der Monotonieeigenschaft des Systems $z_1 \leq z_2$ folgt. Dann kann in Ungleichung (6.21) die rechte Seite durch die kleinere Größe $((1-p)z_1 + pz_2)^\alpha$ ersetzt werden. Aus Gleichung (6.19) erhalten wir

$$(1 - p)z_1 + pz_2 = (1 - \overline{F}_n(t))R(\overline{F}_1(t), ..., \overline{F}_{n-1}(t), 0) +$$
$$+ \ \overline{F}_n(t)R(\overline{F}_1(t), ..., \overline{F}_{n-1}(t), 1) = R(\overline{F}_1(t), ..., \overline{F}_n(t)) \qquad (6.22)$$

und damit aus (6.21)

$$R(\overline{F}_1(t)^\alpha, ..., \overline{F}_n(t)^\alpha) \geq ((1 - p)z_1 + pz_2)^\alpha = R(\overline{F}_1(t), ..., \overline{F}_n(t))^\alpha \ . \qquad (6.23)$$

Aus (6.15) und (6.23) folgt, daß (6.17) für beliebige α und t gilt. Nach dem Prinzip der vollständigen Induktion folgt damit die Gültigkeit von (6.17) für beliebige n und der Satz ist bewiesen. ∎

Bemerkung: Es sind noch andere Aussagen dieser Art möglich, z.B. kann gezeigt werden, daß eine äquivalente Aussage auch für die Familie $\mathfrak{F}_{\mathrm{NBU}}$ gilt. Für Verteilungen mit wachsender Ausfallrate gilt diese Eigenschaft jedoch nicht: Es gibt monotone Systeme bei denen alle Elemente zur Familie $\mathfrak{F}_{\mathrm{IFR}}$ gehören, die Lebensdauer des Systems jedoch nicht zur Familie $\mathfrak{F}_{\mathrm{IFR}}$ gehört (siehe Übung 2.4). Bisher wurden nichtreparierbare Systeme betrachtet. Im nächsten Abschnitt wenden wir uns reparierbaren Systemen zu.

6.3 Einige Modelle mit vorbeugender Instandhaltung und unvollständiger Reparatur

Um Ausfälle an wichtigen Industrieanlagen zu vermeiden und die Zuverlässigkeit zu erhöhen, werden prophylaktische Maßnahmen durchgeführt. In diesem Abschnitt sollen einige einfache mathematische Modelle solcher vorbeugender Instandhaltungsmaßnahmen erläutert werden.

Beginnen wir mit der Bestimmung eines Instandhaltungsintervalles T, nach dessen Ablauf das System durch ein neues gleichen Typs ersetzt wird. Mit S_i bezeichnen wir die zufällige Zeit bis zum Ausfall des Systems mit der Verteilungsfunktion $F(s) = \mathrm{P}(S_i \leq s)$, wobei i die Nummer des i-ten Systems ist. Die zufälligen Größen $(S_i)_{i \geq 1}$ werden als voneinander unabhängig vorausgesetzt.

Fällt das System unvorhergesehen aus, so nimmt die Reparatur (und damit auch der Produktionsausfall) die Zeit U in Anspruch. Erfolgt bis zur Zeit T kein Ausfall, so wird das System nach Ablauf des Instandhaltungsintervalles planmäßig ersetzt. Diese Instandhaltung nimmt die Zeit V ($V < U$) in Anspruch. Danach beginnt die Arbeit dieses neuen Systems. Sei $W_1 = 0$ der Zeitpunkt, an dem das erste System die Arbeit beginnt. Zum Zeitpunkt $X_1 = \min(S_1, T)$ wird begonnen, das erste System durch das zweite zu ersetzen. Das Ersetzen beansprucht die Zeit U bei einem unvorhergesehenen Ausfall, d.h. wenn $X_1 = S_1 \leq T$, bzw. die Zeit V bei prophylaktischer Erneuerung wenn $X_1 = T < S_1$. Dann erhält man für den Beginn der Arbeit des zweiten Systems

$$W_2 = W(S_1) = (S_1 + U)\,\mathrm{I}(S_1 \leq T) + (T + V)\,\mathrm{I}(S_1 > T) \tag{6.24}$$

Zum Zeitpunkt
$$W_3 = W_2 + W(S_2)$$

beginnt die Arbeit des dritten Systems usw. Der Beginn der Arbeit des $(k+1)$-ten Systems ist durch

$$W_{k+1} = W_k + W(S_k) \tag{6.25}$$

gegeben, wobei S_k aus (6.24) bestimmt wird, indem dort jeweils S_1 durch S_k ersetzt wird. Die Folge der $(W_k)_{k\geq1}$ bildet einen Erneuerungsprozeß. Die Arbeitszeit des Systems im k-ten Intervall $[W_k,\,W_{k+1})$ ist durch

$$X_k = S_k\,\mathrm{I}(S_k \leq T) + T\,\mathrm{I}(S_k > T)\,. \tag{6.26}$$

gegeben.

Für die Bestimmung eines optimalen Instandhaltungsintervalles soll die Größe Q_n - das Verhältnis der Arbeitszeit des Systems zur Gesamtzeit in n Zyklen - so groß wie möglich sein. Diese Verhältnis ist durch

$$Q_n = \left(\sum_{i=1}^{n} X_i\right) \Bigg/ \left(\sum_{i=1}^{n} (W_{i+1} - W_i)\right)\;;. \tag{6.27}$$

gegeben. Jede der Summen in (6.27) enthält unabhängige und identisch verteilte Summanden, die außerdem beschränkt sind: $X_i \leq T$, $W_{i+1} - W_i \leq T + \max(U, V)$. Aus dem starken Gesetz der großen Zahlen folgt dann mit Wahrscheinlichkeit 1 für das arithmetische Mittel dieser Summanden

$$L(T) = \lim_{n\to\infty} \frac{1}{n}\sum_{i=1}^{n} X_i = E X_1 = \int_0^T s\,dF(s) + T\,\overline{F}(T)\,, \tag{6.28}$$

$$M(T) = \lim_{n\to\infty} \frac{1}{n}\sum_{i=1}^{n} (W_{i+1} - W_i) = \mathrm{E}(W_{i+1} - W_i) =$$

$$= \int_0^T s\,dF(s) + U\,F(T) + (T + V)\,\overline{F}(T)\,. \tag{6.29}$$

Aus den Gleichungen (6.27) - (6.29) erhalten wir, daß mit Wahrscheinlichkeit 1 der Grenzwert der Größe Q_n existiert und gleich

$$k(T) = \lim_{n \to \infty} Q_n = \frac{L(T)}{M(T)} \qquad (6.30)$$

ist. Dabei heißt $k(T)$ Verfügbarkeit des Systems. Diese Größe läßt sich als Grenzwert der Wahrscheinlichkeit, daß das System zur Zeit t im arbeitsfähigen Zustand ist, für $t \to \infty$ interpretieren. Wie schon erwähnt, soll T so gewählt werden, daß die Verfügbarkeit des Systems möglichst groß ist. Sei T_0 ein optimales Instandhaltungsintervall, d.h.

$$k(T_0) = \max_{T \geq 0} k(T) \ .$$

Es ist zu erwarten, daß $k(T)$ vom Verteilungsgesetz $F(\cdot)$ abhängt. Betrachten wir folgendes Beispiel:

Beispiel 6.9 Wir betrachten eine zweiparametrische Weibullverteilung $F(\cdot) \in \mathfrak{F}_{\text{w},2}$, d.h. $\overline{F}(s) = \exp(-(\frac{s}{a})^b)$, $s > 0$, $a > 0$, $b > 0$. Dann ist die mittlere ausfallfreie Arbeitszeit $m_{\text{F}} = \int_0^\infty \overline{F}(s) \, ds = \frac{a}{b}\Gamma(\frac{1}{b})$. Nehmen wir vier Zahlenbeispiele derart, daß die mittlere ausfallfreie Arbeitszeit jeweils 100 beträgt, d.h. $\frac{a_i}{b_i}\Gamma(\frac{1}{b_i}) = 100$ und zwar für $b_1 = 0.5$, $b_2 = 1.0$, $b_3 = 2.0$, $b_4 = 4.0$. Dem entsprechen die Werte $a_1 = 50$, $a_2 = 100$, $a_3 = 112.838$, $a_4 = 110.326$. Die den Parametern a_i, b_i, $i = 1,\ldots,4$, entsprechenden Ausfallraten $h_i(s) = (b_i/a_i)(s/a_i)^{b_i-1}$ sind in Abbildung 6.7 a) dargestellt. Wir nehmen weiterhin an, daß eine planmäßige Instandhaltung des Systems die Zeit $V = 1h$ benötigt, während eine unvorhergesehene Reparatur $U = 24h$ dauert. In Abbildung 6.7 b) sind die Verfügbarkeiten $k_i(T)$, die den Parametern a_i, b_i, $i = 1,\ldots,4$ entsprechen, dargestellt. Wenn der Formparameter $b_i \leq 1$ ist, so folgt aus (6.30), daß $k_i(T)$ eine nichtfallende Funktion in T ist. Die Verfügbarkeit wird maximal, wenn $T_0^{(i)} = \infty$ ist, d.h. wenn keine vorbeugende Instandhaltung betrieben wird. Wenn $b_i > 1$ ist, dann ergibt die geeignete Wahl von $T_0^{(i)}$ einen umso größeren Effekt, je größer der Formparameter b_i ist. In unserem Beispiel erhält man für $b_3 = 2.0$ und $a_3 = 112.838$ das optimale Instandhaltungsintervall $T_0^{(3)} \approx 25.0$ und $k_3(T_0^{(3)}) = 0.92$, während man für $b_4 = 4.0$ und $a_4 = 110.326$ die Werte $T_0^{(4)} \approx 40.0$ und $k_4(T_0^{(4)}) = 0.97 > k_3(T_0^{(3)})$ erhält. Wenn $b = 2$ ist, so ist die relative Stillstandszeit des Systems $1 - k_3(T_0^{(3)}) = 0.08$. Wenn $b = 4$ ist, so ist diese Stillstandszeit bei optimaler Wahl des Instandhaltungsintervalls $T = T_0^{(4)}$ wesentlich kleiner: $1 - k_4(T_0^{(4)}) = 0.03$. Daher ist zu erwarten, daß prophylaktische Instandhaltungen des Systems umso mehr

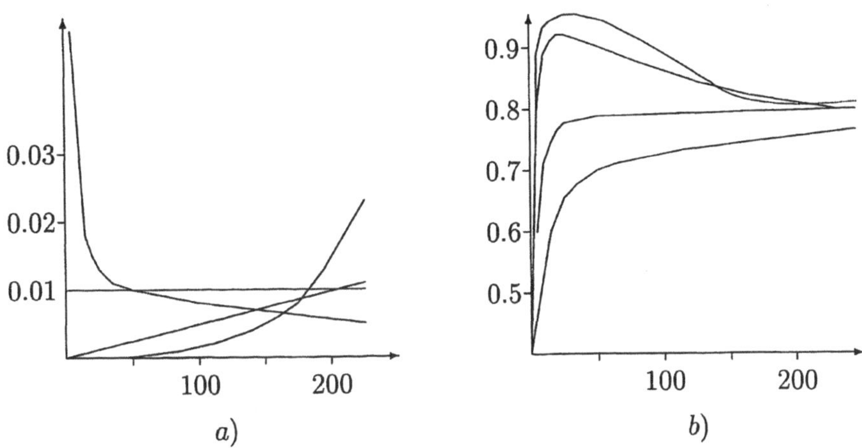

Abbildung 6.7: Ausfallraten und Verfügbarkeit für einige Weibullverteilungen

Nutzen bringen, je größer der Parameter b ist. Es sei daran erinnert, daß für $b < 1$ $F(\cdot) \in \mathfrak{F}_{\text{DFR}}$, für $b = 1$ $F(\cdot) \in \mathfrak{F}_{\text{E}}$ und für $b > 1$ $F(\cdot) \in \mathfrak{F}_{\text{IFR}}$ ist. $\quad \Diamond$

Die Wahl geeigneter prophylaktischer Maßnahmen hängt weiterhin wesentlich von der Struktur des Systems ab. Wir betrachten ein System aus mehreren Elementen und wollen feststellen, wann prophylaktische Maßnahmen sinnvoll sind.

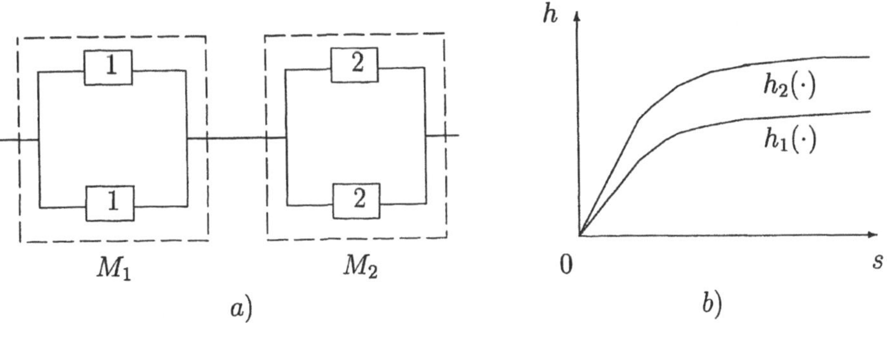

Abbildung 6.8: Ein System und die Ausfallraten der beiden Module

Beispiel 6.10 In Abbildung 6.8 a) ist ein System dargestellt, das aus zwei Modulen in Reihenschaltung besteht. Jeder dieser Module enthält zwei gleichartige parallelgeschaltete Elemente des Typs 1 bzw. 2. Wir nehmen an, daß die Verteilungsfunktionen der ausfallfreien Arbeitszeit der Elemente im i-ten Modul $F_i(s) = 1 - \exp(-\lambda_i s)$, $i = 1, 2$ sind. Die Elemente sollen unabhängig voneinander arbeiten. Jeder Modul ist arbeitsfähig, wenn eines der Elemente intakt ist. Daher erhält man für die Wahrscheinlichkeit der ausfallfreien Arbeit des Moduls M_i zur Zeit s $\overline{G}_i(s) = 1 - (1 - e^{-\lambda_i s})^2$.

Die Ausfallrate des i-ten Moduls ist dann durch

$$h_i(s) = \frac{dG_i(s)}{ds} \frac{1}{\overline{G}_i(s)} = \frac{2\lambda_i(1 - e^{-\lambda_i s})}{2 - e^{-\lambda_i s}}$$

gegeben. Für $\lambda_1 = 0.01$ und $\lambda_2 = 0.02$ sind die Ausfallraten des Systems in Abbildung 6.8 b) dargestellt.

Sei A_{ij} der Zustand des Systems, in dem i Elemente des Moduls M_1 und j Elemente des Moduls M_2 ausgefallen sind. Das System ist nur dann arbeitsfähig, wenn es sich in einem der Zustände A_{00}, A_{10}, A_{01}, A_{11} befindet. In den Zuständen A_{02}, A_{20}, A_{12}, A_{21}, A_{22} ist das System ausgefallen. Wir betrachten für dieses System zwei Erneuerungsmethoden. Die erste Methode besteht darin, beide Elemente eines Moduls sofort zu erneuern, wenn der Modul und damit das System ausgefallen ist. Die zweite Methode sieht vor, im Falle eines Ausfalls des Systems alle ausgefallenen Elemente zu ersetzen (also auch das eventuell schon ausgefallene Element eines noch arbeitsfähigen Moduls.) Bei der zweiten Methode ist die Anzahl der zu erneuernden Elemente größer, jedoch wird mit dieser Methode die Anzahl der Ausfälle des Systems verringert. Dabei kann das Ersetzen eines ausgefallenen Elementes in einem noch arbeitsfähigem Modul als prophylaktische Maßnahme angesehen werden. Um diese beiden Methoden zu vergleichen, nehmen wir an, daß die Kosten c_i des Austausches eines Elementes im i-ten Modul und der Verlust v bei Ausfall des Systems gegeben sind. Der Verlust v hängt von der Art des Systems ab. Es ist z.B. denkbar, daß bei Ausfall des Systems das in diesem System gerade hergestellte Teil beschädigt ist. Intuitiv ist zu erwarten, daß bei großem v die zweite Ersetzungsmethode Vorrang hat.

Wir werden nur die Zustände des Systems betrachten, in denen dieses arbeitsfähig ist, da bei einem Ausfall ein sofortiges Ersetzen erfolgt. Aus der Annahme von exponentialverteilten Lebensdauern der Elemente folgt, daß sich die Übergänge des Systems von einem Zustand in den anderen durch einen homogenen Markovprozeß beschreiben lassen. Die Theorie dieser Markovprozesse ist z.B. in KARLIN [45] dargestellt. Die Übergangsintensitäten der Zustände sind von der gewählten Erneuerungsmethode abhängig. Die möglichen Änderungen der Zustände und die entsprechenden Übergangsintensitäten sind für die erste Methode in Abbildung 6.9 a) und für die zweite Methode in Abbildung 6.9 b)

dargestellt. Wenn mit einem Übergang Erneuerungen verbunden sind, so sind sie in einem abgerundeten Kästchen vermerkt, wobei die Zahl der Erneuerungen im ersten Modul vor dem Doppelpunkt und die im zweiten Modul nach dem Doppelpunkt stehen. Z.B. erfolgt bei beiden Methoden beim Ausfall des ersten

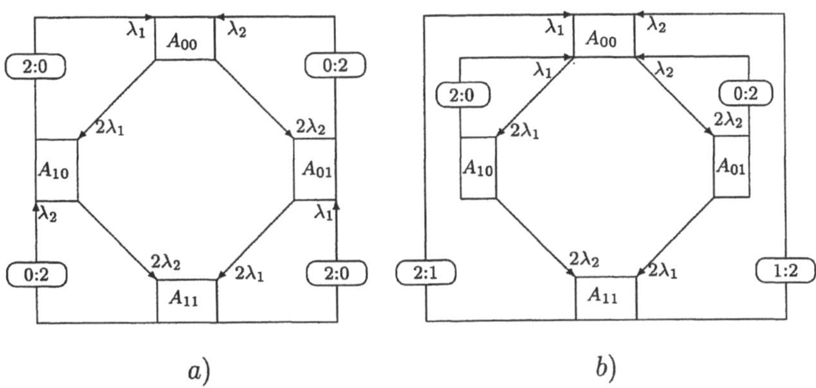

Abbildung 6.9: Mögliche Zustände und Übergänge bei 2 Erneuerungsmethoden

Elementes im ersten Modul ein Übergang aus dem Zustand A_{00} in den Zustand A_{10}. In dem Zeitintervall $(t,\, t + dt)$ ist die Wahrscheinlichkeit dieses Überganges $2\lambda_1 dt + o(dt)$ und die entsprechende Übergangsintensität $2\lambda_1$. Wenn sich das System im Zustand A_{11} befindet, d.h. in jedem der Module ist ein Element ausgefallen, dann führt der nächste Ausfall eines Elementes zum Ausfall des Systems und zur Erneuerung. Nehmen wir an, das verbleibende Element im Modul M_2 fällt aus. Dann erfolgt bei der ersten Methode ein Übergang von A_{11} in A_{10} mit einem Austausch der beiden Elemente des zweiten Moduls. Die Übergangsintensität ist λ_2. Bei der zweiten Methode dagegen erfolgt ein Übergang zu A_{00}, da alle ausgefallenen Elemente ersetzt werden. Sei $p_{ij}^{(k)}(t)$ die Wahrscheinlichkeit, daß sich das System zur Zeit t im Zustand A_{ij} befindet, wenn Methode k ($k = 1, 2$) angewendet wird. Die Chapman-Kolmogorov-Gleichungen lauten bei der ersten Methode

$$\frac{dp_{00}^{(1)}(t)}{dt} = -2(\lambda_1 + \lambda_2)\, p_{00}^{(1)}(t) + \lambda_1\, p_{10}^{(1)}(t) + \lambda_2\, p_{01}^{(1)}(t)\,,$$

$$\frac{dp_{10}^{(1)}(t)}{dt} = -(\lambda_1 + 2\lambda_2)\, p_{10}^{(1)}(t) + 2\lambda_1\, p_{00}^{(1)}(t) + \lambda_2\, p_{11}^{(1)}(t)\,,$$

$$\frac{dp_{01}^{(1)}(t)}{dt} = -(2\lambda_1 + \lambda_2)\, p_{01}^{(1)}(t) + 2\lambda_2\, p_{00}^{(1)}(t) + \lambda_1\, p_{11}^{(1)}(t)\,.$$

Statt der linear abhängigen Gleichung für $\frac{dp_{11}^{(1)}(t)}{dt}$ verwenden wir

$$p_{00}^{(1)}(t) + p_{01}^{(1)}(t) + p_{10}^{(1)}(t) + p_{11}^{(1)}(t) = 1 \; .$$

Für die zweite Ersetzungsmethode erhalten wir die analogen Gleichungen

$$\frac{dp_{00}^{(2)}(t)}{dt} = -2(\lambda_1 + \lambda_2)\, p_{00}^{(2)}(t) + \lambda_1\, p_{10}^{(2)}(t) + (\lambda_1 + \lambda_2)\, p_{11}^{(2)}(t) + \lambda_2\, p_{01}^{(2)}(t) \; ,$$

$$\frac{dp_{10}^{(2)}(t)}{dt} = -(\lambda_1 + 2\lambda_2)\, p_{10}^{(2)}(t) + 2\lambda_1\, p_{00}^{(2)}(t) \; ,$$

$$\frac{dp_{01}^{(2)}(t)}{dt} = -(2\lambda_1 + \lambda_2)\, p_{01}^{(2)}(t) + 2\lambda_2\, p_{00}^{(2)}(t) \; ,$$

$$p_{00}^{(2)}(t) + p_{01}^{(2)}(t) + p_{10}^{(2)}(t) + p_{11}^{(2)}(t) = 1 \; .$$

Markovsche Prozesse, die die Veränderung der Zustände von Systemen beschreiben, sind ergodisch. Daher hängen die stationären Wahrscheinlichkeiten $p_{ij}^{(k)} = \lim_{t\to\infty} p_{ij}^{(k)}(t)$ nicht vom Anfangszustand $p_{ij}^{(k)}(0)$, $i,j \in \{0,1\}$ ab. Es gilt $\frac{dp_{ij}^{(k)}(t)}{dt} \to 0$ für $t \to \infty$. Daher sind die stationären Wahrscheinlichkeiten $p_{ij}^{(k)}$ Lösungen der Gleichungssysteme

$$\begin{cases} -2(\lambda_1 + \lambda_2)\, p_{00}^{(1)}(t) + \lambda_1\, p_{10}^{(1)}(t) + \lambda_2\, p_{01}^{(1)}(t) = 0 \; , \\[4pt] -(\lambda_1 + 2\lambda_2)\, p_{10}^{(1)}(t) + 2\lambda_1\, p_{00}^{(1)}(t) + \lambda_2\, p_{11}^{(1)}(t) = 0 \; , \\[4pt] -(2\lambda_1 + \lambda_2)\, p_{01}^{(1)}(t) + 2\lambda_2\, p_{00}^{(1)}(t) + \lambda_1\, p_{11}^{(1)}(t) = 0 \; , \\[4pt] p_{00}^{(1)}(t) + p_{01}^{(1)}(t) + p_{10}^{(1)}(t) + p_{11}^{(1)}(t) = 1 \; , \end{cases}$$

für die erste Ersetzungsmethode und

$$\begin{cases} -2(\lambda_1 + \lambda_2)\, p_{00}^{(2)}(t) + \lambda_1\, p_{10}^{(2)}(t) + (\lambda_1 + \lambda_2)\, p_{11}^{(2)}(t) + \lambda_2\, p_{01}^{(2)}(t) = 0 \; , \\[4pt] -(\lambda_1 + 2\lambda_2)\, p_{10}^{(2)}(t) + 2\lambda_1\, p_{00}^{(2)}(t) = 0 \; , \\[4pt] -(2\lambda_1 + \lambda_2)\, p_{01}^{(2)}(t) + 2\lambda_2\, p_{00}^{(2)}(t) = 0 \; , \\[4pt] p_{00}^{(2)}(t) + p_{01}^{(2)}(t) + p_{10}^{(2)}(t) + p_{11}^{(2)}(t) = 1 \end{cases}$$

für die zweite Methode.

Mit den Lösungen $\underline{p}^{(k)} = (p_{00}^{(k)},\ p_{10}^{(k)},\ p_{01}^{(k)},\ p_{11}^{(k)})$ kann man den mittleren Kostenzuwachs in einem kleinen Zeitintervall $(t,\ t + dt)$ im stationären Zustand für die Methoden $k = 1, 2$ bestimmen. Bei der Methode 1 befindet sich das System mit der Wahrscheinlichkeit $p_{ij}^{(1)}$ zur Zeit t im Zustand A_{ij}. Wenn sich das

System im Zustand A_{10} befindet, so fällt mit Wahrscheinlichkeit $\lambda_1 dt + o(dt)$ das verbleibende Element des ersten Moduls aus und der daraus resultierende Systemausfall führt zum Verlust v und den Ersetzungskosten $2c_1$. Dieses Ereignis entspricht dem Übergang $A_{10} \to A_{00}$. Der mittlere Beitrag zu den Kosten aufgrund dieses Überganges ist

$$p_{10}^{(1)} \lambda_1 dt(v + 2c_1) + o(dt) .$$

$o(dt)$ entspricht hier dem Auftreten anderer möglicher Ereignisse deren Wahrscheinlichkeit um eine Ordnung kleiner ist als dt. Z.B. ist die Wahrscheinlichkeit, daß in der Zeit dt zwei oder mehr Elemente ausfallen, von der Ordnung $O(dt^2)$. Analog findet man, daß beim Übergang $A_{01} \to A_{00}$ der mittlere Beitrag zu den Kosten $p_{01}^{(1)} \lambda_2 dt(v + 2c_2) + o(dt)$ ist. Beim Übergang $A_{11} \to A_{01}$ (Ausfall eines Elementes des ersten Typs) erhält man die Kosten $p_{11}^{(1)} \lambda_1 dt(v + 2c_1)$, und beim Übergang $A_{11} \to A_{10}$ (Ausfall eines Elementes des zweiten Typs) $p_{11}^{(1)} \lambda_2 dt(v + 2c_2) + o(dt)$. Alle anderen Ereignisse führen zum Beitrag $o(dt)$. Insgesamt erhält man also, daß die mittleren Kosten im Zeitintervall $(t, t+dt)$ bei Anwendung der ersten Ersetzungsmethode

$$p_{10}^{(1)} \lambda_1 dt(2c_1 + v) + p_{01}^{(1)} \lambda_2 dt(2c_2 + v) + p_{11}^{(1)} \lambda_1 dt(2c_1 + v) + p_{11}^{(1)} \lambda_2 dt(2c_2 + v) + o(dt)$$

sind. Dementsprechend ist die mittlere Geschwindigkeit des Kostenzuwachses im stationären Regime bei der ersten Erneuerungsmethode

$$v^{(1)}(\underline{p}^{(1)}) = (p_{10}^{(1)} + p_{11}^{(1)})\lambda_1(2c_1 + v) + (p_{01}^{(1)} + p_{11}^{(1)})\lambda_2(2c_2 + v) . \tag{6.31}$$

Mit völlig analoger Herangehensweise erhält man für die zweite Erneuerungsmethode die mittlere Geschwindigkeit des Kostenzuwachses

$$v^{(2)}(\underline{p}^{(2)}) = p_{10}^{(2)} \lambda_1(2c_1 + v) + p_{01}^{(2)} \lambda_2(2c_2 + v) +$$

$$+ \; p_{11}^{(2)} \lambda_1(2c_1 + c_2 + v) + p_{11}^{(2)} \lambda_2(c_1 + 2c_2 + v) . \tag{6.32}$$

Die Ausdrücke $v^{(k)}(\underline{p}^{(k)})$, $k = 1, 2$, die durch die Formeln (6.31) und (6.32) gegeben sind, sind lineare Funktionen in v. In Abbildung 6.10 sind die $v^k(\underline{p}^{(k)})$ als Funktionen des Verlustes bei Ausfall v dargestellt. Man sieht, daß für kleine Verluste $v < v_0$ bei der ersten Methode geringere Kosten entstehen. Überschreitet jedoch v eine bestimmte Grenze $v_0 < v$, so ist die zweite Methode vorzuziehen, da hier Ausfälle seltener Auftreten (siehe auch Übungen 6.8 und 6.9). $\lozenge$

In den oben betrachteten Modellen wurde angenommen, daß nach einer prophylaktischen Instandhaltung das Systems oder die entsprechenden Elemente neu sind. Es wurden nur parametrische Verteilungen aus den Familien $\mathfrak{F}_{w,2}$ und

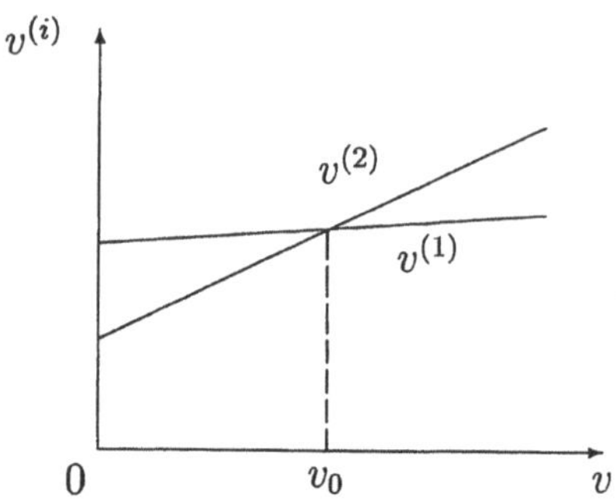

Abbildung 6.10: Mittlere Kosten in Abhängigkeit vom Verlust v

$\mathfrak{F}_E$ betrachtet. Die Arbeitszeit eines Elementes (Systems) konnte höchstens den Wert T annehmen, nach einer prophylaktischen Maßnahme war das Alter wieder 0. Das Alter eines Elementes in Abhängigkeit von der Zeit t ist in Abbildung 6.11 a) dargestellt, wobei die S_i die Arbeitszeiten des i-ten Elementes (ohne pro-

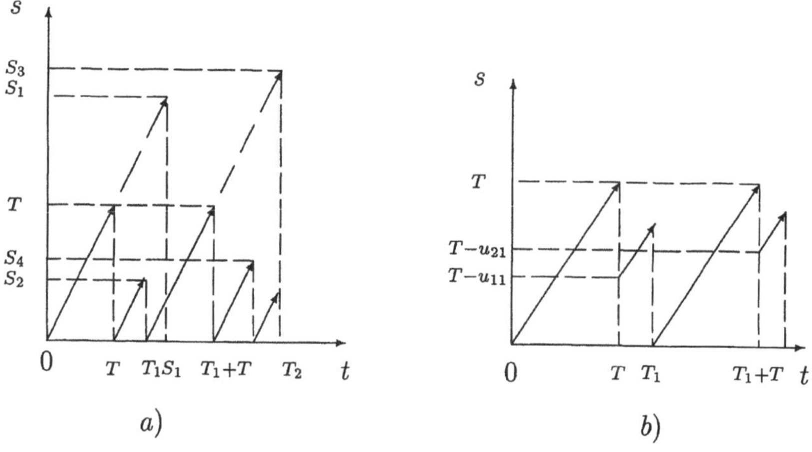

Abbildung 6.11: Das Alter eines Elementes bei verschiedenen Arten der Instandhaltung

phylaktische Erneuerung zur Zeit T) und T_i die Ausfallzeitpunkte sind. Wenn zur Zeit T das erste Element nicht ersetzt wurden wäre, wäre der Ausfall zur Zeit S_1 aufgetreten. Das Element ist jedoch zur Zeit T durch ein neues zweites Element ersetzt wurden, welches einen Ausfall zur Zeit $T_1 = T + S_2 < S_1$ hatte. Das ist eine mißlungene Art von prophylaktischer Instandhaltung, da das zweite Element eher ausgefallen ist, als das erste ausgefallen wäre. Daher entsteht die Frage nach der Bestimmung solcher Verteilungsfamilien, für die eine vorbeugende Instandhaltung nach der Zeit T zu einer Verringerung der Anzahl der Ausfälle führt. Diese Aufgabe ist für eine breitere Klasse prophylaktischer Maßnahmen lösbar. Wie früher werden wir voraussetzen, daß bei Ausfall das Element durch ein neues ersetzt wird.

Definition 6.8 *Eine vorbeugende Instandhaltung wird entweder nach Ablauf der Zeit T seit der letzten Instandhaltung (wenn kein Ausfall auftrat) oder nach Ablauf der Zeit T seit dem letzten Ausfall durchgeführt. Eine Instandhaltung heißt Instandhaltung mit unvollständiger Reparatur, wenn bei der Instandhaltung das Element nicht erneuert wird, sondern eine Reparatur durchgeführt wird, die das Alter des Elementes um die Größe u_k verringert, wobei k die Nummer der entsprechenden Instandhaltung ist.*

Wenn das Alter des i-ten Elementes zur Zeit der k-ten vorbeugenden Instandhaltung $kT - u_{i1} - ... - u_{ik} = v_{ik}$ ist, so ist die Wahrscheinlichkeit einer ausfallfreien Arbeit im Intervall $(v_{ik}, v_{ik} + s]$ für dieses Element $\overline{F}(v_{ik} + s)/\overline{F}(v_{ik})$. Dem Beginn der Arbeit des i-ten Elementes entspricht $v_{i0} = 0$. Dieses Modell enthält die beiden Grenzfälle $u_{i0} = 0$ – es wird keine Instandhaltung durchgeführt – und $v_{i1} = 0$ – es erfolgt eine vollständige Erneuerung. In Abbildung 6.11 *b*) ist das Alter des Elementes bei unvollständiger Reparatur zur Zeit T dargestellt. Das Alter verringert sich hier auf $T - u_{11}$. Im Moment T_1 ist das erste Element ausgefallen und durch ein neues zweites ersetzt worden. Bei der nächsten Instandhaltung zur Zeit $T_1 + T$ verringert sich das Alter des zweiten Elementes um u_{21}.
Wir führen noch einen Begriff ein:

Definition 6.9 *Die Zufallsgröße X mit der Verteilungsfunktion $F_X(\cdot)$ heißt stochastisch nicht größer (stochastisch kleiner oder gleich) als die Zufallsgröße Y mit $F_Y(\cdot)$, wenn für beliebige z gilt:*

$$\overline{F}_X(z) = \mathrm{P}(X > z) \leq \overline{F}_Y(z) = \mathrm{P}(Y > z).$$

Diese Relation bezeichnen wir mit $X \overset{st}{\leq} Y$.

Wenn $X_1, ..., X_n$ voneinander unabhängige Zufallsgrößen sind und $Y_1, ..., Y_n$ ebenfalls voneinander unabhängig sind, so folgt aus $X_i \overset{st}{\leq} Y_i$, $i = 1, ..., n$

$$X_1 + ... + X_n \overset{st}{\leq} Y_1 + ... + Y_n \tag{6.33}$$

(siehe auch Übung 6.10).

Sei nun $F(t)$ die Verteilungsfunktion der Zeit bis zum Ausfall eines Elementes. $N(T,t)$ sei die Anzahl der Ausfälle bei prophylaktischer Instandhaltung mit unvollständiger Reparatur und $N(t)$ die Anzahl der Ausfälle in $(0,t]$, wenn keine Instandhaltung durchgeführt wird. $N(t)$ ist die Anzahl der Erneuerungen eines gewöhnlichen Erneuerungsprozesses mit der Verteilungsfunktion F.

Satz 6.5 (Barlow, Proshan [7]) *Wenn eine stetige Verteilungsfunktion $F(\cdot) \in \mathfrak{F}_{NBU}$, so gilt bei der oben beschriebenen Art von Instandhaltung mit unvollständiger Reparatur für beliebige Instandhaltungsintervalle T und beliebige Zeiten t $(T \leq t)$ für die Anzahl der Ausfälle $N(T,t) \overset{st}{\leq} N(t)$.*

Beweis: Sei $S_i(T)$ die Arbeitszeit des i-ten Elementes bis zum Ausfall (und dem Ersetzen durch ein neues) und S_i die Zeit bis zum Ausfall, wenn keine Instandhaltung durchgeführt wird. Sei $s > 0$ eine beliebige Zeit. Wenn $kT < s \leq (k+1)T$ ist, so werden k vorbeugende Instandhaltungen in der Zeit $(0,s]$ durchgeführt, falls in dieser Zeit kein Ausfall erfolgt. Wir setzen wieder $\overline{F}(s) = \exp(-H(s))$, wobei $H(s)$ die integrierte Ausfallrate ist. Da nach der $(j-1)$-ten vorbeugenden Instandhaltung des i-ten Elementes zur Zeit $t = (j-1)T$ sein Alter $v_{i,j-1} = (j-1)T - u_{i1} - ... - u_{ij-1}$ ist, ist die bedingte Wahrscheinlichkeit für die ausfallfreie Arbeit des Elementes im nächsten Instandhaltungsintervall $((j-1)T, jT]$ durch $\exp(-(H(v_{i,j-1}+T) - H(v_{i,j-1})))$ gegeben. Ebenso erhält man für die bedingte Wahrscheinlichkeit der ausfallfreien Arbeit im Intervall $(kT, s]:\quad \exp(-(H(s - u_{i1} - ... - u_{i,k}) - H(v_{ik})))$.
Daher erhalten wir

$$\mathrm{P}(S_i(T) > s) = \prod_{j=1}^{k} \exp(-(H(v_{i,j-1}+T) - H(v_{i,j-1}))) \cdot$$
$$\cdot \exp(-(H(s - u_{i1} - ... - u_{ik}) - H(v_{ik}))) . \quad (6.34)$$

Da $F \in \mathfrak{F}_{NBU}$ ist, gilt

$$\overline{F}(v_{i,j-1}+T) \leq \overline{F}(v_{i,j-1})\overline{F}(T)$$

oder

$$H(T) \leq H(v_{i,j-1}+T) - H(v_{i,j-1}) \quad (6.35)$$

und

$$H(s - kT) \leq H(s - u_{i1} - \cdots - u_{ik}) - H(v_{ik}), \quad kH(T) \leq H(kT) . \quad (6.36)$$

Nun erhält man aus (6.34) – (6.36) die Ungleichung

$$\mathrm{P}(S_i(T) > s) \geq \left(\prod_{j=1}^{k} \exp(-H(T))\right) \exp(-H(s-kT)) \geq$$

$$\geq \exp(-(H(kT) + H(s-kT))) \geq \exp(-H(s)) = \overline{F}(s) = \mathrm{P}(S_i > s) .$$

Also ist $S_i \overset{st}{\leq} S_i(T)$, $i = 1, 2, \cdots$. Die zufälligen Größen $(S_i(T))_{i \geq 1}$ und $(S_i)_{i \geq 1}$ sind jeweils bezüglich i voneinander unabhängig. Dann erhält man für beliebige n

$$S_1 + \cdots + S_n \overset{st}{\leq} S_1(T) + \cdots + S_n(T) \ .$$

Daher gilt für beliebige n die Ungleichung

$$P(N(t) \geq n) = P(S_1 + \cdots + S_n \leq t) \ \geq \ P(S_1(T) + \cdots + S_n(T) \leq t) =$$
$$= \ P(N(T, t) \geq n) \ ,$$

was der zu beweisenden Beziehung $N(T, t) \overset{st}{\leq} N(t)$ entspricht. ∎

Bemerkung: Beim Beweis des Satzes 6.5 wurde vorausgesetzt, daß die Zeiten u_{ik}, um die sich das Alter des i−ten Elementes bei der k−ten Instandhaltung verringert, deterministische Größen sind. Der Satz ist auch gültig, wenn die u_{ik} als Zufallsgrößen angesehen werden, die unabhängig von den auftretenden Ausfällen sind. In den meisten Anwendungen sind die u_{ik} unbekannt. Beim Beweis des Satzes wurde auch nicht vorausgesetzt, daß die u_{ik} bekannt sind, sondern nur, daß sie der Definition 6.8 entsprechen.

Für Instandhaltungen mit vollständiger Erneuerung ($u_{i1} = T$) ist die Zugehörigkeit der Verteilungsfunktionen $F(\cdot)$ zur Klasse $\mathfrak{F}_{NBU}$ auch eine notwendige Voraussetzung für die Ungleichung $N_0(T, t) \overset{st}{\leq} N(t)$, wobei $N_0(T, t)$ die Anzahl der Elemente ist, die bei vollständiger Reparatur im Zeitintervall $(0, t]$ ausfallen.

Satz 6.6 (Barlow, Proshan [7]) *Bei vorbeugender Instandhaltung mit vollständiger Erneuerung und stetiger Verteilung $F(\cdot)$ gilt $N_0(T, t) \overset{st}{\leq} N(t)$ für beliebige T, t genau dann, wenn $F(\cdot) \in \mathfrak{F}_{NBU}$.*

Beweis: Die Bedingung $F(\cdot) \in \mathfrak{F}_{NBU}$ ist hinreichend aufgrund des Satzes 6.5. Für den Beweis der Notwendigkeit wählen wir zwei beliebige positive Zahlen u, t. Sei $u \leq t < 2u$. Dann gilt für $u = T$ $\quad N_0(T, t) \overset{st}{\leq} N(t)$. Folglich gilt $P(N_0(T, t) = 0) \geq P(N(t) = 0) = \overline{F}(t)$. Da $P(N_0(T, t) = 0) = \overline{F}(T) \, \overline{F}(t - T)$ gilt, erhalten wir

$$\overline{F}(t) \leq \overline{F}(T) \, \overline{F}(t - T) = \overline{F}(u) \, \overline{F}(t - u) \ . \tag{6.37}$$

Wenn $2u < t$ ist, dann erhält man für $T = t - u$ aus $N(T, t) \overset{st}{\leq} N(t)$

$$\overline{F}(t) = P(N(t) = 0) \leq P(N_0(T, t) = 0) = \overline{F}(T) \, \overline{F}(t - T) = \overline{F}(t - u) \, \overline{F}(u) \ .$$

Folglich ist die Ungleichung (6.37) für beliebige t und beliebige $u \leq t$ erfüllt. Das ist jedoch die charakteristische Eigenschaft für Verteilungen F, die zur Klasse $\mathfrak{F}_{NBU}$ gehören. ∎

Zur besseren Illustration dieses Satzes dienen die Übungen 6.11 und 6.12.

6.4 Übungen

Übung 6.1 Die 4 Städte A,B,C und D seien, wie in Abbildung 6.12 dargestellt, durch die Leitungen $x_1, ..., x_5$ verbunden. Dieses Netz soll als Transitabschnitt

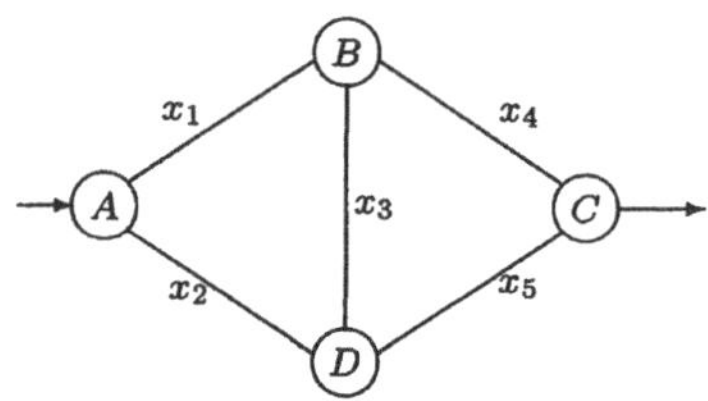

Abbildung 6.12: Eine Verbindung von 4 Städten

mit einem Eingang in der Stadt A und einem Ausgang in der Stadt C aufgefaßt werden. Das Netz ist intakt, wenn es eine Verbindung zwischen A und C gibt. Man bestimme die Strukturfunktion für dieses System in Form eines geeigneten Polynoms.

Übung 6.2 Wir betrachten eine Stereoanlage bestehend aus Kasettenteil, Radioteil, Verstärker und zwei Lautsprechern. Das Gerät soll intakt sein, solange etwas zu hören ist, d.h. mindestens einer der Lautsprecher, Kasetten – oder Radioteil und Verstärker intakt sind. Man bestimme die Strukturfunktion dieses Systems.

Übung 6.3 Man zeige, daß in Beispiel 6.3 jedes Element relevant für das System ist.

Übung 6.4 Man ermittle minimale Pfadmengen und minimale Schnittmengen für das Netz aus Beispiel 6.3.

Übung 6.5 Man bestimme die Zuverlässigkeitsfunktion $R(p)$ für das Netz aus Übung 6.1.

Übung 6.6 Man bestimme obere und untere Grenzen für die Zuverlässigkeitsfunktion des Netzes aus Übung 6.1 mittels der Formel (6.11).

Übung 6.7 Wir betrachten die Anlage aus Übung 6.2. Die Elemente besitzen eine exponentialverteilte Lebensdauer mit den Parametern λ_1(Kasettenteil), λ_2(Radioteil), λ_3(Verstärker) und λ_4(jeder der Lautsprecher). Man bestimme die zeitabhängige Zuverlässigkeitsfunktion des Systems, wenn zum Zeitpunkt $t = 0$ alle Elemente arbeitsfähig sind.

Übung 6.8 Für die beiden Erneuerungsmethoden in Abschnitt 4.4., Abbildung 6.9 bestimme man die mittlere Anzahl von Ausfällen in einer Zeiteinheit, wenn die stationären SZustandswahrscheinlichkeiten $p_{ij}^{(k)}$ als bekannt vorausgesetzt werden.

Übung 6.9 a) Man bestimme $v^{(1)}(p^{(1)})$ und $v^{(2)}(p^{(2)})$ (Formeln (6.24) und (6.25)), wenn $\lambda_1 = 0,01$, $\lambda_2 = 0,02$, $c_1 = 1,0$, $c_2 = 2,5$ und $v = 30$ sind.
b) Man bestimme $v^{(1)}(\underline{p}^{(1)})$ und $v^{(2)}(\underline{p}^{(2)})$ für λ_i, c_i $i = 1,2$ aus Aufgabe a) und $v = 100$.

Übung 6.10 Man beweise die Ungleichung (6.33).

Übung 6.11 Man ermittle den Erwartungswert $\mathrm{E}S_i(T)$ für eine beliebige Verteilungsfunktion $F(\cdot)$ bei Instandhaltung mit vollständiger Erneuerung.

Übung 6.12 a) Für eine beliebige Verteilungsfunktion F ermittle man

$$Q(T) = \lim_{t \to \infty} \frac{\mathrm{E}N_0(T,t)}{\mathrm{E}N(t)} \quad .$$

b) Berechnen Sie $Q(T)$ für $F \in \mathfrak{F}_{w,2}$, $a = 100, b = 3, T = 100$.

7 Statististische Methoden zur Ermittlung der Systemzuverlässigkeit

7.1 Punkt– und Konfidenzschätzungen der Systemzuverlässigkeit aufgrund der Beobachtung der Komponenten des Systems

Komplizierte technische Systeme enthalten oftmals eine große Anzahl von Elementen. Dabei kommt es vor, daß Elemente gleichen Typs mehrmals im System vorkommen. Zuverlässigkeitsuntersuchungen eines Systems sind wesentlich schwieriger durchzuführen als Untersuchungen der Elemente (z.B. aus Kostengründen). Häufig ist es auch nötig, Aussagen über die Zuverlässigkeit von Systemen zu treffen, die sich noch in der Projektierungsphase befinden. Daher ist es von praktischem Interesse, Aussagen über das System auf Grundlage von statistischen Daten der Elemente zu treffen.

Nehmen wir an, daß ein System aus n Elementen besteht, die wir mit den Nummern $1, \ldots, n$ versehen. Die Nummer soll der Position des Elementes im System entsprechen. Sei weiterhin $l(i)$ der Typ des i-ten Elements und x_i sein Zustand: $x_i = 1$, wenn das Element intakt ist und $x_i = 0$, wenn es ausgefallen ist.

Desweiteren nehmen wir an, daß für das System Elemente von m verschiedenen Typen verwendet werden. Die Zustände der Elemente seien wie im letzten Kapitel unabhängige Zufallsgrößen $X_1, \ldots, X_n$, mit $EX_i = p_{l(i)}$, wobei $p_{l(i)}$ die Wahrscheinlichkeit dafür ist, daß sich das i-te Element im arbeitsfähigen Zustand befindet, $k_j = \sum_{i=1}^{n} \mathrm{I}(l(i) = j)$ ist die Anzahl von Elementen des j–ten Typs im System. Wenn das System die Strukturfunktion $\Psi(X_1, \ldots, X_n)$ gemäß Formel (6.9), Abschnitt 6.2, besitzt, so erhält man für die Wahrscheinlichkeit, daß sich das System im arbeitsfähigen Zustand befindet, nach (6.10)

$$
R = R(p_1, \ldots, p_m) = \sum_{(i_1,\ldots,i_k)} c_{i_1 \ldots i_k} p_{l(i_1)} \cdots p_{l(i_k)} = \sum_{(i_1,\ldots,i_k)} c_{i_1 \ldots i_k} p_{j_1}^{a_{j_1}} \cdots p_{j_r}^{a_{j_r}} ,
$$

$$(7.1)$$

wobei die $j_1, \ldots, j_r$ den Typ der Elemente in der Menge $(i_1, \ldots, i_k)$ definieren und $a_{j_1} \leq k_{j_1}, \ldots, a_{j_r} \leq k_{j_r}$ die Häufigkeiten ihres Vorkommens bestimmen. Somit ist die Wahrscheinlichkeit für die Arbeitsfähigkeit des Systems ein Polynom von den m Variablen $p_1, \ldots, p_m$. Die höchste Potenz von p_l entspricht der

Häufigkeit des Elements dieses Typs im System. Wir werden nichtreparierbare Systeme betrachten, d.h. p_l kann man als Wahrscheinlichkeit einer ausfallfreien Arbeit des Elements l-ten Typs während der Zeit t und R als Wahrscheinlichkeit einer ausfallfreien Arbeit des Systems während der Zeit t auffassen.

Nun nehmen wir an, daß n_l Elemente vom Typ l einer Zuverlässigkeitsprüfung (während einer Zeit t) unterzogen wurden. Während dieser Prüfung traten d_l Ausfälle auf, $l = 1, \ldots, m, d_l \in \{0, 1, \ldots, n_l\}$. Die Zuverlässigkeitsdaten, die im Resultat der Prüfung von Elementen des Typs $1, \ldots, m$ entstanden, liegen dann in der Form

$$x = (n_1, d_1, \ldots, n_m, d_m) \tag{7.2}$$

vor. Sei D_l die zur Realisierung d_l gehörige Zufallsgröße. Dann erhält man aufgrund der Unabhängigkeit der Ausfälle

$$\mathrm{P}_{p_1,\ldots,p_m}(D_1 = d_1, \ldots, D_m = d_m) = \prod_{l=1}^{m} \binom{n_l}{d_l} p_l^{n_l - d_l} (1 - p_l)^{d_l} . \tag{7.3}$$

Diese Art von Zuverlässigkeitsprüfung heißt *Binomiale Prüfung* .

Unsere Aufgabe wird es nun sein, die Zuverlässigkeit eines Systems zu schätzen, wenn Daten aus einer Binomialen Prüfung seiner Elemente vorliegen.

Zur Ermittlung einer Punktschätzung $\hat{R}$ der Zuverlässigkeit R kann man die Maximum–Likelihood–Schätzungen für die Wahrscheinlichkeiten p_l verwenden. Da nach (7.3) D_l einer Binomialverteilung unterliegt, ist die Maximum-Likelihood-Schätzung der Wahrscheinlichkeit p_l

$$\check{p}_l = \frac{n_l - d_l}{n_l}, \quad l = 1, \ldots, m . \tag{7.4}$$

Setzt man die Schätzungen (7.4) in die Formel (7.1) ein, erhält man eine Maximum–Likelihood–Schätzung für die Zuverlässigkeit des Systems

$$\check{R} = R(\check{p}_1, \ldots, \check{p}_m) = \sum_{(i_1,\ldots,i_k)} c_{i_1 \ldots i_k} (\check{p}_{j_1})^{a_{j_1}} \ldots (\check{p}_{j_r})^{a_{j_r}} . \tag{7.5}$$

Wenn im System Elemente gleichen Typs vorkommen, ist diese Schätzung nicht erwartungstreu.

Um eine erwartungstreue Schätzung zu erhalten, benötigt man eine erwartungstreue Schätzung für p_l^a. So eine Schätzung hat die Form

$$\hat{p}_l^a = \frac{(n_l - d_l)^{[a]}}{n_l^{[a]}} , \tag{7.6}$$

wobei $a \in \{1, 2, \ldots, k_l\}$, $z^{[a]} := z(z - 1) \cdots (z - a + 1)$ sind (siehe auch Übung 7.1).

Setzt man die Schätzung (7.6) in (7.1) ein, erhält man eine erwartungstreue Schätzung für die Zuverlässigkeit R des Systems:

$$\hat{R} = R(\hat{p}_1,\ldots,\hat{p}_m) = \sum_{(i_1,\ldots,i_k)} c_{i_1\ldots i_k} \frac{(n_{j_1} - d_{j_1})^{[a_{j_1}]}}{n_{j_1}^{[a_{j_1}]}} \cdots \frac{(n_{j_r} - d_{j_r})^{[a_{j_r}]}}{n_{j_r}^{[a_{j_r}]}} \,. \qquad (7.7)$$

Beispiel 7.1 Wir betrachten zwei Systeme I und II mit unterschiedlicher Struktur. Im System I sind keine Reserveelemente vorhanden, es handelt sich um eine Reihenschaltung von 3 unterschiedlichen Elementen $1, 2, 3$. Man kann sich vorstellen, daß es schon Aussagen über die Zuverlässigkeit der Elemente gibt. Wenn die Elemente vom Typ 2 und 3 nicht sehr zuverlässig sind, so hat es Sinn, hierfür Reserveelemente einzuführen. Das System II unterscheidet sich vom System I dadurch, daß für die Elemente 2 und 3 jeweils eine heiße Reserve eingeführt wurde. Diese beiden Systeme sind in Abbildung 7.1 dargestellt.

Für die Zuverlässigkeitsfunktion der Systeme I und II erhält man entsprechend

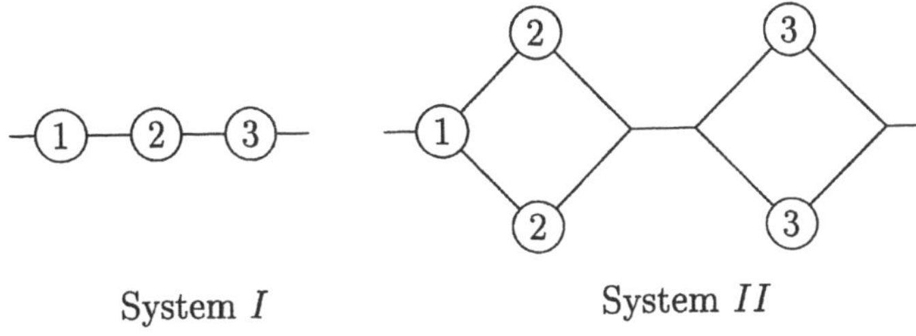

Abbildung 7.1: Systeme mit und ohne Reservierung

$$\begin{aligned}
R_1(p_1, p_2, p_3) &= p_1 p_2 p_3 \,, \\
R_2(p_1, p_2, p_3) &= p_1(1 - (1 - p_2)^2)(1 - (1 - p_3)^2) = \\
&= 4p_1 p_2 p_3 - p_1 p_2^2 p_3 - p_1 p_2 p_3^2 + p_1 p_2^2 p_3^2 \,.
\end{aligned}$$

Wir nehmen an, daß $n_1 = n_2 = 100$ Elemente vom Typ 1 und 2 und $n_3 = 50$ Elemente vom Typ 3 geprüft wurden. Die entsprechenden Ausfallzahlen im Ergebnis der Prüfung waren $d_1 = 0$; $d_2 = d_3 = 1$. Die Zuverlässigkeit der Systeme wurde jeweils nach der Formel (7.5) ($\check{R}_i$) und (7.7) ($\hat{R}_i$) geschätzt. Die Resultate sind in der Tabelle 7.1 dargestellt:

Wir sehen, daß sich diese Schätzungen wesentlich voneinander unterscheiden. Man kann erwarten, daß sich für verschiedene Werte von d_1, d_2, d_3 die Schätzungen $\hat{R}_i$ und $\check{R}_i$ voneinander stark unterscheiden. Das ist gerade dann der Fall, wenn im System nur hochzuverlässige Elemente mit p_i nahe bei 1 vorhanden

Systemvariante	$\check{R}_i$	$\hat{R}_i$
I	0.9702	0.9702
II	0.9995	1.0000

Tabelle 7.1: Maximum–Likelihood–Schätzungen und erwartungstreue Schätzungen der Zuverlässigkeit $d_1 = 0$, $d_2 = d_3 = 1$, $n_1 = n_2 = 100$, $n_3 = 50$

sind.

In der Tabelle 7.2 ist für die gleichen Stichprobenumfänge $n_1 = n_2 = 100$, $n_3 = 50$ und für $p_1 = 0.990$, $p_2 = 0.985$, $p_3 = 0.980$ diese Variabilität der Schätzungen illustriert.

In der ersten Spalte sind mögliche Ausfallanzahlen d_l aufgeführt, in der zweiten Spalte sind die Wahrscheinlichkeiten, die der jeweiligen Anzahl von Ausfällen (d_1, d_2, d_3) zukommen, angegeben. In den nächsten Spalten folgen die Schätzungen der Systemzuverlässigkeit nach beiden Formeln und für beide Systeme. In der letzten Spalte sind die Wahrscheinlichkeiten $Q(d_1, d_2, d_3)$ davon, daß die Anzahl von Ausfällen nicht kleiner als d_1, d_2, d_3 ist, dargestellt, das heist

$$Q(d_1, d_2, d_3) = \sum{}' \prod_{j=1,2,3} \binom{n_j}{c_j} p_j^{n_j - c_j} (1 - p_j)^{c_j} \, .$$

Dabei wird in $\sum'$ über solche (c_1, c_2, c_3) summiert, daß $\prod_{j=1,2,3} \mathrm{I}(c_j > d_j) > 0$ ist.

Anz. d. Ausf.			Wahrsch. von	$\check{R}_1 = \hat{R}_1$	$\check{R}_2$	$\hat{R}_2$	$Q(d_1, d_2, d_3)$
d_1	d_2	d_3	(d_1, d_2, d_3)				
0	0	0	0.02941	1.00000	1.00000	1.00000	0.97059
0	1	1	0.04570	0.97020	1.00000	0.99950	0.85011
0	1	2	0.02285	0.95040	0.99918	0.99830	0.81226
0	2	1	0.03445	0.96040	0.99980	0.99920	0.78191
0	2	2	0.01722	0.94080	0.99898	0.99800	0.76468
1	1	1	0.04616	0.96050	0.99000	0.98951	0.69870
1	2	2	0.01740	0.93139	0.98899	0.98802	0.45090
2	2	2	0.00870	0.92198	0.97900	0.97804	0.31294

Tabelle 7.2: Abhängigkeit der Schätzungen von den Versuchsausgängen

$\Diamond$

Das Beispiel zeigt, daß bei hochzuverlässigen Elementen die Schätzungen der Systemzuverlässigkeit sehr empfindlich auf die beobachtete Anzahl von Ausfällen reagieren. Daher ist es hier besonders wichtig, Konfidenzschätzungen für die Systemzuverlässigkeit anzugeben.

Die Eigenschaft der Vereinbarkeit der γ–Konfidenzgrenzen ist ebenfalls wesentlich, wenn k Systeme mit unterschiedlichen Strukturfunktionen verglichen werden sollen. Man geht dann i. a. davon aus, daß diese Systeme aus gleichen Elementen bestehen, für die Resultate aus Lebensdauerprüfungen vorliegen. Dann können Konfidenzgrenzen für die Wahrscheinlichkeit der ausfallfreien Arbeitszeit jedes Systems bestimmt und diese miteinander verglichen werden.

Wir betrachten nun als Beispiel die Ermittlung einer unteren Konfidenzgrenze für die Zuverlässigkeit eines Systems, wenn bei der Prüfung der Elemente keine Ausfälle beobachtet wurden.

Beispiel 7.2 Wir nehmen an, daß die Elemente, aus denen ein System besteht, einer Zuverlässigkeitsprüfung unterzogen wurden und dabei kein Ausfall auftrat. Gerade in diesem Fall sind die Punktschätzungen $\check{R} = \hat{R} = 1$ unbefriedigend und daher wollen wir eine untere Konfidenzgrenze für die Systemzuverlässigkeit herleiten.

Wir nehmen wieder an, daß im System Elemente von m verschiedenen Typen verwendet werden. Diese Elemente wurden nach dem Stichprobenplan $[n_l, O, T]$, $l = 1, \ldots, m$ geprüft. Bei der Prüfung wurden jeweils die Anzahlen der ausgefallenen Elemente registriert, so daß die Beobachtungsdaten in der Form $x = (n_1, d_1, \ldots, n_m, d_m)$ vorliegen, wobei d_l wieder die Anzahl der Ausfälle der Elemente vom Typ l ist. $x_0 = (n_1, 0, \ldots, n_m, 0)$ bedeutet, daß keine Ausfälle beobachtet wurden. Mit $\underline{p} = (p_1, \ldots, p_m)$ bezeichnen wir den Vektor der dazugehörigen Wahrscheinlichkeiten für die ausfallfreie Arbeit des entsprechenden Elementes während der Zeit T. Jeder Vektor $\underline{p}$ kann als Punkt des m-dimensionalen Würfels $K_m = \{\underline{p} : 0 \leq p_l \leq 1, l = 1, \ldots, m\}$ angesehen werden. Sei $\mathrm{P}_{\underline{p}}(A)$ die Wahrscheinlichkeit des Ereignisses A bei einem bestimmten Wert des Vektors $\underline{p}$. Die Wahrscheinlichkeit, keinen Ausfall und damit den Vektor x_0 zu beobachten, ist dann

$$\mathrm{P}_{\underline{p}}(X = x_0) = p_1^{n_1} \cdots p_m^{n_m} \ .$$

Sei nun γ das gewünschte Konfidenzniveau für die untere Konfidenzgrenze der Systemzuverlässigkeit. Wir betrachten eine Untermenge des m-dimensionalen Würfels K_m^0, so daß

$$K_m^0 = \{\underline{p} : p_1^{n_1} \cdots p_m^{n_m} \geq 1 - \gamma\}$$

gilt, d.h. K_m^0 enthält alle Punkte $\underline{p}$ aus K_m, für die $p_1^{n_1} \cdots p_m^{n_m} \geq 1 - \gamma$. Den Beobachtungsergebnissen x ordnen wir eine Menge K_x zu:

$$K_x = \begin{cases} K_m^0 & \text{für } x = x_0 \ , \\ K_m & \text{für } x \neq x_0 \ . \end{cases} \tag{7.8}$$

Für die zufällige Menge K_X, deren Realisierungen durch (7.8) gegeben sind, gilt für beliebige $\underline{p}$

$$P_{\underline{p}}(\underline{p} \in K_X) \geq \gamma \,, \tag{7.9}$$

d.h. die Menge K_X enthält $\underline{p}$ mit einer Wahrscheinlichkeit von mindestens γ. Davon kann man sich leicht überzeugen: Wenn $\underline{p} \in K_m^0$, so ist auch $\underline{p} \in K_x$ unabhängig von x und $P_{\underline{p}}(\underline{p} \in K_x) = 1$. Wenn $\underline{p} \notin K_m^0$ ist, so gehört $\underline{p}$ nur für $x \neq x_0$ zu K_x. Die Wahrscheinlichkeit hierfür ist

$$P_{\underline{p}}(\underline{p} \in K_X) = P_{\underline{p}}(X \neq x_0) = 1 - p_1^{n_1} \cdots p_m^{n_m} \geq 1 - (1 - \gamma) = \gamma \,.$$

Damit gilt (7.9) für beliebige $\underline{p} \in K_m$.
Nun führen wir folgende Statistik ein:

$$R_-(x) = \begin{cases} \inf_{\underline{p} \in K_m^0} R(\underline{p}) & \text{für } x = x_0 \,, \\ 0 & \text{für } x \neq x_0 \,, \end{cases} \tag{7.10}$$

wobei $\inf_{\underline{p} \in K_m^0}$ die untere Grenze für die Wahrscheinlichkeit $R(\underline{p})$ für alle $\underline{p} \in K_m^0$ ist. Diese untere Grenze wird im allgemeinen auf dem Rand ∂K_m^0 der Menge K_m^0 erreicht, wobei K_m^0 durch $K_m^0 = \{\underline{p} : p_1^{n_1} \cdots p_m^{n_m} \geq 1 - \gamma\}$ definiert ist.
Wir betrachten nun ein Beispiele für die Anwendung der Formel (7.10) bei einfacher Struktur des Systems: einer Reihenschaltung aus m Elementen. Die Zuverlässigkeit des Systems ist durch $R(\underline{p}) = \prod_{i=1}^m p_i$ gegeben. Aus Formel (7.10) folgt, daß die untere Grenze für die Zuverlässigkeit durch $R_-(x_0) = \inf_{\underline{p} \in K_m^0} \prod_{i=1}^m p_i$ definiert ist.
Da $\ln \prod_{i=1}^m p_i^{n_i} = \sum_{i=1}^m n_i \ln p_i$, d.h. eine Summe konkaver Funktionen ist, ist die Menge K_m^0 konvex. Wir führen nun die Substitution

$$p_i = e^{-z_i} \quad i = 1, \ldots, m \tag{7.11}$$

durch. Dann ist die Zuverlässigkeit des Systems durch

$$R(\underline{p}) = \exp(-\sum_{i=1}^m z_i) \tag{7.12}$$

gegeben. K_m^0 geht bei dieser Substitution in die konvexe Menge

$$\tilde{K}_m^0 = (\underline{z} = (z_1, \ldots, z_m) : z_i \geq 0, \ \sum_{i=1}^m z_i n_i \leq -\ln(1 - \gamma)) \tag{7.13}$$

über. Aus (7.10) und (7.12) erhalten wir

$$R_-(x_0) = \exp(-\sup_{\underline{z} \in \tilde{K}_m^0} \sum_{i=1}^m z_i) \,. \tag{7.14}$$

Die lineare Funktion $\sum_{i=1}^{m} z_i$ nimmt ihr Maximum auf der Menge $\tilde{K}_m^0$ in einem der Eckpunkte mit den Koordinaten

$$z^{(1)} = \left(\frac{1}{n_1}\ln\frac{1}{1-\gamma}, 0, \ldots, 0\right), z^{(2)} = \left(0, \frac{1}{n_2}\ln\frac{1}{1-\gamma}, 0, \ldots, 0\right), \ldots,$$

$$z^{(m)} = \left(0, 0, \ldots, 0, \frac{1}{n_m}\ln\frac{1}{1-\gamma}\right)$$

an. Daher erhält man

$$\max_{\underline{z}\in\tilde{K}_m^0} \sum_{i=1}^{m} z_i = \max_{i=1,\ldots,m}\left(\frac{1}{n_i}\ln\frac{1}{1-\gamma}\right) = \frac{1}{n_0}\ln\frac{1}{1-\gamma},$$

wobei $n_0 = \min_{i=1,\ldots,m} n_i$ ist. Damit erhalten wir aus (7.14) die untere γ–Konfidenzgrenze für die Systemzuverlässigkeit

$$R_-(x_0) = \exp(\frac{1}{n_0}\ln\frac{1}{1-\gamma}) = (1-\gamma)^{\frac{1}{n_0}}. \tag{7.15}$$

Dieses Ergebnis sagt aus, daß die untere γ–Konfidenzgrenze des Elementes, das im geringsten Umfang geprüft wurde, auch die untere γ–Konfidenzgrenze des Systems ist. Dieses Resultat geht auf Mirny und Solov'ev zurück (siehe BARZILOVICH u.a. [11]). $\Diamond$

7.2 Punkt– und Konfidenzschätzungen in Erneuerungsprozessen – parametrischer Fall

In diesem Abschnitt wenden wir uns der parametrischen Statistik zu, wenn die statistischen Daten aus der Beobachtung eines Erneuerungsprozesses gewonnen werden. Dieser Fall tritt dann auf, wenn Bauteile eines Systems hinsichtlich ihrer Lebensdauer untersucht werden. Fällt ein Bauteil aus, so wird es im allgemeinen repariert oder ersetzt und das System setzt seine Arbeit fort. Wir setzen hier voraus, daß die Reparatur - bzw. Erneuerungsdauer gegenüber der Zeit zwischen zwei Ausfällen vernachlässigbar klein ist. Aus statistischer Sicht liegen die Daten in Form des Stichprobenplanes $[n, E, T]$ mit T – Abbruchzeit der Beobachtung vor. Wir betrachten hier eine Verallgemeinerung des Stichprobenplanes und lassen zu, daß die Zeit des Beobachtungsabbruches bei jeder Realisierung des Erneuerungsprozesses unterschiedlich sein kann. Diese Verallgemeinerung bringt keine zusätzlichen Schwierigkeiten mit sich, ist jedoch für Anwendungen sehr wesentlich. Da der Zeitparameter oftmals nicht die real ablaufende Zeit, sondern z.B. gefahrene Kilometer oder die tatsächliche Betriebszeit sein kann, erhält man eine Transformation der Zeitachse und damit unterschiedliche Zeiten des Beobachtungsabbruches.

In der Statistik für Erneuerungsprozesse unterscheidet man zwei Herangehensweisen. In der ersten Herangehensweise sind die Parameter der Verteilung der Zeit zwischen zwei Ausfällen (d.h. die Parameter der Lebensdauerverteilung) von Interesse. Im zweiten Fall spielt die zugrundeliegende Lebensdauer eine untergeordnete Rolle und man möchte Größen wie z.B. die Erneuerungsfunktion usw. schätzen. Wir wollen uns hier nur mit der Schätzung der Parameter der zugrundeliegenden Lebensdauer befassen. Bezüglich der zweiten Herangehensweise sei auf HÄRTLER [36] verwiesen.

In der Literatur finden sich viele Aussagen für den homogenen Poissonprozeß, bei dem die zugrundeliegende Lebensdauer eine Exponentialverteilung ist. Hier soll als Beispiel die Familie der zweiparametrischen Weibullverteilungen $\mathfrak{F}_{w,2}$ betrachtet werden. Wir wollen zuerst die Struktur von Likelihoodfunktion und Fisherscher Information für Beobachtungen von Erneuerungsprozessen klären und danach zwei Möglichkeiten zur Ermittlung von Konfidenzschätzungen darstellen.

Die Grundgesamtheit besitze die Verteilungsfunktion $F_X(t)$ und die Verteilungsdichte $f_X(t)$. Im Falle des Stichprobenplanes $[n, E, T_1, ..., T_n]$ werden n voneinander unabhängige Betrachtungseinheiten unter Beobachtung genommen, bei jedem Ausfall erfolgt eine sofortige vollständige Erneuerung und die Beobachtung der i–ten Betrachtungseinheit wird zur Zeit T_i abgebrochen ($i = 1, ..., n$). Als statistische Information liegen von dieser Stichprobe folgende Daten vor:
$N_i^E = N_i^E(T_i)$ – zufällige Anzahl von Ausfällen der i–ten Betrachtungseinheit,
$X_{i1}, ..., X_{iN_i^E}$ – Ausfallabstände der i–ten Betrachtungseinheit, $i = 1, ..., n$.
Außerdem verfügt man noch über die Information, daß zwischen letztem Ausfall und Beobachtungsabbruch eine ausfallfreie Arbeit während der Zeit

$$R^E(T_i) = T_i - \sum_{j=1}^{N_i^E} X_{ij}$$

erfolgte.

Es ist ausreichend, die Likelihoodfunktion für eine Realisierung zu bestimmen. Da die n Betrachtungseinheiten unabhängig voneinander sind, ergibt sich die Likelihoodfunktion der Gesamtbeobachtung als Produkt der Likelihoodfunktionen $L_i(\cdot, \cdot)$, $i = 1, ..., n$ für die Beobachtung des Erneuerungsverlaufes eines Elements.

Nach LIPTSER, SHIRYAEV [52] ist das Wahrscheinlichkeitsmaß eines Erneuerungsprozesses P_1 absolut stetig bezüglich des Wahrscheinlichkeitsmaßes P_0 des standardisierten Poissonprozesses und es gilt

$$\frac{d\mathrm{P}_1}{d\mathrm{P}_0}(t, x(\cdot)) = \exp\left(\int_0^t \ln \lambda_s(x(\cdot))\, dx(s) + \int_0^t (1 - \lambda_s(x(\cdot)))\, ds\right). \qquad (7.16)$$

Im hier betrachteten Fall ist $x(\cdot)$ eine Realisierung des Zählprozesses, d.h. eine Funktion mit folgenden Eigenschaften:

1. $x(0) = 0$

2. $x(t)$ ist stückweise konstant und rechtsseitig stetig,

3. $x(t)$ ist nichtfallend und es gilt $x(t+0) - x(t) = \Delta x(t) \in \{0, 1\}$.

Diese Funktion besitzt Sprünge zu den Zeitpunkten s_j, in denen eine Erneuerung erfolgte:

$$s_{i1} = x_{i1}, \ s_{i2} = x_{i1} + x_{i2}, \ ..., \ s_{id_i} = x_{i1} + ... + x_{id_i}$$

mit d_i – Anzahl der Erneuerungen in der i–ten Realisierung und x_{ij}–Realisierungen der Zufallsgrößen X_{ij}. Die Abbruchzeit der Beobachtung ist $t = T_i$ und $\lambda_s(t)$ ist die der Realisierung $x(\cdot)$ entsprechende Ausfallrate zum Zeitpunkt s:

$$\lambda_s(x(\cdot)) := h_X(s - s_{ij}), \ s_{ij} \le s < s_{i,j+1}, \ s_{i0} = 0, \ j = 0, ..., d_i$$

mit $h_X(s) = f_X(s)/(\overline{F}_X(s))$ – Ausfallrate der Grundgesamtheit X.
Damit erhält man:

$$\int_0^t \ln \lambda_s(x(\cdot))\, dx(s)_s \;=\; \sum_{j=1}^{d_i} \ln \frac{f_X(x_{ij})}{\overline{F}_X(x_{ij})} \;=\;$$

$$=\; \sum_{j=1}^{d_i} \ln f_X(x_{ij}) - \sum_{j=1}^{d_i} \ln(\overline{F}_X(x_{ij})) \qquad (7.17)$$

und

$$\int_0^t (1 - \lambda_s(x(\cdot)))\, ds = \sum_{j=1}^{d_i} \int_0^{x_{ij}} (1 - h_X(u))\, du + \int_0^{r^E(T_i)} (1 - h_X(u))\, du =$$

$$=\; \sum_{j=1}^{d_i} (x_{ij} + \ln(\overline{F}_X(x_{ij}))) + r^E(T_i) + \ln \overline{F}_X(r^E(T_i)) =$$

$$=\; \sum_{j=1}^{d_i} \ln \overline{F}_X(x_{ij}) + \ln \overline{F}_X(r^E(T_i)) + T_i\,, \qquad (7.18)$$

wobei $r^E(T_i)$ die der Realisierung des Erneuerungsprozesses entsprechende Rückwärtsrekurrenzzeit ist.

Setzt man nun (7.17) und (7.18) in (7.16) ein, so erhält man für die Likelihoodfunktion einer Realisierung des Erneuerungsprozesses:

$$L(F(\cdot), x(\cdot)) = \exp\left(\sum_{j=1}^{d_i} \ln f_X(x_{ij}) + \ln \overline{F}_X(r^E(T_i)) + T_i\right), \qquad (7.19)$$

wobei der letzte Faktor $\exp(T_i)$ keinen Einfluß auf statistische Untersuchungen besitzt.

Beispiel 7.3 Wir betrachten eine Weibullverteilte Grundgesamtheit, deren Verteilungsfunktion und Verteilungsdichte folgende Form besitzen:

$$F_X(t) = 1 - e^{-(\frac{t}{\alpha})^\beta}, \quad f_X(t) = \beta\alpha^{-\beta}t^{\beta-1}e^{-(\frac{t}{\alpha})^\beta}, \quad t > 0\,.$$

Die Likelihoodfunktion ist für diesen Stichprobenplan gemäß (7.19):

$$L(\alpha, \beta, x) = \prod_{i=1}^{n}\left(\prod_{j=1}^{d_i} \frac{\beta}{\alpha}(\frac{x_{ij}}{\alpha})^{\beta-1} \exp\left(-(\frac{x_{ij}}{\alpha})^\beta\right) \exp\left(-(\frac{r^E(T_i)}{\alpha})^\beta\right)\right). \quad (7.20)$$

Zur Ermittlung von Punktschätzungen der beiden unbekannten Parameter nach der Maximum–Likelihood–Methode wird die Likelihoodfunktion (7.20) logarithmiert, nach den unbekannten Parametern differenziert, die Ableitungen werden Null gesetzt und das entstehende Gleichungssystem wird gelöst. Die Lösung hat die Form:

$$\frac{1}{\check{\beta}} + \frac{\sum_{i=1}^{n}\sum_{j=1}^{d_i} \ln x_{ij}}{\sum_{i=1}^{n} d_i} - \frac{\sum_{i=1}^{n} r^E(T_i)^{\check{\beta}} \ln r^E(T_i) + \sum_{i=1}^{n}\sum_{j=1}^{d_i} x_{ij}^{\check{\beta}} \ln x_{ij}}{\sum_{i=1}^{n} r^E(T_i)^{\check{\beta}} + \sum_{i=1}^{n}\sum_{j=1}^{d_i} x_{ij}^{\check{\beta}}} = 0\,,$$

$$\tag{7.21}$$

$$\check{\alpha}^{\check{\beta}} = \frac{\sum_{i=1}^{n} r^E(T_i)^{\check{\beta}} + \sum_{i=1}^{n}\sum_{j=1}^{d_i} x_{ij}^{\check{\beta}}}{\sum_{i=1}^{n} d_i}\,. \qquad (7.22)$$

Die Lösung von (7.21) erfordert die Verwendung numerischer Methoden, während bei bekanntem β die Schätzung für α explizit ermittelt werden kann. $\quad \Diamond$

Nun soll für die Likelihoodfunktion (7.19) die Fishersche Information berechnet werden. Wir setzen voraus, daß die Dichte $f_X(x_{ij})$ dreimal stetig differenzierbar bezüglich aller Parameter ist.

Dann gilt für die i-te Realisierung des Erneuerungsprozesses:

$$\ln L_i(F(\cdot), x) = \sum_{j=1}^{d_i} \ln f_X(x_{ij}) + \ln(\overline{F}_X(r^E(T_i))) ,$$

$$\frac{\partial \ln L_i(F(\cdot), x)}{\partial \theta_k} = \sum_{j=1}^{d_i} \frac{\partial \ln f_X(x_{ij})}{\partial \theta_k} + \frac{\partial \ln(\overline{F}_X(r^E(T_i)))}{\partial \theta_k} ,$$

$$\frac{\partial^2 \ln L_i(F(\cdot), x)}{\partial \theta_k \partial \theta_l} = \sum_{j=1}^{d_i} \frac{\partial^2 \ln f_X(x_{ij})}{\partial \theta_k \partial \theta_l} + \frac{\partial^2 \ln \overline{F}_X(r^E(T_i))}{\partial \theta_k \partial \theta_l} .$$

Somit werden zur Berechnung der Fisherschen Information Größen der Art

$$E_1 := \mathrm{E}\left(\sum_{j=1}^{N_i^E} l^{(2)}(X_{ij})\right) , \quad E_2 := \mathrm{E}\left(L^{(2)}(r^E(T_i))\right) \qquad (7.23)$$

benötigt, wobei

$$l^{(2)}(X_{ij}) = -\frac{\partial^2 \ln f_X(X_{ij})}{\partial \theta_k \partial \theta_l}, \quad L^{(2)}(r^E(T_i)) = -\frac{\partial^2 \ln(\overline{F}_X(r^E(T_i)))}{\partial \theta_k \partial \theta_l} . \qquad (7.24)$$

Die Berechnung dieser Größen ist eng mit der Erneuerungsfunktion verbunden. Sei

$$H^E(t) = \mathrm{E}(N_i^E(t)) = \sum_{k=0}^{\infty} k \mathrm{P}(N_i^E t) = k)$$

die Erneuerungsfunktion der betrachteten Grundgesamtheit mit

$$\mathrm{P}(N_i^E t) = k) = \mathrm{P}\left(\sum_{j=1}^{k} X_{ij} \le t < \sum_{j=1}^{k+1} X_{ij}\right) = \mathrm{P}(S_{ik} \le t < S_{i,k+1}) =$$

$$= \int\cdots\int\limits_{s_{ik} \le t < s_{i,k+1}} f_X(x_{i1})...f_X(x_{ik+1})\, dx_{i1}... dx_{ik+1} .$$

mit $s_{ik} = \sum_{j=1}^{k} x_{ij}$, $k = 1, 2, ..., s_0 = 0$.
Zuerst gilt für den Erwartungswert der Summe einer zufälligen Anzahl von zufälligen Größen

$$\mathrm{E}\left(\sum_{j=1}^{Ni} l^{(2)}(X_{ij})\right) = \sum_{k=0}^{\infty} \mathrm{E}\left(\sum_{j=1}^{k} l^{(2)}(X_{ij})\mathrm{I}(N_i^E = k)\right) .$$

Hierbei ist $\mathrm{I}(\cdot)$ die Indikatorfunktion und $N_i^E = N_i^E(T_i)$ ist die zufällige Anzahl der Erneuerungen bis zur Zeit T_i.

Nun gilt für einen Ausdruck der Art $\mathrm{E}(l^{(2)}(X_{ij})\mathrm{I}(N_i^E = k))$:

$$\mathrm{E}(l^{(2)}(X_{ij})\mathrm{I}(N_i^E = k)) = \int\limits_{s_{ik} \leq T_i < s_{i,k+1}} \cdots \int l^{(2)}(x_{ij}) f_X(x_{i1})...f_X(x_{ik+1})\, dx_{i1}...\, dx_{ik+1}$$

mit $s_{ik} = x_{i1} + ... + x_{ik}$ – Sprungzeitpunkte.

Da alle X_{ij} identisch verteilt sind, kann man ohne Beschränkung der Allgemeinheit $j = 1$ betrachten. Dann erhält man:

$$\mathrm{E}(l^{(2)}(X_{i1})\mathrm{I}(N_i^E = k)) =$$

$$= \int\limits_0^{T_i} l^{(2)}(x_{i1}) f_X(x_{i1}) \int\limits_A \!\!...\!\int f_X(x_{i2})...f_X(x_{i,k+1})\, dx_{i1}...\, dx_{i,k+1} =$$

$$= \int\limits_0^{T_i} l^{(2)}(x_{i1})\mathrm{P}(N_i^E(T_i - s_{i1}) = k - 1) f_X(x_{i1})\, dx_{i1}$$

mit $A = (s_{ik} - s_{i1} \leq T_i - s_{i1} < s_{i,k+1} - s_{i1})$. Damit erhält man für E_1:

$$E_1 = \sum_{k=1}^{\infty} k \cdot \mathrm{E}(l^{(2)}(X_{ij})\mathrm{I}(N_i^E = k)) =$$

$$= \int\limits_0^{T_i} l^{(2)}(x_{i1}) \sum_{k=1}^{\infty} k\mathrm{P}(N_i^E(T_i - s_{i1}) = k - 1) f_X(x_{i1})\, dx_{i1} \ .$$

Da

$$\sum_{k=1}^{\infty} k \cdot \mathrm{P}(N_i^E(T_i - s_{i1}) = k - 1) = \sum_{k=1}^{\infty} (k-1)\mathrm{P}(N_i^E(T_i - s_{i1}) = k - 1) +$$

$$+ \sum_{k=1}^{\infty} \mathrm{P}(N_i^E(T_i - s_{i1}) = k - 1) = H^E(T_i - x_{i1}) + 1$$

gilt, erhält man schließlich für E_1

$$E_1 = \int\limits_0^{T_i} l^{(2)}(x) f_X(x)\, dx + \int\limits_0^{T_i} l^{(2)}(x) H^E(T_i - x) f_X(x)\, dx \ . \tag{7.25}$$

Nun wird die Größe E_2 betrachtet.

$$E_2 = \mathrm{E}(L^{(2)}(r^E(T_i))) = \mathrm{E}(L^{(2)}(T_i - S_{iN_i^E})) =$$

$$= \sum_{k=0}^{\infty} \mathrm{E}(L^{(2)}(T_i - S_{ik})\mathrm{I}(N_i^E = k)) =$$

$$= \mathrm{E}(L^{(2)}(T_i)\mathrm{I}(X_{i1} > T_i)) + \sum_{k=1}^{\infty} \mathrm{E}(L^{(2)}(T_i - S_{ik})\mathrm{I}(N_i^E = k)) \ .$$

Zur Berechnung dieser Erwartungswerte wird die gemeinsame Verteilung der Rückwärtsrekurrenzzeit eines Erneuerungsprozesses und der Anzahl der Ausfälle benötigt. Diese gemeinsame Verteilung ist gegeben durch:

$$\mathrm{P}(r^E(T_i) < t, N_i^E = k) = \int_{T_i-t}^{T_i} (\overline{F}_X(T_i - z))\, dF_k(z)$$

mit $r^E(T_i)$ – Rückwärtsrekurrenzzeit und $F_k(z) = \mathrm{P}(S_{ik} < z)$.
Dann gilt

$$E_2 = L^{(2)}(T_i)(\overline{F}_X(T_i)) +$$

$$+ \sum_{k=1}^{\infty} \int_0^{T_i} L^{(2)}(T_i - s_{ik})\, d_{s_{ik}}\mathrm{P}(r^E(T_i) < s_{ik}, N_i^E(t) = k) =$$

$$= L^{(2)}(T_i)(\overline{F}_X(T_i)) +$$

$$+ \sum_{k=1}^{\infty} \int_0^{T_i} L^{(2)}(T_i - t)(\overline{F}_X(t))\, dF_k(T_i - t) =$$

$$= L^{(2)}(T_i)(\overline{F}_X(T_i)) +$$

$$+ \int_0^{T_i} L^{(2)}(T_i - t)(\overline{F}_X(T_i - t)) \sum_{k=1}^{\infty} dF_k(t) =$$

$$= L^{(2)}(T_i)(\overline{F}_X(T_i)) + \int_0^{T_i} L^{(2)}(T_i - t)(\overline{F}_X(T_i - t))\, dH^E(t). \quad (7.26)$$

Damit erhält man für die Information einer Realisierung des Erneuerungsprozesses aus (7.25) und (7.26):

$$I_{kl}^{(1)}(T_i) = \int_0^{T_i} l^{(2)}(x) f_X(x)\, dx + \int_0^{T_i} l^{(2)}(x) H^E(T_i - x) f_X(x)\, dx +$$

$$+L^{(2)}(T_i)(\overline{F}_X(T_i)) + \int_0^{T_i} L^{(2)}(T_i - x)(\overline{F}_X(T_i - x))\,dH^E(x). \quad (7.27)$$

Hierbei sind $l^{(2)}(x)$ und $L^{(2)}(x)$ die für die Information benötigten negativen zweiten Ableitungen nach den unbekannten Parametern, die in (7.24) definiert wurden.

Die genauere Berechnung der Information erfordert eine erneuerungstheoretische Analyse der auftretenden Größen bei Kenntnis der konkreten Erneuerungsfunktion. Dieses wird nun am Beispiel der Weibullverteilung demonstriert.

Beispiel 7.4 Wir betrachten wieder eine Weibullverteilte Grundgesamtheit mit

$$F_X(t) = 1 - e^{-(\frac{t}{\alpha})^\beta}, \quad f_X(t) = \beta\alpha^{-\beta}t^{\beta-1}e^{-(\frac{t}{\alpha})^\beta}, \quad t > 0\,.$$

Die Information für eine Realisierung des Erneuerungsprozesses ist bei unterschiedlichen Abbruchzeiten T_i der Mittelwert der Informationen aus n Realisierungen und kann daher gemäß (7.27) folgendermaßen berechnet werden:

$$I_{kl}^{(1)} = \frac{1}{n}\sum_{i=1}^{n} I_{kl}^{(1)}(T_i)\,.$$

Seien die beiden Parameter $\theta_1 = \beta$ und $\theta_2 = \alpha$. Setzt man nun Verteilungsdichte, Verteilungsfunktion und Erneuerungsfunktion der Weibullverteilung in (7.27) ein und benutzt zur Vereinfachung die Beziehungen $\mathrm{E}(\partial \ln L_i/\partial\theta_s) = 0$ ($s = 1, 2$), so erhält man folgende Fischersche Information:

$$I_{11}^{(1)} = \frac{1}{n\beta^2}\sum_{i=1}^{n}\left(\mathrm{E}(N_i^E) + \mathrm{E}\left(\sum_{j=1}^{N_i^E}(\frac{X_{ij}}{\alpha})^\beta \ln^2(\frac{X_{ij}}{\alpha})^\beta\right) + \right.$$

$$\left. +\mathrm{E}\left((\frac{r^E(T_i)}{\alpha})^\beta \ln^2(\frac{r^E(T_i)}{\alpha})^\beta\right)\right),$$

$$I_{12}^{(1)} = -\frac{1}{n\alpha}\sum_{i=1}^{n}\left(\mathrm{E}(N_i^E) + \mathrm{E}\left(\sum_{j=1}^{N_i^E}\ln\left(\frac{x_{ij}}{\alpha}\right)^\beta\right)\right),$$

$$I_{22}^{(1)} = \frac{\beta^2}{n\alpha^2}\sum_{i=1}^{n}\mathrm{E}(N_i^E)\,. \quad (7.28)$$

Die weitere Berechnung der in (7.28) auftretenden Größen erfordert die numerische Bestimmung der Erneuerungsfunktion der Weibullverteilung und damit in Zusammenhang stehender Größen. Für praktische Anwendungen können jedoch alle schwer zugänglichen Werte durch ihre Schätzungen ersetzt werden (siehe Beispiel 7.5).

$\Diamond$

Es soll nun gezeigt werden, wie die asymptotische Normalverteilung der Maximum–Likelihood–Schätzungen und der Likelihoodquotient benutzt werden können, um Konfidenzschätzungen für die interessierenden Parameter zu ermitteln. Sind alle oder mehrere der in der Verteilung auftretenden Parameter von Interesse, so werden gemeinsame (simultane) Konfidenzschätzungen angegeben. Dieses ist bei der Verwendung asymptotischer Methoden möglich, da die gemeinsame asymptotische Verteilung der Maximum–Likelihood–Schätzungen bekannt ist. Es ist außerdem auch sinnvoll, da für praktische Anwendungen die Konfidenzschätzungen der Parameter benutzt werden, um Konfidenzschätzungen für andere interessierende Parameter abzuleiten.

Hat man für jeden Parameter unabhängig von den anderen ein Konfidenzintervall ermittelt, so ist der gemeinsame Konfidenzbereich durch einen Quader gegeben, der durch Hyperebenen im R^p begrenzt wird. Leitet man nun aus diesem Konfidenzbereich Konfidenzschätzungen für interessierende Parameter ab, so hat man einen starken Einfluß der Ecken zu verzeichnen. „Optimistische" bzw. „pessimistische" Varianten liegen immer an einem der Eckpunkte des Quaders, denen jedoch nur geringe Wahrscheinlichkeit zukommt. Außerdem stimmt bei voneinander abhängigen Parameterschätzungen die Überdeckungswahrscheinlichkeit des Quaders nicht mehr mit dem vorgegebenen Konfidenzniveau überein. Wir schlagen deshalb eine alternative Herangehensweise vor: Es werden gemeinsame Konfidenzschätzungen für die Parameter der Lebensdauerverteilung ermittelt.

Zur Konstruktion der Umrandung eines gemeinsamen Konfidenzbereiches für den Parametervektor $\underline{\theta} = (\theta_1, ..., \theta_m)$ der Verteilung wird eine Niveaulinie der m–dimensionalen Normalverteilung so bestimmt, daß in ihr die Wahrscheinlichkeitsmasse $(1 - \alpha)$ liegt (α–Irrtumswahrscheinlichkeit). Diese Niveaulinie ist durch die quadratische Form

$$(\check{\underline{\theta}} - \underline{\theta})^T \mathbb{I}_{\underline{\theta}}^{-1} (\check{\underline{\theta}} - \underline{\theta}) < \chi^2_{m,1-\alpha} \tag{7.29}$$

gegeben, wobei $\underline{\theta} = (\theta_1, ..., \theta_m)$ der Parameter, $\check{\underline{\theta}}$ die Maximum–Likelihood–Schätzung des Parameters, $\mathbb{I}_{\underline{\theta}}$ die Fishersche Informationsmatrix und $\chi^2_{m,1-\alpha}$ das $(1 - \alpha)$–Quantil der χ^2–Verteilung mit m Freiheitsgraden sind.

Dabei sollten solche Parametervarianten gewählt werden, für die eine schnelle Konvergenz gegen die asymptotische Normalverteilung vorliegt. In diesem Fall wird das geforderte Konfidenzniveau auch schon bei relativ kleinen Stichproben erreicht. Konfidenzschätzungen für andere interessierende Größen erhält man, indem die Berandung des ermittelten Konfidenzbereiches „abgelaufen" wird. Dieses Verfahren liefert außerdem erfahrungsgemäß kleine Konfidenzbereiche. Auf die Frage der Parameterwahl gehen wir später noch einmal ein.

Beispiel 7.5 Wie in den vorigen Beispielen betrachten wir die Weibullverteilung und den Stichprobenplan $[n, E, T]$. Zunächst macht es sich erforderlich, die zur Berechnung der Information $I_{11}^{(1)}, I_{22}^{(1)}$ und $I_{12}^{(1)}$ benötigten Erwartungswerte zu bestimmen. Wie schon erwähnt, besteht eine Möglichkeit darin, die auftretenden Erwartungswerte durch ihre Schätzungen zu erstzen. Man arbeitet dann statt mit der erwarteten Information mit der geschätzten Information:

$$J_{11}^{(1)} = \frac{1}{n\beta^2} \left(\sum_{i=1}^{n} d_i + \sum_{i=1}^{n} \left(\sum_{j=1}^{d_i} (\frac{x_{ij}}{\check{\alpha}})^{\check{\beta}} \ln(\frac{x_{ij}}{\check{\alpha}})^{\check{\beta}} \right) + \right.$$

$$\left. + \sum_{i=1}^{n} \left((\frac{r^E(T_i)}{\check{\alpha}})^{\check{\beta}} \ln(\frac{r^E(T_i)}{\check{\alpha}})^{\check{\beta}} \right) \right),$$

$$J_{12}^{(1)} = -\frac{1}{n\alpha} \left(\sum_{i=1}^{n} d_i + \sum_{i=1}^{n} \left(\sum_{j=1}^{d_i} (\frac{x_{ij}}{\check{\alpha}})^{\check{\beta}} \right) \right), \quad J_{22}^{(1)} = \frac{\beta^2}{n\alpha^2} \sum_{i=1}^{n} d_i. \quad (7.30)$$

Nun kann man folgenden simultanen Konfidenzbereich bestimmen. Seien

$$C_1 = \frac{1}{n} \left(\sum_{i=1}^{n} d_i + \sum_{i=1}^{n} \left(\sum_{j=1}^{d_i} (\frac{x_{ij}}{\check{\alpha}})^{\check{\beta}} \ln(\frac{x_{ij}}{\check{\alpha}})^{\check{\beta}} \right) + \right.$$

$$\left. + \sum_{i=1}^{n} \left((\frac{r^E(T_i)}{\check{\alpha}})^{\check{\beta}} \ln(\frac{r^E(T_i)}{\check{\alpha}})^{\check{\beta}} \right) \right), \quad C_2 = \frac{1}{n} \sum_{i=1}^{n} d_i,$$

$$C_3 = \frac{1}{n} \left(\sum_{i=1}^{n} d_i + \sum_{i=1}^{n} \left(\sum_{j=1}^{d_i} (\frac{x_{ij}}{\check{\alpha}})^{\check{\beta}} \right) \right), \quad \tilde{\beta} = \frac{\beta - \check{\beta}}{\beta},$$

so erhält man obere und untere Grenzen für β:

$$\check{\beta}/(1 + B) \leq \beta \leq \check{\beta}/(1 - B) \qquad \text{mit} \qquad B = \sqrt{\frac{C_2 \chi^2_{2,1-\alpha}}{n(C_1 C_2 - C_3^2)}}.$$

Innerhalb dieser Grenzen variiert α für jedes β in

$$\frac{\check{\alpha}\beta}{\beta + \frac{C_3}{C_2}\tilde{\beta} + A} \leq \alpha \leq \frac{\check{\alpha}\beta}{\beta + \frac{C_3}{C_2}\tilde{\beta} - A} \quad \text{mit} \quad A = \sqrt{\frac{\chi^2_{2,1-\alpha}}{nC_2} - \tilde{\beta}^2 \frac{C_1 C_2 - C_3^2}{C_2^2}}.$$

$$(7.31)$$

Damit hat man einen simultanen Konfidenzbereich für die beiden Parameter der Weibullverteilung bestimmt.

$$\diamond$$

Wir betrachten nun eine alternative Herangehensweise - die Verwendung des

Likelihoodquotienten. Der Likelihoodquotient ist bereits aus der Testtheorie bekannt. Dort besitzt er bekannterweise optimale Eigenschaften. Er ist der mächtigste Test zum Prüfen einer Hypothese bei einer einfachen Alternativhypothese. Um die Ergebnisse der Testtheorie auch für Aufgaben der Konfidenzschätzungen verwenden zu können, wird auf den Zusammenhang dieser Problemstellungen zurückgegriffen: Zum Konfidenzbereich gehört jeder Punkt im m–dimensionalen Parameterraum, der als Nullhypothese bei der gegebenen Punktschätzung (Prüfgröße) nicht abgelehnt wird.

Die ersten asymptotischen Entwicklungen des Likelihoodquotienten stammen von BARTLETT [8, 9, 10] und wurden von LAWLEY [47] verallgemeinert. Es wurde dabei gezeigt, daß für reguläre statistische Experimente der Likelihoodquotient asymptotisch einer χ^2–Verteilung unterliegt. Die Konvergenzgeschwindigkeit gegen die Grenzverteilung ist $O\left(n^{-1}\right)$ mit n–Stichprobenumfang, d.h. die Konvergenzordnung ist um eine Größenordnung besser als bei der Verwendung der asymptotischen Normalverteilung der Maximum–Likelihood–Schätzungen. Außerdem bietet die Entwicklung des Likelihoodquotienten die Möglichkeit, einen Korrekturterm, den sogenannten Bartlettfaktor, zu bestimmen. Auf die Berechnung des Bartlettfaktors wird am Ende dieses Abschnittes eingegangen. Weitere Vorteile des Likelihoodquotienten bestehen in der Parameterinvarianz und in der Möglichkeit, Störparameter zu berücksichtigen. Schließlich ist es bei der Verwendung des Likelihoodquotienten nicht mehr nötig, die Fisher-Information zu berechnen.

Wir stellen nun die Herangehensweise zur Bestimmung von Konfidenzschätzungen bei Verwendung des Likelihoodquotienten vor.

Der m–dimensionale Parameter $\underline{\theta}$ bestehe aus den k interessierenden Parametern $\underline{\theta}^{(1)} = (\theta_1, \ldots, \theta_k)$ und den $(m-k)$ Störparametern (nuisance parameters) $\underline{\theta}^{(2)} = (\theta_{k+1}, \ldots, \theta_p)$ $(k \leq m)$. Die Likelihoodstatistik w ist durch

$$w = 2\left(\ln L(\breve{\theta}) - \ln L\left(\tilde{\theta}\right)\right) \tag{7.32}$$

definiert. Dabei sind $\tilde{\theta}$ die Maximum–Likelihood–Schätzungen der Störparameter in Abhängigkeit von den interessierenden Parametern.

Ein Konfidenzbereich ist dann durch die Ungleichung

$$w \leq \chi^2_{k,1-\delta} \tag{7.33}$$

gegeben.

Beispiel 7.6 Wir betrachten wieder die Weibullverteilung und den Stichprobenplan $[n, E, T]$. Wenn beide Parameter unbekannt und von Interesse sind, so gilt $p = k = 2$. Logarithmiert man die Likelihoodfunktion (7.20) aus Beispiel 7.3, so erhält man für $l = \ln L(\alpha, \beta, x)$:

$$l = nd\ln\beta - nd\ln\alpha + (\beta - 1)\sum_{i=1}^{n}\sum_{j=1}^{d_i}\ln x_{ij} - \sum_{i=1}^{n}\sum_{j=1}^{d_i}\left(\frac{x_{ij}}{\alpha}\right)^{\beta} - \sum_{i=1}^{n}\left(\frac{r^E(T_i)}{\alpha}\right)^{\beta},$$

wobei $d = \frac{1}{n}\sum_{i=1}^{n} d_i$ die durchschnittliche Anzahl der Ausfälle pro Realisierung ist. Unter Benutzung der Likelihood–Gleichung $\frac{\partial \ln L}{\partial \alpha}|_{\check{\beta},\check{\alpha}} = 0$ erhält man:

$$\ln L(\check{\beta}, \check{\alpha}, x) - \ln L(\beta, \alpha) = nd\ln\left(\frac{\check{\beta}}{\beta}\right) - nd\left(\check{\beta}\ln\check{\alpha} - \beta\ln\alpha\right) +$$

$$+(\check{\beta} - \beta)\sum_{i=1}^{n}\sum_{j=1}^{d_i}\ln x_{ij} - nd + \sum_{i=1}^{n}\sum_{j=1}^{d_i}\left(\frac{x_{ij}}{\alpha}\right)^{\beta} + \sum_{i=1}^{n}\left(\frac{r^E(T_i)}{\alpha}\right)^{\beta}.$$

Damit ist die Umrandung des simultanen Konfidenzbereiches durch folgende Gleichung gegeben:

$$2\left(nd\ln\left(\frac{\check{\beta}}{\beta}\right) - nd\left(\check{\beta}\ln\check{\alpha} - \beta\ln\alpha\right) + (\check{\beta} - \beta)\sum_{i=1}^{n}\sum_{j=1}^{d_i}\ln x_{ij} -\right.$$

$$\left. -nd + \sum_{i=1}^{n}\sum_{j=1}^{d_i}\left(\frac{x_{ij}}{\alpha}\right)^{\beta} + \sum_{i=1}^{n}\left(\frac{r^E(T_i)}{\alpha}\right)^{\beta}\right) = -2\ln\delta, \tag{7.34}$$

da $\chi^2_{2,1-\delta} = -2\ln\delta$ ist. Die Vorteile des Konfidenzbereiches (7.34) gegenüber den im Beispiel 7.5 hergeleiteten Konfidenzbereichen auf der Grundlage der asymptotischen Normalverteilung der Maximum-Likelihood-Schätzungen sind die höhere Konvergenzgeschwindigkeit und damit eine höhere Genauigkeit, sowie die relativ einfache Berechnung des Konfidenzbereiches (siehe KAHLE [42]). Gleichung (7.34) muß zwar numerisch gelöst werden, man braucht jedoch keine Approximation der Erneuerungsfunktion und damit im Zusammenhang stehender Größen. Aus Gleichung (7.34) ist außerdem ersichtlich, daß n und d den gleichen Einfluß auf die Größe des Konfidenzbereiches besitzen. Der Konfidenzbereich wird umso kleiner, je größer n bzw. d sind.   ◊

Zum Schluß dieses Abschnittes wollen wir noch einmal auf die Frage der Parametertransformation zurückkommen. Dieses ist im Zusammenhang mit dem korrigierten Likelihoodquotienten notwendig. Der Likelihoodquotient kann durch Einführung eines Korrekturfaktors (des sogenannten Bartlett–Faktors) weiter verbessert werden. Der logarithmierte Likelihoodquotient mit Bartlettfaktor hat dann die Form

$$w' = w/(1 + B/k), \tag{7.35}$$

wobei B folgendermaßen berechnet wird:

1. Wenn alle im Modell vorkommenden Parameter zu schätzen sind:

$$B = \sum{}' (l_{rstu} - l_{rstuvw}) \qquad (7.36)$$

mit

$$l_{rstu} = \lambda^{rs}\lambda^{tu}(\frac{1}{4}\lambda_{rstu} - \lambda_{rst}^{(u)} + \lambda_{rt}^{(su)})\,,$$

$$l_{rstuvw} = \lambda^{rs}\lambda^{tu}\lambda^{vw}(\frac{1}{6}\lambda_{rtv}\lambda_{suw} + \frac{1}{4}\lambda_{rtu}\lambda_{svw} - \lambda_{rtv}\lambda_{sw}^{(u)} -$$

$$- \lambda_{rtu}\lambda_{sw}^{(v)} + \lambda_{rt}^{(v)}\lambda_{sw}^{(u)} + \lambda_{rt}^{(u)}\lambda_{sw}^{(v)})\,,$$

$$\lambda_{rs} = \mathrm{E}(\frac{\partial^2 \ln L}{\partial\theta_r\partial\theta_s})\,, \quad \lambda_{rst} = \mathrm{E}(\frac{\partial^3 \ln L}{\partial\theta_r\partial\theta_s\partial\theta_s})\,,$$

$$\lambda_{rstu} = \mathrm{E}(\frac{\partial^4 \ln L}{\partial\theta_r\partial\theta_s\partial\theta_t\partial\theta_u})\,, \quad \lambda_{sw}^{(u)} = \frac{\partial\lambda_{sw}}{\partial\theta_u} \quad \text{usw.}\,, \qquad (7.37)$$

λ^{rs} $-$ (r,s)–tes Element der Inversen der Informationsmatrix mit negativem Vorzeichen.
Die Summation $\sum'$ wird über alle $r,s,t,u,v,w = 1,...,m$ ausgeführt (Einsteinsche Summenkonvention).

2. Wenn k interessierende und $(m-k)$ Störparameter im Modell vorhanden sind:
In diesem Fall besteht B aus zwei Teilen:

$$B = B_1 - B_2\,,$$

wobei B_1 und B_2 ebenfalls nach der Formel (7.36) berechnet werden. Dabei wird die Summation in B_1 über alle $r,s,t,u,v,w = 1,...,m$ ausgeführt und in B_2 wird über alle $r,s,t,u,v,w = k+1,...,m$ summiert. Bei der Berechnung von B_2 wird wieder angenommen, daß die interessierenden Parameter $\theta_1,...,\theta_k$ bekannt sind. Das entspricht der Nullhypothese bei Testproblemen.

Wie aus der Formel (7.36) ersichtlich, ist die Berechnung des Bartlettfaktors hinreichend kompliziert, so daß für höhere Parameterdimensionen kaum Aussicht besteht, den Bartlettfaktor in dieser Form zu berechnen. Die Berechnung vereinfacht sich jedoch wesentlich, wenn es gelingt solche Parameter zu finden, die asymptotisch unkorreliert sind, d.h. für die $\lambda^{ij} = 0, i \neq j$ gilt. Das soll hier für den Fall einer zweiparametrischen Verteilung gezeigt werden.
Es sei vermerkt, daß hierbei die Parameterinvarianz des Bartlettfaktors ausgenutzt wird: Man berechnet diesen Korrekturfaktor mit der für die Berechnung günstigsten Parametervariante und ersetzt dann die evtl. im Korrekturfaktor auftretenden Parameter wieder durch die ursprünglichen.
Wenn es möglich ist, solche Parameter zu finden, für die $\lambda^{12} = 0$ gilt (orthogonale Parameter), verbleiben in der Formel (7.36) nur noch die Größen

$$l_{1111}, l_{1122}, l_{2211}, l_{2222}, l_{111111}, l_{111122}, l_{112211}, l_{221111}, l_{112222}, l_{221122}, l_{222211}, l_{222222}$$

und der Bartlettfaktor nimmt folgende Form an:

$$B = \frac{1}{\lambda_{11}^2}(\frac{1}{4}\lambda_{1111} - \lambda_{111}^{(1)} + \lambda_{11}^{(11)}) + \frac{1}{\lambda_{22}^2}(\frac{1}{4}\lambda_{2222} - \lambda_{222}^{(2)} + \lambda_{22}^{(22)}) +$$

$$+ \frac{1}{\lambda_{11}\lambda_{22}}(\frac{1}{2}\lambda_{1122} - \lambda_{112}^{(2)} - \lambda_{122}^{(1)}) -$$

$$
\begin{aligned}
&- \frac{1}{\lambda_{11}^3}\left(\frac{5}{12}\lambda_{111}^2 - 2\lambda_{111}\lambda_{11}^{(1)} + 2(\lambda_{11}^{(1)})^2\right) - \\
&- \frac{1}{\lambda_{22}^3}\left(\frac{5}{12}\lambda_{222}^2 - 2\lambda_{222}\lambda_{22}^{(2)} + 2(\lambda_{22}^{(2)})^2\right)) - \\
&- \frac{1}{\lambda_{11}^2\lambda_{22}}\left(\frac{3}{4}(\lambda_{112})^2 + \frac{1}{2}\lambda_{111}\lambda_{122} - \lambda_{112}\lambda_{11}^{(2)} - \lambda_{122}\lambda_{11}^{(1)}\right) - \\
&- \frac{1}{\lambda_{11}\lambda_{22}^2}\left(\frac{3}{4}(\lambda_{122})^2 + \frac{1}{2}\lambda_{222}\lambda_{112} - \lambda_{122}\lambda_{22}^{(1)} - \lambda_{112}\lambda_{22}^{(2)}\right) .
\end{aligned}
\tag{7.38}
$$

Führt man neue Parameter ν_1, ν_2 ein:

$$
\nu_1 = \nu_1(\theta_1,\theta_2),\ \theta_2 = \theta_2(\theta_1,\theta_2) ,
$$

so berechnet sich die neue Informationsmatrix aus der alten auf folgende Art und Weise:

$$
\mathbb{I}_{\nu_1,\nu_2}^{-1} = D_g \mathbb{I}^{-1} D_g^T \quad \text{mit} \quad D_g = \begin{bmatrix} \dfrac{\partial\nu_1}{\partial\theta_1} & \dfrac{\partial\nu_1}{\partial\theta_2} \\[2ex] \dfrac{\partial\nu_2}{\partial\theta_1} & \dfrac{\partial\nu_2}{\partial\theta_2} \end{bmatrix} .
$$

Soll nun in der neuen Informationsmatrix $\mathbb{I}_{12} = 0$ sein, muß eine Lösung folgender partieller Differentialgleichung gefunden werden:

$$
\frac{\partial\nu_1}{\partial\theta_1}\frac{\partial\nu_2}{\partial\theta_1}\mathbb{I}_{22} - \frac{\partial\nu_1}{\partial\theta_2}\frac{\partial\nu_2}{\partial\theta_1}\mathbb{I}_{12} - \frac{\partial\nu_1}{\partial\theta_1}\frac{\partial\nu_2}{\partial\theta_2}\mathbb{I}_{12} + \frac{\partial\nu_1}{\partial\theta_2}\frac{\partial\nu_2}{\partial\theta_2}\mathbb{I}_{11} = 0 .
\tag{7.39}
$$

Dabei ist man allerdings häufig auf Intuition angewiesen. Oftmals helfen die Ansätze $\nu_1 = \theta_1, \nu_2 = f_1(\theta_1)f_2(\theta_2)$.

Leider läßt sich diese Parametertransformation nicht immer durchführen. Sie gelingt noch für unabhängige, jedoch nicht notwendig für identisch verteilte Beobachtungen mit einer Dichte aus der Exponentialfamilie und einige andere Fälle, z.B. für die Weibullverteilung, jedoch nur bei vollständiger Beobachtung.

Beispiel 7.7 Wir betrachten die Weibullverteilung und vollständige Beobachtung nach dem Stichprobenplan $[n, O, n]$. Der Likelihoodquotient hat die Form:

$$
w = 2\left(n\ln(\frac{\breve{\beta}}{\beta}) - n(\breve{\beta}\ln\breve{\alpha} - \beta\ln\alpha) + (\breve{\beta} - \beta)\sum_{i=1}^{n}\ln t_i - n + \sum_{i=1}^{n}(\frac{t_i}{\alpha})^\beta \right) ,
$$

wobei t_i, $i = 1,...,n$ die beobachteten Ausfallzeiten sind. Die Berechnung des Bartlettfaktors soll im folgenden dargestellt werden.

Zuerst soll so eine Parametertransformation gesucht werden, daß die Maximum-Likelihood-Schätzungen der neuen Parameter asymptotisch unkorreliert sind. Berechnet man die Informationsmatrix für die Weibullverteilung, erhält man:

$$
\mathbb{I}(\beta,\alpha) = n \begin{bmatrix} \dfrac{\pi^2/6 + (1-c)^2}{\beta^2} & -\dfrac{1-c}{\theta} \\[3ex] -\dfrac{1-c}{\alpha} & \dfrac{\beta^2}{\alpha^2} \end{bmatrix} ,
$$

c ist hier die Eulersche Konstante $c \approx 0,5772$.
Die Inverse dieser Matrix ist:

$$\mathbb{I}^{-1}(\beta, \alpha) = \frac{6}{n\pi^2} \begin{bmatrix} \beta^2 & (1-c)\alpha \\ (1-c)\alpha & \frac{(\pi^2/6 + (1-c)^2)\alpha^2}{\beta^2} \end{bmatrix} \cdot$$

Wählt man nun für die Bestimmung der neuen Parameter $\nu_1 = \nu_1(\beta, \alpha), \nu_2 = \nu_2(\beta, \alpha)$ den Ansatz $\nu_1 = \beta, \nu_2 = \alpha f(\beta)$, so ist folgende gewöhnliche Differentialgleichung zu lösen:

$$\beta^2 f'(\beta) + (1-c)f(\beta) = 0 \, .$$

Eine Lösung dieser Gleichung ist $f(\beta) = \exp((1-c)/\beta)$ und damit erhält man die neuen Parameter

$$\nu_1 = \beta \, , \quad \nu_2 = \alpha \exp((1-c)/\beta) \, ,$$

die im folgenden mit β und ν bezeichnet werden sollen.
Beobachtet man nun n unabhängige und identisch verteilte Realisierungen einer Weibullverteilten Grundgesamtheit, so hat die Likelihoodfunktion mit den neuen Parametern folgendes Aussehen:

$$\ln L = n \ln \beta - n \ln \nu + (\beta - 1) \sum_{i=1}^{n} \ln(\frac{t_i}{\nu}) + n(1-c) - e^{1-c} \sum_{i=1}^{n} \ln(\frac{t_i}{\nu})^\beta \, .$$

Der Bartlettfaktor wird nach der Formel (7.38) berechnet. Die dabei benötigten Größen können unter Benutzung der Gammafunktion und ihrer Ableitungen folgendermaßen bestimmt werden:

$$\lambda_{22} = -\frac{n\beta^2}{\nu^2} \, , \quad \lambda_{222} = \frac{n\beta^2}{\nu^3}(\beta + 3) \, , \quad \lambda_{2222} = -\frac{n\beta^2}{\alpha^4}(\beta^2 + 6\beta + 11) \, ,$$

$$\lambda_{11} = -\frac{n\pi^2}{6\beta^2} \, , \quad \lambda_{111} = -\frac{n}{\beta^3}\Psi''(1) \, , \quad \lambda_{1111} = -\frac{n}{\beta^4}(\frac{\pi^4}{15} + 3(\frac{\pi^2}{6} - 1)^2) \, ,$$

$$\lambda_{12} = 0 \, , \quad \lambda_{112} = \frac{n}{\beta\nu}(\frac{\pi^2}{6} - 1) \, , \quad \lambda_{122} = -\frac{2n\beta}{\nu^2} \, , \quad \lambda_{1222} = \frac{3n}{\nu^3}/\beta^2 + 2\beta) \, ,$$

$$\lambda_{1112} = \frac{n}{\beta^2\nu}(2 + \Psi''(1) + 3(\frac{\pi^2}{6} - 1)) \, , \quad \lambda_{1122} = \frac{n}{\beta^2\nu^2}(2\beta^2 + \beta(\beta + 1)(\frac{\pi^2}{6} - 1)) \, .$$

$\Psi''(1)$ ist hierbei die zweite Ableitung der Digammafunktion an der Stelle 1: $\Psi(\cdot) = \Gamma'(\cdot)/\Gamma(\cdot)$, $\Psi''(1) \approx -2,4041$ (ABRAMOWITZ, STEGUN [1]).
Setzt man nun diese Größen in die Formel (7.38) ein, erhält man:

$$B = \frac{1}{n}\left(\frac{36}{\pi^6}(\pi^2 + \Psi''(1))^2 + \frac{54(\Psi''(1))^2}{\pi^6} - \frac{13}{30}\right) \approx \frac{1}{n} \cdot 1,73482 \, . \qquad (7.40)$$

Da in diesem Fall zwei unbekannte Parameter in der Verteilung vorkommen, wird der Likelihoodquotient w mit dem Bartlettfaktor $1/(1 + B/2)$ korrigiert.
Zur Illustration der Größe des Bartlettfaktors seien hier einige Zahlenwerte angeführt. Ist $n = 5$, so wird der Likelihoodquotient w mit $0,85217$ multipliziert; ist $n = 10$, beträgt der Korrekturfaktor $0,92018$; für $n = 20$ erhält man $0,95843$ und ist $n = 50$, beträgt der Faktor $0,98294$. Bereits ab $n = 10$ hat der Korrekturfaktor schon keinen spürbaren Einfluß mehr auf die Konfidenzschätzung. $\diamond$

Zum Schluß dieses Abschnittes sei noch vermerkt, daß man bei der Verwendung des Likelihoodquotienten (gegebenenfalls mit Bartlett–Korrekturfaktor) auch Konfidenzschätzungen für jeden einzelnen Parameter ermitteln kann. Man hat dann einen interessierenden Parameter und einen Störparameter vorzuliegen. Das soll hier der Einfachheit der Darstellung halber am Beispiel des Stichprobenplanes $[n, O, n]$ gezeigt werden, läßt sich jedoch auch völlig analog für die anderen Stichprobenpläne durchführen.

Beispiel 7.8 Wir betrachten wieder eine Weibullverteilung mit den Parametern α und β. Soll nur der Formparameter β geschätzt werden, so wird der Likelihoodquotient in der Form

$$w = 2(\ln L(\breve{\beta}, \breve{\alpha}) - \ln L(\beta, \breve{\alpha}(\beta))$$

verwendet, wobei $\breve{\alpha}(\beta)$ die Maximum–Likelihood–Schätzung von α bei fixiertem β ist. Berechnet man diese Ausdrücke, erhält man

$$w = 2 \left(n \ln \frac{\breve{\beta}}{\beta} + (\breve{\beta} - \beta) \sum_{i=1}^{n} \ln t_i - n(\breve{\beta} \ln \breve{\alpha} - \beta \ln \breve{\alpha}(\beta)) \right)$$

mit $\breve{\alpha}^{\breve{\beta}} = \frac{1}{n} \sum_{i=1}^{n} t_i^{\breve{\beta}}$, $\breve{\alpha}(\beta)^{\beta} = \frac{1}{n} \sum_{i=1}^{n} t_i^{\beta}$.

Interessiert man sich für den Parameter α und ist β ein Störparameter, erhält man analog:

$$w = 2 \left(n \ln \frac{\breve{\beta}}{\breve{\beta}(\alpha)} - n(\breve{\beta} \ln \breve{\alpha} - \breve{\beta} \ln \alpha) + (\breve{\beta} - \beta(\alpha)) \sum_{i=1}^{n} \ln t_i - n + \sum_{i=1}^{n} (\frac{t_i}{\alpha})^{\breve{\beta}(\alpha)} \right) .$$

$\breve{\beta}(\alpha)$ wird hierbei bei fixiertem α aus der Gleichung

$$\frac{n}{\breve{\beta}(\alpha)} - n \ln \alpha + \sum_{i=1}^{n} \ln t_i - \sum_{i=1}^{n} (\frac{t_i}{\alpha})^{\breve{\beta}(\alpha)} \ln(\frac{t_i}{\alpha}) = 0$$

ermittelt. Ein Konfidenzintervall ist dann durch die Lösungen der Gleichung $w = \chi^2_{1,\alpha}$ gegeben. $\Diamond$

Die Ermittlung dieser Konfidenzintervalle ist komplizierter als die gewöhnliche Herangehensweise (Verwendung der asymptotischen Normalverteilung, wobei der Störparameter durch die Schätzung ersetzt wird). Es wird jedoch die Abhängigkeit der Parameterschätzungen voneinander berücksichtigt und daher erhält man genauere Konfidenzschätzungen auch schon bei relativ kleinen Stichproben.

Will man für den Stichprobenplan $[n, O, n]$ auch noch den Bartlett – Korrekturfaktor berechnen, so erfolgt die Berechnung in zwei Schritten:

1. Es wird der Korrekturfaktor B_1 für beide im Modell vorhandenen Parameter berechnet. Da der Bartlettfaktor invariant gegenüber Parametertransformationen ist, kann dieser Faktor wieder für die transformierten Parameter β und α berechnet werden. Man erhält dann den in Formel (7.40) angegebenen Faktor.

2. Es wird der Korrekturfaktor B_2 nach der Formel (7.36) berechnet, wobei die Summe nur noch aus einem Glied besteht. Die Berechnung dieses Anteils muß wieder mit der ursprünglichen Parameterversion durchgeführt werden. Vereinfacht ausgedrückt, wird hierbei der Anteil des nuisance Parameters am Korrekturfaktor ermittelt.

Somit bietet die Parametertransformation auch im Falle eines interessierenden Parameters Vorteile, da der kompliziertere Anteil nach einer wesentlich einfacheren Formel berechnet werden kann.

Beispiel 7.9 Wir führen das Beispiel 7.8 fort und berechnen den Bartlettfaktor für den Fall, daß jeweils nur ein Parameter von Interesse ist. Berechnet man B_2 für den Fall, daß β der interessierende Parameter ist, so erhält man:

$$\lambda_{11} = -\frac{n\beta^2}{\alpha^2}\,, \quad \lambda_{111} = \frac{n\beta^2}{\alpha^3}(\beta+3)\,, \quad \lambda_{1111} = -\frac{n\beta^2}{\alpha^4}(\beta^2+6\beta+11)$$

und damit $B_2 = 1/(6n)$.
Ist α der interessierende Parameter, so läßt sich B_2 folgendermaßen berechnen:

$$\lambda_{11} = -\frac{n}{\beta^2}(\Gamma''(2)+1)\,, \quad \lambda_{111} = -\frac{n}{\beta^3}(\Gamma''(2)-2)\,, \quad \lambda_{1111} = -\frac{n}{\beta^4}(\Gamma''''(2)+6)\,.$$

$\Gamma(x)$ ist hier die vollständige Gammafunktion. Soll nun B_2 bestimmt werden, so muß man diese Größen in (7.36) einsetzen, die Ableitungen der Gammafunktion durch die Polygammafunktion ausdrücken, eine Rekursionsbeziehung für die Polygammafunktion benutzen, um das Argument 1 zu erhalten, und kann dann die Beziehung zwischen der Polygammafunktion und der Riemannschen Zetafunktion zur zahlenmäßigen Bestimmung dieser Größe benutzen. Die entstehenden Ausdrücke lassen sich in diesem Fall nicht so vereinfachen wie für den Fall zweier zu schätzender Parameter. Deshalb sei hier nur das Ergebnis angegeben:

$$B_2 = 0,34808/n.$$

Damit beträgt

$$B = B_1 - B_2 = \left\{ \begin{array}{ll} 1,56715/n\,, & \text{wenn } \beta \text{ zu schätzen ist} \\ 1,38673/n\,, & \text{wenn } \alpha \text{ zu schätzen ist.} \end{array} \right.$$

Da in diesem Fall nur ein Parameter geschätzt wird, wird der Likelihoodquotient w mit dem Faktor $1/(1+B)$ korrigiert. Ein Konfidenzintervall ist dann durch die Lösungen der Gleichung $w' = w/(1+B) = \chi^2_{1,\alpha}$ gegeben. $\Diamond$

7.3 Nichtparametrische Punktschätzungen bei der Beobachtung von Erneuerungsprozessen.

In diesem Abschnitt sollen nichtparametrische Punktschätzungen, d.h. Schätzungen der Überlebenswahrscheinlichkeit von Elementen und Eigenschaften dieser Schätzungen betrachtet werden, wenn die Beobachtungsdaten aus Erneuerungsprozessen stammen.
Betrachten wir den Fall, daß m unabhängige Erneuerungsprozesse beobachtet werden. Jedem dieser Erneuerungsprozesse liegt die gleiche unbekannte Verteilungsfunktion $F(\cdot)$ für die Zeit zwischen zwei Erneuerungen zugrunde.

Als Resultat der Beobachtung erhält man für die j–te Realisierung des Erneuerungsprozesses die Folge von Erneuerungspunkten $0 = T_{0j} < T_{1j} < ... < T_{N_j^E,j} \leq T_j$, wobei T_j die Zeit des Beobachtungsabbruches und N_j^E die Anzahl der bis zur Zeit T_j ausgefallenen Elemente sind Das letzte Intervall $(T_{N_j^E,j}, T_j]$ ist nur ein Teil der vollen Lebensdauer des $(N_j^E + 1)$–ten Elementes. Somit ist $S_{N_j^E+1,j} = T_j - T_{N_j^E,j}$ die Rückwärtsrekurrenzzeit. Man bezeichnet diese Zeit auch als von rechts zensierte Lebensdauer des $(N_j^E + 1)$-ten Elementes.

Bezeichnen wir nun mit $S_{ij} = T_{i,j} - T_{i-1,j}, T_0 = 0, i = 1, ..., N_j^E$ die Lebensdauer zwischen zwei benachbarten Ausfällen. Bei den statistischen Auswertungen muß zwischen Rückwärtsrekurrenzzeiten und den Abständen $S_{ij}, i \leq N_j^E$, also zwischen unvollständigen und vollständigen Lebensdauern unterschieden werden. Deshalb werden die $S_{ij}, i \leq N_j^E$ mit den Marken $\Gamma_{ij} = 1$ versehen und die unvollständigen Lebensdauern $S_{N_j^E+1,j}$ erhalten die Marken $\Gamma_{N_j^E+1,j} = -1$.

Jetzt können die Daten in der Form

$$X_j = (S_{1j}, \Gamma_{1j}; S_{2j}, \Gamma_{2j}; ...; S_{N_j^E,j}, \Gamma_{N_j^E,j}; S_{N_j^E+1,j}, \Gamma_{N_j^E+1,j}) \tag{7.41}$$

dargestellt werden.

Als Realisierungen der obigen Zufallsstichprobe bezeichnen wir

$$x_j = (s_{1j}, \gamma_{1j}; s_{2j}, \gamma_{2j}; ...; s_{d_j,j}, \gamma_{d_j,j}; s_{d_j+1,j}, \gamma_{d_j+1,j}),$$

wobei $\gamma_{ij} = 1$ für $i \leq d_j$ und $\gamma_{d_j+1,j} = -1$ sind. Formal kann man die Wahrscheinlichkeit, daß eine konkrete Stichprobe auftritt als

$$P_{F(\cdot)}(X_j = x_j) = \Delta F(s_{1j}) \Delta F(s_{2j}) ... \Delta F(s_{d_j,j}) \overline{F}(S_{d_j+1,j}) \tag{7.42}$$

schreiben.

Wenn man dem verallgemeinerten Likelihoodprinzip folgt, so betrachtet man nur Verteilungsfunktionen mit Sprüngen $\Delta F(s_{ij}) = F(s_{ij}) - F(s_{ij}-) > 0$ für $s_{ij} \in x_j$ und $\gamma_{ij} = 1, j = 1, ..., m$. Damit sind alle $P_{F(\cdot)}(X_j = x_j) > 0, j = 1, ..., m$. Für die gesamte Beobachtung $X(m) = (X_1, ..., X_m)$ gilt dann $P_{F(\cdot)}(X(m) = x(m)) = \prod_{j=1}^{m} P_{F(\cdot)}(X_j = x_j) > 0$, da die Beobachtungen X_j voneinander unabhängig sind. Nun wenden wir das verallgemeinerte Likelihoodprinzip aus Abschnitt 4.3 an.

Für zwei beliebige Verteilungsfunktionen $F_1(\cdot)$ und $F_2(\cdot)$ ist die verallgemeinerte Likelihoodfunktion

$$L(F_1(\cdot), F_2(\cdot), x(m)) = \frac{B_{F_1(\cdot)}(x(m))}{B_{F_1(\cdot)}(x(m)) + B_{F_2(\cdot)}(x(m))}, \tag{7.43}$$

wobei

$$B_{F_k(\cdot)}(x(m)) = \prod_{j=1}^{m} \prod_{i=1}^{d_j} \Delta F_k(s_{ij}) \overline{F}_k(s_{d_j+1,j}), \quad k = 1, 2.$$

Wir treffen die Vereinbarungen $\frac{0}{0} = 0$ und $a^0 = 1$, $a \geq 0$.

Wie schon im Abschnitt 4.3 ausgeführt, betrachten wir nur solche Funktionen $F_1(\cdot), F_2(\cdot)$, für die $\triangle F_k(s_{ij}) > 0, i \leq d_j$ und $\overline{F}_k(s_{d_j+1,j}) > 0, k = 1, 2$. In diesem Fall erhält man $L(F_1(\cdot), F_2(\cdot), x(m)) \neq 0$.

Gemäß der Formel (7.43) muß das Produkt $B_{F(\cdot)}(x(m))$ maximiert werden. Dieses Produkt kann mit Hilfe von Marken in folgender Form geschrieben werden

$$
\begin{aligned}
B_{F(\cdot)}(x(m)) &= \prod_{j=1}^{m} \prod_{i=1}^{d_j} \triangle F(s_{ij}) \overline{F}(s_{d_j+1,j}) = \\
&= \prod_{i,j:s_{ij} \in x(m)} (\triangle F(s_{ij}))^{\mathrm{I}(\gamma_{ij}=1)} \overline{F}(s_{ij})^{\mathrm{I}(\gamma_{ij}=-1)} \,. \qquad (7.44)
\end{aligned}
$$

Um nun die Schreibweise etwas zu standardisieren, ordnen wir alle Zeiten $s_{ij} \in x(m)$:

$$
\begin{aligned}
z_1(m) &= \min(s_{ij} : s_{ij} \in x(m)), \\
z_2(m) &= \min(s_{ij} : s_{ij} \in x(m), s_{ij} > z_1(m)), \\
&\cdots \\
z_n(m) &= \max(s_{ij} : s_{ij} \in x(m)), \qquad n = n(m) \,.
\end{aligned}
$$

Damit erhalten wir

$$
z_1(m) < z_2(m) < ... < z_n(m) \,.
$$

Desweiteren definieren wir folgende Größen:

$$
\begin{aligned}
d_h(m) &= \sum_{i,j:s_{ij} \in x(m)} \mathrm{I}(s_{ij} = z_h(m), \gamma_{ij} = 1) \,, \\
c_h(m) &= \sum_{i,j:s_{ij} \in x(m)} \mathrm{I}(s_{ij} = z_h(m), \gamma_{ij} = -1) \,.
\end{aligned}
$$

Natürlich gilt $d_h(m) + c_h(m) \geq 1$ für alle $h = 1, 2, \cdots, n$. Wenn z.B. alle $s_{ij} \in x(m)$ voneinander unterschiedliche Zahlen sind, so sind alle $d_h(m)$ oder $c_h(m)$ entweder 1 oder 0, je nachdem, ob ein Ausfall oder ein Beobachtungsabbruch auftrat. Wenn jedoch z.B. $d_h(m) = r > 1$ ist, so bedeutet das, daß die Zeit bis zum Ausfall $z_h(m)$ r–mal aufgetreten ist. So etwas entsteht z.B. durch Abrundung der Beobachtungsergebnisse. Die geordneten Daten lassen sich nun mit den eingeführten Bezeichnungen folgendermaßen schreiben:

$$
\mathbb{D}(m) := \begin{pmatrix} z_1(m)...z_h(m)...z_n(m) \\ d_1(m)...d_h(m)...d_n(m) \\ c_1(m)...c_h(m)...c_n(m) \end{pmatrix}
$$

und das Produkt (7.44) nimmt die Form

$$B_{F(\cdot)}(m) = \prod_{h=1}^{n} (\Delta F(z_h(m)))^{d_h(m)} (\overline{F}(z_h(m)))^{c_h(m)} \tag{7.45}$$

an. Dem verallgemeinerten Maximum–Likelihood–Prinzip folgend, suchen wir jetzt solche Verteilungfunktionen $\check{F}_m(\cdot)$, für die

$$B_{\check{F}_m(\cdot)}(m) = \max_{F(\cdot)\in\mathfrak{F}} B_{F(\cdot)}(m) \ .$$

Wie auch im Abschnitt 4.3 sucht man $\check{F}$ unter denjenigen Funktionen, die Sprünge in den Punkten $z_n(m)$ besitzen. Seien $p_g, 0 \leq p_g \leq 1, g = 1, \ldots, m$ solche Größen, daß

$$\overline{F}(z_h(m)) = \prod_{g=1}^{h} p_g \ .$$

Dann läßt sich $\Delta F(z_h(m))$ ebenfalls durch die p_g ausdrücken:

$$\begin{aligned}
\Delta F(z_h(m)) &= F(z_h(m)) - F(z_h(m)-) = F(z_h(m)) - F(z_{h-1}(m)) = \\
&= \overline{F}(z_{h-1}(m)) - \overline{F}(z_h(m)) = \prod_{g=1}^{h-1} p_g - \prod_{g=1}^{h} p_g = (1 - p_h) \prod_{g=1}^{h-1} p_g \ .
\end{aligned}$$

Damit erhält man aus (7.45)

$$\begin{aligned}
B_{F(\cdot)}(m) &= \prod_{h=1}^{n} \left((1 - p_h) \prod_{g=1}^{g-1} p_g \right)^{d_h(m)} \left(\prod_{g=1}^{h} p_g \right)^{c_n(m)} = \\
&= \prod_{h=1}^{n} (1 - p_h)^{d_h(m)} p_h^{\sum_{g=h}^{n} (d_g(m) + c_g(m) - d_h(m))} \ . \tag{7.46}
\end{aligned}$$

Wir setzen nun

$$y(m, s) := \sum_{h: z_h(m) \geq s} (d_h(m) + c_h(m)) \ ,$$

d.h. $y(m, s)$ ist die Anzahl aller beobachteten Lebensdauern sowie aller beobachteten Abbruchzeiten, die größer oder gleich s sind.
$y(m, \cdot), s \geq 0$ kann als Realisierung eines zufälligen Prozesses $Y(m, \cdot)$ angesehen werden. Sie ist stufenweise nichtwachsend mit den Sprüngen

$$\Delta y(m, z_h(m)) = -(d_h(m) + c_h(m)) \ .$$

Somit erhält man aus (7.46)

$$B_{F(\cdot)} = \prod_{h=1}^{n} (1 - p_h)^{d_h(m)} p_h^{y(m,z_h(m))-f_h(m)} \ . \tag{7.47}$$

Die Darstellung (7.47) ist günstig, da das Maximum für jeden Faktor ermittelt werden kann. Differenziert man jeden Faktor und setzt die Ableitung 0, so erhält man

$$\frac{d}{dp_h}\left((1 - p_h)^{d_h(m)} p_h^{y(m,z_h(m))-d_h(m)}\right) =$$
$$= -d_h(m)(1 - p_h)^{d_h(m)-1} p_h^{y(m,z_h(m))-d_h(m)} + (1 - p_h)^{d_h(m)}(y(m, z_h(m)) -$$
$$-d_h(m))p_h^{y(m,z_h(m))-d_h(m)-1} = 0 \ . \tag{7.48}$$

Für $h < n$ ist $y(m, z_h(m)) > d_h(m)$ und die Gleichung (7.48) kann in die folgende äquivalente Gleichung umgeformt werden:

$$-d_h(m)p_h + (y(m, z_h(m)) - d_h(m))(1 - p_h) = 0 \ .$$

Daher erhält man das optimale p_h

$$\check{p}_h = 1 - \frac{d_h(m)}{y(m, z_h(m))} \ . \tag{7.49}$$

Die Formel (7.49) behält ihre Gültigkeit für $h = n$, wenn $d_n(m) > 0$ und $c_n(m) > 0$ sind. Wenn dagegen $d_n(m) = 0$ und $c_n(m) > 0$ gilt, so ist der letzte Faktor in (7.47) $p_n^{c_n(m)}$ und man erhält ein Maximum für $\check{p}_n = 1$. Für $c_n(m) = 0$ folgt $y(m, z_n(m)) = d_n(m)$ und damit ist $\check{p}_n = 0$ optimal. Wenn wir diese Größen $\check{p}_h$ in die Formel (7.45) einsetzen, dann erhalten wir die Maximum–Likelihood–Punktschätzung für die Überlebensfunktion

$$\check{\bar{F}}_m(z_h(m)) = \prod_{g \leq h}\left(1 - \frac{d_g(m)}{y(m, z_g(m))}\right) \ . \tag{7.50}$$

Wenn $c_n(m) = 0$ für den letzten Term $z_n(m)$, so ist $d_n(m) = y(m, z_n(m))$ und $\check{\bar{F}}_m(z_n(m)) = 0$. Wenn $c_n(m) > 0$, dann ist $d_n(m) < d_n(m) + c_n(m) = y(m, z_g(m))$ und damit auch $y(m, z_n(m)) > 0$. Für $g < n$ gilt: $d_g(m) \leq d_g(m) + c_g(m) < d_g(m) + c_g(m) + d_{g+1}(m) + c_{g+1}(m) + \cdots + d_n(m) + c_n(m) = y(m, z_g(m))$. Deshalb erhalten wir für $g = n$

$$\check{\bar{F}}_m(z_n(m)) = \begin{cases} \prod_{g \leq n}\left(1 - \frac{d_g(m)}{y(m,z_g(m))}\right) > 0, & c_n(m) > 0 \ , \\ 0, & c_n(m) = 0 \ . \end{cases} \tag{7.51}$$

Die erhaltene Maximum–Likelihood–Schätzung ist eine Treppenfunktion, die durch ihre Werte $\check{F}_m(z_g(m)) = 1 - \overline{\check{F}}_m(z_g(m))$ in den Punkten $z_g(m), g = 1,\ldots,n$ definiert ist. Deshalb können wir schließlich die Formel für die nichtparametrische Maximum–Likelihood–Punktschätzung der Überlebensfunktion wie folgt schreiben:

$$\overline{\check{F}}_m(s) = \prod_{g:z_g(m)\leq s} \left(1 - \frac{d_g(m)}{y(m, z_g(m))}\right). \tag{7.52}$$

Also erhält man den folgenden Satz

Satz 7.1 *Die verallgemeinerte nichtparametrische Maximum–Likelihood–Punktschätzung für die unbekannte wahre Überlebensfunktion $\overline{F}(\cdot)$, die auf die Beobachtung von m unabhängigen Erneuerungsprozessen gemäß dem Stichprobenplan $[m, E, T_1, \ldots, T_m]$ basiert, ist durch (7.52) gegeben.*

Die erhaltene Punktschätzung (7.52) ist eine treppenförmig fallende Funktion mit Sprüngen in den Punkten, in denen $d_h(m) > 0$ ist. Die zugehörige Sprunghöhe ist

$$\begin{aligned}
\Delta\check{F}_m(z_h(m)) &= \frac{d_h(m)}{y(m,z_h(m))} \prod_{g<h} \left(1 - \frac{d_g(m)}{y(m,z_g(m))}\right) = \\
&= \frac{d_h(m)}{y(m,z_h(m))} \overline{\check{F}}_m(z_{h-1}(m)) \, .
\end{aligned} \tag{7.53}$$

Außerdem ist aus Formel (7.51) ersichtlich, daß $\overline{\check{F}}_m(s) = \overline{\check{F}}_m(z_n(m)) > 0$ für $s \geq z_n(m)$, wenn $c_n(m) > 0$. In diesem Falle liefert die Punktschätzung (7.52) eine entartete Verteilungsfunktion, d.h. $\check{F}_m(s) \not\to 1$, $s \to \infty$.
Bemerkung: Schätzungen der Art (7.52) für die Verteilungsfunktion der Zeit zwischen Erneuerungen wurden erstmalig in einer Arbeit von GILL [29] entwickelt. Eine allgemeinere Theorie, die auch alternierende und einige andere Prozeßklassen umfaßt, findet sich in BELYAEV [14].
Wir betrachten nun ein Beispiel.

Beispiel 7.10 Es wird eine Lebensdauerprüfung nach dem Stichprobenplan $[5, E, 80; 110; 70; 110; 80]$ durchgeführt, d.h. es werden 5 Trajektorien eines Erneuerungsprozesses mit den Abbruchzeiten $80, 110, 70, 110$ und 80 beobachtet. Im Resultat dieser Prüfung erhält man folgende Daten:

$$x_1 = (15, 1; 59, 1; 6, -1)\,, \quad x_2 = (85, 1; 25, -1)\,, \quad x_3 = (70, -1)\,,$$
$$x_4 = (22, 1; 47, 1; 41, -1)\,, \quad x_5 = (37, 1; 43, -1)\,.$$

Ordnet man diese Daten, so lassen sie sich in folgender Matrix darstellen:

$$\mathbb{D}(5) = \begin{pmatrix} 6 & 15 & 22 & 25 & 37 & 41 & 43 & 47 & 59 & 70 & 85 \\ 0 & 1 & 1 & 0 & 1 & 0 & 0 & 1 & 1 & 0 & 1 \\ 1 & 0 & 0 & 1 & 0 & 1 & 1 & 0 & 0 & 1 & 0 \end{pmatrix}.$$

Mittels der Formel (7.51) erhält man die in der Tabelle (7.3) dargestellten Werte
für $\breve{\overline{F}}_m(z_h(m))$: $\qquad\qquad\Diamond$

$z_h(5)$	6	15	22	25	37	41	43	47	59	70	85
$d_h(5)$	0	1	1	0	1	0	0	1	1	0	1
$y(5,\cdot)$	11	10	9	8	7	6	5	4	3	2	1
$\breve{\overline{F}}_5(\cdot)$	1	0.9	0.8	0.8	0.686	0.686	0.686	0.520	0.347	0.347	0

Tabelle 7.3: Werte der Schätzung der Überlebensfunktion $\breve{\overline{F}}_5(\cdot)$

Wir wenden uns nun der Frage zu, welche Eigenschaften die Schätzung $\breve{\overline{F}}_m(\cdot)$
aus Formel (7.52) besitzt. Um diese Schätzung anwenden zu können, ist besonders der Nachweis der Konsistenz der Schätzung wesentlich. Wir führen den
Nachweis der Konsistenz der Schätzung für $m \to \infty$, d.h. die Anzahl der Realisierungen des beobachteten Erneuerungsprozesses wird unendlich groß. Die
andere mögliche Art der Asymptotik (die Beobachtungszeit in mindestens einer Realisierung des Erneuerungsprozesses wird groß) spielt in der Praxis eine
untergeordnete Rolle, da aus Zeitgründen die Beobachtung nur bis zu relativ
kleinen Abbruchzeiten $T_j, j = 1, \cdots, m$ erfolgt.
Für die zufälligen Beobachtungsdaten X_j kann man zwei Prozesse definieren.
Der erste dieser Prozesse sei

$$Y_j(u) := \sum_{ij:S_{ij}\in X_j} \mathrm{I}(S_{ij} \geq u)\,, \quad u \geq 0. \qquad (7.54)$$

$Y_j(u)$ ist die zufällige Anzahl aller Lebensdauern der j-ten Realisierung, die
größer oder gleich $u \geq 0$ sind. Wir beobachten den entsprechenden Erneuerungsprozeß auf dem Intervall $[0, T_j]$ und daher existieren alle Momente
$\mathrm{E}_{F(\cdot)}Y_j(0)^k < \infty$, $k = 1, 2, \ldots$. Da $Y_j(u) \leq Y_j(0)$ ist, existiert auch

$$k_j(u) = \mathrm{E}_{F()}Y_j(u)\,. \qquad (7.55)$$

Werden m Realisierungen des Erneuerungsprozesses betrachtet, so setzen wir

$$Y(m, u) := \sum_{j=1}^{m} Y_j(u)\,. \qquad (7.56)$$

Wir definieren noch einen zweiten Prozeß $D_j(\cdot)$

$$D_j(u) := \sum_{i,j:S_{ij}\in X_j} \mathrm{I}(S_{ij} \leq u, \Gamma_{ij} = +1)\,, \quad u \geq 0\,. \qquad (7.57)$$

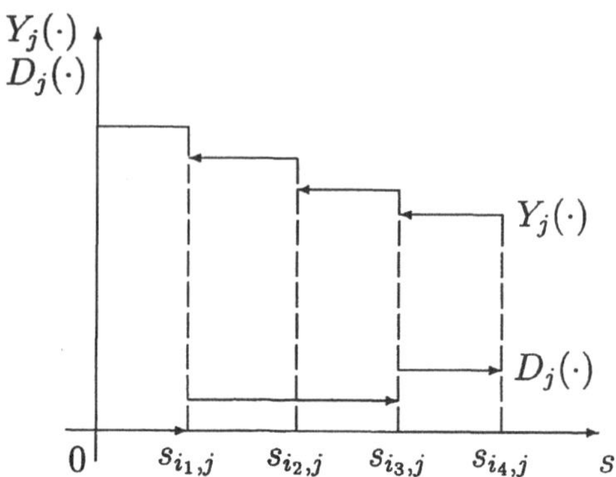

Abbildung 7.2: Die Prozesse $Y_j(\cdot)$ und $D_j(\cdot)$

Die beiden Prozesse $Y_j(\cdot)$ und $D_j(\cdot)$ sind in Abbildung 7.2 dargestellt. Der Prozeß $Y_j(\cdot)$ ist stufenweise fallend und linksseitig stetig, während $D_j(\cdot)$ stufenweise wachsend und rechtsseitig stetig ist. Die Sprünge dieser beiden Prozesse können nur zu den gleichen Zeitpunkten stattfinden, wobei jedoch $D_j(\cdot)$ nicht in allen Sprungpunkten von $Y_j(\cdot)$ Sprünge besitzen muß.
Auch hier definieren wir wieder einen entsprechenden zufälligen Prozeß für m Trajektorien des Erneuerungsprozesses $D(m,\cdot) = \sum_{j=1}^{m} D_j(\cdot)$. Die Sprünge dieses Prozesses $\Delta D(m,\cdot)$ besitzen in den Punkten $z_h(m)$ die Werte $d_h(m)$. In Abschnitt 1.2 wurde zu jeder Verteilungsfunktion die integrierte Ausfallrate (Hazardfunktion) eingeführt. Wenn wir in die Schätzung der Hazardfunktion

$$\check{H}_m(s) = \int_0^s \frac{d\check{F}_m(u)}{\check{\overline{F}}_m(u-)} \tag{7.58}$$

die Schätzungen (7.52) und (7.53) einsetzen, erhalten wir

$$\check{H}_m(s) = \sum_{h:z_h(m)\leq s} \frac{\Delta\check{F}_m(z_h(m))}{\check{\overline{F}}_m(z_{h-1}(m))} =$$

$$= \sum_{h:z_h(m)\leq s} \frac{d_h(m)\check{\overline{F}}_m(z_{h-1}(m))}{y(m,z_h(m))\check{\overline{F}}_m(z_{h-1}(m)} = \sum_{h:z_h(m)\leq s} \frac{d_h(m)}{y(m,z_h(m))} \; . \tag{7.59}$$

Die Formel (7.59) liefert eine Punktschätzung für die Hazardfunktion. Es handelt sich um eine Maximum–Likelihood–Punktschätzung, da die Maximum–Likelihood–Schätzung einer Funktion gleich der Funktion von Maximum–Likelihood–Schätzungen ist. Ersetzt man in der Formel (7.59) alle Realisierungen durch die entsprechenden Zufallsgrößen, so erhält man das folgende Lebesgue–Stieltjes–Integral

$$\check{H}_m(s) = \int_0^s \frac{dD(m,u)}{Y(m,u)}\,, \tag{7.60}$$

was eine kürzere Schreibweise und Benutzung von Integraleigenschaften erlaubt. Für die Untersuchung der asymptotischen Eigenschaften von $\check{F}_m(s)$ und $\check{H}_m(s)$ zum Zeitpunkt s ist es nötig, daß die Anzahl der Beobachtungen mit $m \to \infty$ ebenfalls wächst. Es ist daher sinnlos, ein s zu betrachten, für das z.B. alle $T_j < s$ sind. Daher stellen wir die folgenden Betrachtungen für ein Intervall $[0, T_0]$ an. Weiterhin treffen wir die folgende Voraussetzung:

Voraussetzung V_0: Es existieren ein T_0 und ein T_M derart, daß

$$\max_{1 \leq j \leq m} T_j \leq T_M\,, \qquad \sum_{j=1}^m \mathrm{I}(T_j > T_0) \geq k_0 m\,, \qquad m = 1, 2, \ldots,$$

wobei $k_0 = k_0(T_0) > 0$.

Bemerkungen:

1.) Wenn die Zensierungszeitpunkte $\{T_i\}$ zufällig sind, so kann in der Voraussetzung V_0 die Summe durch

$$\sum_{j=1}^m \mathrm{E}\,\mathrm{I}(T_j > T_0) \geq k_0 m\,, \qquad m = 1, 2, \ldots,$$

ersetzt werden. Der Konsistenznachweis ist auch für diesen Fall möglich.

2.) Im weiteren werden wir wegen der kürzeren Schreibweise P statt $\mathrm{P}_{F(\cdot)}$ und E statt $\mathrm{E}_{F(\cdot)}$ verwenden.

Lemma 7.1 *Wenn V_0 gilt und $\overline{F}(s) > 0$ für $s \in [0, T_0]$, so gilt*

$$k(m, s) = \mathrm{E}Y(m, s) \geq k_0 \overline{F}(s) m\,.$$

Beweis: Für beliebige j gilt

$$\mathrm{I}(S_{1j} > s) = \mathrm{I}(S_{1j} > s)\mathrm{I}(s \leq T_j) \leq Y_j(s)\,,$$

da es unmöglich ist, $\{S_{1j} > s\}$ zu beobachten, wenn $s > T_j$. Daher erhält man

$$Y(m, s) = \sum_{j=1}^m Y_j(s) \geq \sum_{j=1}^m \mathrm{I}(S_{1j} > s)\mathrm{I}(s \leq T_j)\,. \tag{7.61}$$

Bildet man nun auf beiden Seiten der Ungleichung (7.61) den Erwartungswert, so erhält man

$$k(m,s) \;=\; \sum_{j=1}^{m} k_j(s) \geq \sum_{j=1}^{m} \overline{F}(s)\mathrm{I}(s \leq T_j) = \overline{F}(s) \sum_{j=1}^{m} \mathrm{I}(s \leq T_j) \geq$$

$$\geq\; \overline{F}(s) \sum_{j=1}^{m} \mathrm{I}(T_0 < T_j) \geq m\overline{F}(s)k_0$$

und das Lemma ist bewiesen.   ■

Nun soll die Konsistenz der beiden Punktschätzungen $\breve{F}_m(\cdot)$ und $\breve{H}_m(\cdot)$ für $s \in [0, T_0]$ unter der Voraussetzung V_0 bewiesen werden. Dazu betrachten wir die Abweichung zwischen $\breve{H}_m(s)$ und der wahren Hazardfunktion, die folgendermaßen dargestellt werden kann:

$$\breve{H}_m(s) - H(s) \;=\; \int_0^s \frac{dD(m,u)}{Y(m,u)} -$$
$$-\int_0^s \left(\frac{Y(m,u)}{Y(m,u)} + \mathrm{I}(Y(m,u) = 0) \right) dH(u) \,. \qquad (7.62)$$

In der Formel (7.62) definieren wir wie früher $0/0 = 0$ und daher gilt $\frac{Y(m,u)}{Y(m,u)} + \mathrm{I}(Y(m,u) = 0) = 1$.

Nun definieren wir die Prozesse

$$M_j(s) := D_j(s) - \int_0^s Y_j(v)\, dH(v) \,, \quad j = 1,...,m \,, \qquad (7.63)$$

$$M(m,s) := \sum_{j=1}^{m} M_j(s) = D(m,s) - \int_0^s Y(m,v)\, dH(v) \,. \qquad (7.64)$$

Mit diesen Prozessen nimmt die Abweichung der geschätzten Hazardfunktion vom wahren Wert (7.62) folgende Form an:

$$\breve{H}_m(s) - H(s) = \int_0^s \frac{dM(m,u)}{Y(m,u)} - \int_0^s \mathrm{I}(Y(m,u) = 0)\, dH(u) \,. \qquad (7.65)$$

Desweiteren verwenden wir folgende Bezeichnungen:

$$Q(m,s) \;:=\; \sqrt{m} \int_0^s \frac{dM(m,u)}{k(m,u)} \,, \qquad (7.66)$$

$$A(m,s) \;:=\; \int_0^s \frac{(Y(m,u) - k(m,u))^2}{k^2(m,u)Y(m,u)}\, dM(m,u) \,, \qquad (7.67)$$

$$B(m,s) \;:=\; \int_0^s \frac{Y(m,u) - k(m,u)}{k^2(m,u)}\, dM(m,u) \,, \qquad (7.68)$$

$$C(m,s) \;:=\; \int_0^s \mathrm{I}(Y(m,u) = 0)\, dH(u) \,. \qquad (7.69)$$

Mit diesen Bezeichnungen nimmt (7.65) nach einigen einfachen Umformungen (siehe Übung 7.4) die folgende Gestalt an:

$$\check{H}_m(s) - H(s) = \frac{1}{\sqrt{m}}Q(m,u) + A(m,u) - B(m,u) - C(m,u)\,. \qquad (7.70)$$

Wir werden nun zeigen, daß jeder Summand in der rechten Seite von (7.70) für $m \to \infty$ in Wahrscheinlichkeit gegen 0 konvergiert.
Betrachten wir zuerst den einfachsten Term $C(m,s)$.
Da $\mathrm{I}(Y(m,u) = 0) \leq \mathrm{I}(Y(m,s) = 0)$ für $u \leq s$ ist, folgt, daß $C(m,s) \leq \mathrm{I}(Y(m,s)=0)H(s)$ gilt. Für die interessierenden Ereignisse erhalten wir

$$\{C(m,s) = 0\} \supseteq \{\mathrm{I}(Y(m,s) = 0) = 0\} = \{Y(m,s) > 0\}\,.$$

Daraus folgt für die entsprechenden Wahrscheinlichkeiten

$$\begin{aligned}
\mathrm{P}(C(m,s) = 0) \;&\geq\; \mathrm{P}(Y(m,s) > 0) = 1 - \mathrm{P}(Y(m,s) = 0) = \\
&=\; 1 - \mathrm{P}\Big(\bigcap_{j=1}^{m}\{Y_j(s) = 0\}\Big) = 1 - \prod_{j=1}^{m}\mathrm{P}(Y_j(s) = 0) = \\
&=\; 1 - \prod_{j=1}^{m}\Big(1 - \mathrm{P}(Y_j(s) > 0)\Big) \geq 1 - \prod_{j=1}^{m}\Big(1 - \mathrm{P}(S_{1j} > s)\Big) = \\
&=\; 1 - \prod_{j=1}^{m}\Big(1 - \overline{F}(s)\Big) = 1 - (F(s))^m \to 1\,, \quad m \to \infty\,.
\end{aligned}$$

Damit ist $C(m,s) = 0$ fast sicher für genügend große m. Folglich ist auch $\sqrt{m}C(m,s) = 0$ für genügend große m und wir erhalten

$$C(m,s) = o_p(\frac{1}{\sqrt{m}})\,, \quad m \to \infty\,.$$

Für die Analyse der Terme A, B und Q spielen die Eigenschaften des Prozesses $M(m, \cdot)$ eine besondere Rolle.

Lemma 7.2 *Für alle s, $j = 1, 2, \ldots$ gilt $\mathrm{E}M_j(s) = 0$, d.h. die Prozesse $M_j(\cdot)$ besitzen die Erwartungswertfunktion 0.*

Beweis: Seien S_{ij} die Lebensdauern, die den j-ten Erneuerungsprozeß $\{T_{ij}\}_{i \geq 1}$ charakterisieren, $T_{ij} = \sum_{l=1}^{i} S_{lj}$. Daher kann man den Prozeß $Y_j(s)$ folgendermaßen bestimmen:

$$Y_j(s) = \sum_{i=0}^{\infty} \mathrm{I}(T_{ij} \leq T_j)\mathrm{I}(S_{i+1,j} \wedge (T_j - T_{ij}) \geq s)\,. \qquad (7.71)$$

Für den Zählprozeß $D_j(s)$ erhält man eine ähnliche Darstellung:

$$D_j(s) = \sum_{i=0}^{\infty} \mathrm{I}(T_{ij} \le T_j)\mathrm{I}(S_{i+1,j} \le (T_j - T_{ij}) \wedge s) \ . \tag{7.72}$$

Aus (7.63), (7.71) und (7.72) folgt für $M_j(s)$

$$
\begin{aligned}
M_j(s) &= \sum_{i=0}^{\infty} \mathrm{I}(T_{ij} \le T_j)\mathrm{I}(S_{i+1,j} \le s \wedge (T_j - T_{ij})) - \\
&\quad - \sum_{i=0}^{\infty} \int_0^{s\wedge(T_j-T_{ij})} \mathrm{I}(T_{ij} \le T_j)\mathrm{I}(S_{i+1,j} \ge u)\, dH(u) = \\
&= \sum_{i=0}^{\infty} \mathrm{I}(T_{ij} \le t)\Psi_{i+1,j}(s \wedge (T_j - T_{ij})) \ , \tag{7.73}
\end{aligned}
$$

$$\Psi_{ij}(v) \ := \ \mathrm{I}(s_{ij} \le v) - \int_0^v \mathrm{I}(S_{ij} \ge u)\, dH(u)\,, \quad v = s \wedge (T_j - T_{ij}) \ .$$

Für diesen Prozeß gilt gemäß (1.1) aus Abschnitt 1.2

$$\mathrm{E}\Psi_{ij}(s) = F(s) - \int_0^s \overline{F}(u-)\, dH(u) = F(s) - \int_0^s \overline{F}(u-)\frac{dF(u)}{\overline{F}(u-)} = F(s) - F(s) = 0.$$

Hieraus folgt für den bedingten Erwartungswert

$$\mathrm{E}(\Psi_{ij}(s \wedge (T_j - T_{ij}))|T_{ij}) = 0 \ ,$$

da unter der Bedingung T_{ij} das Argument $s \wedge (T_j - T_{ij})$ eine nichtzufällige Konstante ist.

Aus Formel (7.73) erhält man

$$
\begin{aligned}
\mathrm{E}M_j(s) &= \sum_{i=0}^{\infty} \mathrm{E}\Big(\mathrm{I}(T_{ij} \le t)\Psi_{i+1,j}(s \wedge (T_j - T_{ij}))\Big) = \\
&= \sum_{i=0}^{\infty} \mathrm{E}\Big(\mathrm{E}(\mathrm{I}(T_{ij} \le t)\Psi_{i+1,j}(s \wedge (T_j - T_{ij}))|T_{ij})\Big) = \\
&= \sum_{i=0}^{\infty} \mathrm{E}\left(I(T_{ij} \le t)\mathrm{E}(\Psi_{i+1,j}(s \wedge (T_j - T_{ij}))|T_{ij})\right) = 0 \ ,
\end{aligned}
$$

da unter der Bedingung T_{ij} der Indikator $\mathrm{I}(T_{ij} \le t)$ ebenfalls nichtzufällig ist. Damit ist die Aussage des Lemmas bewiesen. ∎

Folgerung 7.1 *Die Prozesse $M(m, \cdot)$, $m = 1, 2, \dots$ besitzen den Erwartungswert $\mathrm{E}(M(m, \cdot)) = 0$.*

Der Beweis dieser Folgerung folgt unmittelbar aus Lemma 7.42.
Um in Formel (7.70) den Term $A(m, s)$ abzuschätzen, benötigen wir die folgende allgemeine Behauptung:
Seien $\tilde{Y}_j(\cdot)$, $j = 1, 2, \dots$ unabhängige nichtwachsende Treppenfunktionen auf $[0, \infty)$ mit $\tilde{k}_j(s) = \mathrm{E}\tilde{Y}_j(s)$.

Satz 7.2 *Wenn für jedes j $\mathrm{E}\tilde{Y}_j(s)^2 \leq \tilde{c}_2$, d.h. der Erwartungswert gleichmäßig in j beschränkt ist, dann gilt für die Abweichung von $\tilde{Y}(m, s) = \sum_{j=1}^{m} \tilde{Y}_j(s)$ von seinem Erwartungswert $\tilde{k}(m, s) = \sum_{j=1}^{m} \tilde{k}_j(s)$*

$$\sup_{s \geq 0} |\tilde{Y}(m, s) - \tilde{k}(m, s)| = o_p(m^{\frac{3}{4} - \delta}), \quad m \to \infty \tag{7.74}$$

wobei $0 < \delta < \frac{1}{16}$ ist.

Bemerkung: Diese Behauptung kann als Verallgemeinerung des bekannten Satzes von Gliwenko auf nichtidentisch verteilte Beobachtungen angesehen werden. Den Beweis findet man in BELYAEV [14].
Wir benötigen nun noch das folgende Lemma:

Lemma 7.3 *Unter der Voraussetzung V_0 gilt für alle $s \in (0, T_0)$*

$$\frac{Y(m, s)}{m} = \frac{k(m, s)}{m} + o_p(1), \quad m \to \infty \tag{7.75}$$

und

$$0 < \overline{F}(s)k_0 \leq \frac{k(m, s)}{m} \leq H^E(T_M) + 1 < \infty, \quad m = 1, 2, \dots . \tag{7.76}$$

Beweis: Bezeichnen wir mit $N_j^E(t)$ die Anzahl von Erneuerungen des j-ten Erneuerungsprozesses im Intervall $[0, t]$. Dann gilt

$$Y_j(s) \leq Y_j(0) \leq N_j^E(T_j) + 1 .$$

Hieraus erhält man $\mathrm{E}Y_j(s) \leq H^E(T_j) + 1$. Damit gilt
$k(m, s) = \sum_{j=1}^{m} \mathrm{E}Y_j(s) \leq m(H^E(T_m) + 1)$ und die rechte Seite der Ungleichung (7.76) ist bewiesen. Die linke Seite dieser Ungleichung folgt unmittelbar aus Lemma 7.1.
Da die zweiten Momente von $N_j^E(T_j)$ existieren und aus der Unabhängigkeit

der $Y_j(s)$, $j = 1, \dots, m$ erhält man mittels der Ungleichung von Tschebyschev und Ungleichung (3.3)

$$P\left(\left|\frac{Y(m,s) - k(m,s)}{m}\right| > \delta\right) \leq \frac{\mathrm{E}|Y(m,s) - k(m,s)|^2}{m^2\delta^2} =$$

$$= \frac{\sum_{j=1}^m \mathrm{E}(Y_j(s) - k_j(s))^2}{m^2\delta^2} \leq \sum_{j=1}^m \frac{\mathrm{E}(Y_j(s) - 1)^2 + (k_j(s) - 1)^2}{m^2\delta^2} \leq$$

$$\leq \sum_{j=1}^m \frac{\mathrm{E}N_j^E(T_j)^2 + (\mathrm{E}N_j^E(T_j))^2}{m^2\delta^2} =$$

$$= \frac{2H^E(T_M)^2 + H(T_M) + H^E(T_M)^2}{m\delta^2} \to 0\,, \quad m \to \infty\,.$$

Damit ist auch (7.75) bewiesen.   ■
Nun können wir den Term $A(m,s)$ in (7.70) abschätzen. Wir stellen fest, daß

$$M(m,s) \leq D(m,s) + Y(m,0)H(s) \leq Y(m,0)(1 + H(s))$$

gilt. Daher folgt aus den Lemmata 7.1 – 7.3 sowie Formel (7.74)

$$|A(m,s)| \leq \frac{\sup_{u \geq 0} |Y(m,u) - k(m,u)|^2\, Y(m,0)(1 + H(s))}{m^2 \overline{F}(s)^2 k_0^2 Y(m,s)} =$$

$$= \frac{O_p(m^{+3/2-2\delta})}{m^2} \frac{(Y(m,0)/m)}{(Y(m,s)/m)}(1 + H(s)) =$$

$$= O_p(m^{-1/2-2\delta}) \frac{\frac{k(m,0)}{m} + o_p(1)}{\frac{k(m,s)}{m} + o_p(1)} = o_p(m^{-1/2})\,, \quad m \to \infty\,.$$

Somit ist nicht nur $A(m,s) = o_p(1)$, sondern es gilt auch $\sqrt{m}A(m,s) = o_p(1)$ für $m \to \infty$.
Als nächstes wollen wir den Term $B(m,s)$ abschätzen. Bezeichnen wir

$$B_{j_1 j_2}(m,s) := \int_0^s \frac{Y_{j_1}(u) - k_{j_1}(u)}{k(m,u)^2}\, dM_{j_2}(u)\,, \tag{7.77}$$

so erhalten wir

$$B(m,s) = \sum_{j=1}^m B_{jj}(m,s) + \sum_{j_1,j_2=1,j_1 \neq j_2}^m B_{j_1,j_2}(m,s)\,.$$

Aus der Unabhängigkeit der Prozesse $Y_{j_1}(u), M_{j_2}(u))$ für $j_1 \neq j_2$ folgt

$$\mathrm{E}B_{j_1,j_2}(m,s)B_{j_3,j_4}(m,s) = 0\,,$$

wenn entweder $j_1 \notin \{j_2, j_3, j_4\}$ oder $j_2 \notin \{j_1, j_3, j_4\}$ oder $j_3 \notin \{j_1, j_2, j_4\}$ ist. Damit erhält man

$$\mathrm{E}\left(\sum_{j_1,j_2=1,j_1\neq j_2}^{m} B_{j_1,j_2}(m,s)\right)^2 = \sum_{j_1,j_2=1,j_1\neq j_2}^{m} \mathrm{E}B_{j_1,j_2}(m,s)^2 +$$

$$+ \sum_{j_1,j_2=1,j_1\neq j_2}^{m} \mathrm{E}B_{j_1,j_2}(m,s)B_{j_2,j_1}(m,s) \,. \tag{7.78}$$

Weiterhin läßt sich B_{j_1,j_2} auf Grund von Integraleigenschaften folgendermaßen abschätzen:

$$|B_{j_1,j_2}(m,s)| = \left|\int_0^s \frac{Y_{j_1}(u) - k_{j_1}(u)}{k(m,u)^2} \, dM_{j_2}(u)\right| \leq$$

$$\leq \frac{(|Y_{j_1}(0) - 1| + |k_{j_1}(0) - 1|)Y_{j_2}(0)(1 + H(s))}{m^2\overline{F}(s)^2 k_0^2} \leq$$

$$\leq \frac{(N_{j_1}^E(T_{j_1}) + \mathrm{E}N_{j_1}^E(T_{j_1}))(N_{j_2}^E(T_{j_2}) + 1)(1 + H(s))}{m^2\overline{F}(s)k_0^2} \,, \tag{7.79}$$

da

$$\int_0^t |dM_{j_2}(u)| \leq D_{j_2}(0) + \int_0^t Y_{j_2}\, dH(u) \leq$$

$$\leq Y_{j_2}(0)(1 + H(t)) = (N_{j_2}^E(t) + 1)(1 + H(t))\,.$$

Aus der Ungleichung (7.79) erhält man unter Berücksichtigung von (3.3), der Gleichung $\mathrm{E}N_j^E(t) = H^E(t)$, $t > 0$ sowie der Unabhängigkeit von $N_{j_1}^E(\cdot)$ und $N_{j_2}^E(\cdot)$ für $j_1 \neq j_2$

$$\mathrm{E}B_{j_1,j_2}(m,s)^2 \leq \frac{\mathrm{E}(N_{j_1}^E(T_{j_1}) + \mathrm{E}N_{j_1}^E(T_{j_1}))^2\mathrm{E}(N_{j_2}^E(T_{j_2}) + 1)^2(1 + H(s))^2}{m^4\overline{F}(s)^4 k_0^4} \leq$$

$$\leq \frac{(5H^E(T_{j_1})^2 + H^E(T_{j_1}))(2H^E(T_{j_2})^2 + 3H^E(T_{j_2}) + 1)(1 + H(s))^2}{m^4\overline{F}(s)^4 k_0^4} \leq$$

$$\leq \frac{c_1(T_M, s)}{m^4\overline{F}(s)^4 k_0^4} \,, \tag{7.80}$$

$$\mathrm{E}|B_{j_1,j_2}(m,s)B_{j_2,j_1}(m,s)| \leq$$

$$\leq \frac{\prod_{k=1,2}(\mathrm{E}((N_{j_k}^E(T_{j_k}) + \mathrm{E}N_{j_k}^E(T_{j_k}))(N_{j_k}^E(T_{j_k}) + 1)))(1 + H(s))^2}{m^4\overline{F}(s)^4 k_0^4} \leq$$

$$\leq \frac{\prod_{k=1,2}(3H^E(T_{j_k})^2 + 3H^E(T_{j_k}))(1 + H(s))^2}{m^4\overline{F}(s)^4 k_0^4} \leq \frac{c_2(T_M, s)}{m^4\overline{F}(s)^4 k_0^4} \,, \tag{7.81}$$

mit $c_1(T_M, s) = (5H^E(T_M))^2 + H^E(T_M))(2H^E(T_M)^2 + 3H^E(T_M) + 1)(1 + H(s))^2$,
$c_2(T_M, s) = 9(H^E(T_M)^2 + H^E(T_M))^2(1 + H(s))^2$.
Die Zahl der Summanden in den zweiten Summen von (7.78) ist $m(m - 1)$.
Daher folgt aus (7.80)-(7.81)

$$\mathrm{E}\Big(\sum_{j_1,j_2=1, j_1 \neq j_2}^{m} B_{j_1,j_2}(m, s) \Big)^2 \leq \frac{c_1(T_M, s) + c_2(T_M, s)}{m^2 \overline{F}(s)^4 k_0^4} .$$

Aus der Ungleichung von Tschebyschev folgt nun, daß für beliebig kleine $\delta > 0$

$$\mathrm{P}\Big(| \sum_{j_1,j_2=1, j_1 \neq j_2}^{m} B_{j_1,j_2}(m, s)| > \frac{\delta}{m^{1/2}} \Big) \leq \frac{m(c_1(T_M, s) + c_2(T_M, s))}{\delta^2 m^2 \overline{F}(s)^4 k_0^4}$$

gilt. Damit haben wir

$$\sum_{j_1,j_2=1, j_1 \neq j_2}^{m} B_{j_1,j_2}(m, s) = o_p(\frac{1}{\sqrt{m}}) , \quad m \to \infty . \tag{7.82}$$

Weiterhin erhält man aus Ungleichung (7.79) mit $j_1 = j_2 = j$

$$\mathrm{E}|B_{j,j}(m, s)| \leq \frac{\mathrm{E}((N_j^E(T_j) + \mathrm{E}N_j^E(T_j))(N_j^E(T_j) + 1))(1 + H(s))}{m^2 \overline{F}(s) k_0^2} \leq$$

$$\leq \frac{c_3(T_M, s)}{m^2 \overline{F}(s)^2 k_0^2} ,$$

wobei $c_3(T_m, s) = 3(H^E(T_M)^2 + H^E(T_M))(1 + H(s))$ ist. Deshalb gilt

$$\mathrm{E}| \sum_{j=1}^{m} B_{jj}(m, s)| \leq \sum_{j=1}^{m} \mathrm{E}|B_{jj}m, s)| \leq \frac{c_3(T_M, s)}{m \overline{F}(s)^2 k_0^2}$$

und aus der Markovschen Ungleichung für das erste Moment erhält man für beliebige $\delta > 0$

$$\mathrm{P}\Big(| \sum_{j=1}^{m} B_{jj}(m, s)| > \frac{\delta}{m^{1/2}} \Big) \leq \frac{m^{1/2} c_3(T_M, s)}{\delta m \overline{F}(s)^2 k_0^2}$$

und damit

$$\sum_{j=1}^{m} B_{jj}(m, s) = o_p(\frac{1}{\sqrt{m}}) , \quad m \to \infty . \tag{7.83}$$

Aus (7.82) und (7.83) erhält man schließlich die gesuchte Abschätzung für den Term $B(m, s)$

$$B(m, s) = o_p(\frac{1}{\sqrt{m}}) , \quad m \to \infty . \tag{7.84}$$

Als letztes betrachten wir den Term $Q(m, s)$, der in Gleichung (7.66) definiert war. Zunächst können wir diesen Term wieder als Summe schreiben:

$$Q(m, s) = \sum_{j=1}^{m} Q_{jm}(s) , \tag{7.85}$$

wobei

$$Q_{jm}(s) = \sqrt{m} \int_0^s \frac{dM_j(u)}{k(m, u)} . \tag{7.86}$$

Die zufälligen Größen $Q_{jm}(s)$ sind voneinander unabhängig und $\mathrm{E}Q_{jm}(s) = 0$ gemäß Lemma 7.2.
Da

$$\left| \sqrt{m} \int_0^s \frac{dM_j(u)}{k(m, u)} \right| \leq \sqrt{m} \frac{Y_j(0)(1 + H(s))}{m\overline{F}(s)k_0} \leq \frac{(N_j^E(T_j) + 1)(1 + H(s))}{\sqrt{m}\overline{F}(s)k_0}$$

gilt, folgt weiterhin

$$\mathrm{E}Q_{jm}(s)^2 \leq \frac{\mathrm{E}(N_j^E(T_j) + 1)^2(1 + H(s))^2}{m\overline{F}(s)^2 k_0^2} \leq \frac{c_4(T_M, s)}{m\overline{F}(s)^2 k_0^2} ,$$

wobei $c_4(T_M, s) = (2H^E(T_M)^2 + 3H^E(T_M) + 1)(1 + H(s))^2$ ist. Somit erhält man

$$\mathrm{E}Q(m, s)^2 = \sum_{j=1}^{m} \mathrm{E}Q_{jm}(s)^2 \leq \frac{c_4(T_M, s)}{\overline{F}(s)^2 k_0^2} .$$

Wir wenden nun wieder die Tschebyschevsche Ungleichung an. Für ein beliebiges $a > 0$ gilt

$$\mathrm{P}(|Q(m, s)| > a) \leq \frac{\mathrm{E}Q(m, s)^2}{a^2} \leq \frac{c_4(T_M, s)}{a^2 \overline{F}(s)^2 k_0^2}$$

und damit

$$Q(m, s) = O_p(1) , \quad \frac{1}{\sqrt{m}} Q(m, s) = O_p(\frac{1}{\sqrt{m}}) , \quad m \to \infty . \tag{7.87}$$

Damit sind alle Terme in der Darstellung der Hazardfunktion (7.70) $o_p(1)$, $m \to \infty$ und der folgende Satz ist bewiesen:

Satz 7.3 *Für beliebige $s \leq T_0$ ist die nichtparametrische Punktschätzung $\check{H}_m(s)$ (7.60) unter der Voraussetzung V_0 eine konsistente Schätzung der Hazardfunktion $H(s)$.*

Ebenso ist es möglich, die Konsistenz der Punktschätzung $\check{F}_m(s)$ (7.52) für die Verteilungsfunktion $F(s)$ zu beweisen. Dabei werden die Schätzungen

$$\check{H}_m^{(d)}(s) = \sum_{h:z_h(m)\leq s} \frac{d_h(m)\mathrm{I}(d_h(m) > 1)}{y(m, z_h(m))} \, ,$$

$$\check{H}_m^{(c)}(s) = \sum_{h:z_h(m)\leq s} \frac{\mathrm{I}(d_h(m) = 1)}{y(m, z_h(m))}$$

für den Sprunganteil $H^{(d)}(\cdot)$ und den stetigen Anteil $H^{(c)}(\cdot)$ der Hazardfunktion aus Abschnitt 1.2 benutzt (siehe BELYAEV [14]).

Satz 7.4 *Unter der Voraussetzung V_0 ist die nichtparametrische Punktschätzung $\check{F}_m(s)$ (7.52) für beliebige $s \leq T_0$ eine konsistente Schätzung der Verteilungsfunktion $F(s)$, d.h.*

$$\check{F}_m(s) = F(s) + o_p(1), \quad m \to \infty \, .$$

Zum Schluß dieses Abschnittes wenden wir uns der Möglichkeit der Konstruktion von Konfidenzschätzungen für $F(s)$ und $H(s)$ zu. Asymptotische Konfidenzschätzungen lassen sich vielfach auf der Grundlage des zentralen Grenzwertsatzes angeben. Dazu benötigt man jedoch vor allem die Varianz der Schätzungen $\check{F}_m(s)$ bzw. $\check{H}_m(s)$. Wir geben nun eine Reihe von Behauptungen und Folgerungen daraus an. Aus Gleichung (7.87) folgt, daß $Q(m, s)$ von seiner Konvergenzordnung her der bestimmende Term in (7.70) und damit für $\sqrt{m}(\check{H}_m(s) - H(s))$ ist. Dazu betrachten wir den einfacheren Fall, daß die Verteilungsfunktion und damit auch die Hazardfunktion stetig sind. In diesem Fall lassen sich relativ einfache Formeln für die Varianz von $Q(m, s)$ angeben. Den allgemeinen Fall sowie sämtliche Beweise findet man ebenfalls in BELYAEV [14].

Satz 7.5 *Für stetige Verteilungsgesetze $F(\cdot)$ und unter der Voraussetzung V_0 gelten für $Q_{jm}(s)$ und $Q(m, s)$ aus (7.85) und (7.86) die folgenden Formeln:*

$$\mathrm{E}Q_{jm}(s) = \mathrm{E}Q(m, s) = 0 \, ,$$

$$v_{jm}^2(s) = \mathrm{Var}(Q_{jm}(s)) = m \int_0^s \frac{k_j(u)}{k(m, u)^2} \, dH(u) \, ,$$

$$v^2(m, s) = \mathrm{Var}(Q(m, s)) = m \int_0^s \frac{dH(u)}{k(m, u)} \, .$$

In dieser Behauptung ist interessant, daß man zur Berechnung der Momente zweiter Ordnung nur die Momente erster Ordnung $k_j(\cdot)$ und $k(m,\cdot)$ benötigt.

Satz 7.6 *Unter der Voraussetzung V_0 gilt für stetige $F(s), s > 0$*

$$\lim_{m \to \infty} P\left(\frac{Q(m,s)}{v(m,s)} \le t\right) = \Phi(t) = \frac{1}{\sqrt{2\pi}} \int_{-\infty}^{t} e^{-\frac{u^2}{2}}\, du \qquad (7.88)$$

für beliebige reelle t.

Analog zur die Schätzung von $H(\cdot)$ kann man beweisen, daß die Statistik

$$\check{V}^2(m,s) = m \int_0^s \frac{d\check{H}(m,u)}{Y(m,u)} = m \sum_{h:Z_h(m)} \frac{\Delta D(m, Z_h(m))}{Y(m, Z_h(m))^2} \qquad (7.89)$$

eine konsistente Punktschätzung für $v^2(m,s)$ ist, d.h. $\check{V}^2(m,s)/v^2(m,s) = 1 + o_p(1)$, $m \to \infty$.

Erinnern wir uns nun daran, daß $\frac{1}{\sqrt{m}} Q(m,s)$ der von seiner Konvergenzordnung her ausschlaggebende Summand in der Gleichung (7.70) ist. Damit folgt aus (7.88) und (7.89)

$$\lim_{m \to \infty} P\left(\sqrt{m}\frac{\check{H}_m(s) - H(s)}{\check{V}(m,s)} \le t\right) = \Phi(t) . \qquad (7.90)$$

Daher kann für die Hazardfunktion folgendes asymptotisches γ–Konfidenzintervall angegeben werden:

$$I_{\gamma H}(m) = \left(\check{H}_m(s) - u_{\frac{1+\gamma}{2}}\check{V}(m,s), \check{H}_m(s) + u_{\frac{1+\gamma}{2}}\check{V}(m,s)\right), \quad \Phi(u_{\frac{1+\gamma}{2}}) = \frac{1+\gamma}{2} .$$

Analog erhält man für $\overline{F}(s)$:

$$I_{\gamma F}(m) = \left(\check{\overline{F}}(m,s)(1 - u_{\frac{1+\gamma}{2}}\hat{V}(m,s)), \check{\overline{F}}(m,s)(1 + u_{\frac{1+\gamma}{2}}\hat{V}(m,s))\right) .$$

7.4 Statistische Modellierung

In diesem Abschnitt stellen wir uns die Aufgabe, die grundlegenden Kenngrößen der Zuverlässigkeit komplexer technischer Systeme zu bestimmen. Diese Systeme bestehen im allgemeinen aus vielen Elementen verschiedenen Typs. Wenn ausgefallene Elemente außerdem auch noch repariert werden, so ist es kaum möglich, die Zuverlässigkeit des Systems analytisch zu bestimmen, selbst wenn

man voraussetzt, daß die Verteilungen der Ausfallszeit jedes Elementes und der
Reparaturdauer gegeben sind. Eine Ausnahme stellt lediglich der Fall dar, daß
alle diese Zeiten einer Exponentialverteilung unterliegen und die Anzahl der Elemente im System nicht sehr groß ist. Daher erweist es sich als notwendig, zur
näherungsweisen Bestimmung der interessierenden Größen auf statistische Simulationsmethoden (sogenannte Monte–Carlo–Methoden) zurückzugreifen. Zur
Durchführung dieser Methode ist es nötig, schnell Realisierungen von Zufallsgrößen zu erhalten, deren Verteilung der Verteilung von Ausfallszeiten oder
Reparaturdauern entspricht. Dazu werden Generatoren von (Pseudo–) Zufallszahlen benutzt, die mittels speziell ausgearbeiteter Prozeduren auf dem Intervall $[0,1]$ gleichverteilte Zufallszahlen generieren. Pseudozufallszahlen können
nur annähernd als Realisierungen von unabhängigen Zufallsgrößen angesehen
werden, es ist jedoch nicht möglich, mit Programmen endlicher Länge echte
Zufallszahlen zu erzeugen. Es existieren jedoch Programme, die für die Lösung
vieler Aufgaben befriedigende Folgen von Pseudozufallszahlen liefern.
Die Arbeit eines Zufallszahlengenerators kann man sich anschaulich als Bewe-
gung auf einem geschlossenen Weg vorstellen. Wenn der Zufallszahlengenerator
nur einen Zyklus besitzt, so folgt auf eine Zufallszahl w_n eine fest bestimmte
Zufallszahl w_{n+1}. Nach einer Anzahl N von Zufallszahlen beginnt sich die Folge
zu wiederholen. Für gewöhnlich ist N eine Zahl in der Größenordnung einiger
Millionen oder Milliarden. Im allgemeinen sind Zufallszahlengeneratoren so aufgebaut, daß man durch die Wahl eines Anfangswertes die Startgröße festlegen
kann. Ist dieser Startwert g, so erzeugt der Zufallszahlengenerator die Folge
$w_1(g)$, $w_2(g)$, ... Damit hat man die Möglichkeit, durch Eingabe der gleichen
Startzahl g jeweils die gleiche Folge von Zufallszahlen zu erzeugen. Wir nehmen
an, daß der Zufallszahlengenerator ausgewählt wurde und daß er bei Wahl des
Startwertes g die Folge $w_1(g), w_2(g), \ldots$ liefert. Wir nehmen weiter an, das die
von uns benötigte Folge immer nur einen kleinen Teil des Zyklusses darstellt.
Soll nun die Realisierung $s_i(l)$ der zufälligen Lebensdauer $S_i(l)$ eines Elementes
vom Typ l mit der Verteilungsfunktion $F_l(\cdot)$ erzeugt werden, so muß im Falle
der Stetigkeit von $F_l(\cdot)$ die Gleichung

$$F_l(s_i(l)) = w_i(g), \quad i = 1, 2, \ldots \tag{7.91}$$

gelöst werden. Im allgemeineren Fall, wenn die Verteilungsfunktion Sprünge
$F_l(s-) \neq F_l(s)$ besitzen kann, muß der kleinste Wert

$$s_i(l) = \min(u : F_l(u) \geq w_i(g)), \quad i = 1, 2, \ldots \tag{7.92}$$

gesucht werden. Analog hierzu erhält man eine Realisierung der zufälligen Reparaturdauer eines Elementes vom Typ l mit der Verteilungsfunktion $G_l(\cdot)$ aus

$$r_i(l) = \min(u : G_l(u) \geq w_i(g')), \quad i = 1, 2, \ldots, \tag{7.93}$$

wobei im allgemeinen $g' \neq g$.

Wenn einige der Elemente des Systems einem Instandhaltungsregime mit Minimalreparatur unterliegen und die Reparaturdauer vernachlässigbar klein ist, so stellt die Folge der Ausfallpunkte dieser Elemente einen Punktprozeß dar (siehe Abschnitt 3.2). Im allgemeinen ist dieser Punktprozeß eine Überlagerung eines Poissonschen und eines binomialen Punktprozesses. Wenn $H_l(t)$ die mittlere Anzahl von Mimimalausfällen eines Elementes vom Typ l bis zur Zeit t ist und $H_l(t)$ stetig in t ist, so stellt die Folge $s_k(l)$, $k = 1, 2, \ldots$ der Ausfallzeitpunkte einen Poissonschen Punktprozeß dar. Diese Folge erhält man als Lösung der Gleichungen

$$s_k(l) = \min\left(s : H_l(s) = -\sum_{i=1}^{k} \ln(w_i(g))\right). \qquad (7.94)$$

Die hierbei auftretenden Zufallsgrößen $-\ln(w_i(g))$ sind unabhängig und unterliegen einer Exponentialverteilung. Wir haben angenommen, daß die Zeit für eine Minimalreparatur vernachlässigbar klein ist. Erfolgt jedoch ein Totalausfall des l-ten Elementes, so soll die Austauschzeit des ausgefallenen durch ein neues Element die Realisierung $r_i(l)$ einer Zufallsgröße mit der Verteilungsfunktion $G_l(\cdot)$ sein. Häufig ist es nicht möglich, gleichzeitig und unabhängig voneinander mehrere Elemente auszutauschen, in diesem Fall müssen die in der Praxis üblichen Bedienungsstrategien berücksichtigt werden. Wenn immer nur ein Element ausgetauscht werden kann, ist z.B. die FIFO (first-in-first-out) Strategie üblich. Bei dieser Strategie treten weitere ausgefallene Elemente des Systems in eine Warteschlange und werden in der Reihenfolge ihres Ausfalles ausgetauscht.

Die Arbeitsfähigkeit des Sytems zu jedem Zeitpunkt t ist durch die Ausfallzeitpunkte der Elemente des Systems, durch Beginn- und Endzeit des Austausches und natürlich durch die Strukturfunktion des Systems bestimmt. Alle diese zufälligen Zeitpunkte werden auf dem Computer mittels eines Zufallszahlengenerators erzeugt. Prinzipiell können dann beliebige Zuverlässigkeitskenngrößen mit Simulationsmethoden berechnet werden, wie z.B. die Wahrscheinlichkeit $R(t)$ der ausfallsfreien Arbeit bis zur Zeit t, die Betriebsbereitschaft $K(t)$ (die Wahrscheinlichkeit, daß das System zum Zeitpunkt t intakt ist) usw.

Die Modellierung besteht nun in der fortwährenden Erzeugung von unabhängigen Realisierungen dieser Folge von Ereignissen. Will man z.B. eine Schätzung für $R(t)$ ermitteln, so ist die Modellierung der $i-$ten Realisierung beim Eintreten eines Ausfalls des Systems zur Zeit t_i beendet. Die Ergebnisse $t_1, \ldots, t_m$ von m Modellierungen sind unabhängige und identisch verteilte Realisierungen einer Zufallsgröße T_i mit $\mathrm{P}(T_i > t) = R(t)$. Im Kapitel 3 haben wir festgestellt, daß die beste nichtparametrische Schätzung der Zuverlässigkeitsfunktion $R(t)$

durch

$$\check{R}(m,t) = \frac{1}{m} \sum_{i=1}^{m} \mathrm{I}(t_i > t) \,. \tag{7.95}$$

gegeben ist. Asymptotisch gilt $\check{R}(m,t) \to R(t)$ fast sicher für $m \to \infty$. Da desweiteren die Größe $\sqrt{m}\,\max_{0 \leq s \leq 1}(\check{R}(m,s) - R(s))$ asymptotisch einer Kolmogorov–Verteilung:

$$K(y) := \mathrm{P}(\max_{0 \leq t < 1} \mid B(t) \mid \leq y) = \sum_{k=-\infty}^{+\infty} (-1)^k \exp(-2k^2 y^2) \tag{7.96}$$

für $y > 0$ unterliegt (vergleiche Beispiel 5.7 in Abschnitt 5.2), läßt sich ferner mittels des Quantils y_γ der Ordnung γ (d.h. $K(y_\gamma) = \gamma$) ein γ–Konfidenzband

$$\check{R}(m,s) - \frac{1}{\sqrt{m}} y_\gamma \leq R(t) \leq \check{R}(m,s) + \frac{1}{\sqrt{m}} y_\gamma \,. \tag{7.97}$$

ermitteln. Wir betrachten nun ein Beispiel, in dem die wichtigsten Herangehensweisen bei der Modellierung der Zuverlässigkeit dargestellt werden.

Beispiel 7.11 Drei Städte A, B, C sind durch Verbindungsstränge miteinander verbunden, A und B durch $\mathcal{V}_1$, B und C durch $\mathcal{V}_2$ sowie A und C durch $\mathcal{V}_3$ (siehe Abbildung 6.3) Die Längen dieser Verbindungsstränge sind entsprechend L_1, L_2 und L_3. Der Zustand des Stranges $\mathcal{V}_i$ wird durch die Realisierung eines zufälligen Prozesses $x_i(t)$, $t \geq 0$ beschrieben, wobei $x_i(t) = 1$, wenn $\mathcal{V}_i$ zum Zeitpunkt t intakt ist und $x_i(t) = 0$, wenn $\mathcal{V}_i$ ausgefallen ist. Wir nehmen an, daß die Ausfallszeitpunkte der $\mathcal{V}_i$, $i = 1, 2, 3$ drei unabhängige Poissonsche Punktprozesse bilden. Die Arbeit dieses Systems beginnt zum Zeitpunkt $t_0 = 0$. Die mittlere Anzahl von Ausfällen des Stranges $\mathcal{V}_i$ im Intervall $[0, s]$ sei

$$H_i(s) = L_i \cdot \left(cs + (s/a)^b \right), \tag{7.98}$$

wobei a, b, c positive Konstanten sind. Die Reparaturdauern ausgefallener Verbindungsstränge seien unabhängige Zufallsgrößen mit den Verteilungsfunktionen

$$G_i(s) = 1 - \exp(-(s - s_0)^+ / d_r), \tag{7.99}$$

wobei $(s - s_0)^+ = (s - s_0) \vee 0$ bezeichnet. Damit ist die Reparaturdauer des Verbindungsstranges $\mathcal{V}_i$ die Summe einer konstanten Größe s_0 und einer exponentialverteilten Zufallsgröße mit dem Erwartungswert d_r. In jeder Linie erfolgt die Reparatur von Ausfällen unabhängig und in der Reihenfolge ihres Eintretens (FIFO), d.h. eine gleichzeitige Reparatur von mehreren Ausfällen in der gleichen Linie ist nicht möglich. Diese Reparaturstrategie tritt auf, wenn für jeden

Verbindungsstrang $\mathcal{V}_1, \mathcal{V}_2, \mathcal{V}_3$ nur ein Reparaturteam zur Verfügung steht. Neue Ausfälle treten in einem Verbindungsstrang nach dem Poissonschen Punktprozeß unabhängig davon auf, ob gerade Reparaturarbeiten laufen. Das Verbindungssystem zwischen den Städten A, B, C gilt als ausgefallen, wenn mindestens zwei Verbindungsstränge ausgefallen sind, so daß mindestens eine Stadt keine Verbindung zu den anderen Städten mehr besitzt. Wir betrachten als eine der grundlegenden Zuverlässigkeitscharakteristiken die Verteilungsfunktion $F_{sys}(t)$, $t > 0$ der ausfallfreien Arbeitszeit des Systems.

Bei der statistischen Modellierung werden mittels Computer Realisierungen der Arbeit von Verbindungssystemen dreier Städte simuliert. Dabei werden in jeder der Realisierungen für die drei Verbindungen Intervalle, in denen die Verbindung intakt war und Intervalle, in denen die Verbindung nicht intakt, war erzeugt. Ein Paar solcher Intervalle bildet auf der Verbindung $\mathcal{V}_i$ einen Zyklus eines alternierenden Prozesses. Sei t_{fij1} der erste Ausfall im j–ten Zyklus der Verbindung $\mathcal{V}_i$. Dann beginnt zu diesem Zeitpunkt ein Intervall, in dem $\mathcal{V}_i$ nicht intakt ist. Sei weiterhin t_{rij} der Moment, in dem alle Ausfälle im j–ten Zyklus der Verbindung $\mathcal{V}_i$ repariert sind. Dann beginnt zu diesen Zeitpunkt ein Intervall, in dem $\mathcal{V}_i$ wieder intakt ist und damit der nächste $j + 1$–te Zyklus. Die Ausfälle werden in jeder Verbindung nach FIFO repariert. Die Strukturfunktion des Verbindungssystems wurde bereits im Abschnitt 6.1 Formel (6.3) hergeleitet:

$$\varphi(x_1, x_2, x_3) = x_1 x_2 + x_2 x_3 + x_1 x_3 - 2x_1 x_2 x_3 \,,$$

wobei $x_i = 0$ wenn $\mathcal{V}_i$ ausgefallen und $x_i = 1$ wenn $\mathcal{V}_i$ intakt ist. Es ist leicht ersichtlich, daß $\varphi(x_1, x_2, x_3) = 0$ genau dann, wenn mindestens eine Stadt ohne Verbindung ist. Den Zustand der Verbindung $\mathcal{V}_i$ zur Zeit t bezeichnen wir mit $x_i(t)$. In den Zeitpunkten t_{fij1} und t_{rij} erfolgt ein Wechsel des Zustandes: $x_i(t_{fij1}-) = 1$, $x_i(t_{fij1}) = 0$, $x_i(t_{rij}-) = 0$, $x_i(t_{rij}) = 1$, $x_i(t) = 0$ wenn $t \in [t_{fij1}, t_{rij})$, $x_i(t) = 1$ wenn $t \in [t_{rij}, t_{fi,j+1,1})$, $t_{ri0} = 0$, $j = 1, 2, \ldots$. In Abbildung 7.3 ist eine typische Realisierung der Prozesse $x_1(t), x_2(t), x_3(t)$, $t \geq 0$ dargestellt. Hierbei bedeutet der vierte Index jeweils die Nummer des Ausfalles im j–ten Zyklus. Die Modellierung so einer Realisierung beginnt mit der Erzeugung der ersten Ausfälle t_{fi11}, $i = 1, 2, 3$. Für die Simulation dieser Zeitpunkte und aller weiteren Realisierungen von Zufallgrößen wird eine Folge von (Pseudo–) Zufallszahlen $w_1(g), w_2(g), \ldots$ benutzt. Um zu unterstreichen, daß es sich dabei jeweils um andere Zahlen handelt, erhalten die Größen w den Index des entsprechenden Ereignisses. Diese Ausfallszeitpunkte sind Lösung jeweils einer der Gleichungen

$$L_i \left(c\, t_{fi11} + \left(\frac{t_{fi11}}{a} \right)^b \right) = -\ln w_{fi11}, \quad i = 1, 2, 3 \,. \tag{7.100}$$

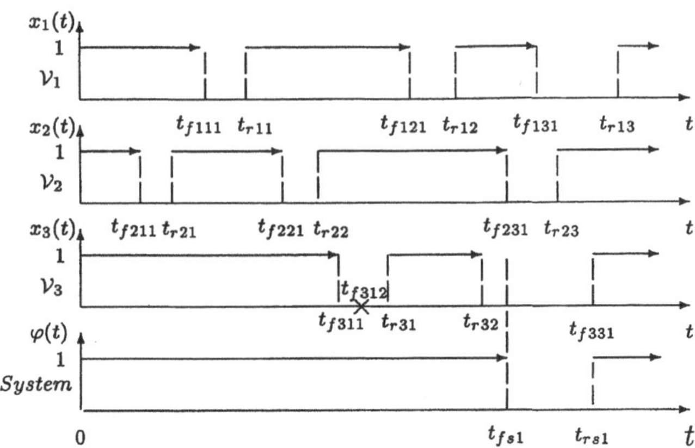

Abbildung 7.3: Eine Realisierung des Zustandes eines Verbindungssystems von drei Städten

Die zufällige Reparaturdauer s_{ri11} dieser Ausfälle findet man aus

$$s_{ri11} = s_0 - d_r \ln w_{ri11} \,. \tag{7.101}$$

Wenn der erste Ausfall in der Verbindung $\mathcal{V}_{i(1)}$ stattfand (in Abbildung 7.3 ist $i(1) = 2$, $t_{f211} = \min(t_{fi11}, \; i = 1, 2, 3)$), so ist der Zeitpunkt der Beendigung der Reparatur $t_{ri(1)1} = t_{fi(1)11} + s_{ri(1)11}$. Als nächstes muß $t_{ri(1)1}$ mit $\min(t_{fi11}, \; i \neq i(1), \; i \in \{1, 2, 3, \}) = t_{fi(2)11}$ verglichen werden. Wenn $t_{fi(2)11} < t_{ri(1)1}$, so erfolgt ein Systemausfall zur Zeit $t_{fs1} = t_{fi(2)11}$. Ist dagegen $t_{fi(2)11} > t_{ri(1)1}$, so wird der nächste Ausfallszeitpunkt der Verbindung $\mathcal{V}_{i(1)}$ aus

$$L_{i(1)}\left(ct_{fi(1)12} + \left(\frac{t_{fi(1)12}}{a} \right)^b \right) = -\ln w_{fi(1)11} - \ln w_{fi(1)12} \tag{7.102}$$

bestimmt, wobei $w_{fi(1)12}$ der nächst folgende Wert des Zufallszahlengenerators ist. Wenn $t_{fi(1)12} > t_{ri(1)1}$, so müssen zur Ermittlung des Systemausfalls erneut die drei Ausfallszeitpunkte: der neue $t_{fi(1)12}$, den wir mit $t_{fi(1)21}$ bezeichnen sowie die zwei alten t_{fi11}, $i \neq i(1)$ betrachtet werden. Nun wiederholt sich die gesamte beschriebene Prozedur, es wird wieder der kleinste der drei Ausfallszeitpunkte bestimmt, die dazugehörige Reparaturzeit wird nach einer Formel analog zu (7.101) bestimmt usw. Wenn sich erweist, daß $t_{fi(1)12} \leq t_{ri(1)1}$, so findet man die die zur Reparatur notwendige Zeit $s_{ri(1)12}$ aus

$$s_{ri(1)12} = s_0 - d_r \ln w_{ri(1)12}$$

und ersetzt $t_{ri(1)1}$ durch $t_{ri(1)2} = t_{ri(1)1} + s_{ri(1)12}$. Danach wiederholt sich die ganze Prozedur wieder wie nach der Erzeugung von $t_{ri(1)1}$.

Damit treten bei der Modellierung jeder Realisierung zwei Fälle auf: entweder es kommt zum Systemausfall t_{fs1} oder einer der drei nächsten Ausfallszeitpunkte in $\mathcal{V}_1, \mathcal{V}_2, \mathcal{V}_3$ wird durch einen später eintretenden Ausfallszeitpunkt ersetzt. Die Modellierung der k-ten Realisierung ist mit der Ermittlung des Systemausfalls t_{fsk} beendet.

Seien nun $t_{fs1}, ..., t_{fsm}$ die Ausfallszeitpunkte des Systems in m Realisierungen. Die Zeiten t_{fsk} sind Realisierungen von unabhängigen und identisch verteilten Zufallsgrößen, die der gesuchten Verteilungsfunktion der Systemarbeitszeit unterliegen. Eine Schätzung $\check{R}(m,t)$ für die Wahrscheinlichkeit $R(z)$ des Ereignisses, daß kein Ausfall im Intervall $[0,z]$ erfolgte, ist dann durch

$$\check{R}(m,z) = \frac{1}{m} \sum_{k=1}^{m} \mathrm{I}(t_{fsk} > z) \qquad (7.103)$$

gegeben. Wir betrachten nun ein Zahlenbeispiel. Für die Werte $L_1 = 30$, $L_2 = 40$, $L_3 = 50$, $c = 0.001$, $a = 200$, $b = 3/2$, $s_0 = 0.03$, $d_r = 0.02$ wurden $m = 500$ Ausfallzeitpunkte t_{fsk}, $k = 1, \ldots, 500$ erzeugt. In Abbildung 7.4 ist

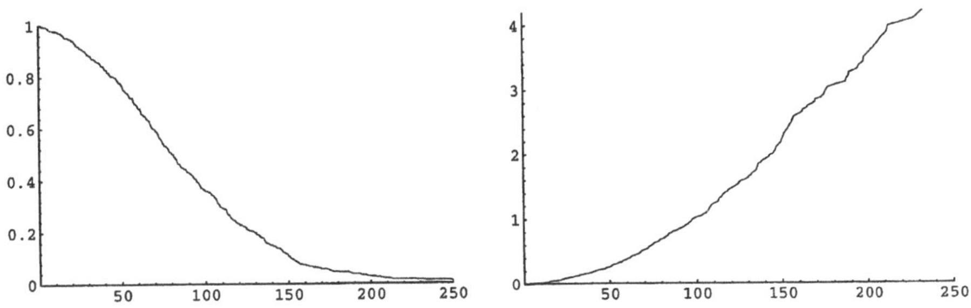

Abbildung 7.4: Ein Modellierungsbeispiel

links die Graphik der geschätzten Zuverlässigkeitsfunktion $\check{R}(500, z)$, $z > 0$ dargestellt. Das rechte Bild zeigt die Schätzung der integrierten Ausfallrate $H(z) = -\ln R(z)$, für die im Abschnitt 4.3 die Schätzung

$$\check{H}_m(z) = \sum_{k=1}^{m} \frac{\mathrm{I}(t_{fsk} \le z)}{Y(m, t_{fsk})} \qquad (7.104)$$

mit $Y(m, t_{fsk}) = \sum_{j=1}^{m} \mathrm{I}(t_{fsj} \ge t_{fsk})$ ermittelt wurde. $\Diamond$

Die Kenntnis der Ausfallszeitpunkte t_{fsk}, $i = 1,\ ...,\ m$ ermöglicht auch andere statistische Schlußfolgerungen, z.B. könnte man Konfidenzschätzungen für die berechneten Größen ermitteln. Die Genauigkeit dieser Schätzungen hängt von der Anzahl m der Realisierungen ab. Somit erfordert die Bestimmung genauer Schätzungen eine hohe Rechenzeit. Wenn die Anforderungen an die Genauigkeit groß sind, gewinnt auch die Frage nach der Qualität des Zufallszahlengenerators an Bedeutung.

Das betrachtete Beispiel zeigt die immensen Möglichkeiten, die die statistische Modellierung für die Berechnung der Zuverlässigkeit komplizierter technischer Systeme bietet. Man hat die Möglichkeit, Reparaturstrategien zu vergleichen, man kann das Verhalten des Systems im nichtstationären Arbeitszustand untersuchen, man kann verschiedene Verteilungen der Zeit bis zum Ausfall für die Elemente des Systems betrachten usw. Allerdings muß immer das mathematische Modell des Systems gegeben sein und die auftretenden Verteilungen müssen bekannt sein.

Zu den größten Unzulänglichkeiten der statistischen Modellierung gehört sicher, daß alle auftretenden Parameter vorgegeben sein müssen. Bei Änderung dieser Parameter (sogar, wenn sich nur eines der auftretenden Verteilungsgesetze ändert) müssen alle Berechnungen erneut durchgeführt werden. Dadurch wird die Lösung von Optimierungsproblemen, z.B. die Ermittlung einer optimalen Systemstruktur oder optimaler Reparaturstrategien, erheblich erschwert. Der Rechenaufwand kann sich sogar für sehr leistungsfähige Computer als zu groß erweisen.

Wenn die Modellierung einer Ausfallzeit t_{fsk} vergleichsweise aufwendig ist, muß man „schnellere" Algorithmen zur Modellierung von t_{fsk} suchen. Zum Beispiel war es im oben beschriebenen Algorithmus erforderlich, eine transzendente Gleichung der Form

$$L_i\left(ct_{fijl} + \left(\frac{t_{fijl}}{a}\right)^b\right) = -\sum_{h=1}^{l} \ln w_{fijh} \qquad (7.105)$$

zu lösen. Hierbei bilden die Zeitpunkte $0 < t_{fij1} < t_{fij2} < ...$ einen Poissonprozeß mit der Erwartungswertfunktion $H_i(t) = L_i(ct + (t/a)^b)$. Die Lösung dieser transzendenten Gleichungen nach t_{fijl} erfordert Näherungsmethoden. Man kann jedoch auch einen Algorithmus zur Berechnung der t_{fijl} verwenden, der darauf beruht, daß der betrachtete Poissonprozeß eine Überlagerung der Poissonprozesse mit den Erwartungwertfunktionen $H_{i1}(t) = L_i ct$ und $H_{i2}(t) = L_i(t/a)^b$ darstellt. Dieser Algorithmus wird im folgenden beschrieben.

Im ersten Schritt des Algorithmus wird das erste Paar von Ausgangsdaten

$(t^{(1)}_{fij1}, t^{(2)}_{fij1})$ mit

$$t^{(1)}_{ij1} = -\frac{1}{L_i c}\ln w^{(1)}_{fij1}\,, \quad t^{(2)}_{ij1} = a\exp\left(\frac{1}{b}\ln\left(\frac{1}{L_i}\ln\frac{1}{w^{(2)}_{fij1}}\right)\right)$$

erzeugt, auf deren Grundlage der erste Ausfallszeitpunkt t_{fij1} aus

$$t_{fij1} = \min(t^{(1)}_{fij1}, t^{(2)}_{fij1})$$

ermittelt wird. Das Paar $(t^{(1)}_{fij1}, t^{(2)}_{fij1})$ dient im zweiten Schritt zur Ermittlung des Ausfallszeitpunktes t_{fij2}. Alle Schritte des Algorithmus sind sich gleich, deshalb betrachten wir gleich im $k-$ten Schritt das Paar $(t^{(1)}_{fijg}, t^{(2)}_{fijh})$. Es sind nun zwei Fälle möglich. Im ersten Fall ist $t^{(1)}_{fijg} < t^{(2)}_{fijh}$ und daher wurde im vorangegeangen $(k-1)-$ten Schritt der Wert $t_{fij,k-1} = t^{(1)}_{fijg}$ ermittelt. In diesem Fall berechnen wir

$$t^{(1)}_{fij,g+1} = t^{(1)}_{fijg} - \frac{1}{L_i c}\ln w^{(1)}_{fij,g+1}$$

und ermitteln t_{fijk} aus

$$t_{fijk} = \min(t^{(1)}_{fij,g+1}, t^{(2)}_{fijh})\,.$$

Nun ist wiederum $(t^{(1)}_{fij,g+1}, t^{(2)}_{fijh})$ das Ausgangspaar für den $(k+1)-$ten Schritt. Der zweite mögliche Fall im $k-$ten Schritt besteht darin, daß $t^{(2)}_{fijh} < t^{(1)}_{fijg}$. In diesem Fall wurde im $(k-1)-$ten Schritt der Wert $t_{fij,k-1} = t^{(2)}_{fijh}$ ermittelt und daher berechnen wir

$$t^{(2)}_{fij,h+1} = a\exp\left(\frac{1}{b}\ln\left(\left(\frac{t^{(2)}_{fijh}}{a}\right)^b + \frac{1}{L_i}\ln\frac{1}{w^{(2)}_{fij,h+1}}\right)\right)$$

und bestimmen t_{fijk} aus $t_{fijk} = \min(t^{(1)}_{fijg}, t^{(2)}_{fij,h+1})$. In diesem Fall ist $(t^{(1)}_{fijg}, t^{(2)}_{fij,h+1})$ das Ausgangspaar für den $(k+1)-$ten Schritt.
Die durch diesen Algorithmus erzeugte Folge $t_{fij1} < t_{fij2} < \ldots < t_{fijk} < \ldots$ ist eine Realisierung des Poissonschen Punktprozesses. Man sieht, daß bei diesem vorgeschlagenen Algorithmus keine Lösung von transzententen Gleichungen der Art (7.105) nötig ist. Damit erhält man eine wesentlich schnellere Modellierung des Ausfallszeitpunktes des oben beschriebenen Verbindungssystems der drei Städte A, B, C. Desweiteren sind die hier beschriebenen Simulationsalgorithmen rekursiv, d. h. sie sind gut auf Computern zu realisieren.

7.5   Resampling– oder Bootstrapmethoden

Bootstrapmethoden und Resampling–Methoden sind ein sehr nützlicher Zugang zur Bestimmung der Unsicherheit statistischer Schlüsse, z.B. bei Punktschätzungen. Diese Unsicherheit resultiert vor allem daraus, daß nur endliche Stichprobenumfänge vorliegen. Um die Arbeitsweise von Resamplingmethoden zu erläutern, betrachten wir zuerst den einfachsten Fall. Wir nehmen an, daß wir die Lebensdauer von n Elementen nach dem Stichprobenplan $[n, O, n]$ beobachtet haben. Sei

$$\underline{x}_n = (s_1, \ldots, s_n)$$

der Beobachtungsvektor, wobei die s_i Realisierungen von unabhängigen und identisch verteilten Zufallsgrößen mit unbekannter Verteilungsfunktion $F_0(\cdot)$ sind. Wir werden den nichtparametrischen Fall betrachten: $F_0(\cdot) \in \mathfrak{F}$, wobei $\mathfrak{F}$ die Familie aller Verteilungsfunktionen ist. Wir nehmen weiter an, daß der Wert $\tau_0 = \tau(F_0(\cdot))$ eines Funktionals $\tau : \mathfrak{F} \to \mathrm{R}^1$ geschätzt werden soll. Beispiele für solche Funktionale sind u.a. der Mittelwert $\tau_0 = m_{\mathrm{F}_0,1} = \int_0^\infty t\, dF_0(t)$ oder der Median $\tau_0 = \mathrm{me}_{\mathrm{F}_0} = \inf(s : F_0(s) \geq 0.5)$. Wir haben schon mehrfach die empirische Verteilungsfunktion

$$\check{F}_n(s) = \frac{1}{n} \sum_{j=1}^{n} \mathrm{I}(S_j \leq s)$$

als gute Schätzung für die unbekannte Verteilungsfunktion betrachtet. Damit haben wir auch die Möglichkeit, Punktschätzungen für τ_0 aus $\tilde{\tau}_n = \tau(\check{F}_n(\cdot))$ zu bestimmen. Diese Punktschätzung verfügt über gute Eigenschaften: wenn $F_0(\cdot) = \check{F}_n(\cdot)$ ist, so gilt auch $\tau_0 = \tilde{\tau}_n$. Diese Schätzung $\tilde{\tau}_n$ nennt man auch einen „plug-in"-Schätzer. Man kann natürlich auch zur Schätzung von τ_0 den Wert einer speziell dafür geeigneten Statistik $T : \mathfrak{X}_n \to \mathrm{R}^1$ verwenden, wobei $\mathfrak{X}_n = (\underline{x}_n)$ der Stichprobenraum ist. In diesem Fall erhält man für τ_0 die Punktschätzung

$$\hat{\tau}_n = T(\underline{x}_n).$$

Für weitere Untersuchungen ist es wesentlich, die Verteilung der Abweichung $\hat{\tau}_n - \tau_0$ oder der normierten Abweichung

$$\sqrt{n}(\hat{\tau}_n - \tau_0)$$

zu bestimmen. Natürlich kann statt $\sqrt{n}$ auch eine andere stabilisierende Funktion $f(n)$ auftreten. Wie früher bezeichnen wir mit $\mathcal{L}(Z)$ das Verteilungsgesetz der Zufallsgröße Z. Somit soll das Verteilungsgesetz $\mathcal{L}(\sqrt{n}(\hat{\tau}_n - \tau_0))$ näher untersucht werden.

Würden wir die wahre Verteilungsfunktion $F_0(\cdot)$ kennen, so könnten wir B_0 mal (B_0 soll relativ groß sein) Stichproben vom Umfang n simulieren:

$$\underline{x}_n^{(1)} = (s_1^{(1)}, \ ..., \ s_n^{(1)}), \ ..., \quad \underline{x}_n^{(B_0)} = (s_1^{(B_0)}, \ ..., \ s_n^{(B_0)}) \ .$$

Für jede simulierte Stichprobe kann $\hat{\tau}_n^{(b)} = T(\underline{x}_n^{(b)})$ ermittelt werden. Da außerdem τ_0 bekannt ist, können desweiteren die normierten Abweichungen

$$\sqrt{n}(\hat{\tau}_n^{(1)} - \tau_0), \ ..., \ \sqrt{n}(\hat{\tau}_n^{(B_0)} - \tau_0)$$

bestimmt und daraus ihre Verteilung durch

$$\hat{G}_{n,B_0}(s) = \frac{1}{B_0} \sum_{j=1}^{B_0} \mathrm{I}(\sqrt{n}(\hat{\tau}_n^{(b)} - \tau_0) \leq s)$$

geschätzt werden. Für diese Schätzung gilt

$$G_{n,B_0}(s) \to G_n(s) = \mathrm{P}_{F_0(\cdot)}(\sqrt{n}(T(\underline{X}_n) - \tau_0) \leq s)$$

fast sicher für $B_0 \to \infty$. Wir benutzen hier die Bezeichnung $\underline{X}_n = (S_1, \ ..., \ S_n)$ für zufällige Vektoren mit den Werten $\underline{x}_n \in \mathfrak{X}_n$. Dabei seien $S_1, \ ..., \ S_n$ i.i.d. Zufallsgrößen mit der Verteilungsfunktion $F_0(\cdot)$.

Unsere Überlegungen gehen nun in folgende Richtung: Wir sehen die Ausgangsstichprobe $\underline{x}_n$ als eine mit der Verteilungsfunktion $F_0(\cdot)$ und mit Zurücklegen erzeugte Stichprobe aus der Grundgesamtheit aller Lebensdauerdaten an. Wir selbst können keine Stichprobe aus dieser generellen Grundgesamtheit entnehmen, da wir nur einen Teil derselben, nämlich $\underline{x}_n = (s_1, \ ..., \ s_n)$ kennen. Wir erzeugen nun Stichproben vom selben Umfang n mit Zurücklegen aus diesem Teil der generellen Grundgesamtkeit. Dazu wird mit einer Wahrscheinlichkeit von $1/n$ der Wert $S_1^{*1} = s_i$, $\mathrm{P}^*(S_1^{*1} = s_i) = 1/n$, $i = 1, \ ..., \ n$ in die Stichprobe aufgenommen. Wir benutzen das Symbol P^* um zu unterstreichen, daß es sich hierbei um die zufällige Entnahme aus der Ausgangsstichprobe handelt. Ebenso verfahren wir bei der Auswahl des zweiten Wertes S_2^{*1}, $\mathrm{P}^*(S_2^{*1} = s_i) = 1/n$ usw. Nach n solchen Operationen haben wir die erste Kopie der Ausgangsstichprobe

$$\underline{x}_n^{*1} = (s_1^{*1}, \ ..., \ s_n^{*1})$$

erhalten. Auf die gleiche Art werden weitere Kopien der Ausgangsstichprobe erzeugt, bis B solcher Kopien vorliegen. Diesen Prozeß bezeichnet man als Resampling und die Kopien

$$\underline{x}_n^{*b} = (s_1^{*b}, \ ..., \ s_n^{*b}), \quad b = 1, 2, \ ..., \ B$$

als Resamples der Originalstichprobe $\underline{x}_n$ oder Bootstrapstichproben. Wir betrachten nun für ein b die Originalstichprobe $\underline{x}_n$ und die Bootstrapstichprobe $\underline{x}_n^{*b}$. Die Bootstrapstichprobe $\underline{x}_n^{*b}$ repräsentiert die Grundgesamtheit mit der „wahren" Verteilungsfunktion $\check{F}_n(\cdot)$. $\tilde{\tau}_n = T(\check{F}_n(\cdot))$ wird als „wahrer" bekannter Parameter von Interesse aufgefaßt. Der Wert der Punktschätzung dieses Parameters ist dann $\hat{\tau}_n^{*b} = T(\underline{x}_n^{*b})$ und wir können die normierte Abweichung

$$\sqrt{n}(\hat{\tau}_n^{*b} - \tilde{\tau}_n), \quad b = 1, 2, ..., B$$

berechnen. Weiterhin kann die Verteilungsfunkion dieser Abweichung mittels

$$\check{G}_{n,B}^*(s|\underline{x}_n) = \frac{1}{B}\sum_{b=1}^{B} I(\sqrt{n}(\hat{\tau}_n^{*b} - \tilde{\tau}_n) \le s)$$

geschätzt werden. Auch hier gilt wieder

$$\check{G}_{n,B}^*(s|\underline{x}_n) \to G_n^*(s|\underline{x}_n) = P^*(\sqrt{n}(T(\underline{X}_n^*) - \tau(\check{F}_n)) \le s|\underline{X}_n = \underline{x}_n)$$

fast sicher für $B \to \infty$. Die $\underline{X}_n^*$ werden in dieser Beziehung wieder als Zufallsgrößen angesehen. Wir können erwarten, daß für hinreichend große n die bedingte Verteilungsfunktion $G_n^*(\cdot|\underline{x}_n)$ dicht bei $G_n(\cdot)$ liegt. Wenn dagegen B groß ist, so ist zu erwarten, daß die uns bekannte Funktion $\check{G}_{n,B}^*(\cdot|\underline{x}_n)$ nahe bei der unbekannten Funktion $G_n(\cdot)$ liegt.

Definition 7.1 *Die Resamplingprozedur heißt* streng konsistent, *wenn für alle s und fast alle Realisierungen $(\underline{x}_n)$ von unabhängigen und identisch verteilten Zufallsgrößen $X_1, X_2, ... X_n$*

$$\check{G}_{n,B}^*(s|\underline{x}_n) - G_n(s) \to 0, \quad für \quad \min(n, B) \to \infty. \qquad (7.106)$$

Manchmal kann es sich als nützlich erweisen, eine etwas andere Definition der Konvergenz zu benutzen.

Dieser generelle Zugang zur Schätzung einer unbekannten Verteilung $G_n(\cdot)$ durch $\check{G}_n^*(\cdot \mid \underline{x}_n)$ oder $\check{G}_{n,B}^*(\cdot \mid \underline{x}_n)$ für verschiedene Funktionale $\tau(\cdot)$ wurde von EFRON [26] vorgeschlagen. Von ihm stammt auch die Bezeichnung Bootstrapmethode.

Wir zeigen nun, daß Bootstrapmethoden nur angewendet werden können, wenn einige zusätzliche Voraussetzungen erfüllt sind. Es gibt Beispiele, in denen Bootstrapmethoden versagen und zu falschen Resultaten führen.

Beispiel 7.12 Wir nehmen an, daß die Ausgangsstichprobe $\underline{x}_n = (s_1, ..., s_n)$ aus unabhängigen und identisch verteilten Realisierungen einer Zufallsgröße mit der Verteilungsfunktion

$$F_\theta(s) = 1 - \exp(-(s - s_0)^+/a), \quad s \ge 0$$

besteht, wobei $(s-s_0)^+ = (s-s_0) \vee 0$ bezeichnet und $\theta = (s_0, a)$ der unbekannte Parameter ist. Der Parameter s_0 kann als Garantiezeit ohne Ausfall aufgefaßt werden und soll geschätzt werden. Es gilt $\tau_0 = \tau(F_\theta(\cdot)) = s_0 = \inf(s : \overline{F}(s) < 1)$. Somit ist der plug-in–Schätzer für s_0

$$\tilde{\tau}_n = \tau(\check{F}_n(\cdot)) = s_{(1,n)} = \min(s_1, ..., s_n) \ .$$

Diese Schätzung ist eine sogenannte hypereffiziente und somit sinnvolle Schätzung für s_0. Also verwenden wir als Schätzung

$$\hat{\tau}_n = T(\underline{x}_n) = \tau(\hat{F}_n) = s_{(1,n)} \ .$$

Jede Beobachtung läßt sich in der Form $s_i = s_0 + s_{i,0}$ darstellen, wobei $s_{i,0}$ exponentialverteilt ist: $P(S_{i,0} > s) = \exp(-s/a)$. Damit folgt, daß die normierten Abweichungen

$$n(\hat{\tau}_n - \tau_0) = n(s_{(1,n)} - s_0)$$

ebenfalls dieser Exponentialverteilung unterliegen:

$$\begin{aligned}
G_n(s) &= 1 - P(n(S_{(1,n)} - s_0) > s) = 1 - \prod_{i=1}^{n} P(n(S_i - s_0) > s) = \\
&= 1 - (\exp(-s/(na)))^n = 1 - \exp(-s/a) \ .
\end{aligned} \tag{7.107}$$

Dies ist die Verteilung, welche wir durch die Bootstrapmethode approximieren wollen. Bezeichnen wir mit $\underline{x}_n^* = (s_1^*, ..., s_n^*)$ die zufällige Bootstrapstichprobe. Die bedingte Verteilung

$$G_n^*(s) = P^*(n(S_{(1,n)}^* - s_{(1,n)}) \leq s \mid \underline{x}_n)$$

muß dann in der Nähe der Verteilungsfunktion G_n (Formel (7.107)) liegen. Es gibt jedoch Beobachtungen, für die

$$\begin{aligned}
P^*(S_{(1,n)}^* = s_{(1,n)} \mid s_1, ..., s_n) &= 1 - P^*(S_{(1,n)}^* > s_{(1,n)} \mid s_1, ..., s_n) = \\
&= 1 - \prod_{i=1}^{n} P^*(S_j^* > s_{(1,n)}) = 1 - \left(\frac{n-1}{n}\right)^n
\end{aligned}$$

gilt. Auf gleiche Art erhält man

$$P^*(S_{(1,n)}^* = s_{(2,n)} \mid s_1, ..., s_n) = \left(\frac{n-1}{n}\right)^n - \left(\frac{n-2}{n}\right)^n \ .$$

Hieraus ist ersichtlich, daß die Größe $n(S_{(1,n)}^* - s_{(1,n)})$ ein diskretes Verteilungsgesetz besitzt, dessen Einzelwahrscheinlichkeiten für $n \to \infty$ gegen positive Werte konvergieren, z.B. gelten $1 - \left(\frac{n-1}{n}\right)^n \to 1 - e^{-1}$, $\left(\frac{n-1}{n}\right)^n - \left(\frac{n-2}{n}\right)^n \to e^{-1} - e^{-2}$ usw. Die Länge des Intervalls zwischen zwei benachbarten Realisierungen, d.h. $n(s_{(k,n)} - s_{(k-1,n)})$ unterliegt einer Exponentialverteilung:

$$\mathrm{P}_{F_\theta}\left(n(S_{(k,n)} - S_{(k-1,n)}) > s\right), = \exp\left(-\frac{n-k+1}{n}s\right).$$

Somit können die Trägerpunkte der Verteilung für $n \to \infty$ auch nicht beliebig dicht liegen. Zwei typische Realisierungen von

$$G_n^*(s \mid \underline{x}_n) = \sum_{k=1}^n \left(\left(1 - \frac{k-1}{n}\right)^n - \left(1 - \frac{k}{n}\right)^n\right) \mathrm{I}(n(s_{(k,n)} - s_{(1,n)})) \le u)$$

und $G_n(\cdot)$ sind in Abbildung 7.5 dargestellt. Es ist ersichtlich, daß keine Konver-

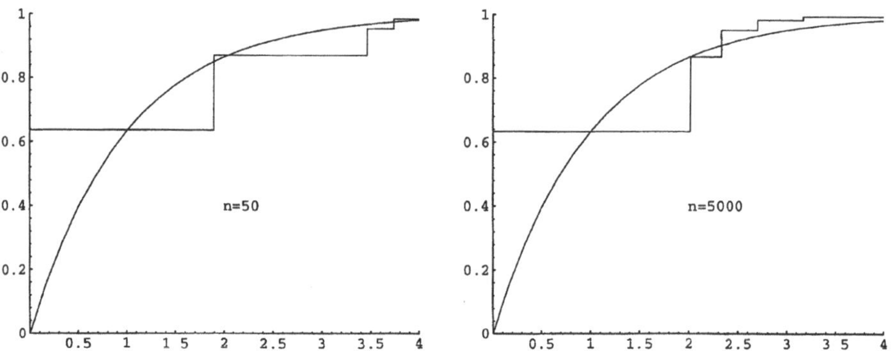

Abbildung 7.5: Zwei bedingte Verteilungen der normierten Abweichungen für $n = 50$ und $n = 5000$

genz von $G_n^*(\cdot \mid \underline{x}_n)$ gegen $G_n(\cdot)$ erfolgt. In diesem Beispiel hat die Bootstrapmethode versagt. Dieses Versagen ist auf die hohe Empfindlichkeit des Funktionals $\tau(\cdot)$ zurückzuführen. $\Diamond$

Wir wenden uns nun der Frage zu, wie man voraussagen kann, ob Bootstrapmethoden auf die jeweilige Aufgabenstellung anwendbar sind. Wenn das den Daten zugrunde liegende statistische Modell vollständig definiert ist, so kann man versuchen, eine theoretisch begründete Antwort auf diese Frage zu geben. Das ist jedoch nicht einfach und die Auswahl des einen oder anderen mathematischen Modells ist ebenfalls schwierig und mit Unsicherheiten behaftet. Wir werden daher einen heuristischen Zugang geben. Wegen der einfacheren Darstellung betrachten wir wieder den Fall unabhängiger und identisch verteilter

Beobachtungen. Dieser Zugang läßt sich jedoch ohne weiteres auf kompliziertere Datenstrukturen verallgemeinern.

Sei $\underline{x}_n = (s_1, \ldots, s_n)$ die Ausgangsstichprobe, wobei die s_i Realisierungen unabhängiger und identisch verteilter Zufallsgrößen sind. Hieraus werden nun B_1 Bootstrapstichproben mit Zurücklegen vom Stichprobenumfang $n_1 < n$, z.B. $n_1 \leq n/5$ erzeugt:

$$\underline{x}_{n_1}^{*b_1} = (s_1^{*b_1}, \ldots, s_{n_1}^{*b_1}), \quad b_1 = 1, \ldots, B_1 \, .$$

Sei weiterhin $\tau_0 = \tau(F_0(\cdot))$ der interessierende Parameter, d.h. uns interessiert ein Funktional $\tau(\cdot)$ und $F_0(\cdot)$ ist die wahre Verteilungsfunktion. Der plug-in-Schätzer $\tilde{\tau}_n = \tau(\check{F}_n)$ dieses Parameters kann dann mittels der Ausgangsdaten auf Grundlage von

$$\check{F}_n(s) = \frac{1}{n} \sum_{i=1}^{n} \mathrm{I}(s_i \leq s)$$

berechnet werden. Wir betrachten eine Statistik $T(\cdot)$ zur Schätzung des interessierenden Parameters und sind am Verteilungsgesetz $\mathcal{L}(\sqrt{n}(\hat{\tau}_n - \tau_0))$, $\hat{\tau}_n = T(\underline{X}_n)$ interessiert. Zu seiner Bestimmung fassen wir $\underline{x}_n$ als Grundgesamtheit und $\tilde{\tau}_n$ als wahren Parameter auf. Wir können nun die normierten Abweichungen

$$\sqrt{n_1}(\hat{\tau}_{n_1}^{*1} - \tilde{\tau}_n), \ldots, \sqrt{n_1}(\hat{\tau}_{n_1}^{*B_1} - \tilde{\tau}_n)$$

und die dazugehörige empirische Verteilungsfunktion

$$\check{G}_{n,n_1,B_1}^{*}(s) = \frac{1}{B_1} \sum_{b_1}^{B_1} \mathrm{I}(\sqrt{n_1}(\hat{\tau}_{n_1}^{*b_1} - \tilde{\tau}_n) \leq s)$$

mit $\hat{\tau}_{n_1}^{*b_1} = T(\underline{x}_{n_1}^{*b_1})$ berechnen. Wenn B_1 genügend groß ist, so haben wir damit eine hinreichend gute Approximation von $\mathcal{L}(\sqrt{n}(\hat{\tau}_n^{*} - \tilde{\tau}_n) \mid \underline{x}_n)$ erhalten, wobei $\tau_n^{*} = T(\underline{X}_{n_1}^{*})$ als zufällige Funktion der Stichprobe $\underline{X}_{n_1}^{*} = (S_1^{*}, \ldots, S_n^{*})$ aufgefaßt wird. Wir nehmen nun an, daß $\underline{x}_{n_1}^{*b_1}$ $b_1 = 1, 2, \ldots$ die Ausgangsstichprobe und $\tilde{\tau}_{n_1}^{*b_1} = T(\check{F}_{n_1}^{*b_1})$ der dazugehörige plug-in-Schätzer mit

$$\check{F}_{n_1}^{*b_1}(s) = \frac{1}{n_1} \sum_{i=1}^{n_1} \mathrm{I}(s_i^{*b_1} \leq s)$$

sind. Wir können nun wieder eine oder mehrere (z.B. $b_1 = 1, 3$) Bootstrap-Stichproben auf Grundlage von $\underline{x}_{n_1}^{*b_1}$ erzeugen. Bezeichnen wir diese Stichproben mit

$$\underline{x}_{n_1}^{**b_1b_2} = (s_1^{**b_1b_2}, \ldots, s_{n_1}^{**b_1b_2}), \quad b_2 = 1, \ldots, B_2 \, .$$

B_2 soll wiederum hinreichend groß sein. Es werden wieder die Schätzungen $\hat{\tau}_{n_1}^{**b_1b_2} = T(\underline{x}_{n_1}^{**b_1b_2})$ und die zugehörige empirische Verteilungsfunktion

$$\check{G}_{n,n_1,B_2}^{'**b_1}(s) = \frac{1}{B_2} \sum_{b_2=1}^{B_2} \mathrm{I}(\sqrt{n_1}(\hat{\tau}_{n_1}^{**b_1b_2} - \tilde{\tau}_{n_1}^{*b_1}) \leq s)$$

berechnet. Man kann nun $\check{G}_{n,n_1,B_1}^{*}(\cdot)$ und $\check{G}_{n,n_1,B_2}^{'**b_1}(\cdot)$ miteinander vergleichen, z.B. für $b_1 = b_1', b_1''$. Wenn man dabei feststellt, daß $\check{G}_{n,n_1,B_2}^{'**b_1'}(\cdot)$ und $\check{G}_{n,n_1,B_2}^{'**b_1''}(\cdot)$ hinreichend dicht bei $\check{G}_{n,n_1,B_1}^{*}(\cdot)$ liegen, so kann man hoffen, daß auch die Bootstrapstichproben aus der Ausgangsstichprobe befriedigende Ergebnisse liefern. Der beschriebene heuristische Zugang zur Untersuchung von Bootstrapverfahren ist in Abbildung 7.6 dargestellt.

Wir werden nun ein Beispiel für die Anwendung von Bootstrapmethoden in

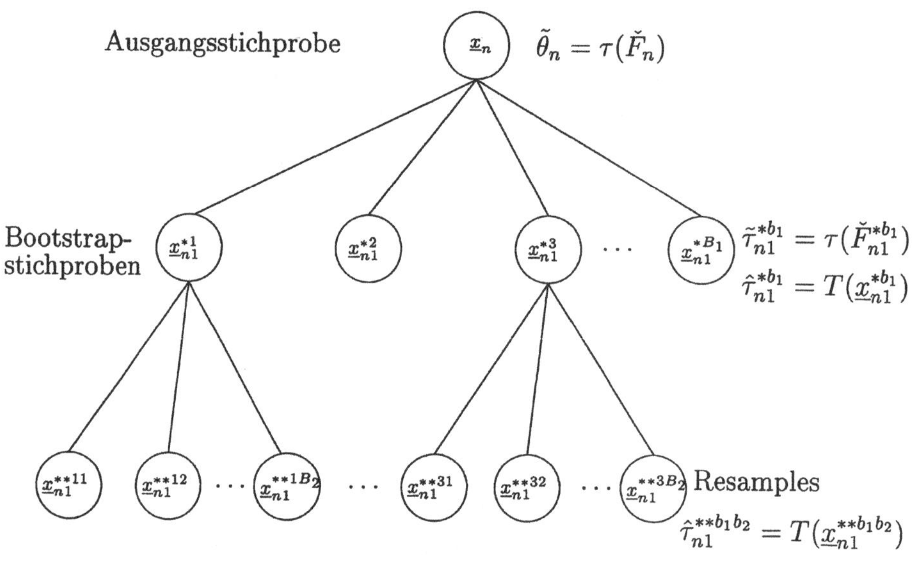

Abbildung 7.6: Untersuchung der Anwendbarkeit von Bootstrapverfahren

der Zuverlässigkeitstheorie betrachten. Die Zuverlässigkeit eines technischen Systems soll untersucht werden. Das System befindet sich noch in der Projektierungsphase und ist daher noch nicht getestet. Wir nehmen jedoch an, daß statistische Information über die Elemente des Systems vorliegt. Diese Situation ist typisch in der Zuverlässigkeitstheorie (siehe auch BELYAEV [16] und DOSS, CHIANG [25]).

Beispiel 7.13 Die Zuverlässigkeit eines Systems aus 4 Elementen (siehe Abbildung 7.7) soll geschätzt werden. Alle Elemente des Systems arbeiten gleichzeitig

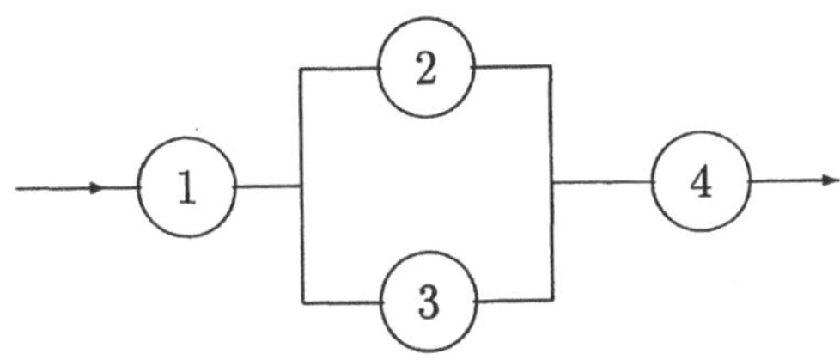

Abbildung 7.7: Die Systemstruktur in Beispiel 7.13

und es ist keine Reparatur vorgesehen. Sei $l(i)$ der Typ des Elementes in der Position $i = 1, 2, 3, 4$. Wir betrachten den Fall $l(1) = 1$, $l(2) = l(3) = 2$, $l(4) = 3$, d.h. es werden nur Elemente von drei verschiedenen Typen verwendet. Die Elemente in den Positionen 2 und 3 sind redundant und vom gleichen Typ 2. Die statistische Information über die verwendeten Elemente ist in folgender Tabelle zusammengestellt:

$$\underline{x}_{\underline{n}} = \begin{pmatrix} s_{11} & \cdots & s_{1n_1} \\ s_{21} & \cdots & s_{2n_2} \\ s_{31} & \cdots & s_{3n_3} \end{pmatrix}, \quad \underline{n} = (n_1, n_2, n_3), \tag{7.108}$$

wobei s_{lj} die beobachteten Lebenszeiten der Elemente vom Typ $l = 1, 2, 3$ sind. Wir nehmen an, daß diese Daten das Resultat einer Lebensdauerprüfung nach den Stichprobenplänen $[n_l, O, n_l]$, $l = 1, 2, 3$ sind. Die Stichprobenumfänge n_1, n_2, n_3 müssen nicht gleich groß sein. Mit $F_l(\cdot)$ bezeichnen wir die Verteilungsfunktion der entsprechenden ausfallsfreien Arbeitszeit. Dann ist die Systemzuverlässigkeit zum Zeitpunkt t

$$R(t) = \overline{F}_1(t)(1 - (1 - \overline{F}_2(t))^2)\overline{F}_3(t).$$

Wir wollen nun die Wahrscheinlichkeit $\tau_0 = R(t_0)$ der ausfallfreien Arbeit bis zu einem gegebenen Zeitpunkt t_0 schätzen. Wenn wir nur die Information $\underline{x}_{\underline{n}}$ aus Tabelle (7.108) besitzen, so bietet sich der nichtparametrische Zugang an. Jede Zeile in $\underline{x}_{\underline{n}}$ enthält eine Stichprobe von n_l unabhängigen und identisch verteilten Realisierungen einer Zufallsgröße mit der Verteilungsfunktion $F_l(\cdot)$, $l = 1, 2, 3$.

Somit kann $\overline{F}_l(\cdot)$ durch

$$\check{\overline{F}}_{l,n_l}(s) = \frac{1}{n_l} \sum_{j=1}^{n_l} \mathrm{I}(S_{lj} > s), \quad l = 1, 2, 3$$

geschätzt werden. Damit erhält man als plug–in–Schätzer des interessierenden Parameters $\tau_0 = R(t_0)$

$$\tilde{\tau}_{\underline{n}} = \check{\overline{F}}_{1,n_1}(t_0)(1 - (1 - \check{\overline{F}}_{2,n_2}(t_0))^2)\check{\overline{F}}_{3,n_3}(t_0)\,. \tag{7.109}$$

Wenn wir eine erwartungstreue Schätzung vorziehen, so kann

$$\hat{\tau}_{\underline{n}} = \check{\overline{F}}_{1,n_1}(t_0)\left(2\check{\overline{F}}_{2,n_2}(t_0) + \frac{\check{\overline{F}}_{2,n_2}(t_0)(\check{\overline{F}}_{2,n_2}(t_0) - 1)}{n - 1}\right)\check{\overline{F}}_{3,n_3}(t_0)\,. \tag{7.110}$$

verwendet werden (siehe Übung 7.11).

Wir wollen nun die Verteilung der Abweichung $\hat{\tau}_{\underline{n}} - \tau_0$ oder der normierten Abweichung $\sqrt{n_0}(\hat{\tau}_n - \tau_0)$, $n_0 = \min(n_1, n_2, n_3)$ mittels der Bootstrapmethode bestimmen. Dazu erzeugen wir B Bootstrapstichproben aus der Ausgangangsstichprobe $\underline{x}_n$ derart, daß jeweils eine Stichprobe vom Umfang n_1 aus den Daten der ersten Zeile, vom Umfang n_2 aus den Daten der zweiten Zeile und vom Umfang n_3 aus den Daten der dritten Zeile erzeugt wird. Als Ergebnis dieser Resampling–Prozedur erhalten wir die B Bootstrapstichproben

$$\underline{x}_{\underline{n}}^{*b} = \begin{pmatrix} s_{11}^{*b} & \cdots & s_{1n_1}^{*b} \\ s_{21}^{*b} & \cdots & s_{2n_2}^{*b} \\ s_{31}^{*b} & \cdots & s_{3n_3}^{*b} \end{pmatrix}, \quad b = 1, ..., B\,.$$

Wie oben beschrieben sehen wir nun wieder die Schätzungen $\check{F}_{l,n_l}(\cdot) = 1 - \check{\overline{F}}_{l,n_l}(\cdot)$ als bekannte wahre Verteilungsfunktionen der Lebensdauern des Elementes vom Typ l an. Den wahren interessierende Parameter $\tilde{\tau}_{\underline{n}}$ erhält man dann aus Gleichung (7.109). Die Schätzungen für $\check{\overline{F}}_{l,n_l}(\cdot)$ aus der Bootstrapstichprobe $\underline{x}_{\underline{n}}^{*b}$ sind

$$\check{\overline{F}}_{l,n_l}^{*b}(s) = \frac{1}{n_l} \sum_{j=1}^{n_l} \mathrm{I}(S_{lj}^{*b} > s)\,.$$

Daneben werden wir die erwartungstreuen Schätzungen für $\tilde{\tau}_{\underline{n}}$ aus Gleichung (7.110) betrachten. Sie sind durch

$$\hat{\tau}_{\underline{n}}^{*b} = \check{\overline{F}}_{1,n_1}^{*b}(t_0)\left(2\check{\overline{F}}_{2,n_2}^{*b}(t_0) + \frac{\check{\overline{F}}_{2,n_2}^{*b}(t_0)(\check{\overline{F}}_{2,n_2}^{*b}(t_0) - 1)}{n - 1}\right)\check{\overline{F}}_{3,n_3}^{*b}(t_0)\,. \tag{7.111}$$

gegeben. Als nächstes werden alle normierten Abweichungen

$$\sqrt{n_0}(\hat{\tau}_{\underline{n}}^{*b} - \tilde{\tau}_{\underline{n}}), \quad b = 1, ..., B$$

berechnet. Die zu diesen Werten gehörende Verteilungsfunktion ist

$$\check{G}_{\underline{n},B}^*(u|\underline{x}_{\underline{n}}) = \frac{1}{B}\sum_{b=1}^{B} \mathrm{I}(\sqrt{n_0}(\hat{\tau}_{\underline{n}}^{*b} - \tilde{\tau}_{\underline{n}}) \leq u), \quad u \geq 0. \tag{7.112}$$

Sie liegt in der Nähe der wahren Verteilungsfunktion

$$G_{\underline{n}}(u) = \mathrm{P}_{\underline{n},F_1,F_2,F_3}(\sqrt{n_0}(\hat{\tau}_{\underline{n}} - \tau_0) \leq u), \quad u \geq 0. \tag{7.113}$$

Wir beenden dieses Beispiel mit einer numerischen Illustration. Seien

$$\overline{F}_l(s) = \exp(-(s/a_l)^{b_l}), \quad a_1 = 500, \ b_1 = 2, \ a_2 = 300,$$
$$b_2 = 1, \ a_3 = 400, \ b_3 = 2/3, \ n_1 = 50, \ n_2 = 100, \ n_3 = 70.$$

Uns interessiert die Zuverlässigkeit $\tau_0 = R(t_0)$ zum Zeitpunkt $t_0 = 200$. Mit den Pseudozufallszahlen $w_{l,j,b}$ wird die Ausgangsstichprobe $\underline{x}_{\underline{n}}$ bei einem Wert $b = 0$ mittels der Beziehung

$$s_{lj}(b) = \frac{1}{a_l}\exp(\frac{1}{b_l}\ln(-\ln w_{l,j,b})), \quad l = 1, 2, 3, \ j = 1, ..., n_l. \tag{7.114}$$

erzeugt, wobei $s_{lj} = s_{lj}(0)$ ist. Die erhaltenen Werte sind in Tabelle 7.4 aufgeführt. Diese Werte betrachten wir nun als „wahre"empirische Daten, d.h. als Ausgangsstichprobe. In diesem Beispiel kennen wir die Verteilungsfunktion $F_l(\cdot)$, so daß wir B_0 mal die „Ausgangsstichprobe" $\underline{x}_{\underline{n}}(b)$ mit den Pseudozufallszahlen $w_{l,j,b}$, $b = 1, 2, ..., B_0$ erzeugen können. Für jede dieser Stichproben wird die Schätzung $\hat{\tau}_n(\underline{x}_{\underline{n}}(b))$ aus Gleichung (7.110) mittels

$$\breve{F}_{l,n_l}^{b}(t_0) = \frac{1}{n_l}\sum_{j=1}^{n_l} \mathrm{I}(s_{lj}(b) > t_0)$$

bestimmt. Somit erhält man

$$\hat{\tau}_{\underline{n}} = \breve{F}_{1,n_1}^{b}(t_0)\left(2\breve{F}_{2,n_2}^{b}(t_0) + \frac{\breve{F}_{2,n_2}^{b}(t_0)(\breve{F}_{2,n_2}^{b}(t_0) - 1)}{n - 1}\right)\breve{F}_{3,n_3}^{b}(t_0). \tag{7.115}$$

$b = 1, ..., B_0$. Die Verteilungsfunktion $G_n(\cdot)$ aus Gleichung (7.113) wird nun wie gewohnt durch

$$\check{G}_{n,B_0}(s) = \frac{1}{B_0}\sum_{b=1}^{B_0} \mathrm{I}(\sqrt{n_0}(\hat{\tau}_n(b) - \tau_0) \leq s), \quad s > 0$$

Type 1							
226.71	552.97	514.01	670.77	345.83	147.69	352.95	843.36
606.39	772.29	105.38	637.47	433.60	302.86	310.13	381.51
102.36	326.33	474.37	903.54	107.97	571.85	578.19	736.27
489.57	634.33	47.58	813.37	432.43	599.86	606.28	349.94
63.32	429.15	308.14	612.70	417.01	99.71	476.58	754.15
271.94	502.15	173.76	890.33	473.62	176.65	605.36	846.78
462.54	206.52						

Type 2							
1076.61	672.37	567.06	594.14	369.43	1740.27	114.62	353.34
650.38	1062.29	893.09	66.41	1634.10	204.82	440.94	194.02
733.95	365.64	24.55	6.72	322.04	91.83	163.10	303.18
1471.34	388.01	145.12	75.77	73.35	26.95	35.20	160.92
595.22	48.09	326.79	165.37	118.31	142.19	204.68	194.89
479.39	75.32	190.58	268.76	137.04	244.29	57.90	257.79
1709.57	176.48	15.36	7.41	594.01	133.37	475.31	1014.41
754.41	280.72	334.85	106.78	404.25	240.77	93.33	270.25
92.08	131.34	202.07	40.44	413.26	40.94	1938.31	141.00
623.78	148.01	168.28	529.00	5.86	284.92	446.96	595.13
36.70	46.92	191.36	208.20	953.15	72.02	258.07	646.08
598.40	162.63	124.24	210.70	361.19	266.19	57.93	47.62
8.46	33.01	128.50	45.26				

Type 3							
297.21	273.61	466.42	525.91	5.08	351.34	294.75	333.86
749.28	353.27	456.64	326.25	530.75	175.31	324.97	192.14
1519.64	656.99	505.26	389.50	726.56	118.22	398.84	401.40
963.87	244.65	681.81	632.20	1109.59	401.03	353.13	1514.19
544.22	127.24	607.29	813.98	1546.95	1482.77	402.35	820.70
1290.59	1388.78	625.58	725.63	1637.23	956.32	651.66	321.70
109.06	867.37	726.26	300.58	966.48	878.49	687.71	987.07
1411.08	2776.49	804.78	1627.05	1789.69	1561.55	458.27	559.08
368.04	1493.90	1233.12	1368.85	162.58	634.01		

Tabelle 7.4: Beispiel einer Ausgangsstichprobe

geschätzt. Natürlich gilt in diesem Fall $\check{G}_{n,B_0}(s) \to G_n(s)$ fast sicher für $B_0 \to \infty$, so daß $\check{G}_{n,B_0}(s)$ benutzt werden kann, um die Güte der Bootstrapmethode zu überprüfen.

Mit den Ausgangsdaten $\underline{x}_n$, wie sie z.B. in Tabelle 7.4 gegeben sind, wird der plug–in–Schätzer $\tilde{\tau}_{\underline{n}}$ des interessierenden Parameters berechnet. Aus den Werten

$(s_{l1}, ..., s_{ln_l})$ der Ausgangsstichprobe $\underline{x}_n$ werden jeweils B_1 Bootstrapstichproben vom Umfang n_l ($l = 1, 2, 3$) mittels der Beziehung

$$s_{lj}^{*b} = s_{lj'} \quad \text{wenn} \quad w_{lj,B_0+b} \in \left[\frac{j'}{n_l}, \frac{j'+1}{n_l} \right),$$

$$j = 1, ..., n_l, \quad l = 1, 2, 3, \quad b = 1, ..., B_1.$$

erzeugt. Insgesamt erhält man damit B_1 Bootstrapstichproben $\underline{x}_n^{*b}$, $b = 1, ..., B_1$ aus der Ausgangsstichprobe $\underline{x}_n$. Mit diesen Bootstrapstichproben wird jeweils die Parameterschätzung $\hat{\tau}_n^{*b} = T(x_n^{*b})$, $b = 1, ..., B_1$ und danach eine Schätzung des Verteilungsgesetzes $\mathcal{L}_{n',B_1}^*$ der normierten Abweichungen $\sqrt{n_0}(\hat{\tau}_n^{*b} - \tilde{\tau}_n)$ mittels

$$\check{G}_{\underline{n},B_1}^*(s|\underline{x}_n) = \frac{1}{B_1} \sum_{b=1}^{B_1} \mathrm{I}(\sqrt{n_0}(\hat{\tau}_n^{*b} - \tilde{\tau}_n) \le s) \to \check{G}_{\underline{n}}^*(s), \quad B_1 \to \infty$$

berechnet. Für hinreichend große Umfänge $\underline{n}$ der Ausgangsstichprobe $\underline{x}_n$ ist $\check{G}_{\underline{n},B_1}^*(\cdot|\underline{x}_n)$ eine gute Schätzung für das uns interessierende Verteilungsgesetz $\mathcal{L}_{\underline{n}}^0 = \mathcal{L}(\sqrt{n_0}(\hat{\tau}_{\underline{n}} - \tau_0))$. Im linken Bild der Abbildung 7.8 sind $\mathcal{L}_{\underline{n}}^0$ sowie $\check{G}_{\underline{n},B_1}^*(\cdot|\underline{x}_n)$ für die Daten $\underline{x}_n$ aus Tabelle 7.4 mit den Stichprobenumfängen $n_1 = 50$, $n_2 = 100$ und $n_3 = 70$ dargestellt. Zur Ermittlung von $\check{G}_{\underline{n},B_1}^*(\cdot|\underline{x}_n)$ wurden hierbei $B_1 = 1000$ Bootstrapstichproben simuliert. Die beiden Kurven unterscheiden sich etwas voneinander. Das ist auf den relativ kleinen Umfang der Ausgangsstichprobe zurückzuführen. Im rechten Bild der Abbildung 7.8 sind wieder die beiden Verteilungsgesetze $\check{G}_{\underline{n}',B_1}^*(\cdot|\underline{x}_{n'})$ und $\mathcal{L}_{\underline{n}'}^0$ dargestellt, wobei diesmal jedoch die Ausgangsstichprobe $\underline{x}_{n'}$ den größeren Umfang $n_1' = 75$, $n_2' = 150$, $n_3' = 100$ besitzt. In diesem Fall erhält man eine gute Übereinstimmung von $\check{G}_{\underline{n}',B_1}^*(\cdot|\underline{x}_{n'})$ und $\mathcal{L}_{\underline{n}'}^0$.
Eine Vorstellung darüber, ob der Umfang der Ausgangsstichprobe $\underline{x}_n$ ausreichend ist, kann man sich verschaffen, indem man die beiden Verteilungsgesetze $\check{G}_{\underline{n},B_1}^*$ und $\check{G}_{\underline{n}'',B_1}^*$ miteinander vergleicht, wobei $\check{G}_{\underline{n}'',B_1}^*$ mit einer Untermenge $\underline{x}_{n''}'' \subset \underline{x}_n$, $n_i'' \approx 2n/3$ berechnet wurde. Ist die Differenz zwischen $\check{G}_{\underline{n},B_1}^*$ und $\check{G}_{\underline{n}'',B_1}^*$ nicht sehr groß, so ist der Stichprobenumfang $\underline{n}$ ausreichend. Die genauere Bestimmung der Größe des Stichprobenumfanges ist kompliziert und erfordert weitere Untersuchungen. $\Diamond$

Der exakte mathematische Beweis der starken Konsistenz von Bootstrap- und Reamplingmethoden erfordert die Anwendung relativ komplizierter mathematischer Sätze und wird daher in diesem Buch ausgespart. Der interessierte Leser findet die für den Beweis der starken Konsistenz nötigen Methoden in den Arbeiten von BICKEL, FREEDMAN [21] oder BELYAEV [15]. Verschiedene Darstellun-

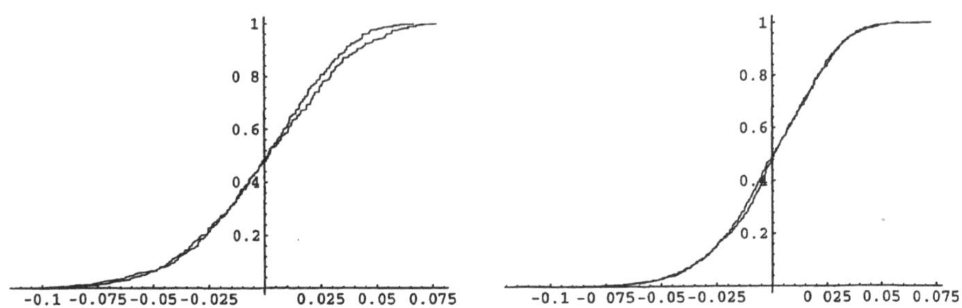

Abbildung 7.8: Die Verteilungsfunktionen der normierten Abweichungen $\check{G}^*_{\underline{n},B_1}(\cdot|\underline{x}_{\underline{n}})$ und $\check{G}^*_{\underline{n}',B_1}(\cdot|\underline{x}_{\underline{n}'})$

gen von Resamplingmethoden findet man in den Büchern von BERAN, DUCH-ARME [19], HALL [35], EFRON, TIBSHIRANI [27] oder HJORT [37]. Der Leser findet in der Literatur auch verschiedene Anwendungen von Resamplingmethoden auf eine effizientere Berechnung von Standardabweichungen und Verzerrungen von Punktschätzungen oder auf die Konvergenzbeschleunigung der Schätzung gegen die unbekannte Verteilung bei wachsendem Stichprobenumfang.

7.6 Übungen

Übung 7.1 Die Zufallsgröße K unterliege einer Binomalverteilung mit
$P(K = k) = \binom{n}{k}p^k(1-p)^{n-k}, k = 0, \cdots, n.$
Man zeige, daß

$$\hat{p^a} = \frac{k^{[a]}}{n^{[a]}}$$

mit $a \in (1, 2, \cdots, n), z^{[a]} = z(z-1)\cdots(z-a+1)$ eine erwartungstreue Schätzung für p^a ist.

Übung 7.2 Die Lebensdauer eines Bauteiles unterliegt einer Exponentialverteilung mit dem Parameter $\lambda : \overline{F}_X(t) = \exp(-\lambda t)$. Es werden n unabhängige Elemente in Betrieb genommen und bis zur Zeit T nach dem Stichprobenplan $[n, E, T]$ beobachtet. Bestimmen Sie auf der Grundlage der asymptotischen Normalverteilung der Maximum–Likelihood–Schätzung ein Konfidenzintervall für den Parameter λ. Vergleichen Sie dieses Konfidenzintervall mit dem exakten Konfidenzintervall.

Hinweis: Ein exaktes Konfidenzintervall erhält man, wenn man berücksichtigt, daß die Anzahl der Ausfälle $\sum_{i=1}^{n} N_i(T)$ einer Poissonverteilung mit dem Parameter $\lambda \cdot n \cdot T$ unterliegt.

Übung 7.3 Die Lebensdauer eines Bauteiles unterliegt einer Exponentialverteilung mit dem Parameter $\lambda : \overline{F}_X(t) = \exp(-\lambda t)$. Es werden n unabhängige Elemente in Betrieb genommen und bis zur Zeit T nach dem Stichprobenplan $[n, E, T]$ beobachtet. Bestimmen Sie auf der Grundlage des Likelihoodquotienten und des mit Bartlettfaktor korrigierten Likelihoodquotienten Konfidenzintervalle für den Parameter λ. Vergleichen Sie diese Konfidenzintervalle mit dem exakten Konfidenzintervall.
Hinweis: Ein exaktes Konfidenzintervall erhält man, wenn man berücksichtigt, daß die Anzahl der Ausfälle $\sum_{i=1}^{n} N_i(T)$ einer Poissonverteilung mit dem Parameter $\lambda \cdot n \cdot T$ unterliegt.

Übung 7.4 Man zeige die Gültigkeit der Gleichung (7.70).

Übung 7.5 Man zeige, daß die in Gleichung (7.63) definierten Prozesse $M_j(s)$ unkorrelierte Zuwächse besitzen.
Hinweis: Verwenden Sie die Darstellung (7.73) und berechnen Sie die entsprechenden bedingten Erwartungswerte wie im Beweis von Lemma 7.2!

Übung 7.6 Zwei Bootstrapstichproben des Umfanges n

$$\underline{x}_n^{*'} = (s_1^{*'}, \ldots, s_n^{*'}), \quad \underline{x}_n^{*''} = (s_1^{*''}, \ldots, s_n^{*''}),$$

die mit der Ausgangsstichprobe $\underline{x}_n = (s_1, \ldots, s_n)$, $s_i \neq s_j$, $i \neq j$ erzeugt wurden, heißen *ähnlich*, wenn es durch Änderung der Reihenfolge der $s_i^{*''}$ in $\underline{x}_n^{*''}$ möglich ist, $\underline{x}_n^{*''}$ in $\underline{x}_n^{*'}$ zu transformieren. Anderenfalls heißen die beiden Bootstrapstichproben $\underline{x}_n^{*'}$ und $\underline{x}_n^{*''}$ *nicht ähnlich*. Man zeige, daß die Anzahl der nichtähnlichen Bootstrapstichproben vom Umfang n $\binom{2n-1}{n-1} := \frac{(2n-1)!}{n!(n-1)!}$ ist.

Übung 7.7 Sei $\underline{x}_n = (s_1, \ldots, s_n)$ $s_i \neq s_j$, $i \neq j$ eine Ausgangsstichprobe und $\underline{x}_n^* = (s_1^*, \ldots, s_n^*)$ eine Bootstrapstichprobe von $\underline{x}_n$. Die Häufigkeit n_i des Auftretens ein und desselben Elementes sei $n_i = \sum_{j=1}^{n} 1(s_j^* = s_i)$, $i = 1, \ldots, k$. Man zeige, daß die Wahrscheinlichkeit einer weiteren Bootstrapstichprobe mit den gleichen Häufigkeiten $n_1, \ldots, n_n$ gleich

$$\frac{n!}{n_1! \ldots n_n!} \frac{1}{n^n}$$

ist.

Übung 7.8 Sei $\underline{x}_1^*$, ..., $\underline{x}_B^*$ eine Folge von Bootstrapstichproben der Ausgangsstichprobe $\underline{x}_n = (s_1, ..., s_n)$, $s_i \neq s_j$, $i \neq j$. Man zeige, daß die Wahrscheinlichkeit Q_n dafür, daß sich in dieser Folge ein Paar ähnlicher Stichproben befindet, nicht kleiner als $1 - \frac{B(B+1)n!}{n^n}$ ist.

Übung 7.9 Sei $S_{(1,n)}^* = \min(S_1, ..., S_n^*)$, wobei die S_i^* zufällige Größen sind, die durch Ziehen mit Zurücklegen aus $(S_1, ..., S_n)$, $S_i \neq S_j$, $i \neq j$ erhalten wurden. Sei P* die Wahrscheinlichkeit, diese Stichprobe zu ziehen. Man zeige, daß

$$\mathrm{P}^*(S_{(1,n)}^* = S_{(k,n)} \mid S_1, ..., S_n) = \left(\frac{n-k+1}{n}\right)^n - \left(\frac{n-k}{n}\right)^n.$$

Übung 7.10 Gegeben seien die beobachteten Werte $s_1, ..., s_n$ von n unabhängigen und identisch verteilten zufälligen Lebensdauern $S_1, ..., S_n$. Mit $S_1^*, ..., S_n^*$ bezeichnen wir die zufälligen Werte, die durch n-malige unabhängige Auswahl aus $\{s_1, ..., s_n\}$ mit $\mathrm{P}^*(S_j^* = s_k) = 1/n$, $j, k = 1, ..., n$ gewonnen werden. Bestimmen Sie die bedingte charakteristische Funktion $f_n^*(t)$ gegeben $s_1, ..., s_n$ der Zufallsgröße

$$\frac{1}{\sqrt{n}} \sum_{j=1}^{n}(S_j^* - \overline{s}_{\cdot n}) \quad \text{mit} \quad \overline{s}_{\cdot n} = \frac{1}{n}\sum_{j=1}^{n} s_j.$$

Übung 7.11 Zeigen Sie, daß die Statistik (7.110) eine erwartungstreue Schätzung für die Zuverlässigkeit $R(t_0)$ des Systems in Abbildung 7.7 ist.
Hinweis: Seien S_1, ..., S_n unabhängige und identisch verteilte Zufallsgrößen mit der Verteilungsfunktion $F(\cdot)$. Zeigen Sie, daß dann

$$\frac{\left(\sum_{j=1}^{n} \mathrm{I}(s_j > t)\right)\left(\sum_{j=1}^{n} \mathrm{I}(s_j > t) - 1\right)}{n(n-1)}$$

eine erwartungstreue Schätzung für $(\overline{F}(t))^2$ ist.

Lösungen der Übungsaufgaben

Aufgabe 1.1. Sei: X die zufällige Anzahl der Systeme, die mehr als ein ausgefallenes Element enthalten. Wegen der Unabhängigkeit der Systeme unterliegt X einer Binomialverteilung mit den Parametern n (Anzahl der Systeme) und p (Wahrscheinlichkeit, daß das j-te System mehr als ein ausgefallenes Element enthält).

Für p erhält man:

$$p = 1 - \prod_{i=1}^{m} p_i - \sum_{i=1}^{m} \left(\prod_{k=1,\,k\neq i}^{m} p_k \right) (1 - p_i) = 1 + (m-1) \prod_{i=1}^{m} p_i - \sum_{i=1}^{m} \prod_{k=1,\,k\neq i}^{m} p_k\,.$$

Der Erwartungswert von X ist dann np.

Aufgabe 1.2.

$$
\begin{aligned}
\mathrm{Var}(\hat{p}_{us}) &= \mathrm{Var}\left(\frac{1}{n} \sum_{j=1}^{n} \Psi_j \right) = \frac{1}{n^2} \sum_{j=1}^{n} \mathrm{Var}(\Psi_j) = \frac{1}{n}\mathrm{Var}(\Psi_1) \\
&= \frac{1}{n}(\mathrm{E}\Psi_1^2 - (\mathrm{E}\Psi_1)^2) = \frac{1}{n}(p_s - p_s^2)\,.
\end{aligned}
$$

$$
\begin{aligned}
\mathrm{Var}(\hat{p}_{vs}) &= \mathrm{E}(\hat{p}_{vs}^2) - p_s \\
&= \mathrm{E}\left(\prod_{i=1}^{m} \frac{1}{n^2} \left(\sum_{j=1}^{n} z_{ij} \right)^2 \right) - p_s^2 \\
&= \prod_{i=1}^{m} \frac{1}{n^2} \mathrm{E}\left(\sum_{j=1}^{n} z_{ij}^2 + \sum_{j=1}^{n} \sum_{k=1,\,k\neq j}^{n} z_{ij} z_{ik} \right) - p_s^2 \\
&= \prod_{i=1}^{m} \frac{1}{n^2}(np_i + n(n-1)p_i^2) - p_s^2 = \prod_{i=1}^{m} \left(\frac{p_i - p_i^2}{n} + p_i^2 \right) - p_s^2\,.
\end{aligned}
$$

Das Produkt läßt sich in folgender Form darstellen:

$$\prod_{i=1}^{m} \left(\frac{p_i - p_i^2}{n} + p_i^2 \right) = \left(\prod_{i=1}^{m} p_i \right)^2 \prod_{i=1}^{m} \left(1 + \frac{1}{n}\frac{1-p_i}{p_i} \right)$$

$$= p_s^2 \left(1 + \frac{1}{n} \sum_{i=1}^{m} \frac{1-p_i}{p_i} + \frac{1}{n^2} c(p_1, ..., p_m) \right),$$

$$c(p_1, ..., p_m) = \sum_{i_1=1}^{m} \sum_{i_2=1}^{m} \frac{1-p_{i_1}}{p_{i_1}} \frac{1-p_{i_2}}{p_{i_2}} \prod_{i \neq i_1, i_2} \left(1 + \frac{1}{n} \frac{1-p_i}{p_i} \right) \leq m^2 a_m^2 (1 + a_m)^{m-2},$$

wobei $a_m = \max_{1 \leq i \leq m} \frac{1-p_i}{p_i}$.

Damit erhält man

$$\mathrm{Var}(\hat{p}_{vs}) = \frac{1}{n} p_s^2 \sum_{i=1}^{m} \frac{1-p_i}{p_i} + \frac{1}{n^2} p_s^2 c(p_1, ..., p_m),$$

Für $\lim_{n \to \infty} \frac{\mathrm{Var}(\hat{p}_{vs})}{\mathrm{Var}(\hat{p}_{us})}$ ist das bestimmende Glied:

$$\lim_{n \to \infty} \frac{\mathrm{Var}(\hat{p}_{vs})}{\mathrm{Var}(\hat{p}_{us})} = \frac{p_s}{1-p_s} \sum_{i=1}^{m} \frac{1-p_i}{p_i}.$$

Aufgabe 1.3.

$$\mathrm{P}(s_1 \leq t) = 1 - \exp(-\lambda t) = \int_0^t \lambda \exp(-\lambda u) du.$$

Damit ist die angegebene Formel für $k = 1$ richtig. Die Gültigkeit für beliebige k folgt nach Induktion:

$$\begin{aligned}
\mathrm{P}(s_1 + \cdots + s_k \leq t) &= \int_0^t \mathrm{P}(s_k \leq t - u) d\mathrm{P}_{s_1 + \cdots + s_{k-1}}(u) \\
&= \int_0^t \left(\int_0^{t-u} \lambda e^{-\lambda s} ds \right) \frac{\lambda^{k-1} u^{k-2}}{(k-2)!} e^{-\lambda u} du \\
&= \int_0^t \left(\int_u^t \lambda e^{-\lambda(s-u)} ds \right) \frac{\lambda^{k-1} u^{k-2}}{(k-2)!} e^{-\lambda u} du \\
&= \int_0^t \left(\int_0^s \lambda e^{-\lambda(s-u)} \frac{\lambda^{k-1} u^{k-2}}{(k-2)!} e^{-\lambda u} du \right) ds \\
&= \int_0^t \lambda^k e^{-\lambda s} \left(\int_0^s \frac{u^{k-2}}{(k-2)!} du \right) ds \\
&= \int_0^t \lambda^k \frac{s^{k-1}}{(k-1)!} e^{-\lambda s} ds.
\end{aligned}$$

Aufgabe 1.4. Zunächst berechnen wir die Verteilung von W_i^2, $i = 1, 2$:

$$\begin{aligned}
\mathrm{P}(W_i^2 \leq t) &= \mathrm{P}(-\sqrt{t} \leq W_i \leq +\sqrt{t}) = \Phi(\sqrt{t}) - \Phi(-\sqrt{t}) \\
&= 2 \int_0^{\sqrt{t}} \frac{1}{\sqrt{2\pi}} e^{-u^2/2} du.
\end{aligned}$$

Für die Summe folgt nun:

$$
\begin{aligned}
\mathrm{P}(W_1^2 + W_2^2 \le t) &= \int_0^t \left(2 \int_0^{\sqrt{t-u}} \frac{1}{\sqrt{2\pi}} e^{-s^2/2} ds \right) \frac{1}{\sqrt{2\pi}\sqrt{u}} e^{-u/2} du \\
&= \frac{1}{\pi} \int_0^t \left(\int_0^{\sqrt{t-u}} e^{-s^2/2} ds \right) \frac{1}{\sqrt{u}} e^{-u/2} du \\
&= \frac{1}{\pi} \int_0^t \left(\int_u^t \frac{1}{\sqrt{s-u}} e^{-(s-u)/2} ds \right) \frac{1}{\sqrt{u}} e^{-u/2} du \\
&= \frac{1}{\pi} \int_0^t \int_0^s e^{-s/2} \frac{1}{\sqrt{s-u}} \frac{1}{\sqrt{u}} du\, ds \\
&= \frac{1}{\pi} \int_0^t e^{-s/2} \left(\int_0^1 \frac{1}{\sqrt{1-u}} \frac{1}{\sqrt{u}} du \right) ds \\
&= \frac{1}{\pi} \int_0^t e^{-s^2/2} \beta\left(\frac{1}{2}, \frac{1}{2} \right) ds = 1 - e^{-t/2}.
\end{aligned}
$$

Zweite Variante: Zwei unabhängige normalverteilt Zufallsgrößen W_1, W_2 mit $\mathrm{E}W_1 = \mathrm{E}W_2 = 0$, $\mathrm{E}W_1^2 = \mathrm{E}W_2^2 = 1$ besitzen die gemeinsame Dichte

$$
p(x_1, x_2) = \frac{1}{2\pi} e^{-(x_1^2 + x_2^2)/2}
$$

und daher gilt

$$
\mathrm{P}(W_1^2 + W_2^2 \le t) = \iint\limits_{x_1^2 + x_2^2 \le t} \frac{1}{2\pi} e^{-(x_1^2 + x_2^2)/2} dx_1 dx_2.
$$

Wir führen nun Polarkoordinaten r, ψ ein:

$$
x_1 = r\cos\psi, \quad x_2 = r\sin\psi, \qquad dx_1 dx_2 = r\, dr\, d\psi.
$$

Dann erhalten wir

$$
\begin{aligned}
\mathrm{P}(W_1^2 + W_2^2 \le t) &= \int\!\!\!\int\limits_{0 \le r^2 \le t,\, 0 \le \psi \le 2\pi} \frac{1}{2\pi} e^{-r^2/2} r\, dr\, d\psi \\
&= \int\limits_{0 \le r^2 \le t} e^{-r^2/2} r\, dr = 1 - e^{-t/2}.
\end{aligned}
$$

Aufgabe 2.1. Sei S die zufällige Lebensdauer des Systems. Diese Lebensdauer ist die Summe der Lebensdauern der beiden Elemente. Damit gilt: Die Verteilung von S gehört zur IFR-Familie (Satz 2.6) und S besitzt den Erwartungswert

$m_F = 10000h \approx 1.14$ Jahre. Wir wenden nun die Ungleichung (ii) aus Satz 2.4 an. Dazu ist zunächst die Lösung der Gleichung

$$1 - w \cdot 1.14 = e^{-w \cdot 1.5}$$

zu bestimmen. Nach dem Newton-Verfalten findet man $w = 0.384$. Nun erhält man die Abschätzung

$$\overline{F}(1,5) \le \exp(-0.384 \cdot 1.5) = 0.562\,.$$

Aufgabe 2.2. Für die Überlebensfunktion $\overline{F}(s)$ des Netzes gilt

$$\begin{aligned}
\overline{F}(s) &= \overline{F}_{AB}(s)\overline{F}_{AC}(s)\overline{F}_{BC}(s) + F_{AB}(s)\overline{F}_{AC}(s)\overline{F}_{BC}(s) \\
&+ \overline{F}_{AB}(s)F_{AC}(s)\overline{F}_{BC}(s) + \overline{F}_{AB}(s)\overline{F}_{AC}(s)F_{BC}(s)\,.
\end{aligned}$$

a) Wenn $\overline{F}_{AB}(s) = \overline{F}_{AC}(s) = \overline{F}_{BC}(s) = e^{-s}$ gilt, erhält man:

$$\begin{aligned}
\overline{F}(s) &= e^{-3s} + 3(1 - e^{-s})e^{-2s} = e^{-2s}(3 - 2e^{-s})\,, \\
f(s) &= 6e^{-2s}(1 - e^{-s})\,, \\
h(s) &= \frac{f(s)}{\overline{F}(s)} = \frac{6 - 6e^{-s}}{3 - 2e^{-s}} = 2 - \frac{2}{3e^s - 2}\uparrow\,.
\end{aligned}$$

Damit gehört $F(\cdot)$ das Netzes zur IFR-Familie.
b) Sei diesmal $\lambda = 2$. Dann gilt

$$\begin{aligned}
\overline{F}(s) &= e^{-5s} + e^{-6s} + e^{-7s} - 2e^{-9s}\,, \\
f(s) &= 5e^{-5s} + 6e^{-6s} + 7e^{-7s} - 18e^{-9s}\,, \\
h(s) &= \frac{5 + 6e^{-s} + 7e^{-2s} - 18e^{-4s}}{1 + e^{-s} + e^{-2s} - 2e^{-4s}}\,.
\end{aligned}$$

Bezeichnen wie mit $x = e^{-s}$, so nimmt x Werte zwischen 0 und 1 an. Die Ausfallrate ist dann:

$$h(x) = \frac{5 + 6x + 7x^2 - 18x^4}{1 + x + x^2 - 2x^4}$$

und für ihre Ableitung erhält man

$$h'(x) = \frac{1 + 4x + x^2 - 32x^3 - 18x^4 - 8x^5}{(1 + x + x^2 - 2x^4)^2}\,.$$

Für Werte von x nahe bei 1 (d.h. für kleine s) ist $h'(x) < 0$ und damit $h'(s) > 0$. Wenn dagegen x nahe bei 0 liegt (d.h. s groß wird), so ist $h'(x) > 0$ und damit $h'(s) < 0$. Damit gehört $F(\cdot)$ das Netzes nicht zur IFR-Familie.

Aufgabe 2.3. Eine Verteilung gehört zur IFRA-Familie, wenn $(\overline{F}(s))^{1/s} \downarrow$.
Berechnet man $(\overline{F}(s))^{1/s} = \exp\left(-\frac{1}{s}\int_0^s h(t)dt\right)$, so erhält man:

$$(\overline{F}(s))^{1/s} = \begin{cases} 1, & s < 0.5, \\ e^{-2+1/s}, & 0.5 \leq s < 1, \\ e^{-1}, & s \geq 1. \end{cases}$$

Diese Funktion ist monoton nichtwachsend in s.
Aufgabe 2.4. (i) Analog zu Übung 2.4 erhält man:

$$\overline{F}(s) = 1 - (1 - e^{-\lambda s})(1 - e^{\lambda s}) = 2e^{-\lambda s} - e^{-2\lambda s} .$$

$$h(s) = \frac{f(s)}{\overline{F}(s)} = \frac{2\lambda e^{-\lambda s} - 2\lambda e^{-2\lambda s}}{2e^{-\lambda s} - e^{-2\lambda s}} = \lambda - \frac{\lambda}{2e^{\lambda s} - 1}.$$

Diese Funktion ist wachsend in s.
(ii) In diesem Fall erhält man

$$\overline{F}(s) = 1 - (1 - e^{-\lambda s})(1 - e^{-2\lambda s}) .$$

Hieraus ist sofort ersichtlich, daß $(\overline{F}(s))^{1/s}$ monoton nichtwachsend in s ist, also
$F \in \mathcal{F}_{IFRA}$. Die Untersuchung, ob F zur IFR-Familie gehört, erfolgt wieder
analog zu Übung 2.2:

$$h(s) = \frac{e^{-s} + 2e^{-2s} - 3e^{-3s}}{e^{-s} + e^{-2s} - e^{-3s}} = \frac{1 + 2e^{-s} - 3e^{-2s}}{1 + e^{-s} - e^{-2s}},$$

$$h'(s) = \frac{-e^{-s} + 4e^{-2s} + e^{-3s}}{(1 + e^{-s} - e^{-2s})^2} = \frac{e^{-s}a(s)}{(1 + e^{-s} - e^{-2s})^2},$$

mit $a(s) = e^{-2s} + 4e^{-s} - 1$.
Der erste Term ist immer größer als Null, also wird das Verhalten der Ausfallrate
durch $a(s)$ bestimmt.
Für kleine s (z. B. so, daß $e^{-s} = 0.9$) erhält man $a(s) = 0.81 + 3.6 - 1 = 2.41$
und damit eine wachsende Ausfallrate $h(s)$; für große s (z. B. so, daß $e^{-s} = 0.1$)
erhält man $a(s) = 0.01 + 0.4 - 1 = -0.59$ und damit eine fallende Ausfallrate.
Aufgabe 2.5. Berechnet man für die angegebene Ausfallrate den Term
$(\overline{F}(s))^{1/s} = \exp\left(-\frac{1}{s}\int_0^s h(t)dt\right)$, dann erhält man

$$(\overline{F}(s))^{1/s} = \begin{cases} 1, & s < 1, \\ e^{-1+1/s}, & 1 \leq s < 1.5, \\ e^{-1/(2s)}, & 1.5 \leq s < 2, \\ e^{-2+3/(2s)}, & s \geq 2. \end{cases}$$

Diese Funktion ist im Intervall $1 \leq s < 1.5$ wachsend in s und im Intervall $1.5 \leq s < 2$ fallend in s. Somit gilt $F \notin \mathcal{F}_{IFRA}$.

Um sich davon zu überzeugen, daß $F \in \mathcal{F}_{NBU}$, betrachtet man am besten die Funktion $H(s)$:

$$H(s) = \begin{cases} 0, & s < 1, \\ s - 1, & 1 \leq s < 1.5, \\ 1/2, & 1.5 \leq s < 2, \\ 1/2 + 2(s - 2), & s \geq 2. \end{cases}$$

Diese Funktion ist entweder konstant oder monoton wachsend. Für beliebige $s, t > 0$ gilt $H(t+s) - H(t) \geq H(s)$. Dann erhält man $-H(t+s) \leq -H(t) - H(s)$, $\exp(-H(t+s)) \leq \exp(-H(t)) - \exp(-H(s))$, $\overline{F}(t+s) \leq \overline{F}(t)\overline{F}(s)$.

Aufgabe 2.6. Wir betrachten $h(s) = \frac{\varphi}{\overline{\Phi}(s)}$. Es ist zu zeigen, daß dieser Ausdruck wächst für wachsende t. Betrachten wir die Ableitung

$$h'(s) = \frac{\varphi'(s)\overline{\Phi}(s) + \varphi^2(s)}{(\overline{\Phi}(s))^2},$$

so bleibt zu zeigen, daß $\varphi'(s)\overline{\Phi}(s) + \varphi^2(s) > 0$. Ohne Beschränkung der Allgemeinheit kann eine standardisierte Normalverteilung betrachtet werden. Dann ist:

$$\varphi'(s) = \frac{1}{\sqrt{2\pi}}e^{-s^2/2}(-s)$$

und es bleibt zu zeigen, daß

$$\int_s^\infty e^{-u^2/2} du < \frac{1}{s}e^{-s^2/2}.$$

Diese Beziehung gilt, da

$$\int_s^\infty e^{-u^2/2} du = \frac{1}{s}s \int_s^\infty e^{-u^2/2} \leq \frac{1}{s}\int_s^\infty u e^{-u^2/2} du < \frac{1}{s}e^{-s^2/2}.$$

(Man vergleiche diese Lösung auch mit dem Nachweis in Barlow/Proshan).

Aufgabe 2.7. 1. $\mu + \frac{\sigma z}{2\sqrt{t}} > 0$ gilt immer für $z > 0$.

2. Wenn $t > \frac{\sigma^2 z^2}{4\mu^2}$, so gilt $\mu > \frac{\sigma |z|}{2\sqrt{t}}$ und damit gilt die obige Beziehung auch für $z < 0$ bei genügend großem t.

Aufgabe 2.8. Die Verteilungsfunktion einer Birnbaum - Saunders - Verteilung ist

$$F(s) = \overline{\Phi}\left(\frac{h - \mu s}{\sigma\sqrt{s}}\right).$$

Hieraus erhält man

$$f(s) = \frac{\mu s + h}{2\sigma s^{3/2}} \varphi\left(\frac{h - \mu s}{\sigma\sqrt{s}}\right).$$

Damit

$$h(s) = \frac{\varphi\left(\frac{h-\mu s}{\sigma\sqrt{s}}\right)}{\overline{\Phi}\left(\frac{h-\mu s}{\sigma\sqrt{s}}\right)}\left(\frac{\mu s + h}{2\sigma s^{3/2}}\right).$$

Der erste Term stellt die Ausfallrate der Normalverteilung dar, die für wachsende Argumente wächst. Da $\frac{h-\mu s}{\sigma\sqrt{s}}$ für wachsende s fällt, ist dieser Term also fallend in s, ebenso wie der zweite Term. Somit besitzt die Birnbaum-Saunders-Verteilung eine fallende Ausfallrate (DFR-Verteilung).

Aufgabe 2.9.

$$
\begin{aligned}
\mathrm{E}S^k &= \int_{t_0}^{\infty} s^k \lambda e^{-\lambda(s-t_0)} ds = \int_0^{\infty} \left(\frac{u}{\lambda} + t_0\right)^k e^{-u} du \\
&= \sum_{i=0}^{k} \binom{k}{i} t_0^{k-i} \frac{1}{\lambda^i} \int_0^{\infty} u^i e^{-u} du = \sum_{i=0}^{k} \binom{k}{i} t_0^{k-i} \frac{1}{\lambda^i} \, i!\,.
\end{aligned}
$$

Für die ersten 4 Momente erhält man

$$
\begin{aligned}
\mathrm{E}S &= t_0 + \frac{1}{\lambda}, \\
\mathrm{E}S^2 &= t_0^2 + 2t_0\frac{1}{\lambda} + 2\frac{1}{\lambda^2}, \\
\mathrm{E}S^3 &= t_0^3 + 3t_0^2\frac{1}{\lambda} + 6t_0\frac{1}{\lambda^2} + 6\frac{1}{\lambda^3}, \\
\mathrm{E}S^4 &= t_0^4 + 4t_0^3\frac{1}{\lambda} + 12t_0^2\frac{1}{\lambda^2} + 24t_0\frac{1}{\lambda^3} + 24\frac{1}{\lambda^4}.
\end{aligned}
$$

Hieraus ergibt sich

$$
\begin{aligned}
\mathrm{Var}\,S &= \mathrm{E}S^2 - (\mathrm{E}S)^2 = \frac{1}{\lambda^2}, \\
\text{für } \lambda_k &= \mathrm{E}\left(\frac{S - \mathrm{E}S}{\sqrt{\mathrm{Var}S}}\right)^k, \quad k = 3, 4, \\
\lambda_3 &= \frac{1}{\lambda^3}(\mathrm{E}S^3 - 3\mathrm{E}S^2\mathrm{E}S + 2(\mathrm{E}S)^2) = 2, \\
\lambda_4 - 3 &= \frac{1}{\lambda^4}(\mathrm{E}S^4 - 4\mathrm{E}S^3\mathrm{E}S + 6\mathrm{E}S^2(\mathrm{E}S)^2 - 3(\mathrm{E}S)^2 - 3(\mathrm{E}S)^4) - 3 \\
&= 9 - 3 = 6\,.
\end{aligned}
$$

Aufgabe 2.10.

$$\overline{F}(s) = \left(\frac{\alpha}{\alpha + (s-\mu)^+}\right)^\beta,$$

$$f(s) = \left(\frac{\alpha}{\alpha + (s-\mu)^+}\right)^\beta \frac{\beta I(s \geq \mu)}{\alpha + s - \mu},$$

$$h(s) = \frac{\beta}{\alpha + s - \mu} I(s \geq \mu).$$

Damit gehören Verteilungen vom Pareto-Typ zur Familie von Verteilungen mit fallender Ausfallrate (DFR-Verteilungen).

Die Momente dieser Verteilung existieren jeweils bis zur Ordnung $k < \beta$, da

$$m_{F,k} = k \int_0^\infty s^{k-1} \overline{F}(s) ds = k \int_\mu^\infty \frac{s^{k-1} \alpha^\beta}{(\alpha - \mu + s)^\beta} ds$$

genau dann konvergiert, wenn $\beta > k$. (Vergleiche auch Formel 1.7).
Somit existieren: ES bei $\beta > 1$, $\mathrm{Var}\, S$ bei $\beta > 2$ usw.

Aufgabe 2.11. 1. Normalverteilung

$$\alpha_3 = \int_{-\infty}^\infty \left(\frac{s-\mu}{\sigma}\right)^3 \frac{1}{\sqrt{2\pi\sigma^2}} e^{-\frac{1}{2}\left(\frac{s-\mu}{\sigma}\right)^2} ds = \int_{-\infty}^\infty u^3 \frac{1}{\sqrt{2\pi}} e^{-\frac{u^2}{2}} du = 0,$$

da es sich um eine ungerade Funktion handelt.

$$\begin{aligned}
\alpha_4 &= \int_{-\infty}^\infty u^4 \frac{1}{\sqrt{2\pi}} e^{-\frac{u^2}{2}} du = \frac{1}{\sqrt{2\pi}} - u^3 e^{-\frac{u^2}{2}} \Big|_{-\infty}^\infty + 3 \int_{-\infty}^\infty \frac{1}{\sqrt{2\pi}} u^2 e^{-\frac{u^2}{2}} du \\
&= 3 \int_{-\infty}^\infty \frac{1}{\sqrt{2\pi}} u^2 e^{-\frac{u^2}{2}} du = 3.
\end{aligned}$$

Somit ist $\alpha_4 - 3 = 0$ für normalverteilte Zufallsgrößen.

2. Weibullverteilung
Wir berechnen zunächst die Momente der Weibullverteilung.

$$ES^k = \int_0^\infty s^k \left(\frac{s}{\alpha}\right)^{\beta-1} \frac{\beta}{\alpha} \exp\left(-\left(\frac{s}{\alpha}\right)^\beta\right) ds = \int_0^\infty \alpha^k u^{k/\beta} e^{-u} du$$

$$= \alpha^k \Gamma\left(1 + \frac{k}{\beta}\right).$$

Hieraus erhalten wir

$$ES = \alpha \Gamma\left(1 + \frac{1}{\beta}\right),$$

$$
\operatorname{Var} S = \mathrm{E}S^2 - (\mathrm{E}S)^2 = \alpha^2 \left(\Gamma\left(1 + \frac{2}{\beta}\right) - \Gamma^2\left(1 + \frac{1}{\beta}\right) \right),
$$

$$
\alpha_3 = \frac{1}{\sqrt{(\operatorname{Var} S)^3}} \mathrm{E}(S^3 - 3S^2\mathrm{E}S + 3S(\mathrm{E}S)^2 - (\mathrm{E}S)^3)
$$

$$
= \frac{\alpha^3}{\sqrt{(\operatorname{Var} S)^3}} \left(\Gamma\left(1 + \frac{3}{\beta}\right) - 3\Gamma\left(1 + \frac{2}{\beta}\right)\Gamma\left(1 + \frac{1}{\beta}\right) + 2\Gamma^3\left(1 + \frac{1}{\beta}\right) \right)
$$

$$
= \frac{\Gamma\left(1 + \frac{3}{\beta}\right) - 3\Gamma\left(1 + \frac{2}{\beta}\right)\Gamma\left(1 + \frac{1}{\beta}\right) + 2\Gamma^3\left(1 + \frac{1}{\beta}\right)}{\left(\Gamma\left(1 + \frac{2}{\beta}\right) - \Gamma^2\left(1 + \frac{1}{\beta}\right) \right)^{3/2}},
$$

$$
\alpha_4 - 3 = \frac{1}{(\operatorname{Var} S)^2} \left(\Gamma\left(1 + \frac{4}{\beta}\right) - 4\Gamma\left(1 + \frac{3}{\beta}\right)\Gamma\left(1 + \frac{1}{\beta}\right) \right.
$$

$$
\left. + \ 6\Gamma\left(1 + \frac{2}{\beta}\right)\Gamma^2\left(1 + \frac{1}{\beta}\right) - 3\Gamma^4\left(1 + \frac{1}{\beta}\right) \right) - 3,
$$

und somit $\alpha_3 = 2$ und $\alpha_4 - 3 = 6$ für $\beta = 1$.

Aufgabe 2.12. Von den betrachteten Verteilung gehören

- Normalverteilung

- Exponentialverteilung

- Verteilungen vom Pareto-Typ

- zweiparametrische Weibullverteilungen

zu den Verteilungen mit Lage- und Formparameter, die anderen nicht.

Aufgabe 3.1. Aus Gleichung (3.5) erhält man:

$$
\tilde{F}_0(z) = \tilde{F}(z) = \mathrm{E}e^{-zS_1} = \int_0^\infty e^{-zs}\lambda e^{-\lambda s}ds = \frac{\lambda}{z + \lambda}
$$

und

$$
\tilde{H}_0^E(z) = \frac{\frac{\lambda}{z+\lambda}}{1 - \frac{\lambda}{z+\lambda}} = \frac{\lambda}{z}.
$$

Damit ist die Laplace - Transformierte der Erneuerungsfunktion die Laplace - Transformierte einer linearen Funktion und man erhält $H_0^E(t) = \lambda t$.

Aufgabe 3.2. Wir wählen $Q_1(u) = \mathrm{I}(u \leq s)$ und $Q_2(u) = \mathrm{I}(u \leq 0)$. Dann ist $Q(u) = \mathrm{I}(0 < u \leq s)$ und

$$
\lim_{t \to \infty} \int_0^t Q(t - u)dH_0(u) = \lim_{t \to \infty} \int_t^{t+s} dH_0(u) = \lim_{t \to \infty} (H_0(t + s) - H_0(t)).
$$

Andererseits ist $\int_0^\infty Q(u)du = \int_0^s du = s$ und damit Formel (3.6) bewiesen.

Aufgabe 3.3. Sei $N^E(t)$ die Anzahl der Erneuerungen bis zur Zeit t. Im Abschnitt 3.2 wurde gezeigt, daß bei exponentialabverteilter Zeit zwischen zwei Erneuerungen diese Anzahl einer Poissonverteilung mit dem Parameter λt unterliegt. Somit ist das minimale k so zu bestimmen, daß

$$\sum_{l=0}^{k} \frac{(\lambda t)^l}{l!} e^{-\lambda t} \geq 0.99.$$

Dies ist mit Hilfe von Tabellen der Poissonverteilung möglich. Für $t = 10$ findet man

$$k = 4 \quad \text{für} \quad \lambda = 0.1,$$

$$k = 6 \quad \text{für} \quad \lambda = 0.2,$$

$$k = 11 \quad \text{für} \quad \lambda = 0.5.$$

Aufgabe 3.4. Die Überlebensfunktion des Parallelsystems ist durch $\bar{F}(t) = 2e^{-\lambda t} - e^{-2\lambda t}$ gegeben. Die Laplace - Transformierte $\tilde{F}(z)$ kann nun folgendermaßen berechnet werden:

$$\tilde{F}(z) = \int_0^\infty e^{-zt} d(1 - 2e^{-\lambda t} + e^{-2\lambda t}) = 2\lambda \int_0^\infty (e^{-(z+\lambda)t} - e^{-(z+2\lambda)t})dt$$

$$= 2\lambda \left(\frac{1}{z+\lambda} - \frac{1}{z+2\lambda} \right).$$

In Aufgabe $a)$ ist die Erneuerungsfunktion $H^E(t)$ eines gewöhnlichen Erneuerungsprozesses zu ermitteln. Aus Formel (5.27) erhält man für die Laplace - Transformierte

$$\tilde{H}^E(z) = \frac{2\lambda \left(\frac{1}{z+\lambda} - \frac{1}{z+2\lambda} \right)}{1 - 2\lambda \left(\frac{1}{z+\lambda} - \frac{1}{z+2\lambda} \right)} = \frac{2\lambda^2}{z(z+3\lambda)} = \frac{2\lambda}{3z} - \frac{2\lambda}{3(z+3\lambda)}.$$

Durch Rücktransformation findet man

$$H_0^E(t) = \frac{2}{3}\lambda t - \frac{2}{9}(1 - e^{-3\lambda t}) = \frac{2}{3}\lambda t - \frac{2}{9} + \frac{2}{9}e^{-3\lambda t}.$$

Analog geht man für den Fall $b)$ vor, hier ist jedoch die Folge der Ausfallzeitpunkte ein allgemeiner Erneuerungsprozeß, wobei $F(t)$ die Verteilungsfunktion der zufälligen Zeit zwischen 2 Ausfällen ist. Sie setzt sich zusammen aus einer Ausfallzeit mit der Laplace-Transformierten $2\lambda \left(\frac{1}{z+\lambda} - \frac{1}{z+2\lambda} \right)$ und einer Reparaturzeit mit der Laplace - Transformierten $\frac{\mu}{z+\mu}$. Somit besitzt $F(t)$ die Laplace - Transformierte

$$\tilde{F}(z) = \frac{2\lambda\mu}{z+\mu} \left(\frac{1}{z+\lambda} - \frac{1}{z+2\lambda} \right).$$

Nun erhalten wir aus (5.28)

$$\tilde{H}_0^A(z) \;=\; \frac{2\lambda\left(\frac{1}{z+\lambda}-\frac{1}{z+2\lambda}\right)}{1-\frac{2\lambda\mu}{z+\mu}\left(\frac{1}{z+\lambda}-\frac{1}{z+2\lambda}\right)} = \frac{2\lambda^2(z+\mu)}{z(z^2+(3\lambda+\mu)z+(2\lambda^2+3\lambda\mu)}$$

$$=\; \frac{2\lambda\mu}{2\lambda+3\mu}\frac{1}{z}-\frac{\left(\frac{2\lambda\mu}{\lambda+3\mu}\right)z-2\lambda^2+\frac{2\lambda\mu}{2\lambda+3\mu}(3\lambda+\mu)}{z^2+(3\lambda+\mu)z+(2\lambda^2+3\mu)}.$$

Die Rücktransformation erfordert eine Fallunterscheidung bezüglich der Null-
stellen des Nenners. Ist z. B. $\lambda=\mu$, so erhalten wir

$$\tilde{H}_0^A(z)=\frac{2\lambda^2(z+\lambda)}{z(z^2+4\lambda z+5\lambda^2)}=\frac{2\lambda^2(z+\lambda)}{z((z+2\lambda)^2+\lambda^2)}$$

und für $H_0^A(t)$

$$H_0^A(t)=\frac{2}{5}\lambda t+\frac{6}{25}+\frac{2\sqrt{2}}{5}e^{-2\lambda t}\sin(\lambda t+\alpha)$$

mit $\alpha=-\frac{\pi}{4}-2\arctan\left(-\frac{1}{2}\right)$.

Aufgabe 3.5. In einem homogenen Poissonprozeß ist die Zeit zwischen zwei
Punkten jeweils exponentialverteilt. Das gilt jedoch nicht mehr, wenn wir einen
Zeitpunkt t fixieren und die Zeit seit dem letzten Punkt bzw. bis zum nächsten
Punkt des Prosesses betrachten.

Seien $R(t)=t-T_{\Psi(0,t]}$ und $V(t)=T_{\Psi(0,t]+1}-t$ diese beiden Zeiten (man
nennt sie auch Rückwärtsrekurrenzzeit bzw. Verwärtsrekurrenzzeit). Für ihre
Verteilung erhält man für $k=1,2,\ldots$ und $0\le x\le t$

$$\mathrm{P}(R(t)\le x,\Psi(0,t]=k) \;=\; \int_{t-x}^{t}\mathrm{P}(z<T_k\le z+dz, s_{k+1}>t-z)$$

$$=\; \int_{t-x}^{t}e^{-\lambda(t-z)}\lambda^k\frac{z^{k-1}}{(k-1)!}e^{-\lambda z}dz$$

$$=\; \left(\frac{(\lambda t)^k}{k!}-\frac{(\lambda(t-x))^k}{k!}\right)e^{-\lambda t}.$$

Hierbei wurde benutzt, daß die Zeitpunkte T_k als Summen exponentialverteilter
Zufallsgrößen einer Erlangverteilung unterliegen (siehe Übung 1.3).

Die Verteilung der Rückwartsrekurrenzzeit berechnet sich nun wie folgt:

$$\mathrm{P}(R(t)\le x) \;=\; \sum_{k=1}^{\infty}\mathrm{P}(R(t)\le x,\Psi(0,t]=k)$$

$$=\; e^{-\lambda t}\sum_{k=1}^{\infty}\left(\frac{(\lambda t)^k}{k!}-\frac{(\lambda(t-x))^k}{k!}\right)=1-e^{\lambda x},\quad x<t.$$

Ist $x > t$, so gilt offensichteich $P(R(t) \leq x) = 1$, man erhält also eine Verteilung, die bis t stetig verläuft und im Punkt t einen Sprung auf 1 besitzt.

Analog erhält man für die Vorwärtsrekurrenzzeit ebenfalls eine Exponentialverteilung.

Unsere gesuchte Größe ergibt sich also als Summe zweier Exponentialverteilungen und unterliegt somit einer Erlangverteilung.

Der Erwartungswert berechnet sich aus der Summe der Erwartungswerte von von Vorwärts- und Rückwärtsrekurrenzzeit:

$$E(V(t)) = \frac{1}{\lambda},$$

$$E(R(t)) = \int_0^t u\lambda e^{-\lambda u} du + te^{-\lambda t} = \frac{1 - e^{-\lambda t}}{\lambda},$$

$$E(V(t) + R(t)) = \frac{2 - e^{-\lambda t}}{\lambda}.$$

Aufgabe 3.6.

$$P(\Delta_i = 0) = p, \quad P(\Delta_i = 1) = 1 - p.$$

Damit ist die erzeugende Funktion dieser Zufallsgrößen:

$$G(z) = z^0 p + z(1 - p) = p + z(1 - p).$$

Wegen der Unabhängigkeit der Δ_i erhält man für Δ:

$$G(z) = (p + z(1 - p))^m.$$

(Hierbei handelt es sich um die erzeugende Funktion der Binomialverteilung mit einer Erfolgswahrscheinlichkeit $q = 1 - p$).

Aufgabe 3.7. Sei $(T_n)_{n \geq 1}$ ein Poissonscher Punktprozeß. Bei einer Verdünnung verbleibt jeder Punkt mit einer Wahrscheinlichkeit p im Prozeß.

Wir definieren einen Punktprozeß auf $\mathbf{R}^2$ $((T_n, Y_n))_{n \geq 1}$, wobei $(T_n)_{n \geq 1}$ unser ursprünglicher Prozeß und $(Y_n)_{n \geq 1}$ eine Folge unabhängiger und identisch verteilter Zufallsgrößen mit $P(y_n = 0) = q$ und $P(y_n = 1) = 1 - q = p$ sind.

Nach Satz 3.11 ist $((T_n, Y_n))_{n \geq 1}$ ein Poissonscher Punktprozeß und das Momentmaß dieses Prozesses durch

$$\mu(B) = \int \int_{(u,y) \in B} dH(u) dG(y)$$

gegeben. In unserem speziellen Fall ist $dG(y) = p$ für $y = 1$, $dG(y) = 1 - p$ für $y = 0$ und $dG(y) = 0$ sonst.

Bei der Verdünnung interessieren uns gerade die Werte $y = 1$. Hier für erhalten wir

$$\mu(B) = \int_{u \in B} dH(u) p = H(t) p, \quad u \in [0, t), \quad y = 1,$$

Aufgabe 3.8. Die Lage der Risse unterliegt einer Gleichverteilung auf dem Dreieck mit der Länge L und der Breite B, d.h. $f_{X_i, Y_i}(x, y) = \frac{2}{LB}$ für $0 \le u \le \frac{B}{L} x$ und $0 \le x \le L$. Analog zur Vorgehensweise im Beispiel erhält man sofort $\overline{G}(s) = 1$ für $s \le 0$ und $\overline{G}(s) = 0$ für $s > \frac{B}{v}$. Betrachten wir nun $0 < s \le \frac{B}{v}$:

$$\overline{G}(s) = \mathrm{P}\left(\frac{B}{L} X_i - Y_i > vs, Y_i \le \frac{B}{2L} X_i\right) + \mathrm{P}\left(Y_i > vs, Y_i > \frac{B}{2L} X_i\right).$$

Hierbei bezieht sich der erste Term wieder auf eine Perkolation an der oberen Grenze und der zweite Term auf eine Perkolation an der unteren Grenze. Somit läßt sich die Wahrscheinlichkeit $\overline{G}(s)$ mitkls

$$\begin{aligned}
\overline{G}(s) &= \int_{x=0}^{L} \int_{y=0}^{\frac{B}{L} x} \left(I\left(\frac{B}{L} x - y > vs, y \le \frac{B}{2L} x\right) \right. \\
&\quad + \left. I\left(y > vs, y > \frac{B}{2L} x\right) \right) \frac{B}{2L} dx\, dy
\end{aligned}$$

bestimmen.

Bei der Bestimmung dieser Wahrscheinlichkeit hilft die geometrische Interpretation. Da (X_i, Y_i) auf dem Dreieck mit des Seitenlängen L und B gleichverteilt ist, kann das Verhältnis des Flächeninhalts des interessierenden Ereignisses zum Flächeninhalt des Dreieckes ins Verhältnis gesetzt werden. Hierbei sind 2 Fälle möglich

1) $0 \le s < \frac{B}{2v}$.

Liegt der zufällige Punkt (X_i, Y_i) in der schraffierten Fläche, so erfolgt kein Ausfall bis zur Zeit s. Die Wahrscheinlichkeit hierfür ist

$$\overline{G}(s) = \frac{2}{BL}\left(\frac{BL}{2} - vs \frac{vsL}{B}\right) = 1 - 2 \frac{v^2 s^2}{B^2}.$$

2) $\frac{B}{2v} \le s < \frac{B}{v} x$.

Auch hier sind alle Punkte, die zu keinem Ausfall bis zur Zeit s führen, in den schraffierten Flächen enthalten:

$$\overline{G}(s) = \frac{2}{LB}(B - vs)\left(L - \frac{vsL}{B}\right) = 2\left(1 - \frac{vs}{B}\right)^2.$$

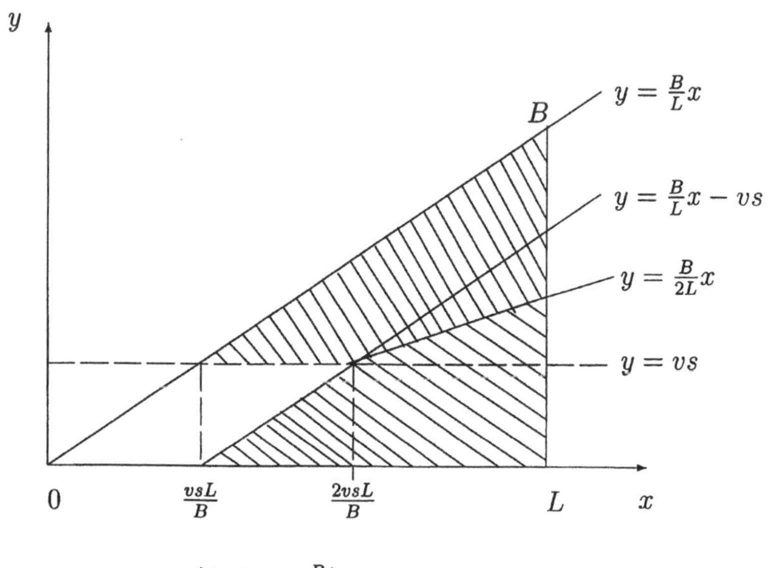

$$\left(0 \leq s < \tfrac{B}{2v}\right)$$

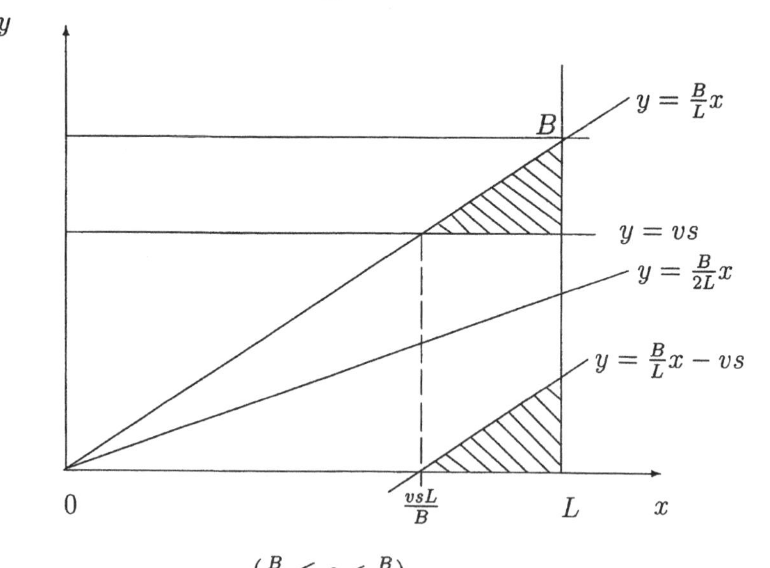

$$\left(\tfrac{B}{2v} \leq s < \tfrac{B}{v}\right)$$

Das gleiche Ergebnis erhält man natürlich auch aus dem obigen Integral mit den entsprechenden Fallunterscheidungen.

Damit gilt

$$\overline{G}(s) = \begin{cases} 1, & s \le 0, \\ 1 - 2\frac{v^2 s^2}{B^2}, & 0 < s \le \frac{B}{2v}, \\ 2\left(1 - \frac{vs}{B}\right)^2, & \frac{B}{2v} < s \le \frac{B}{v}, \\ 0, & s \ge \frac{B}{v}, \end{cases}$$

Analog zum Perkolationsmodell erhalten wir nun

$$h_0(s) = \begin{cases} \lambda_0 \frac{L}{B} 2v^2 s, & 0 < s \le \frac{B}{2v}, \\ \lambda_0 L 2v \left(1 - \frac{vs}{B}\right), & \frac{B}{2v} < s \le \frac{B}{v}, \\ 0, & sonst, \end{cases}$$

Betrachten wir einen markierten Punktprozeß, nach dem neue Defekte entstehen, so erhält man ebenfalls analog zum Beispiel

$$\begin{aligned} H \times G(t) &= \int_0^t \lambda_1(t-s)\left(\frac{4v^2}{B^2} s I\left(0 \le s < \frac{B}{2v}\right)\right. \\ &\quad \left. + 4\left(1 - \frac{vs}{B}\right)\frac{v}{B} I\left(\frac{B}{2v} \le s < \frac{B}{v}\right)\right) ds \\ &= \begin{cases} 0, & t < 0, \\ \lambda_1 \frac{v^2}{B^2}\frac{2}{3}t^3, & 0 \le t < \frac{B}{2v}, \\ \lambda_1\left(\frac{1}{4}\frac{B}{v} - t + 2\frac{v}{B}t^2 - \frac{2}{3}\frac{v^2}{B^2}t^3\right), & \frac{B}{2v} \le t < \frac{B}{v}, \\ \lambda\left(\frac{5}{2}t - \frac{5}{3}\frac{B}{v}\right), & t \ge \frac{B}{v}, \end{cases} \end{aligned}$$

Aufgabe 4.1. Wenn die Reihenfolge der Ausfälle bekannt ist, so ist die Dichte der Stichprobe

$$f_{S_{(1,n)},\dots,S_{(r,n)}}(s_1, \dots, s_n) = f(s_1) \cdots f(s_r)(\overline{F}(s_r))^{n-r},$$

anderenfalls erhält man

$$f_{S_{(1,n)},\dots,S_{(r,n)}}(s_1, \dots, s_n) = \binom{n}{r} f(s_1) \cdots f(s_r)(\overline{F}(s_r))^{n-r},$$

Aufgabe 4.2. Zur Bestimmung der Verteilung der Gesamprüfzeit zerlegen wir diese auf folgende Art:

$$T_r = nS_{(1,n)} + (n-1)(S_{(2,n)} - S_{(1,n)}) + \cdots + (n-r+1)(S_{(r,n)} - S_{(r-1,n)}).$$

Wie im Beispiel 4.8 gezeigt, sind die einzelnen Summanden unabhängig und identisch exponentialverteilt mit dem Parameter λ. In Übung 1.3 wurde gezeigt, daß die Summe dieser Größen erlangverteilt ist:

$$\mathrm{P}(T_r \leq t) = \int_0^t \frac{\lambda^r u^{r-1}}{(r-1)!} e^{-\lambda u} du.$$

Durch partielle Integration erhält man

$$
\begin{aligned}
\mathrm{P}(T_r \leq t) &= -\frac{\lambda^{r-1} u^{r-1}}{(r-1)!} e^{-\lambda u} du \mid_0^t + \int_0^t \frac{\lambda^{r-1} u^{r-2}}{(r-2)!} e^{-\lambda u} du \\
&= -\frac{(\lambda t)^{r-1}}{(r-1)!} e^{-\lambda t} - \frac{\lambda^{r-2} u^{r-2}}{(r-2)!} e^{-\lambda u} \mid_0^t + \int_0^t \frac{\lambda^{r-2} u^{r-3}}{(r-3)!} e^{-\lambda u} du \\
&= \cdots = -\frac{(\lambda t)^{r-1}}{(r-1)!} e^{-\lambda t} - \cdots - \lambda t e^{-\lambda} + \int_0^t e^{-\lambda u} du
\end{aligned}
$$

und damit

$$\mathrm{P}_\lambda(T_r > t) = 1 - \mathrm{P}_\lambda(T_r \leq t) = \sum_{d=0}^{r-1} \frac{(\lambda t)^d}{d!} e^{-\lambda t}.$$

Aufgabe 4.3. Zur Berechnung des Erwartungswertes von

$$\hat{\lambda} = \frac{r-1}{S_{(1)} + \cdots + S_{(r-1)} + (n-r+1)S_{(r)}} = \frac{r-1}{T_r}$$

benutzen wir die Erlangverteilung von T_r. Dann erhalten wir

$$\mathrm{E}(\hat{\lambda}) = \int_0^\infty \frac{r-1}{u} \frac{\lambda^r u^{r-1}}{(r-1)!} e^{-\lambda u} du = \lambda \int_0^\infty \frac{\lambda^{r-1} u^{r-2}}{(r-2)!} e^{-\lambda u} du = \lambda, \quad r > 1.$$

(Das Integral besitzt den Wert 1, da es das Integral über die Dichte einer Erlangverteiten Zufallsgröße ist. Die obige Formel ist nur für $r > 1$ sinnvoll).

Aufgabe 4.4. Die Likelihoodfunktion für weibullverteilte Zufallsgrößen und den Stichprobenplan $[N, O, r]$ ist

$$L(\theta, x_1) = n^{[r]} \beta^r \left(\prod_{i=1}^r s_{(i)}^{\beta-1} \right) \alpha^{-r\beta} \exp\left(-\alpha^{-\beta} \left(\sum_{i=1}^r s_{(i)}^\beta + (n-r)s_{(r)}^\beta \right) \right).$$

Betrachten wir zwei Stichproben x_1 und x_2 und bezeichnen wir die geordneten Ausfallzeitpunkte mit $s_{(i)1}$ und $s_{(i)2}$, so sind die beiden Likelihoodfunktionen genau dann gleich, wenn

$$\prod_{i=1}^r s_{(i)1}^{\beta-1} = \prod_{i=1}^r s_{(i)2}^{\beta-1}$$

und

$$\sum_{i=1}^{r} s_{(i)1}^{\beta} + (n-r)s_{(r)1}^{\beta} = \sum_{i=1}^{r} s_{(i)2}^{\beta} + (n-r)s_{(r)2}^{\beta}.$$

Jedoch gilt $x_1^{\alpha} + \cdots + x_j^{\alpha} = y_1^{\alpha} + \cdots + x_j^{\alpha}$ für alle $\alpha > 0$ nur dann, wenn $x_1 = y_1^*, ..., x_j = y_j^*$ gilt, wobei $(y_1^*, ..., y_j^*)$ sich durch eine andere Anordnung aus $(y_1, ..., y_j)$ ergibt (indem man jeweils dem größten Wert x_k den größten Wert y_l zuordnet). Damit erhalt man gewünschte Gleichungen $s_{(i)1} = s_{(i)2}$, $i = 1, ..., r$.

Aufgabe 4.5. In Aufgabe 4.3 wurde bereits der Erwartungswert einer Punktschätzung $\hat{\lambda}$ berechnet. Analog erhält man $\mathrm{E}(\check{\lambda}) = \frac{r}{r-1}\lambda$. Somit ist die in Aufgabe 4.3 betrachten Schätzung $\check{\lambda}$ eine auf Erwartungstreue korrigierte Schätzung.

Betrachten wir nun die Varianz der Schätzung:

Für $r = 2$ gilt:

$$\mathrm{Var}\,(\check{\lambda}) = \mathrm{Var}\,\left(\frac{r}{T_r}\right) = \mathrm{E}\left(\frac{r^2}{T_r^2}\right) - \left(\mathrm{E}\left(\frac{r}{T_r}\right)\right)^2,$$

$$\mathrm{E}\left(\frac{r^2}{T_r^2}\right) = r^2 \int_0^{\infty} \frac{\lambda^r u^{r-1}}{u^2(r-1)}e^{-\lambda u}du = \frac{r^2}{(r-1)(r-2)}\lambda^2$$

und somit

$$\mathrm{Var}\,(\check{\lambda}) = \frac{r^2}{(r-1)(r-2)}\lambda^2 - \frac{r^2}{(r-1)^2}\lambda^2 = \frac{r^2}{(r-1)^2(r-2)}\lambda^2.$$

(Für $r \leq 2$ existiert die Varianz der Schätzung nicht, für $r \leq 1$ existiert der Erwartungswert nicht).

Die Varianz der korrigierten Schätzung ist im Fall $r > 2$:

$$\mathrm{Var}\,(\hat{\lambda}) = \mathrm{Var}\,\left(\frac{r-1}{r}\check{\lambda}\right) = \frac{(r-1)^2}{r^2}\mathrm{Var}\,(\check{\lambda}) = \frac{1}{r-2}\lambda^2.$$

Aufgabe 4.6. Die Gleichung (3.44) dient zur Ermittlung von $h_2(k+1)$. Bezeichnen wir diese gesuchte Größe mit x, so ist x aus der Gleichung

$$\frac{1}{x} + \frac{D}{C} = \frac{\sum_{i=1}^{n} s_i e^{s_i x}}{\sum_{i=1}^{n}(e^{s_i x} - 1)}$$

zu bestimmmen. D und C sind hierbei Konstanten (nur von der $k-$ten Näherung abhängig) und es gilt

$$\min_{1 \leq i \leq n} s_i \leq \frac{D}{C} < \max_{1 \leq i \leq n} s_i.$$

Für $x \to \infty$ konvergiert die linke Seite der Gleichung gegen $\frac{D}{C}$ und für die rechte Seite erhält man

$$\lim_{x \to \infty} \frac{\sum_{i=1}^{n} s_i e^{s_i x}}{\sum_{i=1}^{n}(e^{s_i x} - 1)} = \lim_{x \to \infty} \frac{\sum_{i=1}^{n} s_i e^{(s_i - \max_i s_i)x}}{\sum_{i=1}^{n}(e^{(s_i - \max_i s_i)x} - e^{-\max s_i})} = \max_i s_i.$$

Somit ist für $x \to \infty$ die linke Seite der Gleichung kleiner als die rechte Seite. Für $x \to 0$ gehen beide Seiten der Gleichung gegen ∞. Dabei verhält sich die rechte Seite wie $\frac{1}{x}(1 + o(1))$, während die linke Seite $\frac{1}{x} + \frac{D}{C}$ beträgt. Somit ist für $x \to 0$ die linke Seite größer als die rechte Seite. Da es sich auf beiden Seiten um stetige Funktionen handelt, besitzt Gleichung (4.20) mindestens eine Lösung.

Aufgabe 4.7. Sei $s_i \leq s_2$

$$\mathrm{E}(\breve{F}_n(s_1) \cdot \breve{F}_n(s_2)) = \mathrm{E}\left(\frac{1}{n}\sum_{i=1}^{n} I(S_i \leq s_1)\frac{1}{n}\sum_{i=1}^{n} I(S_i \leq s_2)\right)$$

$$= \frac{1}{n^2}\mathrm{E}\left(\sum_{i=1}^{n} I(S_i \leq s_1)I(S_i \leq s_2) + \sum_{i=1}^{n}\sum_{j=1}^{n} I(S_i \leq s_1)I(S_i \leq s_2)\right)$$

$$= \frac{1}{n^2}\left(\mathrm{E}\left(\sum_{i=1}^{n} I(S_i \leq s_1)\right) + \sum_{i=1}^{n}\sum_{j=1}^{n} \mathrm{E}(I(S_i \leq s_1))\mathrm{E}(I(S_i \leq s_2))\right)$$

$$= \frac{1}{n^2}(nF(s_1) + n(n-1)F(s_1)F(s_2)) = \frac{1}{n}F(s_1)(1 + (n-1)F(s_2)).$$

$$\mathrm{Cov}\left(\breve{F}_n(s_1) \cdot \breve{F}_n(s_2)\right) = \frac{1}{n}F(s_1) + \frac{n-1}{n}F(s_1)F(s_2) - F(s_1)F(s_2)$$

$$= \frac{1}{n}F(s_1) - \frac{1}{n}F(s_1)F(s_2) = \frac{1}{n}F(s_1)\overline{F}(s_2), \quad s_1 \leq s_2.$$

Für die Varianz der empirischen Verteilungsfunktion erhält man somit

$$\mathrm{Var}\left(\breve{F}_n(S)\right) = \frac{1}{n}F(s)\overline{F}(s).$$

Aufgabe 4.8.

$$K(Q) = \frac{\sum_{i=1}^{n} \delta_i \mathrm{I}(t_i \in Q)}{\sum_{i=1}^{n} \mathrm{I}(t_i \in Q)}.$$

Wir betrachten zwei disjunkte Teilmengen Q_1 und Q_2. Nehmen wir an, daß Q_1 k_1 Punkte enthält, von denen l_1 die Beziehung $\delta_i = 1$ erfüllen. Analog enthalte Q_2 k_2 Punkte, von denen für l_2 Punkte $\delta_i = 1$ gilt. Sei ohne Beschränkung der Allgemeinheit $\frac{l_1}{k_1} \leq \frac{l_2}{k_2}$. Damit die oben definierte Funktion $k(Q)$ eine Cauchy-Funktion ist, muß die Beziehung

$$\frac{l_1}{k_1} \leq \frac{l_1 + l_2}{k_1 + k_2} \leq \frac{l_2}{k_2}$$

gelten. Aus $\frac{l_1}{k_1} \leq \frac{l_2}{k_2}$ folgen die Beziehungen

$$\frac{l_1}{k_1} k_2 \leq l_2 \quad \text{und} \quad l_1 \leq \frac{l_2 k_1}{k_2}$$

und somit

$$l_1 + \frac{l_1 k_2}{k_1} \leq l_1 + l_2 \leq l_2 + \frac{l_2 k_1}{k_2}.$$

Damit erhalten wir

$$\frac{l_1(k_1 + k_2)}{k_1} \leq l_1 + l_2 \leq \frac{l_2(k_1 + k_2)}{k_2}$$

und

$$\frac{l_1}{k_1} \leq \frac{l_1 + l_2}{k_1 + k_2} \leq \frac{l_2}{k_2}.$$

Aufgabe 4.9. Bei dieser Aufgabe ist zu zeigen, daß für Verteilungsfunktionen aus der punktweisen Konvergenz die gleichmäßige Konvergenz folgt. Der Beweis erfolgt analog zum Beweis des Satzes von Glivenko (vergl. z.B. Schmitz [62]).

Aufgabe 4.10. Aus der Stetigkeit von $F^*(\cdot)$ folgt, daß alle n beobachteten Werte $s_1, ..., s_n$ voneinander verschieden sind. Seien $s_{(1)} < s_{(2)} < \cdots < s_{(n)}$ die geordneten Beobachtungen. Die Intervalle $A_{im} = \left(s_{(i)} - \frac{1}{m}, s_{(i)} + \frac{1}{m} \right)$, $i = 1, ..., n$, sind disjunkt, wenn $m > m_n$, wobei $\frac{1}{m_n} = \min\{s_{(2)} - s_{(1)}, ..., s_{(n)} - s_{(n-1)}\}$. Aus der Stetigkeit von $F^*(\cdot)$ folgt

$$\int_{\bigcup A_{im}} dF^*(s) = \sum_{i=1}^{n} \left(F^*\left(s_{(i)} + \frac{1}{m} \right) F^*\left(s_{(i)} - \frac{1}{m} \right) \right), \quad \text{as } m \to \infty.$$

Die Funktionen $\hat{F}_n(\cdot)$ sind Treppenfunktionen. Darum ist $\int_{A_{im}} d\hat{F}_n(s) = \Delta \hat{F}_n(s_{(i)}) = 1/n$ für $m > m_n$ und

$$\int_{\bigcup A_{im}} d\hat{F}_n(s) = \sum_{i=1}^{n} \Delta \hat{F}_n(s_{(i)}) = 1.$$

Das gesuchte Ergebnis folgt nun aus den Ungleichungen

$$2 \left| \int_{\bigcup_{i=1}^{n} A_{im}} d\check{F}_n(s) - \int_{\bigcup_{i=1}^{n} A_{im}} dF^*(s) \right| = 2(1 - 0) \leq d_v(\check{F}_n(\cdot), F_n^*(\cdot))$$

$$= 2 \sup_A \left| \int_A d\check{F}_n(s) - \int_A dF^*(s) \right| \leq 2.$$

Aufgabe 4.11. Die Elemente der Fisherschen Informationsmatrix $\mathbb{I}_1 = (I_{ij})$ sind die Erwartungswerte der zweiten partiellen Ableitungen der Loglikelihood Funktion:

$$
\begin{aligned}
I_{11} &= \mathrm{E}\frac{\partial^2 l_1}{\partial a^2} = -\frac{1}{a^2}\mathrm{EI}(T_i \le t) = -\frac{1}{a^2}(1 - e^{-at^b}), \\
I_{22} &= \mathrm{E}\frac{\partial^2 l_1}{\partial b^2} = -\left(\mathrm{E}\left(\frac{1}{b^2} + aT_i^b(\ln T_i)^2\right)\mathrm{I}(T_i \le t) + at^b(\ln t)^2\mathrm{EI}(T_i > t)\right) \\
&= -\left(\frac{1}{b^2}(1 - e^{-at^b}) + \int_0^t au^b(\ln u)^2 e^{-au^b} abu^{-b-1}du + at^b(\ln t)^2 e^{-at^b}\right), \\
I_{12} &= I_{21} = \mathrm{E}\frac{\partial^2 l_1}{\partial a \partial b} = -\left(\mathrm{E}T_i^b(\ln T_i)\mathrm{I}(T_i \le t) + t^b \ln t\, \mathrm{EI}(T_i > t)\right) \\
&= -\left(\int_0^t u^b(\ln u)abu^{b-1}e^{-au^b}du + t^b(\ln t)e^{-at^b}\right).
\end{aligned}
$$

Durch partielle Integration erhalten wir

$$
\begin{aligned}
&\int_0^t au^b(\ln u)abu^{b-1}e^{-au^b}du + ab(\ln t)abt^{b-1}e^{-at^b} \\
&= \frac{1}{ab}(1 - e^{-at^b}) + \frac{1}{ab}\int_0^{at^b}\ln\left(\frac{v}{a}\right)e^{-v}dv, \\
&\int_0^t au^b(\ln u)^2 abu^{b-1}e^{-au^b}du + at^b(\ln t)^2 e^{-at^b} \\
&= \int_0^{at^b} abu^{b-1}(\ln u)^2 e^{-au^b}du + 2\int_0^t au^{b-1}(\ln u)e^{-au^b}du \\
&= \frac{1}{b^2}\int_0^{a+b}\left(\ln\frac{v}{a}\right)^2 e^{-v}dv + \frac{2}{b^2}\int_0^{at^b}\ln\left(\frac{v}{a}\right)e^{-v}dv.
\end{aligned}
$$

Nun folgt aus der Cauchy - Schwarz'schen Ungleichung

$$
\begin{aligned}
\det\mathbb{I}_1 &= I_{11}I_{22} - I_{12} \\
&= \frac{1}{a^2}(1 - e^{-at^b})\left(\frac{1}{b^2}(1 - e^{-at^b})\frac{1}{b^2}\int_0^{at^b}\left(\ln\frac{v}{a}\right)^2 e^{-v}dv\right. \\
&\quad \left. + \frac{2}{b^2}\int_0^{at^b}\left(\ln\frac{v}{a}\right)e^{-v}dv\right) - \left(\frac{1}{ab}(1 - e^{-at^b}) + \frac{1}{ab}\int_0^{at^b}\left(\ln\frac{v}{a}\right)e^{-v}dv\right)^2 \\
&= \frac{1}{a^2b^2}\left(\int_0^{a+b}e^{-v}dv\int_0^{at^b}\left(\ln\frac{v}{a}\right)^2 e^{-v}dv - \left(\int_0^{at^b}\left(\ln\frac{v}{a}\right)^2 e^{-v}dv\right)^2\right) > 0.
\end{aligned}
$$

Aufgabe 5.1.

$$T_F(p) = \frac{1}{m_{F,1}} \int_0^{F^{-1}(p)} \bar{F}(u)\,du\,.$$

Für die Weibullverteilung $\bar{F}(u) = e^{\left(-\frac{u}{\alpha}\right)^\beta}$ erhält man:

$$m_{F,1} = \alpha\Gamma\left(1 + \frac{1}{\beta}\right) = \left\{ \begin{array}{ll} \alpha\Gamma\left(\frac{3}{2}\right), & \beta = 2, \\ \alpha \cdot 2, & \beta = \frac{1}{2}, \end{array} \right.$$

$$F^{-1}(p) = \alpha(-\ln(1-p))^{1/\beta}.$$

Betrachten wir zunächst $\beta = 1/2$. Dann erhalten wir

$$\int \bar{F}(u)\,du = \int_0^x e^{-\left(\frac{u}{\alpha}\right)^{1/2}}\,du$$

$$= \int_0^{\left(\frac{x}{\alpha}\right)^{1/2}} e^{-z}z \cdot 2\alpha\,dz = 2\alpha\gamma\left(2, \left(\frac{x}{\alpha}\right)^{1/2}\right).$$

Damit gilt für $T_F(p)$:

$$T_F(p) = \frac{1}{2\alpha} \cdot 2\alpha \cdot \gamma\left(2, \left(\frac{\alpha(-\ln(1-p))^2}{\alpha}\right)^{1/2}\right)$$

$$= \gamma(2, -\ln(1-p)) = \int_0^{-\ln(1-p)} e^{-z}\,dz.$$

Analog erhält man für $\beta = 2$:

$$T_F(p) = \frac{1}{\alpha\Gamma\left(\frac{3}{2}\right)} \int_0^{\alpha(-\ln(1-p))^{1/2}} e^{-\left(\frac{u}{\alpha}\right)^2}\,du$$

$$= \frac{1}{\Gamma\left(\frac{3}{2}\right)\alpha} = \int_0^{-\ln(1-p)} \alpha\frac{1}{2}z^{-1/2}e^{-z}\,dz = \frac{1}{\Gamma\left(\frac{1}{2}\right)} \int_0^{-\ln(1-p)} z^{-1/2}e^{-z}\,dz$$

$$= \frac{1}{\Gamma\left(\frac{1}{2}\right)}\gamma\left(\frac{1}{2}, -\ln(1-p)\right)\,.$$

Die Rechnung hätte auch für $\alpha = 1$ durch geführt werden können, da α als Maßstabsparameter keine Rolle spielt.

Aufgabe 5.2. Bei der Exponentialverteilung handelt es sich um einen Spezialfall der Weibullverteilung. Somit erhält man aus Beispiel 5.2 die Abbildung

$$(s,p) \to \left(t = \ln s, \ln\ln\frac{1}{p}\right)\,.$$

Für die Exponentialverteilung kommt man jedoch auch mit einer einfacheren Abbildung aus. Da $\bar{F}(s) = e^{-\lambda s}$ und $\ln \bar{F}(s) = -\lambda s$, ist in diesem Fall die Abbildung

$$(s, p) \to \left(t = s, \ln \frac{1}{p} \right)$$

ausreichend.

Aufgabe 5.3. Wenn die Verteilungsfunktion einer zweiparametrischen Weibullverteilung in das Weibullpapier eingezeichnet wird, erhält man eine Gerade. Wendet man die gleiche Abbildung auf die dreiparametrische Form an, so erhält man

$$\ln \ln \frac{1}{\bar{F}(s)} = \beta \ln \left(\frac{s - \mu}{\alpha} \right) = \beta \frac{\ln \left(\frac{s-\mu}{\alpha} \right)}{\ln s} \ln s \,.$$

Damit führt die Abbildung $(s, p) \to \left(t = \ln s, \ln \ln \frac{1}{p} \right)$ zu der Gleichung $y = \beta \frac{\ln((e^t - \mu)/\alpha)}{t} t$, man erhält also keine Gerade.

Aufgabe 5.4. Wenn ein homogener Poissonprozeß mit der Intensität λ verliegt, so unterliegt die Anzahl der Ausfälle D bis zur Zeit t einer Poissonverteilung mit dem Parameter λt (vergleiche Abschnitt 3.2). Somit kann die Anzahl der Ausfälle als Prüfgröße verwendet werden. Unter der Nullhypothese $H_0 : \lambda = \lambda_0$ bestimmt man mittels der Poissonverteilung ein k so, daß

$$\mathrm{P}(D < k) = \sum_{j=1}^{k} \frac{(\lambda t)^j}{j!} e^{-\lambda t} < 1 - \alpha$$

und

$$\mathrm{P}(D \leq k) \geq 1 - \alpha.$$

Der kritische Bereich umfaßt dann alle Anzahlen von Ausfällen d, für die $d \geq k$ gilt.

Aufgabe 5.6. Sei D_i die zufällige Anzahl von Ausfällen des Systems i während der Prüfzeit t_i, $i = 1, 2$. D_i ist poissonverteilt:

$$\mathrm{P}(D_i = d_i) = \frac{(\lambda_i d_i)^{d_i}}{d_i!} e^{-\lambda_i t_i}, \quad i = 1, 2$$

Damit erhalten wir folgende Loglikelihoodfunktion:

$$\begin{aligned} l(\lambda_1, \lambda_2; t_1, d_1; t_2, d_2) &= \ln \prod_{i=1,2} \left(\frac{(\lambda_i t_i)^{d_i}}{d_i!} e^{-\lambda_i t_i} \right) \\ &= \sum_{i=1,2} \left((d_i \ln \lambda_i - \lambda_i t_i) + (d_i \ln t_i - \ln(d_i)) \right). \end{aligned}$$

Aus den Gleichungen

$$\frac{\partial l(\lambda_1,\lambda_2;t_1,d_1;t_2,d_2)}{\partial\lambda_i} = \frac{d_i}{\lambda_i} - t_i = 0\,.$$

erhalten wir die Maximum-Likelihood-Schätzungen der Parameter λ_1 und λ_2:

$$\check{\lambda}_1 + \frac{d_1}{t_1},\ \check{\lambda}_2 = \frac{d_2}{t_2}\,.$$

Unter der Nullhypothese $\lambda_1 = \lambda_2 = \lambda$ finden wir aus der Gleichung

$$\frac{\partial l(\lambda,\lambda;t_1,d_1;t_2,d_2)}{\partial\lambda} = \frac{d_1+d_2}{\lambda} - (t_i+t_2) = 0\,.$$

die Maximum-Likelihood-Schätzung

$$\check{\lambda} + \frac{d_1+d_2}{t_1+t_2}\,.$$

Sei $\Theta = ((\lambda_1,\lambda_2):\ \lambda_1 > 0,\ \lambda_2 > 0)$ der Parameterraum und $\Theta_0 = ((\lambda,\lambda):\ \lambda > 0)$ die Teilmenge dieses Raumes, in der beide Parameter den gleichen Wert besitzen. Analog zum Abschnitt 5.2 verwenden wir die Statistik

$$\begin{aligned}
T &= 2\frac{\sup_{(\lambda_1,\lambda_2)\in\Theta_0} l(\lambda_1,\lambda_2;t_1,d_1;t_2,d_2)}{\sup_{(\lambda,\lambda)\in\Theta_0} l(\lambda,\lambda;t_1,d_1;t_2,d_2)}\\[2mm]
&= 2(l(\check{\lambda}_1,\check{\lambda}_2;t_1,d_1;t_2,d_2) - l(\check{\lambda},\lambda;t_1,d_1;t_2,d_2))\\[2mm]
&= 2\left[\left(\frac{d_1}{t_1}\ln\left(\frac{d_1}{t_1}\right)\right)t_1 + \left(\frac{d_2}{t_2}\ln\left(\frac{d_2}{t_2}\right)\right)t_2\right.\\[2mm]
&\quad\left. - \left(\left(\frac{d_1+d_2}{t_1+t_2}\right)\ln\left(\frac{d_1+d_2}{t_1+t_2}\right)\right)(t_1+t_2)\right]\,.
\end{aligned}$$

Betrachten wir nun die Verteilung dieser Teststatistik $T = T(D_1,D_2)$. Die Zufallsgrößen $Z_i = \frac{D_i-\lambda_i t_i}{\sqrt{\lambda_i t_i}}$, $i = 1,2$, sind unabhängig mit $\mathrm{E}Z_i = 0$, $\mathrm{E}Z_i^2 = 1$. Für $t_i \to \infty$, $i = 1,2$ sind daher die Z_i standardnormalverteilt $N_1(0,1)$. Betrachten wir den Fall, daß $\min(t_1,t_2) \to \infty$ und $\frac{t_i}{t_1+t_2} = p_i$, $0 < p_i < 1$, $p_1 + p_2 = 1$. Mit der Bezeichnung $t = t_1 + t_2$ erhalten wir

$$D_i = \lambda_i p_i t + Z_i\sqrt{\lambda_i p_i t},\quad i = 1,2,$$

$$D = D_1 + D_2 = (\lambda_1 p_1 + \lambda_2 p_2)t + (Z_1\sqrt{\lambda_1 p_1} + Z_2\sqrt{\lambda_2 p_2})\sqrt{t}\,.$$

Unter Verwendung der Taylorentwicklung für die Logarithmusfunktion

$$\ln(1+x) = x - \frac{1}{2}x^2 + o(x^2),\quad x \to 0\,,$$

folgt, daß für $t \to \infty$

$$\frac{D_i}{t_i}\left(\ln\frac{D_i}{t_i}\right)t_i = \left(\lambda_i + Z_i\sqrt{\frac{\lambda_i}{p_i}}\frac{1}{\sqrt{t}}\right)\left(\ln\left(\lambda_i + Z_i\sqrt{\frac{\lambda_i}{p_i}}\frac{1}{\sqrt{t}}\right)\right)p_i t$$

$$= (\lambda_i\ln\lambda_i)p_i t + Z_i\sqrt{\lambda_i p_i}(\ln\lambda_i + 1)\sqrt{t} + \frac{1}{2}Z_i^2 + o(1) \quad (7.116)$$

Völlig analog erhält man

$$\frac{D}{t}\left(\ln\frac{D}{t}\right)t = \left(\lambda_1 p_1 + \lambda_2 p_2 + \left(Z_1\sqrt{\frac{\lambda_1}{p_1}} + Z_2\sqrt{\frac{\lambda_2}{p_2}}\right)\frac{1}{\sqrt{t}}\right)$$

$$\cdot\ln\left(\lambda_1 p_1 + \lambda_2 p_2 + \left(Z_1\sqrt{\frac{\lambda_1}{p_1}} + Z_2\sqrt{\frac{\lambda_2}{p_2}}\right)\frac{1}{\sqrt{t}}\right)t$$

$$= (\lambda_1 p_1 + \lambda_2 p_2)(\ln(\lambda_1 p_1 + \lambda_2 p_2))t$$

$$+ (Z_1\sqrt{\lambda_1 p_1} + Z_2\sqrt{\lambda_1 p_2})(\ln\lambda_1 p_1 + \lambda_2 p_2) + 1)\sqrt{t}$$

$$+ \frac{\frac{1}{2}(Z_1\sqrt{\lambda_1 p_1} + Z_2\sqrt{\lambda_2 p_2})^2}{\lambda_1 p_1 + \lambda_2 p_2} + o(1). \quad (7.117)$$

Wenn nun $\lambda_1 = \lambda_2 = \lambda$, dann folgt aus (7.116)

$$\sum_{i=1,2}\frac{D_i}{t_i}\left(\ln\frac{D_i}{t_i}\right)t_i = (\lambda\ln\lambda)t + (Z_i\sqrt{\lambda p_1} + Z_2\sqrt{\lambda p_2})$$

$$\cdot(\ln\lambda + 1)\sqrt{t} + \frac{1}{2}(Z_1^2 + Z_2^2) + o(1). \quad (7.118)$$

und aus (7.117)

$$\frac{D}{t}\left(\ln\frac{D}{t}\right)t = (\lambda\ln\lambda)t(Z_1\sqrt{\lambda p_1} + Z_2\sqrt{\lambda p_2})$$

$$\cdot(\ln\lambda + 1)\sqrt{t} + \frac{1}{2}(Z_1\sqrt{p}_1 + Z_2\sqrt{p}_2)^2 + o(1). \quad (7.119)$$

Aus (7.118) und (7.119) erhalten wir für die Teststatistik unter der Nullhypothese

$$T = T(D_1, D_2) = Z_1^2 + Z_2^2 - (Z_1\sqrt{p}_1 + Z_2\sqrt{p}_2)^2 + o_p(1)$$

$$= (Z_1\sqrt{1-p_1} - Z_2\sqrt{1-p_2})^2 + o_p(1). \quad (7.120)$$

Da $W = Z_1\sqrt{1-p_1} - Z_2\sqrt{1-p_2}$ die Momente $EW = 0$, $EW^2 = 1$, besitzt und Z_1, Z_2 unabhängige asymptotisch normalverteilte Zufallsgrößen sind, ist W^2

asymptotisch für $t \to \infty$ χ^2-verteilt mit einem Freiheitsgrad. Das χ^2-Quantil zum Niveau $1 - \alpha$ ist $2 \ln \frac{1}{1-\alpha}$.

Bezeichnen wir nun mit $P_{\lambda_1,\lambda_2}(\lambda)$ die Wahrscheinlichkeit des Ereignisses A, wenn die Ausfallintensitäten der beiden Systeme λ_1 und λ_2 sind. Dann erhält man aus (7.120), daß für beliebige $\lambda > 0$ und $t \to \infty$

$$P_{\lambda,\lambda}\left(T > 2\ln\frac{1}{1-\alpha}\right) = \alpha + o(1)\,. \tag{7.121}$$

Wenn dagegen $\lambda_1 \neq \lambda_2$, dann folgt aus der Konvexität von $x \ln x$ auf $(0,\infty)$, daß

$$C(\lambda_1,\lambda_2) = (\lambda_1 \ln \lambda_1)p_1 + (\lambda_2 \ln \lambda_2)p_2 - (\lambda_1 p_1 + \lambda_2 p_2)\ln(\lambda_1 p_1 + \lambda_2 p_2) > 0\,.$$

Damit gilt unter der Alternative

$$T(D_1,D_2) = C(\lambda_1,\lambda_2)t + o_p(t) \to +\infty\,, \quad t \to \infty \tag{7.122}$$

und

$$P_{\lambda_1,\lambda_2}\left(T > 2\ln\frac{1}{1-\alpha}\right) \to 1\,, \quad t \to \infty\,. \tag{7.123}$$

Somit besteht die Entscheidungsregel darin, die Nullhypothese $H_0 : \lambda_1 = \lambda_2$ im Fall $T \leq 2\ln\frac{1}{1-\alpha}$ nicht abzulehnen und fr $T > 2\ln\frac{1}{1-\alpha}$ abzulehnen.

Aufgabe 5.7. Seien $x_1,\ldots,x_n$ die Ausfallzeitpunkte einer weibullverteilten Grundgesamtheit mit bekanntem Maßstabsparameter $\alpha^* = 1$ und unbekanntem Formparameter β. Wir benutzen die Ergebnisse aus 5.3 für den Test einer Hypothese $H_0(-) : \beta = \beta_0 + \frac{\lambda}{\sqrt{n}}$, $\lambda \leq 0$ gegen die Alternative $H_1(+) : \beta = \beta_0 + \frac{\lambda}{\sqrt{n}}$, $\lambda > 0$, wobei β_0 ein gegebener Wert ist. Für die logarithmierte Dichte der Weibullverteilung und ihre Ableitungen erhalten wir

$$l_1(\beta,x) = \ln\beta + (\beta - 1)\ln x - x^\beta\,,$$

$$\frac{\partial l_1(\beta,x)}{\partial \beta} = \frac{1}{\beta} + \ln x - x^\beta \ln x\,,$$

$$\frac{\partial^2 l_1(\beta,x)}{\partial \beta^2} = -\frac{1}{\beta^2} - x^\beta(\ln x)^2\,.$$

Die Fishersche Information aus einer Beobachtung ist

$$I_1(\beta) = -E_\beta \frac{\partial^2 l_1(\beta,X_1)}{\partial \beta^2} = E_\beta\left(\frac{1}{\beta^2} + X_1^\beta(\ln X_1)^2\right) = \frac{1}{\beta^2}(1 + \Gamma''(2))\,,$$

wobei $\Gamma''(\cdot)$ die zweite Ableitung der Gammafunktion ist. Als Teststatistik verwenden wir

$$Y(n) = \frac{1}{\sqrt{n}} \sum_{j=1}^{n} \frac{\partial l_1(\beta_0, x_j)}{\partial \beta_0} = \frac{\sqrt{n}}{\beta_0} + \sum_{j=1}^{n} (\ln x_j - x_j^b \ln x_j)$$

Gemäß (5.61) ist

$$\varphi_n^* = \begin{cases} 1, & \frac{\sqrt{n}}{\beta_0} + \sum_{j=1}^{n}(\ln x_j - x_j^b \ln x_j) > u_{1-\alpha} \frac{1}{\beta_0}\sqrt{1 + \Gamma''(2)}, \\ 0, & in \end{cases}$$

die gleichmäßig mächtigste kritische Funktion zum Testen von $H_0(-)$ gegen $H_1(+)$. Die asymptotische Gütefunktion dieses φ_n^*-Tests ist gemäß (5.62)

$$\beta_\infty(\lambda) = 1 - \Phi\left(u_{1-\alpha} - \sqrt{1 + \Gamma''(2)}\frac{\lambda}{\beta_0}\right)$$

In Abbildung 7.9 sind asymptotische Gütefunktionen für die Parameterwerte $\beta_\infty(\lambda)$ für $\beta_0 = 2$, $\alpha = 0.05$ und die Stichprobenumfänge $n = 30$, $n = 100$ und $n = 1000$ dargestellt.

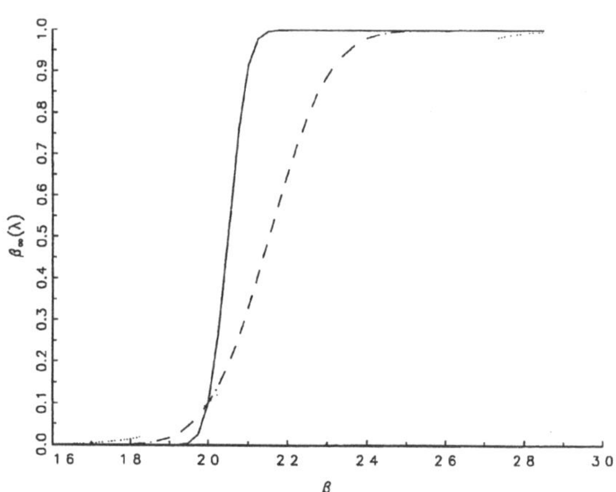

Abbildung 7.9: Die asymptotische Gütefunktion für verschiedene Stichprobenumfänge

Aufgabe 6.1.

$$\Psi(x_1, x_2, x_3, x_4, x_5) = x_1 x_4 \vee x_2 x_5 \vee x_1 x_3 x_5 \vee x_2 x_3 x_4$$
$$= 1 - (1 - x_1 x_4)(1 - x_1 x_5)(1 - x_1 x_3 x_5)(1 - x_2 x_3 x_4).$$

Aufgabe 6.2. Bezeichnen wir die Elemente mit $x_K, x_R, x_V, x_{L1}, x_{L2}$. Dann besitzt das System folgende Struktur:

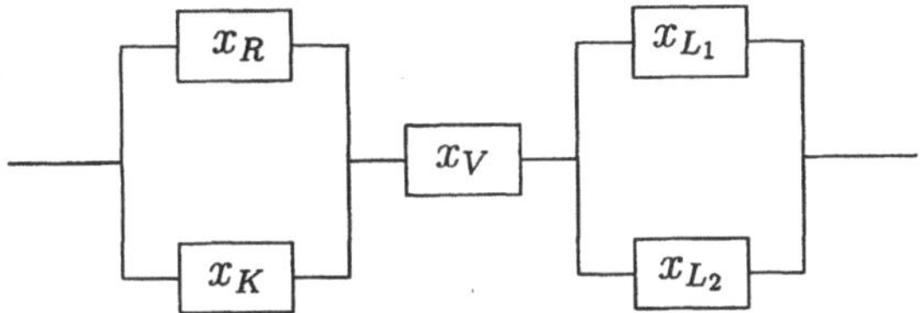

Für die Strukturfunktion erhält man:

$$\Psi(x_R, x_K, x_V, x_{L1}, x_{L2}) = (x_{L1} \vee x_{L2})(x_K \vee x_R)x_V$$
$$= x_V(1 - (1 - x_{L1})(1 - x_{L2}))(1 - (1 - x_K)(1 - x_R))$$

Aufgabe 6.3. Wenn $x_3 = 0$ und $x_1 = x_2 = 1$ sind, so ist das System intakt. Fällt nun eine der beiden Verbindungen x_1 oder x_2 aus, so ist das System ausgefallen. Damit sind x_1 und x_2 relevant. Die Relevanz von x_3 erhält man durch analoge Betrachtung bei $x_1 = 0$ und $x_2 = x_3 = 1$.

Aufgabe 6.4. Das System ist intakt, wenn mindestens zwei der Verbindungen intakt sind. Damit erhält man die minimalen Pfadmengen $\mathcal{P}_1 = (1, 2)$, $\mathcal{P}_2 = (2, 3)$, $\mathcal{P}_3 = (3, 1)$. Die entsprechenden minimalen Schnittmengen sind

$$\mathcal{S}_1 = (1), \ \mathcal{S}_2 = (2), \ \mathcal{S}_3 = (3).$$

Aufgabe 6.5. Aus der Strukturfunktion in Übung 6.1 erhalten wir

$$\Psi(x_1, x_2, x_3, x_4, x_5) = x_1 x_4 + x_1 x_5 + x_2 x_3 x_4 - x_1 x_4 x_5 - x_1 x_2 x_3 x_4$$

und damit

$$R(p_1, p_2, p_3, p_4, p_5) = p_1 p_2 + p_1 p_5 + p_2 p_3 p_4 - p_1 p_4 p_5 - p_1 p_2 p_3 p_4.$$

Aufgabe 6.6. Die minimalen Schnittmengen Netzes sind

$$\mathcal{S}_1 = (1, 2), \ \mathcal{S}_2 = (4, 5), \ \mathcal{S}_3 = (1, 3, 5), \ \mathcal{S}_4 = (2, 3, 4).$$

Damit erhält man aus (5.11) als untere Grenze für die Zuverlässigkeit

$$\begin{aligned}
R(\underline{p}) \ &\geq \ (1 - (1 - p_1)(1 - p_2))(1 - (1 - p_4)(1 - p_5)) \\
&\cdot \ (1 - (1 - p_1)(1 - p_3)(1 - p_5))(1 - (1 - p_2)(1 - p_3)(1 - p_4)) \\
&= \ (p_1 + p_2 - p_1 p_2)(p_4 + p_5 - p_4 p_5) \\
&\cdot \ (p_1 + p_3 + p_5 - p_3 p_5 - p_1 p_3 - p_1 p_5 + p_1 p_3 p_5) \\
&\cdot \ (p_2 + p_3 + p_4 - p_2 p_3 - p_3 p_4 - p_2 p_5 + p_3 p_4 p_5) \, .
\end{aligned}$$

Die minimalen Pfandmengen des Systems sind

$$\mathcal{P}_1 = (1,4), \ \mathcal{P}_2 = (2,5), \ \mathcal{P}_3 = (1,3,5), \ \mathcal{P}_4 = (2,3,4).$$

Damit ist eine obere Schranke für die Zuverlässigkeit:

$$R(\underline{p}) \le 1 - (1 - p_1 p_4)(1 - p_2 p_5)(1 - p_1 p_3 p_5)(1 - p_2 p_3 p_4).$$

Sind z. B. alle p_i, $i = 1, ..., 5$ gleich: $p_i = p$, so erhält man

$$(2p - p^2)^2 (3p - 3p^2 + p^3)^2 \le R(\underline{p}) \le 1 - (1 - p^2)^2 (1 - p^3)^2.$$

Aufgabe 6.7. Setzen wir in die in Übung 6.2 berechnetete Strukturfunktion

$$x_k = e^{-\lambda_1 t}, \ x_r = e^{-\lambda_2 t}, \ x_v = e^{-\lambda_3 t}, \ x_{L_1} = x_{L_2} = e^{-\lambda_4 t}$$

ein, so erhalten wir die zeitabhängige Zuverlässigkeitsfunktion:

$$\begin{aligned}
R(t) &= e^{-\lambda_3 t}(1 - (1 - e^{-\lambda_4 t})^2)(1 - (1 - e^{-\lambda_1 t})(1 - e^{-\lambda_2 t}) \\
&= e^{-\lambda_3 t}(2e^{-\lambda_4 t} - e^{-2\lambda_4 t})(e^{-\lambda_1 t} + e^{-\lambda_2 t} - e^{-(\lambda_1 + \lambda_2)t}).
\end{aligned}$$

Aufgabe 6.8. Wir betrachten alle Zustände des System, in denen es gerade noch arbeitsfähig ist, d.h. der Audfall eines weiteren Elementes führt zum Systemsausfall. Diese Zustände sind A_{10}, A_{01} und A_{11}. Die Intensität eines Ausfalls ist dann für beide Erneuerumsstrategin

$$p_{10}^{(k)} \lambda_1 + p_{01}^{(k)} \lambda_2 + p_{11}^{(k)}(\lambda_1 + \lambda_2), \quad k = 1, 2.$$

Da die mittlere Anzahl von Ausfällen in einer Zeiteinheit Intensität mal Zeiteinheit ist, wurde damit auch die mittlere Anzahl von Ausfällen berechnet. Die Formel ist gleich für beide Erneuerungsmethoden, jedoch sind die Wahrscheinlichkeiten $p_{ij}^{(k)}$ unterschiedlich für $k = 1$ und $k = 2$.

Aufgabe 6.9. Es sind zunächst $p_{ij}^{(k)}$, $i, j, k = 1, 2$ aus den entsprechenden Gleichungssystemen zu bestimmem.

.....

Aufgabe 6.10. Voraussetzung: $X_i \overset{st}{\le} Y_i$, $i = 1, ..., n$. Damit gilt auch $F_{X_i}(z) \ge F_{Y_i}(z)$.

Wenn U, V, W drei Zufallsgrößen sind und $V \overset{st}{\le} W$ ist, dann erhalten wir

$$F_{U+V}(s) = \int_{-\infty}^{+\infty} F_V(s - u) dF_U(u) \ge \int_{-\infty}^{+\infty} F_W(s - u) dF_U(u) = F_{U+W}(s).$$

Damit ist die Ungleichung für $n = 2$ bewiesen. Für beliebige n folgt mit vollständiger Induktion mit $U = X_1 + \cdots + X_{n-1}$, $V + X_n$, $W = Y_n$ daß

$$
\begin{aligned}
F_{X_1+\cdots+X_n}(s) &= F_{U+V}(s) \geq F_{U+W}(s) = \int_{-\infty}^{+\infty} F_U(s-u)dF_W(u) \\
&= \int_{-\infty}^{+\infty} F_{X_1+\cdots+X_{n-1}}(s-u)dF_{Y_n}(u) \\
&\geq \int_{-\infty}^{+\infty} F_{Y_1+\cdots+Y_{n-1}}(s-u)dF_{Y_n}(u) = F_{Y_1+\cdots+Y_n}(u).
\end{aligned}
$$

Aufgabe 6.11. Sei S_k die zufällige Lebensdauer des k-ten benutzten Elementes und T die Zeit bis zur Prophylaxe. Dann erfolgt der erste Ausfall zur Zeit $S_1(T) = (k-1)T + S_k$, wenn die ersten $(k-1)$ Intervalle ausfallfrei verliefen, jedoch im k-ten Intervall $[(k-1)T, kT]$ vor der planmäßigen Instandsetzung stattfand. Der Erwartungswert von $S_1(T)$ ist

$$
\begin{aligned}
\mathrm{E}S_1(T) &= \sum_{k=1}^{\infty}(T(k-1) + \mathrm{E}(S_k\mathrm{I}(S_k \leq T) \mid S_k \leq T))(\overline{F}(T))^{k-1}F(T) \\
&= T\sum_{k=1}^{\infty}(k-1)(\overline{F}(T))^{k-1}F(T) + \frac{\mathrm{E}S_1\mathrm{I}(S_1 \leq T)}{F(T)} \\
&= T\frac{\overline{F}(T)}{F(T)} + \frac{\int_0^T sdF(s)}{F(T)}.
\end{aligned}
\tag{7.124}
$$

Aufgabe 6.12. (a)   Es gelten

$$
\lim_{t\to\infty}\frac{\mathrm{E}N_0(T,t)}{t} = \frac{1}{\mathrm{E}S_1(T)}
$$

und

$$
\lim_{t\to\infty}\frac{\mathrm{E}N(t)}{t} = \frac{1}{\mathrm{E}S_1} = \frac{1}{m_{F,1}}.
$$

Daher folgt aus (7.124)

$$
Q(T) = \frac{m_{F,1}F(T)}{(T\overline{F}(T) + \int_0^T sdF(s))}.
\tag{7.125}
$$

(b)   Wenn $\overline{F}(s) = e^{-(s/a)^b}$, $s \geq 0$, dann ist

$$
\mathrm{E}S_1 = \int_0^{\infty} e^{-(s/a)^b}ds = \frac{a}{b}\Gamma\left(\frac{1}{b}\right)
$$

und

$$\mathrm{E}S_1(T) \;=\; \frac{1}{1-e^{-(T/a)^b}}\left(Te^{-(T/a)^b} + b\int_0^T (s/a)^b\, e^{-(s/a)^b}\,ds\right)$$

$$=\; \frac{1}{1-e^{-(T/a)^b}}\left(Te^{-(T/a)^b} + a\Gamma\left(\frac{1}{b}+1, 0, \left(\frac{T}{a}\right)^b\right)\right)$$

mit $\Gamma(c) = \int_0^\infty u^{c-1}e^{-u}du$, $\Gamma(c,0,d) = \int_0^d u^{c-1}e^{-u}du$.
Für $a = 100$, $b = 3$ und $T = 100$ erhalten wir $\mathrm{E}S_1 = 89.298$, $\mathrm{E}S_1(100) = 127.746$.
Damit gilt

$$Q(100) = \frac{89.298}{127.746} = 0.6990.$$

Aufgabe 7.1. Durch direkte Berechnung erhalten wir (mit $n' = n - a$, und $k' = k - a$)

$$\mathrm{E}\left(\frac{K^{[a]}}{n^{[a]}}\right) \;=\; \sum_{k=1}^{n} \frac{k^{[a]}}{n^{[a]}}\binom{n}{k}p^k(1-p)^{n-k}$$

$$=\; \sum_{k=a}^{n} \frac{k(k-1)\cdots(k-a+1)}{n(n-1)\cdots(n-a+1)}\frac{n!}{k!(n-k)!}p^k(1-p)^{n-k}$$

$$=\; \sum_{k=a}^{n} \frac{(n-a)!}{(k-a)!(n-k)!}p^a p^{k-a}(1-p)^{n-a-(k-a)}$$

$$=\; p^a \sum_{k'=a}^{n'} \binom{n'}{k'}p^{k'}(1-p)^{n'-k'} = p^a.$$

Aufgabe 7.2. Wir können die Beobachtungsdaten aus dem Stichprobenplan (n, E, T) als n unabhängige Beobachtungen Poissonscher Punktprozesse mit der Intensität λ im Zeitraum T auffassen. Bezeichnen wir mit $0 < t_{i1} < ... < t_{iN_i} < T$ die Ausfallzeiten in der i-ten Beobachtung, $i = 1,...,n$. Die Likelihoodfunktionen für jede solcher Beobachtungen sind

$$L_i(\lambda) = L_i(\lambda; t_{i1}, ..., t_{iN_i}) = \frac{(\lambda T)^{N_i}}{N_i!}e^{-\lambda T}, \; i = 1,...,n.$$

Die Maximum-Likelihood-Schätzung $\hat{\lambda}_n$ of λ ist Lösung der Maximum-Likelihood-Gleichung

$$\sum_{i=1}^{n} \frac{\partial \log L_i(\lambda)}{\partial \lambda} = \sum_{i=1}^{n}\left(\frac{N_i}{\lambda} - T\right) = \frac{N_{\cdot n}}{\lambda} - nT = 0,$$

und wir erhalten

$$\hat{\lambda}_n = \frac{N_i}{nT}.$$

Aus der Theorie der ML-Schätzungen (siehe Kapitel 4) folgt, daß $\sqrt{n}(\hat{\lambda}_n - \lambda)$ asymptotisch normalverteilt mit dem Erwatungswert 0 und der Varianz $I_1^{-1}(\theta)$ ist, wobei wir für die Fisher Information

$$I_1(\theta) = \mathrm{E}_\lambda \left(\frac{\partial \log L_1(\lambda)}{\partial \lambda} \right)^2 = \mathrm{E}_\lambda \left(\frac{N_1}{\lambda} - T \right)^2 = \frac{T}{\lambda}$$

erhalten. Somit gelten

$$\lim_{n \to \infty} \mathrm{P}_\lambda \left(\sqrt{n} \frac{\hat{\lambda}_n - \lambda}{(1/I_1(\theta))^{1/2}} \leq x \right) = \Phi(x)$$

und

$$\gamma = \lim_{n \to \infty} \mathrm{P}_\lambda \left(u_\alpha \leq \frac{\hat{\lambda}_n - \lambda}{(\sqrt{\lambda/(nT)}} \leq u_{1-\alpha} \right) = 1 - 2\alpha.$$

Die Ungleichungen

$$u_\alpha \leq \frac{\hat{\lambda}_n - \lambda}{(\sqrt{\lambda/(nT)}} \leq u_{1-\alpha}$$

sind äquivalent zu

$$\sqrt{\hat{\lambda}_n^2 + \frac{u_{1-\alpha}^2}{4nT}} - \frac{u_{1-\alpha}}{2\sqrt{nT}} \leq \lambda \leq \sqrt{\hat{\lambda}_n^2 + \frac{u_\alpha^2}{4nT}} - \frac{u_\alpha}{2\sqrt{nT}}.$$

Wenn wir die Terme der Ordnung $1/n$ vernachlässigen, erhalten wir das asymptotische γ-Konfidenzintervall

$$\hat{\lambda}_n - \frac{u_{1-\alpha}}{2\sqrt{nT}} \leq \lambda \leq \hat{\lambda}_n - \frac{u_\alpha}{2\sqrt{nT}}.$$

(Man beachte, daß für $\alpha < 1/2$ das Quantil $u_\alpha < 0$ ist).
Um ein γ-Konfidenzintervall für endliche n zu bestimmen, benutzen wir die unvollständige Gammafunktion

$$\Gamma(x, y) = \int_0^y \frac{z^{x-1}}{\Gamma(x)} e^{-z} dz,$$

und bezeichnen mit $v_p(x)$ den Wert, für den

$$\Gamma(x, v_p(x)) = p.$$

Seien $N_{\cdot n} = \sum_{i=1}^{n} N_i$ und $t_{(1)} < t_{(2)} < \ldots < t_{(N_{\cdot n})}$ die geordneten Ausfallszeitpunkte aus allen $N_{\cdot n}$ beobachteten Prozessen. Die Zeitpunkte $\{t_{(i)}\}_{i\geq 1}$ können als Beobachtung aus einem Poissonprozeß mit der Intensität $\mu = n\lambda$ auffassen (siehe Abschnitt 3.2). Seien $\lambda_{1-\alpha}^{+}(N_{\cdot n})$ und $\lambda_{\alpha}^{-}(N_{\cdot n}-1)$ Lösungen der Gleichungen

$$\sum_{d=0}^{N_n} \frac{(n\lambda_{1-\alpha}^{+}(N_{\cdot n}))^d}{d!} e^{-n\lambda_{1-\alpha}^{+}(N_{\cdot n})} = 1 - \Gamma(N_{\cdot n}, n\lambda_{1-\alpha}^{+}(N_n)T) = \alpha,$$

und

$$\sum_{d=N_{\cdot n}}^{\infty} \frac{(n\lambda_{\alpha}^{-}(N_{\cdot n}-1))^d}{d!} e^{-n\lambda_{\alpha}^{-}(N_{\cdot n})} = \Gamma(N_{\cdot n}-1, n\lambda_{\alpha}^{-}(N_{\cdot n}-1)T) = \alpha.$$

Somit gelten $n\lambda_{1-\alpha}^{+}(N_{\cdot n})T = v_{1-\alpha}(N_{\cdot n})$, $n\lambda_{\alpha}^{-}(N_{\cdot n}-1)T = v_{\alpha}(N_{\cdot n}-1)$ und wir erhalten für jedes $\lambda > 0$

$$P_{\lambda}\left(\frac{v_{\alpha}(N_{\cdot n}-1)}{nT} \leq \lambda \leq \frac{v_{1-\alpha}(N_{\cdot n})}{nT}\right) \geq \gamma = 1 - 2\alpha,$$

d. h. das exakte γ-Konfidenzintervall für λ ist

$$\frac{v_{\alpha}(N_{\cdot n}-1)}{nT} \leq \lambda \leq \frac{v_{1-\alpha}(N_{\cdot n})}{nT}.$$

Aufgabe 7.4. Aus (7.64) erhalten wir

$$dM(m,u) = dD(m,u) - Y(m,u)dH(u).$$

Gleichzeitig gilt $dM(m,u) = I(Y(m,u) > 0)dM(m,u)$. Die Beziehung (7.65) kann folgendermaßen geschrieben werden:

$$\check{H}_m(s) - H(s) = \int_0^s \frac{dM(m,u)}{Y(m,u)} - C(m,u).$$

Durch direkte berechnung erhalten wir

$$\int_0^s \frac{dM(m,u)}{Y(m,u)} \pm \int_0^s \frac{dM(m,u)}{k(m,u)} = \int_0^s \frac{dM(m,u)}{k(m,u)}$$

$$- \int_0^s \frac{Y(m,u)-k(m,u)}{Y(m,u)}dM(m,u) \pm \int_0^s \frac{Y(m,u)-k(m,u)}{k^2(m,u)}dM(m,u)$$

$$= \int_0^s \frac{dM(m,u)}{k(m,u)} - \int_0^s \frac{Y(m,u)-k(m,u)}{k^2(m,u)}dM(m,u)$$

$$+ \int_0^s \frac{Y(m,u)-k(m,u)}{k^2(m,u)Y(m,u)}dM(m,u)$$

$$= \frac{1}{\sqrt{m}}Q(m,u) - B(m,u) + A(m,u).$$

Damit gilt (7.70).

Aufgabe 7.5 (a). Für $s \geq 0$, $0 \leq a \leq b \leq c \leq d$, gelten folgende Beziehungen:

$$\mathrm{E}(\mathrm{I}(S_i \leq s)) = F(s), \quad \mathrm{E}(\mathrm{I}(S_i \geq s) = \overline{F}(s-)), \quad \mathrm{I}(a < S_i \leq b)\mathrm{I}(c < S_i \leq d) = 0,$$

$$\mathrm{I}(a < S_i \leq b)\mathrm{I}(S_i \geq u_2) = 0, \quad \text{if } u_2 \in (c, d],$$

$$\mathrm{I}(S_i \geq u_1)\mathrm{I}(c < S_i \leq d) = \mathrm{I}(c < S_i \leq d), \quad \text{if } u_1 \in (a, b],$$

$$\mathrm{I}(S_i \geq u_1)\mathrm{I}(S_i \geq u_2) = \mathrm{I}(S_i \geq u_2), \quad \text{if } u_1 \in (a, b], \text{ and } u_2 \in (c, d].$$

Damit erhalten wir

$$\mathrm{E}(\Psi(b) - \Psi(a))(\Psi(d) - \Psi(c)) = \mathrm{E}\left(\mathrm{I}(a < S_i \leq b) - \int_0^b \mathrm{I}(S_i \geq u_1)dH(u_1)\right)$$

$$\cdot \left(\mathrm{I}(c < S_i \leq d) - \int_c^d \mathrm{I}(S_i \geq u_2)dH(u_2)\right)$$

$$= \mathrm{EI}(a < S_i \leq b)\mathrm{I}(c < S_i \leq d)$$

$$- \mathrm{E}\int_a^b \mathrm{I}(a < S_i \leq b)\mathrm{I}(S_i \geq u_2)dH(u_2)$$

$$- \mathrm{E}\int_a^b \mathrm{I}(S_i \geq u_1)\mathrm{I}(c < S_i \leq d)dH(u_1)$$

$$+ \mathrm{E}\int_a^b \int_c^d \mathrm{I}(S_i \geq u_1)\mathrm{I}(S_i \geq u_2)dH(u_1)dH(u_2)$$

$$= 0 - 0 - \int_a^b \mathrm{I}(c < S_i \leq d)dH(u_1)$$

$$+ \int_a^b \left(\int_c^d \mathrm{EI}(S_i \geq u_2)dH(u_2)\right)dH(u_1)$$

$$= - \int_a^b (F(d) - F(c))dH(u_1)$$

$$+ \int_a^b \left(\int_c^d \overline{F}(u_2-)\frac{dF(u_2)}{\overline{F}(u_2-)}\right)dH(u_1) = 0,$$

d. h. $\Psi(s)$, $s \geq 0$ besitzt uncorrelierte Zuwächse.

(b). Es seien $(S_{ij})_{i \geq 1}$ positive i.i.d. Zufallsgrößen mit der Verteilungsfunktion $F(s)$, $s \geq 0$, $F(0+) = 0$. Dann sind $T_{dj} = S_{1j} + \cdots + S_{dj}$, $d = 1, 2, \ldots$ Punkte des j-ten erneuerungsprocesses, $j = 1, 2, \ldots$, $T_{0j} = 0$. Der j-te Erneuerungsproceß wird im festen Zeitintervall $[0, T_j]$ beobachtet. Aus (a) folgt, daß die bedingten Processe $\Psi_{i+1,j}(s \wedge (T_j - T_{ij}))$ gegeben T_{ij} den Erwartungswert 0 und uncorrelierte Zuwächse besitzen. Sei weiterhin

$$\triangle\Psi_{i+1,j}(a, b, t) = \Psi_{i+1,j}(b \wedge t) - \Psi_{i+1,j}(a \wedge t).$$

Für $a \leq b \leq c \leq d$ erhalten wir aus (7.73)

$$E(M_j(b) - M_j(a))(M_j(d) - M_j(c))$$

$$= \sum_{i=0}^{\infty} EI(T_{ij} \leq T_j)\triangle\Psi_{i+1,j}(a,b,T_j - T_{ij})\triangle\Psi_{i+1,j}(c,d,T_j - T_{ij})$$

$$+ \; 2\sum\sum_{0 \leq i_1 < i_2 < \infty} EI(T_{i_1j} \leq T_j)I(T_{i_2j} \leq T_j)\triangle\Psi_{i_1+1,j}(a,b,T_j - T_{i_1j})$$

$$\cdot \; \triangle\Psi_{i_2+1,j}(c,d,T_j - T_{i_2j}).$$

Durch Bildung der bedingten Erwartungswerte gegeben T_{ij} erhalten wir

$$E(I(T_{ij} \leq T_j))\triangle\Psi_{i+1,j}(a,b,T_j - T_{ij})\triangle\Psi_{i+1,j}(c,d,T_j - T_{ij})$$

$$= \; E(I(T_{ij} \leq T_j)(E(\triangle\Psi_{i+1,j}(a,b,T_j - T_{ij})\triangle\Psi_{i+1,j}(c,d,T_j - T_{ij}) \mid T_{ij})) = 0\,,$$

da $\triangle\Psi_{i+1,j}(a,b,T_j - T_{ij})$ und $\triangle\Psi_{i+1,j}(c,d,T_j - T_{ij})$ unkorreliert für fixierte $T_j - T_{ij}$ sind. Für jeden Term in der zweiten Summe erhalten wir

$$E(I(T_{i_1j} \leq T_j)I(T_{i_2j} \leq T_j)E(\triangle\Psi_{i_1+1,j}(a,b,T_j - T_{i_1j})$$

$$\cdot\triangle\Psi_{i_2+1,j}(c,d,T_j - T_{i_2j}) \mid T_{i_1j}, T_{i_2j})$$

$$= EI(T_{i_1j} \leq T_j)I(T_{i_2j} \leq T)\triangle\Psi_{i_1+1,j}(a,b,T_j - T_{i_1j})$$

$$\cdot E(\triangle\Psi_{i_2+1,j}(c,d,T_j - T_{i_2j}) \mid T_{i_2j}) = 0\,,$$

da$\triangle\Psi_{i_1+1,j}(a,b,T_j - T_{i_1j})$ gegeben $T_{i_1j}, T_{i_1+1,j}$, konstant ist and

$$E(\triangle\Psi_{i_2j}(c,d,T_j - T_{i_2j}) \mid T_{i_2j}) \; = \; E(\Psi_{i_2j}(d,T_j - T_{i_2j}) \mid T_{i_2j})$$

$$- \; E(\Psi(c,T_j - T_{i_2j}) \mid T_{2j} = 0 - 0 = 0\,,$$

da $E(\Psi_{ij}(s \wedge T_j - T_{ij}) \mid T_{ij}) = 0$.

Aufgabe 7.6. Wir können $\mathbf{x}_n = \{s_1,...,s_n\}$ in folgender Form schreiben: $\mathcal{U}_n = \{s_1p_1s_2p_2...s_{n-1}p_{n-1}s_n\}$, wobei p_i den Bereich zwischen s_i von links und s_{i+1} von rechts bezeichnet. $\mathcal{U}_n$ enthält $2n - 1$ Positionen $1, 2, ..., 2n - 1$. Die Positionen $2, 4, ..., 2(n - 1)$ sind durch die p_i besetzt. Nehmen wir nun an, daß jede dieser $(n - 1)$ Größen p_i auf eine der $2n - 1$ Positionen gesetzt werden kann. Es gibt $\binom{2n-1}{n-1}$ verschiedene Möglichkeiten für die Auswahl von Plätzen für die p_i. Ist eine Platzwahl getroffen, so wird die Bootstrapstichprobe folgendermaßen aufgebaut: Die Größen p_i werden in natürlicher Reihenfolge (d. h. zuerst p_1, dann p_2 usw.) auf die ausgewählten Plätze gesetzt. Die anderen freien $2n - 1 - (n - 1) = n$ Positionen werden mit den Elementen $\{s_1,...,s_n\}$ mit Wiederholung aufgefüllt, und zwar auf folgende Weise: Wir beginnen links. Wenn p_1 die erste Position einnimmt, ist s_1 nicht in der Bootstrapstichprobe enthalten. Wenn p_1 auf der k_1-ten Position steht, dann wird s_1 auf die Positionen $1, 2, ..., (k_1 - 1)$ gesetzt.

Wenn p_2 direkt auf p_1 folgt, ist s_2 nicht in der Bootstrapstichprobe enthalten, ansonsten werden wieder die freien Positionen zwischen p_1 und p_2 mit s_2 besetzt usw. Alle freien Plätze hinter p_{n-1} werden mit s_n besetzt. Damit ist die Anzahl aller verschiedener Bootstrapstichproben $\binom{2n-1}{n-1}$.

Aufgabe 7.7. Wir können die Wahl einer Bootstrapstichprobe auffassen als n-malige aufeinanderfolgende Auswahl jeweil eines Elementes von $\mathbf{x}_n$. Sei A_i das Ereignis, daß s_i ausgewählt wurde mit $p_i = \mathrm{P}(A_i) = 1/n$, $i = 1, ..., n$. Die zufälligen Anzahlen $N_1, ..., N_n$, mit denen $s_1, ..., s_n$ in der Bootstrapstichprobe enthalten sind, unterliegen einer Multinomialverteilung

$$\mathrm{P}(N_1 = n_1, ..., N_n = n_n) = \frac{n!}{n_1!...n_n!}p_1^{n_1} \cdots p_n^{n_n} = \frac{n!}{n_1!...n_n!}\frac{1}{n^n}.$$

Aufgabe 7.8. Aus Übung 7.7 wissen wir, daß verschiedene Bootstrapstichproben verschiedene Wahrscheinlichkeiten besitzen. Die Bootstrapstichprobe $\mathbf{x}_n^* = (s_1^*, ..., s_n^*)$, ind der die Elemente $s_1, ..., s_n$ jeweils $n_1, ..., n_n$ mal auftauchen, besitzt die Wahrscheinlichkeit

$$p(\mathbf{x}_n^*) = \frac{n!}{n_1!...n_n!}\frac{1}{n^n} \leq p_n = \frac{n!}{n^n}. \tag{7.126}$$

(D. h. die größte Wahrscheinlichkeit besitzt die Bootstrapstichprobe $\mathbf{x}_n^* = \mathbf{x}_n = (s_1, ..., s_n)$, mit $n_1 = n_l = \cdots = n_n = 1$. Sei Γ_N die Menge aller Folgen $\gamma_n^* = (\mathbf{x}_n^{*1}, ..., \mathbf{x}_n^{*N})$ von unterschiedlichen Bootstrapstichproben $\mathbf{x}_n^{*i} \neq \mathbf{x}_n^{j}$ für i, j und sei Q_N die Wahrscheinlichkeit dafür, eine Folge von N unterchiedlichen Bootstrapstichproben zu erhalten: $Q_N = \sum_{\Gamma_N} p(\mathbf{x}_n^{*1}) \cdots p(\mathbf{x}_N^{*N})$. WWenn $\gamma_N^* = (\mathbf{x}_n^{*1}, ..., \mathbf{x}_n^{*N}) \in \Gamma_N$, dann gilt auch $\gamma_{n-1}^* = (\mathbf{x}_n^{*1}, ..., \mathbf{x}_n^{*N-1}) \in \Gamma_{N-1}$. Daher erhalten wir

$$Q_{N+1} = \sum_{\gamma_{N+1}^* \in \Gamma_{N+1}} p(\mathbf{x}_n^*), ..., p(\mathbf{x}_n^{*N})\mathrm{P}(\mathbf{x}_n^{*N+1} \neq \mathbf{x}_n^{*i},\ i = 1, ..., N)$$

$$= \sum_{\gamma_n^* \in \Gamma_N} p(\mathbf{x}_n^*)...p(\mathbf{x}_n^{*N}){\sum_N}' p(\mathbf{x}_n^*), \tag{7.127}$$

wobei $\sum_N'$ die Summe über alle $\mathbf{x}_n^* \notin (\mathbf{x}_n^{*1}, ..., \mathbf{x}_n^{*N})$ ist. Aus (7.126) folgt

$$\sum_N p(\mathbf{x}_n^*) = 1 - \sum_{i=1}^{N} p(\mathbf{x}_n^{*i})) \geq 1 - N\frac{n!}{n^n}. \tag{7.128}$$

Desweiteren erhalten wir aus (7.127) und (7.128), daß

$$Q_{N+1} \geq \sum_{\gamma_n^* \in \Gamma_N} p(\mathbf{x}_n^{*1}) \cdots p(\mathbf{x}_n^{*N}) \left(1 - N\frac{n!}{n^n}\right) \geq Q_N \left(1 - N\frac{n!}{n^n}\right).$$

Damit gilt

$$Q_{N+1} \geq 1 \left(1 - \frac{n!}{n^n}\right)\left(1 - 2\frac{n!}{n^n}\right) \cdots \left(1 - N\frac{n!}{n^n}\right)$$

und die gesuchte Wahrscheinlichkeit ist

$$Q_{N+1} \geq \prod_{i=1}^{B-1}\left(1 - i\frac{n!}{n^n}\right) \geq 1 - \sum_{i=1}^{B-1} i\frac{n!}{n^n} = 1 - \frac{(B-1)B}{2}\frac{n!}{n^n}.$$

Aufgabe 7.9. Seien $S_{(1,n)} < S_{(2,n)} < ... < S_{(n,n)}$ und $S^*_{(1,n)} \leq S^*_{(2,n)} \leq ... \leq S^*_{(n,n)}$ die geordneten Werte von $\{S_1, ..., S_n\}$ und von $\{S^*_1, ..., S^*_n\}$. Wenn wir ein Element aus $\{S_1, ..., S_n\}$ auswählen, so ist die Wahrscheinlichkeit, daß dieses Element nicht aus der Menge $S_{(1,n)}, ..., S_{(k,n)}$ stammt, $\left(1 - \frac{k}{n}\right)$. Bei n unabhängigen Versuchen beträgt diese Wahrscheinlichkeit $\left(1 - \frac{k}{n}\right)^n$. Dies ist die Wahrscheinlichkeit von $(S^*_{(1,n)} > S_{(k,n)})$.

Damit erhalten wir

$$P^*(S^*_{(1,n)} > S_{(k,n)} \mid S_1, ..., S_n) = \left(\frac{n-k}{n}\right)^k$$

und

$$\begin{aligned} &P^*(S^*_{(1,n)} = S_{(k,n)} \mid S_1, ..., S_n) \\ = \ &P^*(S^*_{(1,n)} > S_{(k-1,n)} \mid S_1, ..., S_n) - P^*(S^*_{(1,n)} > S_{(k,n)} \mid S_1, ..., S_n) \\ = \ &\left(\frac{n-k+1}{n}\right)^n - \left(\frac{n-k}{n}\right)^n. \end{aligned}$$

Aufgabe 7.10. Die bedingte charakteristische Funktion $f(t)$ von $\frac{1}{\sqrt{n}}(S^*_j - \bar{s}_{\cdot n})$, gegeben $s_1, ..., s_n$, ist für $j = 1, .., n$,

$$f^*(t) = \mathrm{E} e^{it\frac{1}{\sqrt{n}}(S^*_j - \bar{s}_{\cdot n})} = \sum_{k=1}^{n} e^{it\frac{1}{\sqrt{n}}(s_k - \bar{s}_{\cdot n})} P^*(S_j = s_k) = \sum_{k=1}^{n} e^{it\frac{1}{\sqrt{n}}(s_k - \bar{s}_{\cdot n})}\frac{1}{n},$$

mit $i = \sqrt{-1}$.

Die Zufallsgrößen $S^*_1, ..., S^*_n$ sind bedingt unabhängig gegeben $s_1, ..., s_n$. Damit sind auch die Zufallsgrößen $\frac{1}{\sqrt{n}}(S^*_j - \bar{s}_{\cdot n})$, $j = 1, ..., n$, gegebn $s_1, ..., s_n$, unabhängig und die charakteristische Funktion ihrer Summe ist das Produkt der charakteristischen Funktionen der Summanden. Damit gilt

$$f^*_n(t) = \mathrm{E} e^{it\sum_{j=1}^{n}\frac{1}{\sqrt{n}}(S^*_j - \bar{s}_{\cdot n})} = (f^*(t))^n = \left(\frac{1}{n}\sum_{j=1}^{n} e^{it\frac{t}{\sqrt{n}}(s_j - \bar{s}_{\cdot n})}\right)^n. \qquad (7.129)$$

Bemerkung. Die Formel (7.129) eröffnet die Möglichkeit, Grenzverteilungen für $\frac{1}{\sqrt{n}}\sum_{j=1}^{n}(S_j^* - \overline{s}_{\cdot n})$ bei $n \to \infty$ zu bestimmen.

Aufgabe 7.11. Seien $p_l = \overline{F}_l(t_0)$ die Wahrscheinlichkeiten ausfallfreier Arbeit während der Zeit t_0 für die Elemente $l = 1, 2, 3$ des Systems aus Beispiel 7.13. Dann ist die Wahrscheinlichkeit für die ausfallfreie Arbeit des Systems während der Zeit t_0

$$R(t_0) = p_1(1 - (1 - p_1)^2)p_3 = p_1(2p_2 + p_2^2)p_3. \qquad (7.130)$$

Sei S_{li} die Zeit bis zum Ausfall des i-ten getesteten Elementes vom Type l. WDie Größen $\{I(S_{li} > t_0)\}_{1 \le i \le n_l}$ sind i.i.d. Zufallsgrößen mit $P(I(S_{li} > t_0) = 1) = p_l$, $l = 1, 2, 3$. Damit unterliegt $\sum_{i=1}^{n_l} I(S_{li} > t_0)$ einer Binomialverteilung mit den Parametern p_l und n_l.

Aus Übung 7.1 folgt, daß $\overline{\overset{\smile}{F}}_{ln_l} = \frac{1}{n_l}\sum_{i=1}^{n} I(s_{li} > t_0)$, ein erwartungstreuer Schätzer für p_l und

$$\left(\sum_{i=1}^{n_2} I(s_{2i} > t_0)\right)\left(\sum_{i=1}^{n_2} I(s_{2i} > t_0) - 1\right) / (n(n-1)) = \overline{\overset{\smile}{F}}_{2n_2}(t_0)\frac{n_2\overline{\overset{\smile}{F}}_{ln_2}(t_0) - 1}{n_2 - 1}$$

ein erwartungstreuer Schätzer für p_2^2 sind. Für verschiedene l sind diese Schätzer unabhängig. Daher kann ein erwartungstreuer Schätzer $\hat{\tau}_n$ für $R(t_0)$ aus den erwartungstreuen Schätzern für p_l und p_2^2 in (7.130) ermittelt werden:

$$\hat{\tau}_n = \overline{\overset{\smile}{F}}_{1n_1}(t_0)\left(2\overline{\overset{\smile}{F}}_{2n_2}(t_0) + \frac{\overline{\overset{\smile}{F}}_{2n_2}(t_0)(n_2\overline{\overset{\smile}{F}}_{2n_2}(t_0) - 1)}{n_2 - 1}\right)\overline{\overset{\smile}{F}}_{3n_3}(t_0).$$

Literaturverzeichnis

[1] Abramowitz, M.; Stegun, I. A. (1965) Handbook of Mathematical Functions. Dover Publications, Inc, New York.

[2] Accelerated Life Tests. Experts' Opinions in Reliability (eds. C.A. Clarotti, D.V.Lindley) (1988). North–Holland/Elsevier, Amsterdam.

[3] Andersen, P. K.; Borgan, O.; Gill, R. D.; Keiding, N. (1993) Statistical Models Based on Counting Processes. Springer–Verlag, Berlin.

[4] Asmussen, S. (1987) Applied Probability and Queues. John Wiley, New York.

[5] Aven, T., Jensen, U. (1999) Stochastic Models in Reliability. Springer–Verlag, New-York.

[6] Barlow, R. E.; Bartholomew, D. J.; Bremner, J. M.; Brunk, H. D. (1972) Statistical Inference under Order Restrictions. John Wiley, New York.

[7] Barlow, R. E.; Proschan, F. (1981) Statistische Theorie der Zuverlässigkeit. Akademie–Verlag, Berlin.

[8] Bartlett, M. S. (1953) Approximate Confidence Intervals. I. Biometrika, 40, pp 12-19.

[9] Bartlett, M. S. (1953) Approximate Confidence Intervals. II. More than One Unknown Parameter. Biometrika, 40, pp 306-317.

[10] Bartlett, M. S. (1955) Approximate Confidence Intervals. III. A Bias Correction. Biometrika, 42, pp 201-204.

[11] Barzilovich, E. Yu.; Belyaev, Yu. K.; Kashtanov, V. A.; Kovalenko, I. N.; Solov'ev, A. D.; Ushakov, I. A. (1983) Fragen der mathematischen Zuverlässigkeitstheorie. (in russisch: Voprosy matematicheskoj teorii nadezhnosti). Isd. Radio i Svyaz, Moskau.

[12] Bauer, H. (1992) Maß– und Integrationstheorie. Walter de Gruyter, Berlin.

[13] Beichelt, F.; Franken, P. (1983) Zuverlässigkeit und Instandhaltung. Mathematische Methoden. Verlag Technik, Berlin; Carl Hanser–Verlag, München.

[14] Belyaev, Yu. K. (1991) Asymptotical Properties of Nonparametric Point Estimators Based on Complexly Structured Reliability Data with Right–Censoring. Statistics, 22, pp 589-612.

[15] Belyaev, Yu. K. (1995) Bootstrap, Resampling and Mallows Metric. Institute of Math. Statistics, Umeå University, Lecture Notes 1.

[16] Belyaev, Yu. K. (1995) The Reliability Design Based on Complexly Structured Date. Bulletin 50-th Session of the International Statistical Institute, Beijing, Book 1, pp 81-82.

[17] Belyaev, Yu. K.; Chepurin, E. V. (1983) Grundlagen der Mathematischen Statistik. (in russisch: Osnovy matematicheskoj statistiki) Isd. Moskovskogo Universiteta. Moskau

[18] Belyaev, Yu. K.; Lindkvist, H. (1994) A Nonparametric Estimation of the Cumulative Hazard Function Based on Subsets of Censored Survival Data. Preprint 10, Institute of Math. Statistics, Umeå University

[19] Beran, R.; Ducharme, G. (1991) Asymptotic Theory for Bootstrap Methods in Statistics. Centre de Researches Mathematiques, Univ. of Montreal.

[20] Beyer, O.; Hackel, H.; Pieper, V.; Tiedge, J. (1995) Wahrscheinlichkeitsrechnung und Mathematische Statistik. Teubner–Verlag, Stuttgart-Leipzig.

[21] Bickel, P. J., Fredman, D. A. (1981) Some Asymptotical Theory for the Bootstrap. Ann. Statist. 9, 1196–1217.

[22] Cox, D. R., Oakes, D. (1984). Analysis of Survival Data. Chapman & Hall, London.

[23] Cox, D. R.; Smith, W. (1962) Renewal Theory. John Wiley, New York.

[24] Crowder, M. L., Kimber, A. C., Smith, R. L., Sweeting, T. L. (1991) Statistical Analysis of Reliability Data. Chapman and Hall, London.

[25] Doss, H.; Chiang, Yu.-Ch. (1994) Choosing the Resampling Scheme when Bootstrapping: A Case Study in Reliability. J. Am. Stat. Ass., 89, pp 298-308.

[26] Efron, B. (1979) Bootstrap Methods: Another Look at the Jacknife. Ann. Statist., 7, pp 1-26.

[27] Efron, B.; Tibshirani, R. J. (1993) An Introduction to the Bootstrap. Chapman & Hall, London.

[28] Feller, W. (1970) An Introduction to Probability Theory and its Applications. Bd. 2, John Wiley, New York.

[29] Gill, R. D. (1981). Testing with Replacement and the Product Limit Estimator. Ann. Statist. 9, pp 853-860.

[30] Gill, R. D.; Johansen, S. (1990) A Survey of Product–Integration with a View Toward Application in Survival Analysis. Ann. Statist., 18, pp 1501–1555.

[31] Gnedenko, B. W. (1987) Lehrbuch der Wahrscheinlichkeitsrechnung. Akademie-Verlag, Berlin.

[32] Gnedenko, B. W.; Beljajew, J. K.; Solovjew, A. D. (1968) Mathematische Methoden der Zuverlässigkeitstheorie. Akademie–Verlag, Berlin.

[33] Gnedenko, B. V. (1943) Sur la distribution limite du terme maximum d'une sèrie alèatoire. Ann. of Math., 44, pp 423-453.

[34] Gumbel, E. J. (1958) Statistics of Extremes. Columbia University Press, New York.

[35] Hall, P. (1992) The Bootstrap and Edgeworth Expansion. Springer–Verlag, Berlin.

[36] Härtler, G. (1983) Statistische Methoden für die Zuverlässigkeitsanalyse. Verlag Technik, Berlin; Springer–Verlag, Wien, New York.

[37] Hjort, U. (1994) Computer Intensive Statistical Methods: Validation Model Selection and Bootstrap. Chapman & Hall, London.

[38] Ibragimov, I. A.; Khas'minskij, R. Z. (1981) Statistical Estimation. Asymptotic Theory. Springer–Verlag, Berlin.

[39] Kahle, W. (1992) Improved Parametric Confidence Estimation–The Calculation of Bartlett Adjustment for the Two Parameter Exponential Family. Theor. Prob., 37 pp 343-345.

[40] Kahle, W. (1994) Simultaneous Confidence Regions for the Parameters of Damage Processes and the Resulting Lifetime Distribution. Statistical Papers, 35, pp 27-41.

[41] Kahle, W. (1995) Bartlett Corrections for the Weibull Distribution. Erscheint in Metrika.

[42] Kahle, W. (1995) Estimation of the Parameters of the Weibull Distribution for Censored Samples. Erscheint in Metrika.

[43] Kalbfleisch, J. D.; Prentice, R. L. (1980) The Statistical Analysis of Failure Time Data. John Wiley, New York.

[44] Kallenberg, O. (1983) Random Measures. Akademie–Verlag, Berlin; Academic Press, London.

[45] Karlin, S. (1993) A First Course in Stochastic Processes. Academic Press, Boston.

[46] König, D.; Schmidt, V. (1992) Zufällige Punktprozesse. Teubner–Verlag, Stuttgart.

[47] Lawley, D. N. (1956) A General Method for Approximating to the Distribution of Likelihood Ratio Criteria. Biometrika, 43, pp 295-303.

[48] LeCam, L.; Yang, G. L. (1990) Asymptotics in Statistics. Some Basic Concepts. Springer–Verlag, New York,

[49] Lehmann, E. L. (1986) Testing Statistical Hypotheses. John Wiley, New York.

[50] Lehmann, E. L. (1983) Theory of Point Estimation. John Wiley, New York.

[51] Lindkvist, H.; Belyaev, Yu. K. (1995) A Class of Nonparametric Tests in the Competing Risks Model when Comparing two Samples. Preprint 9, Institute of Math. Statistics, Umeå University

[52] Liptser, R. S.; Shiryaev, A. N. (1978) Statistics of Random Processes II. Applications. Springer–Verlag, New York, Heidelberg, Berlin.

[53] Loève, M. (1963) Probability Theory. Van Nostrand, Princeton, N.J.

[54] Mann, N. R.; Schafer, R. E.; Singpurwalla, N. D. (1974) Methods for Statistical Analysis of Reliabilily and Life Data. John Wiley, New York.

[55] Petrov, V. V. (1978). Sums of Independent Random Variables. Springer–Verlag, New York.

[56] Pieper, V.; Tiedge, J. (1983) Zuverlässigkeitsmodelle auf der Grundlage stochastischer Modelle von Verschleißprozessen. Math. Operationsforsch. Statist., Ser. Statistik, 14, pp 485-502.

[57] Pitman, E. J. G. (1979) Some Basic Theory for Statistical Inference. Chapman and Hall, London.

[58] Rao, C. R. (1973) Lineare statistische Methoden und ihre Anwendungen. Akademie–Verlag, Berlin.

[59] Robertson, T.; Wright, F. T. (1980) Algorithms in Order Restricted Statistical Inference and Cauchy Mean Value Property. Ann. Statist., 8, pp 645-651.

[60] Robertson, T.; Wright, F. T. (1980) Statistical Inference for Ordered Parameters. Proc. Symp. Appl. Math., Amer. Math. Society, Providence, 23, pp 55-71.

[61] Savchuk, V. P. (1989) Bayessche Methoden in der statistischen Schätztheorie (in russisch: Bajsovskie metody statisticheskogo otsenivaniya). Isd. Nauka, Moskau.

[62] Schmitz, N. (1996) Vorlesungen über Wahrscheinlichkeitstheorie. Teubner Studienbücher Mathematik, Stuttgart.

[63] Smirnow, N. W.; Dunin–Barkowski, I. W. (1973) Mathematische Statistik in der Technik. Deutscher Verlag der Wissenschaften, Berlin.

[64] Walter, W. (1992) Analysis I. Springer–Verlag, Berlin.

[65] Winkler, W. (1983) Vorlesungen zur Mathematischen Statistik. Teubner–Verlag, Leipzig.

[66] Wendt, H. (1998) Some Models Describing Damage Processes and Resulting First Passage Time. In: Kahle, W., von Collani, E., Franz, J., Jensen, U.(Hrg.): Advances in Stochastic Models for Reliability, Quality and Safety. Birkhäuser, Boston.

[67] Wu, C. F. J. (1983) The Convergence Properties of the EM Algorithm. Ann. Statist., 11, pp 95-103.

[68] Yip, P.; Lam, K. F. (1993) A Multivariate Nonparametric Test for the Equality of Failure Rates in a Competing Risks Model. Commun. Statist. Theory and Methods, 22, pp 3199-3222.

Index